中国石油物探技术发展战略研究与思考

撒利明 刘振武 等著

石油工业出版社

内 容 提 要

本书主要介绍了"中国石油物探技术发展战略与规划"的研究成果,专题论述了近年来中国石油物探技术的重大创新成果和创新能力提升,重点对中国石油物探重大关键技术、装备和软件的未来发展方向、发展目标、创新路径和保障措施等提出了对策和建议,为中国石油物探技术发展战略和规划的制定提供了科学依据。

本书适合于石油天然气行业物探科技人员和石油院校物探专业的师生阅读参考。

图书在版编目(CIP)数据

中国石油物探技术发展战略研究与思考/撒利明等著.—北京:石油工业出版社,2018.6
ISBN 978-7-5183-2653-2

Ⅰ.①中… Ⅱ.①撒… Ⅲ.①油气勘探-地球物理勘探-文集 Ⅳ.①P618.130.8-53

中国版本图书馆 CIP 数据核字(2018)第 096784 号

出版发行:石油工业出版社
(北京安定门外安华里2区1号楼 100011)
网　址:www.petropub.com
编辑部:(010)64523736　图书营销中心:(010)64523633
经　销:全国新华书店
印　刷:北京中石油彩色印刷有限责任公司

2018年6月第1版　2018年6月第1次印刷
787×1092毫米　开本:1/16　印张:19.75
字数:468千字

定价:180.00元
(如出现印装质量问题,我社图书营销中心负责调换)
版权所有,翻印必究

前言

石油地球物理勘探技术（简称石油物探技术）是油气勘探的主导技术，对油气勘探开发的成败和效益起着决定性作用。中国石油十分重视石油物探技术发展战略的研究与实施。

"十一五"期间，按照"突出重点、攻克关键、创新与再创新并重、务求突破和有所作为"的科技工作要求，确立了"加大高端采集技术攻关，提升大型软件水平，突破核心装备关键技术"的发展思路，我国首个超万道地震数据采集记录系统ES109研制成功，逆时偏移成像技术Lightning取得突破，大幅度提高成像精度；叠前储层描述技术实现了工业化应用；GeoEast地震数据处理解释一体化系统应用成效显著；GeoMountain山地地震勘探特色软件研制成功；集成配套PAI技术系列；高密度、四维地震技术等先导试验取得良好效果，有力支撑了"储量增长高峰期、油田二次开发、天然气快速发展、海外油气勘探开发"等四大工程实施。

"十二五"期间，中国石油坚持"主营业务战略驱动、发展目标导向、顶层设计"的科技工作理念，确立了"立足陆上、拓展海上、延伸油藏、强化装备"的物探技术发展思路，中国石油首套综合裂缝预测软件系统研发成功，以G3i地震仪器为核心的自主知识产权的"两宽一高"地震勘探配套技术投入商业化应用，自主研发的具有世界先进水平的LFV3低频可控震源实现规模化应用，复杂山地高密度宽方位地震技术持续发展；开发地震技术创新为中国石油精细调整挖潜提供有效技术支撑。石油物探技术为柴达木盆地英雄岭地区亿吨级油田、环玛湖地区亿吨级油田、安岳地区万亿立方米大气田、长庆油田亿吨级致密油、渤海湾盆地深层潜山和致密油等规模储量发现提供了支撑，为中国石油连续10年保持储量增长高峰期做出了巨大贡献。

"十三五"以来，油气勘探开发向"低、深、海、非"新领域和老区挖潜方向发展，石油物探技术面临"地表复杂、领域多样、深度增加、品位降低、成本上升"五大挑战，中国石油按照"业务主导、自主创新、强化激励、开放共享"的科技工作理念，继续坚持"立足陆上、拓展海上、延伸油藏、强化装备"的物探技术发展思路，提出了在优势领域保持领先、核心技术实现赶超、强化应用基础研究、占领技术制高点的目标，重点研发超高密度地震数据采集、海量地震数据处理解释技术及配套装备与软件以及油藏、非常规油气、海洋油气等地球物理新技术，超前储备弹性波地震成像技术，努力为中国石油物探国际领先技术发展奠定坚实基础，为油气勘探开发主营业务发展提供强有力的技术支撑。

本书收录了近年来发表的有关"中国石油物探技术发展战略研究与思考"相关研究方向的数十篇论文，主要介绍了"中国石油物探技术发展战略与规划"的研究成果，专题论述了近年来中国石油物探技术的重大创新成果和创新能力提升，重点对中国石油物探重大关键技术、装备和软件的未来发展方向、发展目标、创新路径和保障措施等提出了对策和建议，为中国石油物探技术发展战略和规划的制定提供了科学依据。

在本书的编著过程中，得到了中国石油有关领导及专家的支持和关心，在此表示衷心的感谢！

目　录

中国石油"十二五"物探技术重大进展及"十三五"展望 ………………………………（1）
中国石油物探新技术研究及展望 …………………………………………………………（21）
中国未来油气新领域与物探技术对策 ……………………………………………………（36）
地震偏移成像技术回顾与展望 ……………………………………………………………（46）
地震反演技术回顾与展望 …………………………………………………………………（73）
中国天然气勘探开发现状及物探技术需求 ………………………………………………（96）
页岩气勘探开发对地球物理技术的需求 …………………………………………………（108）
中国石油开发地震技术应用现状和未来发展建议 ………………………………………（120）
中国石油非常规油气微地震监测技术现状及发展方向 …………………………………（129）
中国石油油藏地球物理技术现状与发展方向 ……………………………………………（146）
中国石油高密度地震技术的实践与未来 …………………………………………………（165）
多波地震技术在中国部分气田的应用和进展 ……………………………………………（175）
地球物理技术在深层油气勘探中的创新与展望 …………………………………………（184）
中国石油地震数据采集核心装备现状及发展方向 ………………………………………（197）
国际主要地球物理服务公司科技创新能力对标分析 ……………………………………（213）
中国石油物探科技创新能力分析 …………………………………………………………（224）
中国石油物探技术现状及发展方向 ………………………………………………………（240）
中国石油物探国际领先技术发展战略研究与思考 ………………………………………（252）
地震导向水平井方法与应用 ………………………………………………………………（267）
非线性拟测井曲线反演在油藏监测中的应用及展望 ……………………………………（275）
缝洞型储层地震响应特征与识别方法 ……………………………………………………（289）
加强地震技术应用　提升勘探开发成效 …………………………………………………（299）

中国石油"十二五"物探技术重大进展及"十三五"展望

撒利明　张　玮　张少华　董世泰　宋建军

摘要　"十二五"期间,中国石油持续加强物探技术攻关和应用研究,核心装备与软件、适用配套技术呈跨越式发展,5项技术成为中国石油工程技术利器,5项技术入选中国石油十大科技进展,使中国石油物探技术水平整体跨入国际先进行列,形成了业务链完整的物探技术产学研和应用能力,为复杂前陆构造、非均质碳酸盐岩、复杂岩性、火山岩等领域勘探及老油区深化挖潜提供了技术支撑,为柴西南英雄岭、川中龙王庙、新疆环玛湖、塔北等一批优质规模储量的落实奠定了基础,为"储量增长高峰期工程"和中国石油国际化战略做出了突出贡献。"十三五"期间,国际油气行业发展环境急剧变化,在低油价背景下和勘探转型期,物探业务面临结构调整、优化发展的机遇与挑战,为了支撑中国石油稳健发展和"十三五"业务发展,物探技术发展将从创新驱动向创新驱动与价值驱动并重转移,将持续开展装备、软件和新技术新方法攻关,集成配套经济适用技术,为保障中国石油效益勘探、寻找优质规模储量提供技术支撑。本文阐述了"十二五"期间的物探科技重大成果,分析了"十三五"面临的挑战,展望了"十三五"物探科技发展方向。

1　引言

进入21世纪,油气资源国与消费国采取政治、法律、外交、军事等手段,强化对资源的控制与争夺。国家石油公司的国际化进程明显加速,与原有国际石油公司的竞争更加激烈、合作日趋活跃,海洋油气资源、非常规油气和新型能源开发的利用成为各国和石油公司谋求未来发展的制高点,能否在更广范围、更高层次利用国际科技和智力资源,演变为石油公司综合竞争力的核心要素和国际化程度的重要指标。国际石油工业界加大了占全球1/3资源量的海洋油气以及资源量巨大但品位较差的致密油气、煤层气、页岩气等非常规油气的勘探开发,正在显著地影响着国际油气资源的演变格局。

近10年来,中国石油坚定不移地推进"资源、市场和国际化"战略,发挥一体化综合竞争优势,科技实力、参与国际竞争综合实力得到有力提升,国内、国际油气生产能力快速提高。中国石油物探技术发展兼顾了其内部专业化服务和国内外市场竞争的需要,通过加大科技创新力度,提高科技成果转化率,提高科技在油气主营业务中的贡献率,物探科技水平得到长足发展,实现了总体科技水平和创新能力跨越式发展,在国际高端技术领域占有一席之地,有力支撑了中国石油国内外油气勘探开发业务和国际化业务。

"十三五"期间,油气勘探开发面临更多挑战。资源劣质化加剧,勘探领域向"低、深、海、非"领域转移,并且受低油价影响,勘探投资下降,物探工作量萎缩,物探技术和业务下一步发

---

* 首次发表于《石油地球物理勘探》,2016,51(2)。

展面临降本增效、业务延伸、效益科技等一系列难题。中国石油将持续坚持"主营业务战略驱动、生产目标导向、顶层设计"的科技理念,以"创新"战略为导向,立足陆上、拓展海上、延伸油藏、强化装备,保持优势领域技术领先,解决生产问题,实现核心技术赶超,提高竞争能力,发展业务链延伸技术,保障可持续发展,强化前沿技术获取与发展,占领制高点[1]。

2 "十二五"物探技术实现跨越式发展,中国石油物探整体水平跨入国际先进行列

"十二五"期间,围绕"一个整体,两个层次"技术创新体系建设,不断提升物探技术创新能力,建成了一支由8名国家"千人计划"专家、46名中国石油天然气集团公司专家领衔的国际化科研队伍,形成物探方法及软件研究、油藏地球物理技术研究、物探装备研制三大中心,与中国石油天然气集团公司物探重点实验室协同发展,新增页岩气和天然气研究室,瞄准新兴业务领域开展针对性技术研究。强化休斯敦物探技术研究中心建设,形成"两国三地四中心"技术研发模式,紧密围绕软件研发、海洋数据处理解释、地震速度建模与成像、各向异性数据处理等关键技术研发,突破一批物探技术瓶颈。根据规划部署,按照超前储备、技术攻关、集成配套3个层次组织实施了物探业务"新方法新技术""核心装备与软件""现场试验与配套技术"3个重大科技项目,其中包括"高精度地球物理勘探技术研究与应用"国家科技重大专项项目1项,"高精度可控震源研制""深水可控源电磁勘探系统开发""863"计划项目2项,"深层油气藏地球物理探测的基础研究""973"项目1项。发展形成了4项核心装备、10项核心软件和14项重大配套技术,9项超前储备技术取得重要进展。G3i全数字地震仪器系统、GeoEast-Lightning叠前偏移成像处理软件等5项技术成为中国石油工程技术利器,复杂山地高密度宽方位地震技术突破支撑柴达木盆地亿吨级油田发现,中国石油首套综合裂缝预测软件等5项技术被评为中国石油十大科技进展。发明专利申请量及授权量较"十一五"有大幅度增长,共获得国家级科技进步奖3项、技术发明奖1项,省部级科技奖励43项。

总体上,中国石油陆上物探整体技术水平跨入世界先进行列(表1),为其油气业务发展提供了坚实的技术支撑[1,2]。

表1 "十二五"中国石油物探技术标志性成果

类别	名称	主要成效
核心装备 (4项)	ES109/G3i 十万道地震仪器	带道能力大、功耗低,支持多种激发方式,支持可控震源高效采集,支持高密度(10万道级)采集,兼容模拟和数字检波器,替代率达到69%
	HAWK 节点地震仪器	降低陆上装备使用成本,提高采集作业效率,12000道投入规模生产
	KZ 低频大吨位可控震源	低频可控震源(3~120Hz),投产82台,应用于吐哈油田、准噶尔盆地、辽河油田、哈萨克斯坦项目低频采集
	ML21 数字检波器	降低陆上全数字装备使用成本,提高数据保真度
核心软件 (10项)	GeoEast 地震数据处理解释一体化系统	最新版本 GeoEast3.0,解决海量数据预处理和成像问题,正在成为基础处理解释平台,目前 GeoEast 应用率达到80%
	GeoEast-Lightning 叠前深度偏移与建模软件	
	GeoEast-MC 多波数据处理软件	提高陆上多波资料的可解释性,在塔里木油田、委内瑞拉、沙特阿拉伯等国内外多波地震项目中进行了推广应用

续表

类别	名称	主 要 成 效
核心软件（10项）	GeoMountain 山地地震勘探软件	提高山地复杂构造解释、储层预测、气水识别、裂缝监测的精度，中国石油集团川庆物探公司32个地震队中全面生产应用
	GeoFrac 地震综合裂缝预测软件	提高碳酸盐岩和碎屑岩地区裂缝预测精度，在中国石油推广安装58套
	GeoEast–RE 油藏地球物理综合评价	多学科综合油藏评价，提高油藏开发效率，完成油藏描述、油藏模拟、油藏监测和协同工作功能生产测试
	地震采集工程软件系统 KLSeis	提高陆上复杂区采集工程设计能力，推广安装274套，在国内外地震采集项目中广泛应用
	GeoSeisQC 地震野外采集质量实时监控软件	提高资料采集的品质，提升工作效率，应用推广263套，地震采集小队覆盖率约80%
	GeoEast–GME 重磁电综合处理解释软件	提高油气资源重磁电勘查能力，在BGP国内外重磁电项目中全面应用
	微地震压裂监测软件	提升煤层气、页岩气的勘探开发效益，在国内外实时指导压裂施工，已在17个油气田规模化应用
重大配套技术（14项）	高密度宽方位地震勘探技术	高密度宽方位+高效可控震源，提高日效，控制成本，提高勘探精度，全面推广
	复杂山地地震配套技术	以高密度、宽方位采集，叠前深度偏移成像为核心，提高库车、柴西南、川西北等复杂构造落实精度
	碳酸盐岩地震配套技术	以宽方位采集、缝洞型储层定量描述为核心，提高塔北地区、塔中地区、川中地区古隆起、鄂尔多斯下古生界碳酸盐岩储层雕刻精度
	陆上油气富集区地震配套技术	高密度、井控处理、相控储层预测，提高复杂岩性目标预测精度
	致密油气地震配套技术	以物性预测和储层预测为核心，提高松辽、渤海湾、准噶尔等盆地致密油气
	浅海过渡带地震配套技术	水陆混合激发、接收，减少渤海湾盆地滩海资料空白
	综合物化探配套技术	三维重磁、时频电磁等技术提高建模和流体预测精度
	复杂油藏地球物理配套技术	以岩石物理、储层定量预测为核心，提高油藏建模精度
	非常规油气地震勘探技术	脆性、TOC、地应力、裂缝及"甜点"预测，为煤层气、页岩气等勘探开发提供技术支撑
	海洋地震勘探配套技术	宽方位拖缆、双源激发，提高海上地震数据成像和储层预测精度
	火山岩地震配套技术	重磁电震结合提高松辽盆地、准东地区火山岩预测成功率
	时移地震勘探技术	时移采集处理解释，提高剩余油分布预测精度
	多波地震勘探技术	横波成像、纵横波反演，提高岩性、裂缝、气水识别的成功率
	微震压裂监测技术	井中、地面采集，实时指导压裂施工，提高致密油气开发效益

2.1 重大装备研制取得突破性进展，4项装备达到国际先进水平

通过资源优化与整合，建立了INOVA合资公司与中国研发部紧密结合的物探装备研制平台，先后推出了ES109/G3i十万道级有线地震仪、HAWK节点地震仪、ML21数字检波器、低频可控震源等一批关键装备，打破了地震仪器长期依赖引进的局面，逐步替代进口产品。

2.1.1 G3i 有线地震仪(图1)

该仪器集成了 SCORPI-ON、ARIES 和 ES109 系统的优势技术,带数据压缩时的单交叉线的最大管理能力达96000道,理论上系统的最大管理能力达384000道,支持集成化的项目和数据质量控制模块,支持基于网络的远程监控,具有炸药、可控震源、HPVS、气枪、线缆和混合采集功能,系统的综合采集能力达到国际先进水平。G3i 有线地震仪被评为中国石油十大工程技术利器之一,在国内新增地震仪器的替代率达到69.5%,在新疆玛湖131井区进行了6万道采集生产,随后在辽河、长庆、青海、吐哈、新疆、塔里木等多个探区作为主力仪器承担生产任务。该仪器还通过了沙特阿美等国际石油公司的准入认证。

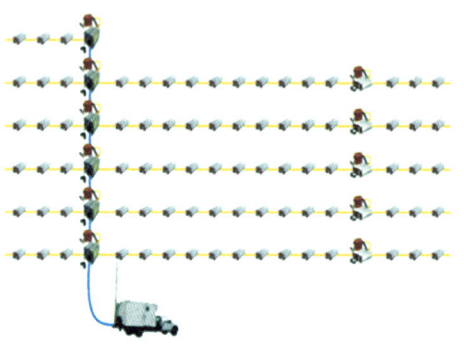

图1 G3i 有线地震仪示意图

2.1.2 HAWK 节点地震仪

该仪器突破了高精度 GPS 同步、可控震源高效采集、高精度采集测试、低功耗设计、高端机械设计等多项关键技术,整体技术水平与国外同类产品相当。采集站单元分布式供电,检波器外接,道数可随意扩展,具有部分现场监控能力。节点系统也可与现有的有线系统混合使用,弥补有线仪器野外布设不方便缺点,增强了野外使用的灵活性。HAWK 节点地震仪已在国内外地震采集项目中得到推广应用,在长庆油田召26等多个三维采集项目中在用道数达到12000道。

2.1.3 低频可控震源(图2)

低频扫描频率拓展至3Hz,是全球技术先进的经过野外采集检验的6万磅级低频震源,在同级别的可控震源中,主要技术指标达到国际领先水平。研究掌握了 ISS、V1、同步滑动扫描(DSSS)可控震源高效采集配套技术,开发了质量监控及数据处理配套软件,具有高效、安全、环保优势,是国内外油气勘探开发地震作业的主体设备。该产品被评为中国石油十大科技进展之一,在塔里木盆地、吐哈油田、准噶尔盆地、阿曼 PDO 和利比亚 Shell 公司项目 DSSS 高效采集、宽频采集、安全环保施工等方面发挥了重要作用,已成为复杂地

图2 LFV3 低频可控震源

表油气勘探的利器。在新疆迪南8井区,利用低频可控震源激发,深层石炭系及内幕成像品质显著改善(图3)。

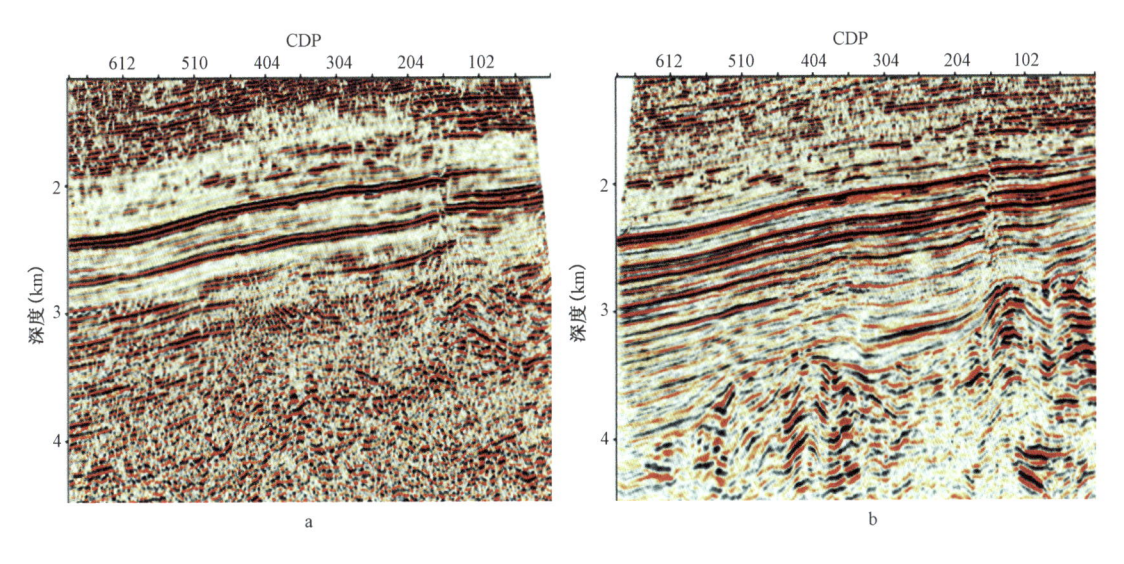

图3 准噶尔腹部迪南8井区炸药激发(a)与LFV低频可控震源激发(b)剖面对比

2.1.4 数字检波器

ML21具有动态范围大、噪声水平低、频率响应范围大、失真小等特点,能够满足全波场、宽频采集的需求。支持连续采集,采样精度高(1/4ms),测量量程宽(335mg),畸变低(0.002%),总体性能达到国际先进水平。

2.2 地球物理软件系统研发与应用持续取得重要进展,11项软件跻身世界先进行列

2.2.1 GeoEast地震数据处理解释一体化软件

该软件集成了多种叠前偏移算法、提高分辨率处理、深海资料处理、多波多分量处理、叠前属性提取和参数反演等多项新功能,性能得到显著提升。叠前偏移成像技术系列日趋齐全完整,效率领先于同类商业软件,实现了对商业软件的全面替代;三维各向同性速度建模在生产测试中见到良好的效果;OVT域处理技术填补了GeoEast宽方位高密度处理技术空白;大数据解释、三维可视化、五维地震信息解释、碳酸盐岩缝洞雕刻等特色技术,为地震解释技术实现三维到五维的跨越奠定了基础。该软件整体达到国际先进水平,已经成为中国石油十大找油找气利器之一,2013年获得了国家科技进步奖二等奖,产生了强大的行业影响力。GeoEast软件在中国石油15个油气田、4个科研院所共安装12套处理系统(12408核)、12套Lightning逆时偏移软件(466944核)、26套解释系统、30套特色功能包,在21403km二维和8660km² 三维处理项目、10463km二维和21122km² 三维解释项目中得到推广应用。在东方地球物理公司内部,GeoEast处理、解释应用率双双突破了80%,取得良好的地质效果。例如,在玛湖地区宽方位高密度三维中应用OVT处理技术取得良好的处理效果,在腹部和西北缘地区利用地震属性、三维可视化技术进行砂体识别刻画,取得良好的勘探效果;在吉林油田长岭凹陷应用谱分解和多属性技术有效识别薄砂体的分布;在吐哈油田山前资料处理中,综合应用静校正、去噪技术提高了成像精度。该软件还取得了马拉松、雪佛龙等国际知名石油公司的市场准入认证。

2.2.2 新一代 KLSeis Ⅱ 地震采集工程软件

该软件是支持开放性、跨平台、高性能、大数据的野外综合工程软件,具有地震采集实时质控、地震数据转储与质控、可控震源与接收系统质量分析、可控震源扫描信号设计、可控震源作业方案设计、可控震源施工参数设计、层析静校正、初至剩余静校正等功能,并在 KLSeis Ⅱ V2.0 中新增数据驱动地震采集设计、三维照明分析、地震辅助数据工具、节点数据质控等4个模块,使该软件具有5大类13项功能,为"两宽一高"采集提供了有力技术支撑。该成果持续保持国际先进水平,在国内外地震采集工程项目中推广安装536套,广泛应用。

2.2.3 GeoEast – Lightning V3.0 波动方程成像软件

该软件具备单程波、双程波、各向异性逆时偏移等功能,其中高效大规模 CPU/GPU 积分法 TTI 叠前深度偏移,在保持与国际同类软件效果相同的前提下,效率提升4~6倍。实现了速度建模软件从无到有,具有差异化竞争优势,提高了高端地震资料处理市场的竞争力。建模软件在国内外多个项目测试应用中取得良好效果(图4)。该软件技术的成功开发,使中国石油逆时偏移技术跨入国际先进行列,成为中国石油程技术利器之一,入选中国石油十大科技进展,在中国东部潜山、复杂断块、西部复杂山地、逆掩推覆体油气勘探应用中取得良好效果。与国外同类软件相比,断层、高角度地层成像效果更好(图5)。

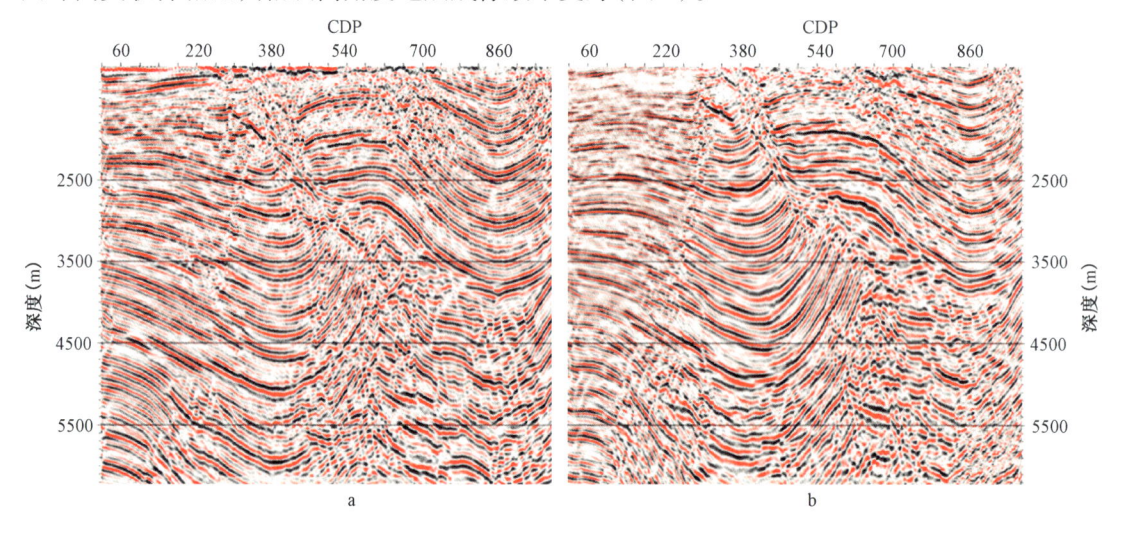

图4 速度建模软件成像效果(b)与国外某商业软件成像效果(a)对比

2.2.4 GeoEast – MC V2.0 多分量处理软件

该软件集成与完善了三维多波处理子系统基础功能,建立了时间域的工业化处理应用流程,扩充与完善了深度域和特色技术多波处理系统,具有叠前时间偏移、叠前深度偏移、方位各向异性处理等特色优势。GeoEast – MC V2.0 是目前国内外功能最齐全、整体技术水平最高的多波地震资料处理软件,成为中国石油工程技术利器之一。该软件在委内瑞拉 SUR – 10M – 三维三分量项目、塔里木盆地哈7井区、沙特阿美 Zuluf3D/4C OBC、委内瑞拉 JUNIN4 三维三分量项目、四川磨溪—龙女寺地区等10余个项目中得到推广应用,并为中国石油赢得了 JUNIN4 三维三分量的勘探任务($352km^2$),提升了中国石油在委内瑞拉及南美地区的技术质量信誉,有力推动了中国石油在海外三维三分量勘探业务的发展。

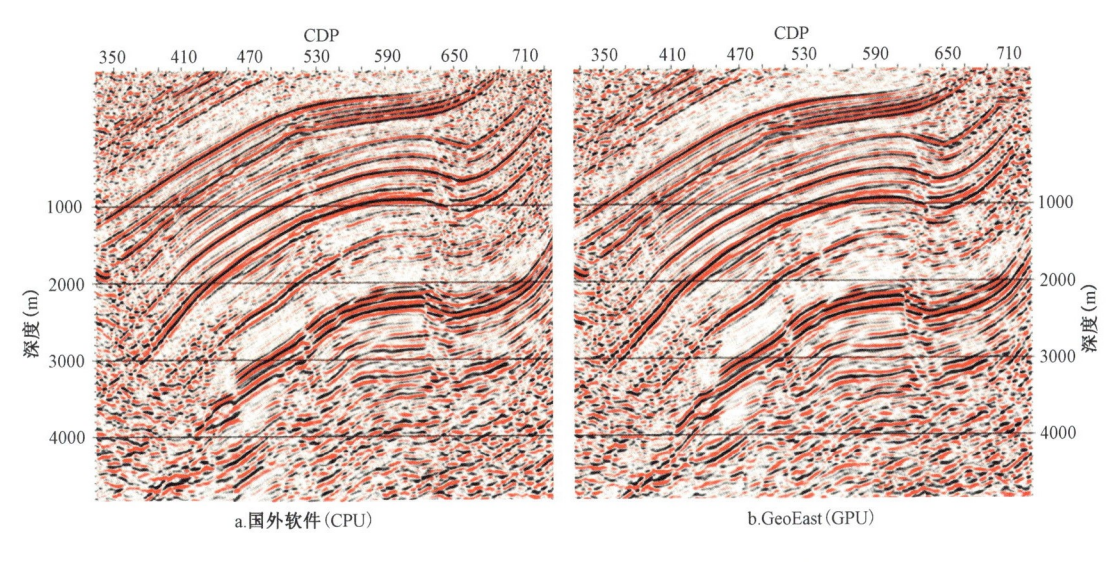

图 5 GeoEast – Lightning（b）与国外同类软件（a）成像效果对比

2.2.5 GeoMountain 山地地震勘探软件

该软件具备复杂地质目标地震采集处理解释一体化工作模式，具有复杂山地采集、复杂山地和地下构造处理、复杂构造解释、多分量采集处理解释等功能，以该软件为核心的山地复杂构造精确地震成像与气层识别技术获得了国家技术发明奖二等奖。对缩短山地地震勘探周期、提高资料品质、降低成本具有重要作用，提升了解决复杂山地问题能力，使中国石油复杂山地地震服务水平再上台阶。该软件在 32 个地震队安装 50 余套，在也门、缅甸、吉尔吉斯斯坦等 4 个国家，四川盆地、塔里木盆地等 10 个地区的项目中得到了广泛应用，在川中古隆起震旦系等重大项目中应用效果显著。

2.2.6 GeoEast – FRAC 地震综合裂缝预测软件

形成了一套以叠前方位各向异性理论为核心，多尺度逐级预测为特色的综合裂缝预测软件，利用时差、振幅、频率、阻抗等叠前、叠后 5 个维度的地震信息，开展裂缝的方位和强度预测，通过三维可视化，为解释人员提供全方位裂缝空间展布。该软件入选中国石油十大科技进展。共安装 56 套，在四川、塔里木、新疆、吐哈、青海、大港、冀东、玉门、长庆以及中亚滨里海等多个探区得到应用，取得良好应用效果。

2.2.7 GeoEast – RE 油藏地球物理软件

初步研发形成了油藏地球物理（GeoEast – RE）软件系统，实现了油藏描述、油藏模拟、油藏监测等油藏研究多专业协同工作。向油藏开发延伸，拓展了地球物理在油气勘探开发中的业务链。该系统在储层表征、油藏数模及生产拟合分析、综合剩余油预测、开发潜力分析及调整方案开发指标预测等方面取得了良好效果。

2.2.8 GeoSeisQC 地震野外采集质量实时监控软件

该软件具有试验资料分析、实时监控评价及综合分析与评价等三大功能，满足野外地震小队、现场采集监理以及油田或物探公司管理部门等不同层次质量控制的需求，达到了国外同类产品技术水平。该软件实现了地震数据采集质量控制自动化，使野外采集质量监控效率提高了 8～10 倍。已推广 263 套，地震采集小队覆盖率约 80%。

2.2.9 GeoEast-GME 重磁电处理解释软件

形成了国际国内唯一的重磁电震一体化软件,总体达到国际先进水平,在三维重磁电、时频电磁资料处理以及可视化综合解释等方面有重大创新。形成的复杂区三维重磁电技术,基于三维动态设计及现场全流程质控、大数据量三维反演,实现了大面积高精度勘探。形成的时频电磁油气检测技术,大功率激发提高信噪比,多参数约束反演减少了非唯一性,提高了勘探精度。形成的重磁电震联合勘探技术,多元信息综合解释、电磁—地震联合圈闭评价日趋完善,提高了目标勘探成效。已安装用户 50 余家,自主应用率达到 70%。

2.2.10 微地震实时监测软件系统

该系统具有监测压裂缝网形成、定量计算裂缝长宽高、分析局部应力状态、估算 SRV 体积、分析井旁断层等关键技术,能够进行井中监测一体化处理解释,为压裂施工提供现场服务,对非常规油气开发具有促进作用。初步形成井中和地面微震实时监测采集、实时处理和解释技术,服务能力得到进一步提升,满足非常规油气水力压裂的技术需求。已为 17 个油气田提供了井中、地面监测技术服务,极大地提高了致密油气、页岩气、煤层气等难动用油气藏的开发成效。

2.3 地球物理配套技术不断优化完善,在油气勘探开发中发挥了关键技术支撑作用

2.3.1 高密度宽方位地震勘探技术(图6)

以具有自主知识产权的核心软件、装备,以及适用新技术为基础,创新集成了陆上地震勘探配套技术,具备 6 万道排列、每天万炮的高效采集、每天 6TB 数据现场质控生产能力,具备对单一三维 50TB 数据 PSTM 处理 15 天、PSDM 基尔霍夫纯体偏 15 天的生产能力,开启了高精度地震勘探新时代,被推荐为国家油气重大专项标志性成果。

目前已推广应用近 50 个三维地震项目,满覆盖面积超过 10000km², 平均覆盖密度 210 万道/km², 是"十一五"期间的 5 倍; 日均施工效率 2500 炮,是"十一五"期间的 3 倍。高密度宽方位三维地震勘探技术在新疆环玛湖、塔里木库车、塔北、柴达木英雄岭、大川中、渤海湾、松辽、吐哈等多个探区的应用取得了显著成效(图7)。

图 6 陆上高密度宽方位地震勘探技术构成示意图

2.3.2 复杂山地地震配套技术

通过增加三维接收排列片宽度,实现宽方位或全方位观测[3],从而获得各方位的地震信息。形成了以高覆盖高密度较宽方位观测、震检联合组合压制山地噪声、高精度的表层结构调查为核心的采集技术,以基于标志层识别的微测井约束层析静校正、相干噪声压制、叠前深度偏移为核心的处理技术,以盐构造理论和断层相关褶皱等为核心的构造解释技术,具备了在相对高差 2000m 的山地进行地震勘探的能力(图8、图9),复杂山地地震勘探技术水平世界领先。复杂山地地震配套技术的应用,为塔里木盆地库车地区和柴达木盆地英雄岭地区的勘探

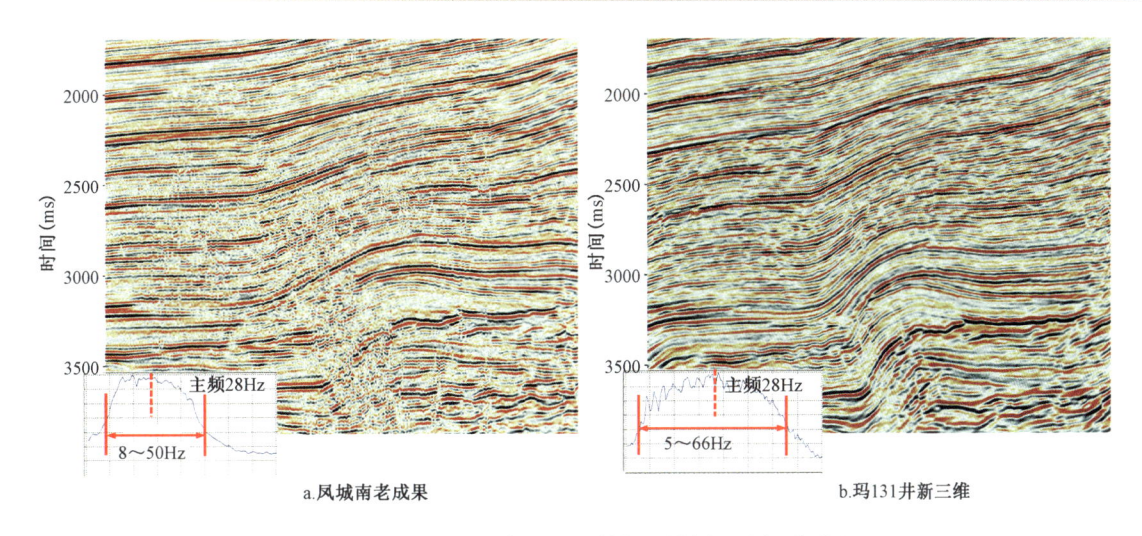

图7 风城南老三维与玛131井新三维剖面及频谱对比

突破发挥了重要作用,使库车地区山地探井成功率由2004年以前的60%上升到目前的80%以上,目的层深度预测误差由6.4%降低到2.0%以内。使得英雄岭地区油气勘探摆脱了"六上五下"的局面,探井成功率超过70%,为英雄岭地区探明亿吨级大油田奠定了坚实的基础。

2.3.3 碳酸盐岩地震配套技术

加大高密度、多波等采集技术、叠前深度域处理和碳酸盐岩储层定量预测技术攻关,形成了以井控Q补偿为代表的处理技术、OVT域各向异性叠前深度偏移技术、碳酸盐岩储层地震特征识别技术、分方位角资料检测裂缝技术、缝洞体系空间雕刻技术、叠前多参数含油气预测技术等为代表的储层定量雕刻技术,大幅提高了缝洞储层刻画精度,有力支撑了碳酸盐岩油气勘探不断取得突破。在塔里木盆地哈拉哈塘地区,实现了缝洞储集体的准确聚焦与归位(图10)。

图8 英雄岭地区典型工区地表地形图

碳酸盐岩缝洞型储层预测配套技术为井位部署、高效开发奠定了基础,使碳酸盐岩缝洞储层预测深度误差由4%缩小到1%以内,钻井平均成功率由66%提高到80%,落实了塔北10亿吨级油气田。

2.3.4 陆上油气富集区地震配套技术

以提高地震分辨率为目标,在东部地表复杂区开展可控震源、高密度宽方位地震采集技术攻关,加大静校正、近地表Q补偿、消除强反射能量屏蔽、井控处理、基于OVT域的处理、基于敏感属性分析的储层预测与烃类检测等技术攻关和应用,形成陆上富油气区精细地震勘探开发一体化配套技术。在渤海湾、松辽盆地等油田实现了整体解剖、评价,在成熟探区滚动勘探取得了突破,圈闭描述成功率约为80%,储层预测成功率约为67%。

a. 二维时间偏移剖面

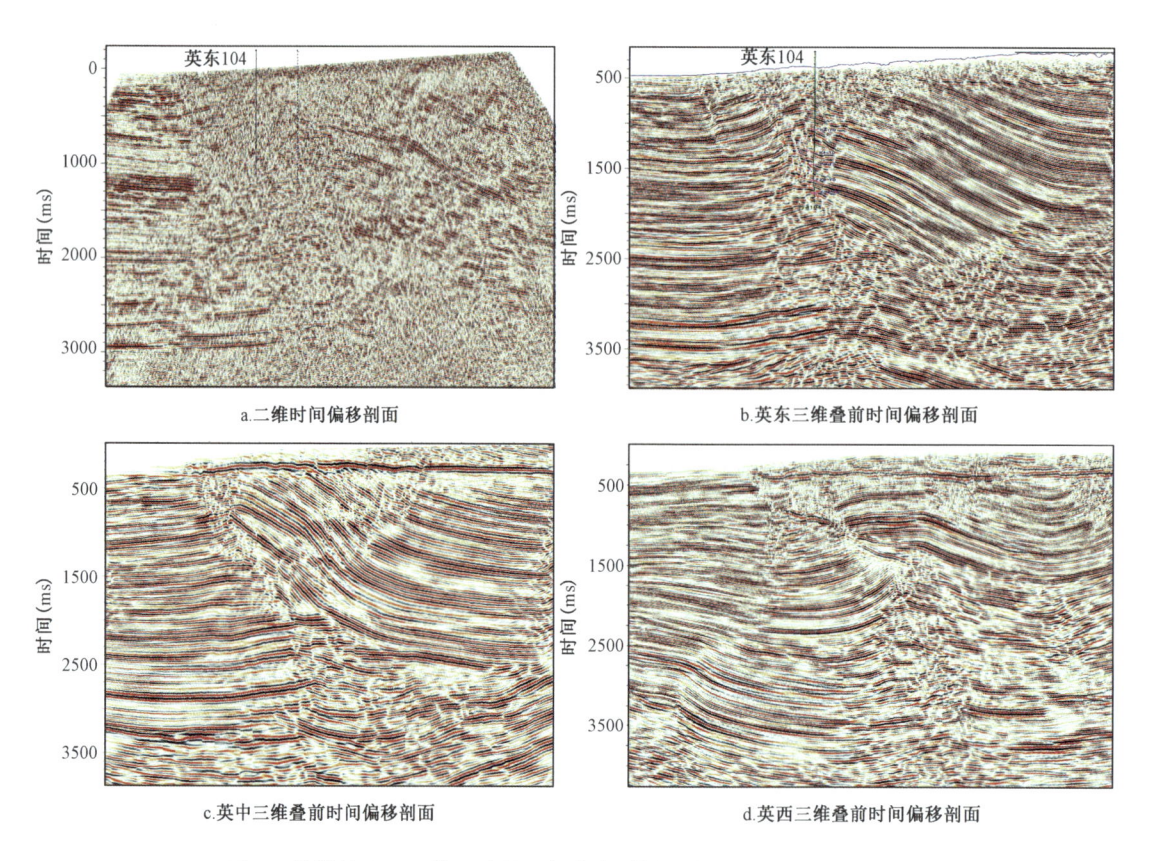

b. 英东三维叠前时间偏移剖面

c. 英中三维叠前时间偏移剖面

d. 英西三维叠前时间偏移剖面

图 9　英雄岭地区二维地震剖面与英东、英中、英西三维地震剖面对比

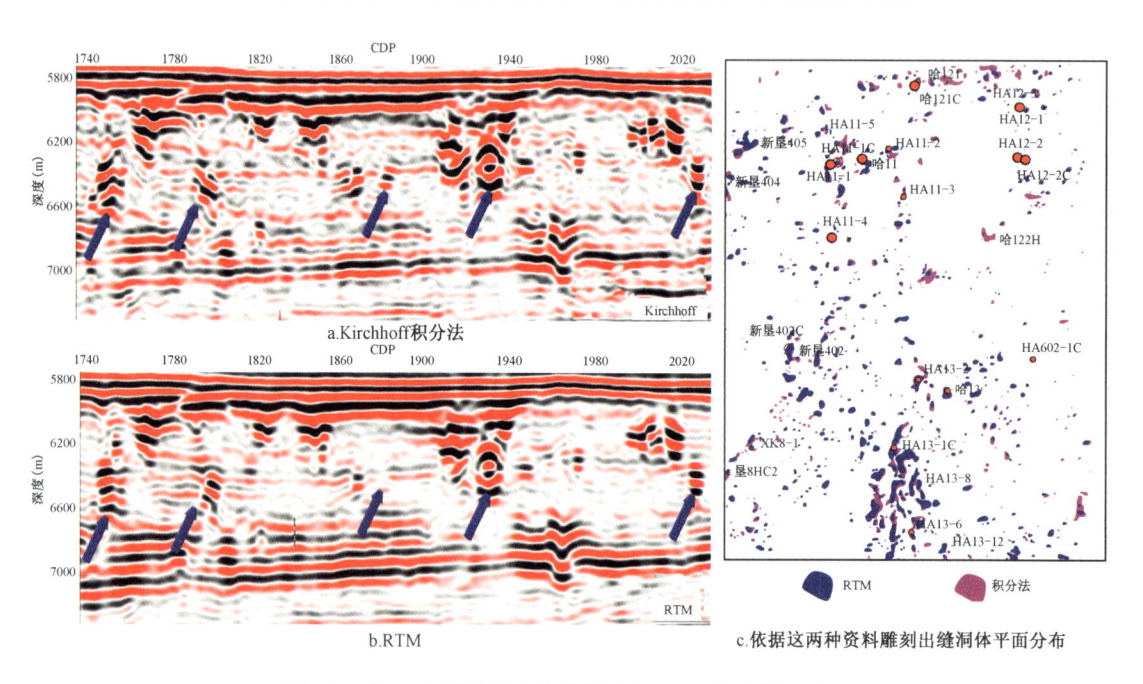

a. Kirchhoff 积分法

b. RTM

c. 依据这两种资料雕刻出缝洞体平面分布

图 10　哈 11 井区积分法偏移剖面与 RTM 偏移剖面对比

在华北同口西地区,新三维较老三维成果目的层段频带更宽,频宽拓展10Hz以上(图11),地层地质规律更清楚。在大港孔南26井区,地震频带展宽10Hz以上,断裂刻画清楚。

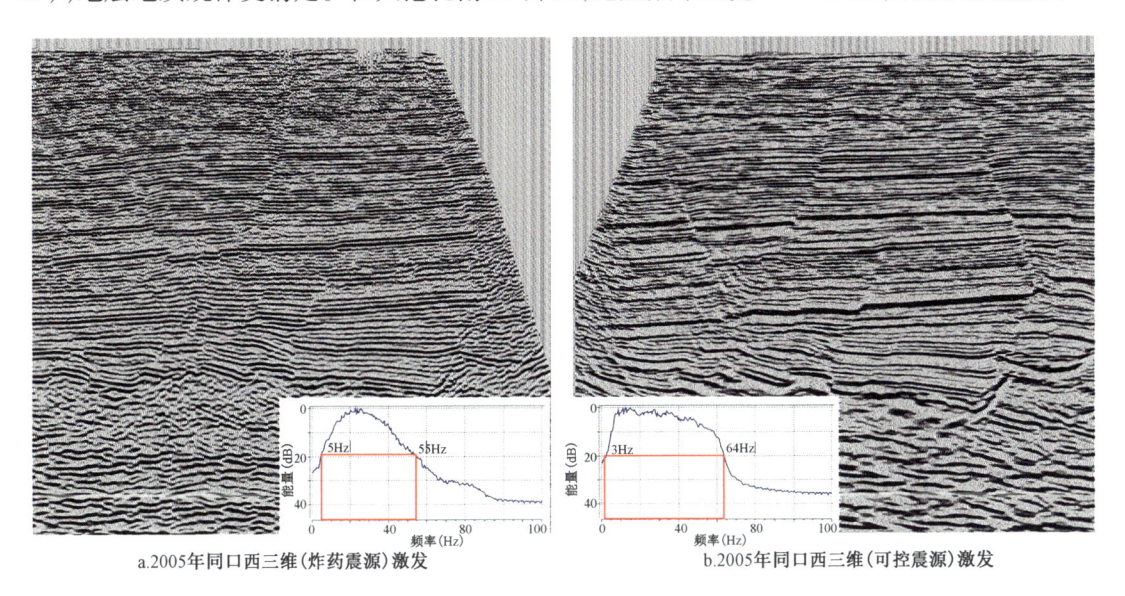

a.2005年同口西三维(炸药震源)激发　　　　b.2005年同口西三维(可控震源)激发

图11　华北同口西老剖面(炸药震源激发)与新剖面(可控震源激发)及频谱对比

同时,在成熟探区,开展层序地层学解释,建立层序格架,精细追踪有利砂体,开展工业化制图,追踪砂体空间展布规律,开展多属性分析,确定有利相带(主要目的层),开展叠前/叠后反演,预测有利储层和流体。如图12所示,利用属性聚类,确定有利相带,确定有利钻探目标。在渤海湾马西凹陷、杨武寨凹陷、板桥凹陷、大民屯凹陷、西部凹陷等获得优质探明储量,为成熟探区滚动勘探提供了有效的技术手段。

2.3.5　致密油气地震勘探配套技术

形成了以宽方位、高密度等为代表的采集技术,以井控处理、分炮检距处理、各向异

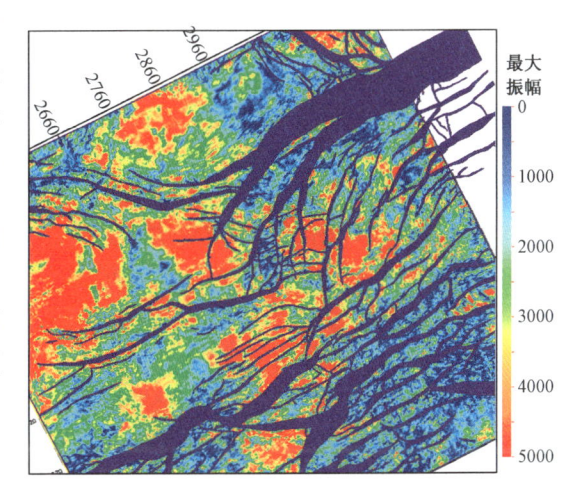

图12　板桥北翼板四上①砂组属性聚类图

性处理、OVT域处理、叠前时间及深度偏移等为代表的处理技术。针对致密油气地质特点,形成了以时频分析为主的致密储层厚度预测技术,以叠前高亮体、泊松比反演为主的致密储层含油性预测技术,以神经网络密度反演为主的烃源岩品质评价及岩石力学参数储层脆性指数地震预测技术;在岩石物理分析基础上,形成了叠前横波阻抗砂体识别技术,叠前角度域吸收衰减气层识别技术,应用多波联合反演及叠前地质统计学分析等技术进行薄气层预测及气水识别,为致密油储量提交和井位部署发挥了重要的支撑作用。在辽河油田雷家工区,以高密度三维地震为基础,应用叠前反演和脆性预测等技术,开展各层段岩性、白云石含量、物性、脆性、裂缝及地应力预测,划分优势岩性,预测有利储层"甜点"(图13),为探明致密油储量奠定了坚实基础。

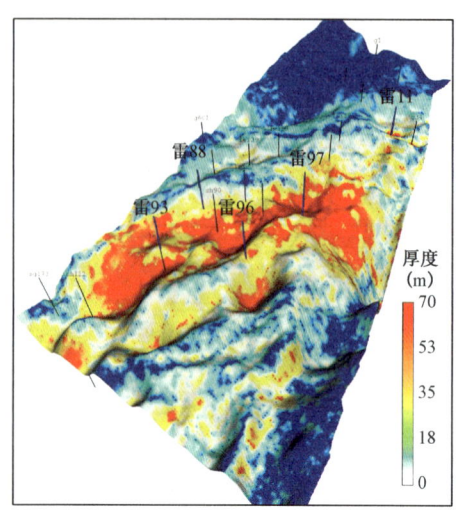

图13 辽河油田雷家工区社三油层"甜点"分布图

2.3.6 浅海过渡带地震配套技术

推广气枪激发和海上定位技术，实现滩浅海炸药激发与浅海气枪激发的无缝连接，形成了以适用装备、特色采集为核心的勘探能力，具备海陆过渡带有线、节点采集与浅海OBC联合采集能力。作业范围从渤海湾到中东波斯湾，勘探业务不断扩展。在冀东油田、大港油田，填补了复杂地表区资料空白和疑难区，地震资料品质显著提高，实现了整体精细解剖。在红海地区，利用两类采集系统（有线、节点）、多种接收类型（陆检、水检、双检、内置）、多种钻机设备（陆地钻机、两栖钻机、空气船）、多种激发（可控震源、炸药、气枪）、多形式定位（GPS、二次定位、船轨迹）实现海陆过渡带资料无缝连接。

2.3.7 综合物化探配套技术

形成了面向复杂区的三维重磁电综合勘探技术、面向油气检测的三维时频电磁勘探技术、面向特殊目标的重磁电震联合勘探技术，开发了重磁电采集处理软件，研制了时频电磁大功率恒流发射系统、三维可控源电磁勘探HAWK采集站，并在面向储层开发的井筒电磁勘探技术、面向开发动态监测的时移非地震技术、面向海洋领域的重磁电勘探技术等方面取得重要进展。

其中三维重磁电综合勘探技术在复杂结构研究及综合建模方面的应用取得良好效果，在库车山前刻画了砾石层分布及岩性岩相特征，进行地质结构、断裂特征的综合构造建模解释，利用三维重磁电综合勘探技术资料结合地震资料开展速度研究，为地震建模提供依据。重磁电震联合勘探技术针对深层目标的应用效果显著，在川中地区开展大剖面4条600km测线电磁勘探，证实深部裂谷呈北东向展布，震旦纪早期具有垒堑相间的裂谷盆地结构，呈北东向展布，裂谷呈两凹夹一凸的构造格局，裂陷内发育多排低凸，裂谷南部边界反映清晰，裂谷向北可能仍有延伸（图14），中央凸起是深层勘探有利区。时频电磁技术在油气直接检测方面初步见效，在准噶尔盆地环玛湖地区，时频电磁极化率异常对油气有较强的指示作用，预测有利目标，有效降低钻探风险。

2.3.8 复杂油藏地球物理配套技术

形成了综合地球物理（地面、井地、时移等）技术系列、井震联合的油藏静态描述技术系列、油藏动态描述与油藏模拟技术系列、油藏监测及综合剩余油预测技术系列，以GeoEast-RE软件系统为平台，形成了从地球物理一体化解决方案设计、地球物理技术实施、油藏动静态描述、油藏模拟、剩余油气预测、开发方案调整、开发井位设计一体化的技术服务能力。在珠江口某油田开发区，充分利用新采集地震数据开展数据重构处理，完成油藏再认识与精细描述，基于两期地震数据的四维（时移）地震一致性处理，探索预测油水置换区域，综合两方面研究，预测剩余油气分布，提供开发方案，部署开发调整井10口，储层钻探符合率100%，取得良好的开发成效。

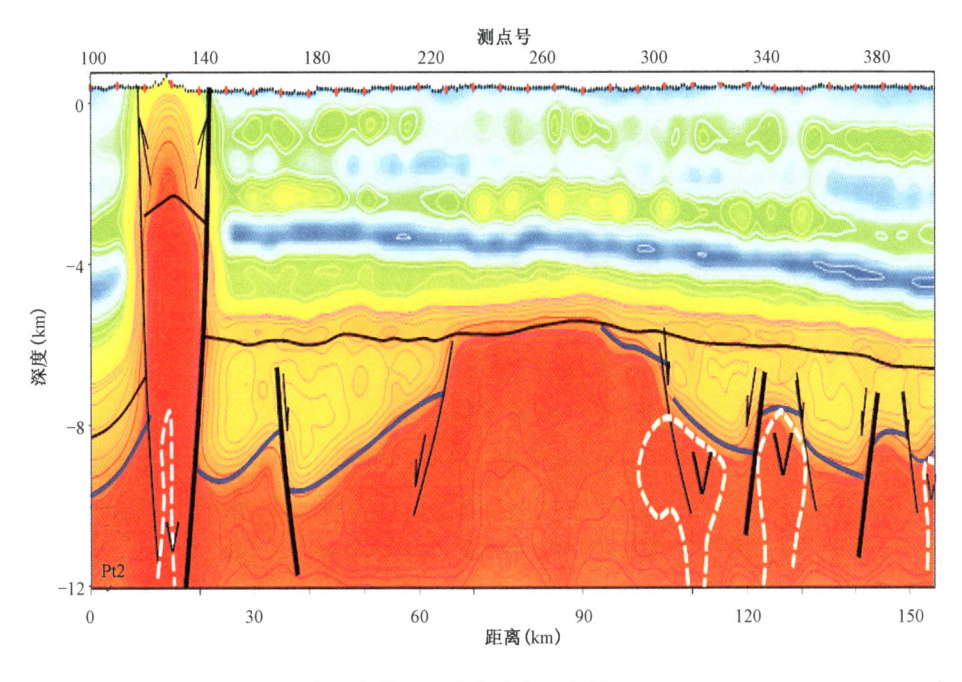

图 14 大川中井震电联合约束反演剖面(CZ15E-03)

2.3.9 非常规油气地震勘探技术

在经济型三维地震资料基础上,通过分方位处理、叠前各向异性处理,寻找优质烃源岩发育、构造及埋藏适宜、裂缝发育、易压裂、压后能形成可观裂缝型储集体,为非常规油气田高产稳产奠定基础。结合岩石物理、测井、微地震监测技术,开展岩性、物性、含气性及裂缝、有机碳含量(TOC)/脆性、压力等研究,初步形成"甜点"预测技术。包括多矿物扰动分析技术(TOC、石英含量),通过改变TOC,分析密度、纵横波速度、纵波阻抗、泊松比的变化,确定敏感弹性参数;非常规储层TOC预测技术,通过叠前三维地震数据反演储层TOC,预测有利储层的TOC厚度分布;非常规储层脆性预测技术,通过叠前三维地震数据反演储层脆性,预测储层脆性分布;基于叠前三维OVT域处理及裂缝预测技术;三维地震预测储层应力技术;三维地震预测储层压力系数技术等。

2.3.10 海洋地震勘探配套技术

形成了深海OBN(海洋节点)采集能力,具有全自动深水节点,收放、充电、数据下载系统,千米水深点位精度达到10m级(全球领先)。拥有6条船22缆的作业能力,形成了拖缆地震数据采集航迹模拟技术、拖缆四维地震数据采集技术、基于倾斜电缆宽频地震采集技术及工艺、基于连续记录的拖缆地震采集技术、基于GeoEast拖缆在线实时质量控制技术、气枪阵列拖曳位置控制系统及技术等,使海洋地震勘探技术能力达到国际先进水平。

2.3.11 火山岩地震配套技术

推广重磁相关岩性校正、地震和井约束、三维重力剥层、地震—建场约束反演等技术,对火山岩等特殊岩性体开展多方法联合处理和综合解释,利用地震建立初步模型,测井进行岩性标定,多信息融合功能,利用物性建立组合模板,对异常进行聚类分析,提高深层火成岩目标识别精度。在准噶尔盆地五彩湾地区,针对石炭系火山岩开展低频可控震源高密度采集,深层地震资料品质得到质的改善,新资料频宽展宽约20Hz,主要目的层二叠系、三叠系接触关系较清楚,石炭系顶界面较老资料清楚,新资料目的层(T、P)成像特征较好,断点较可靠(图15)。

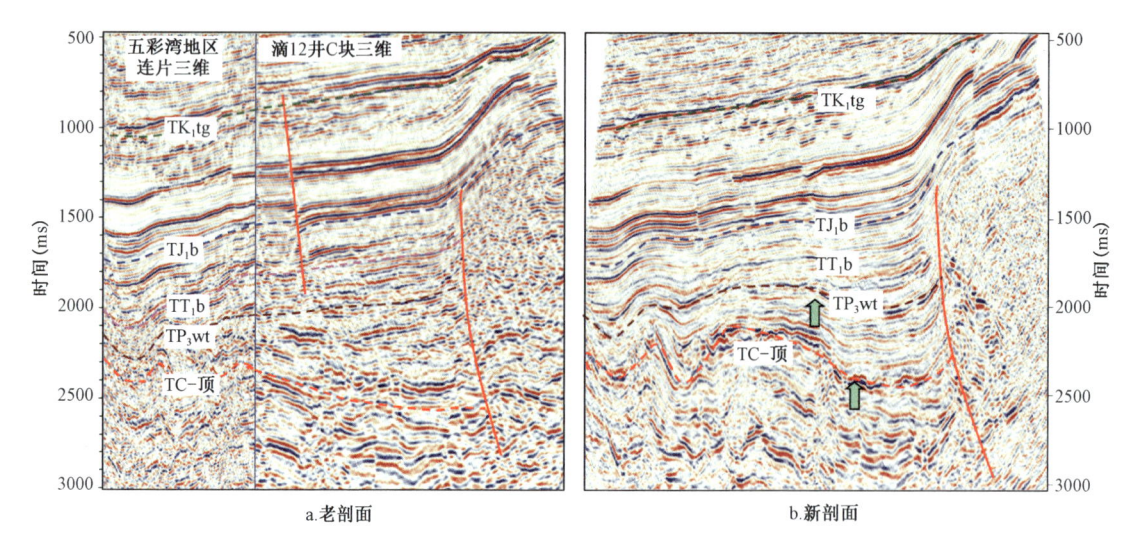

图15 新疆五彩湾地区新、老剖面对比,新剖面石炭系顶面清楚

2.3.12 时移地震勘探技术

提出了3.5维地震勘探的方法,应用油田开发中—晚期的高精度三维地震数据,结合油田开发动态信息进行综合研究,解决油田开发中问题,寻找剩余油气分布。该方法作为一种简化的时移地震技术,在西部油田的开发实际应用表明,可以较有效地解决油田开发中的问题和发现剩余油气的分布,提高油田开发的经济效益。在辽河油田曙一区,开展了两轮四维地震采集和12口井时移VSP资料的采集,形成了四维地震和井地联合地震资料处理解释技术流程,通过地震属性差异分析和可视化技术,描述油藏内部物性参数的变化和追踪流体前缘分布,刻画了蒸汽驱前沿和汽腔的空间展布,为曙光油田寻找5000×10^4t的剩余油提供技术支撑。

2.3.13 多波地震勘探技术

形成了以数字三分量为代表的多波地震采集技术,首创了VTI介质中高精度、高效的转换波相对振幅保持的叠前时间/深度偏移成像技术,可满足大规模转换波地震数据叠前偏移处理的需要。研发和集成了各向异性参数估算等40项交互分析功能,形成了功能完备的转换波多参数分析技术系列,转换波多参数分析技术成为GeoEast-MCV2.0处于国际领先水平的关键技术之一。

多波地震技术已经在委内瑞拉SUR-10M-3D3C项目、塔里木盆地哈7井区、SaudiAramcoZuluf 3D/4C OBC、委内瑞拉JUNIN4 3D3C项目、加拿大MACKAY、塔里木盆地轮古17井区、四川盆地蓬莱南地区、四川盆地磨溪—龙女寺地区、鄂尔多斯盆地苏里格气田等多个项目应用中取得良好效果。在四川盆地磨溪—龙女寺地区,转换波(反映岩石骨架)剖面横向上的变化揭示了龙王庙组物性的变化,即指示了储层的分布,龙王庙组厚度稳定,岩性稳定。预测储层厚度误差小于5m,储层厚度预测符合率达100%,已测试井含气性综合预测符合率达90%以上,预测效果明显好于纵波(图16),磨溪42井多波预测结果与实钻吻合,而与纵波结果不符。

a.多波含气性预测效果　　　　　　　　　　　b.纵波含气性预测效果

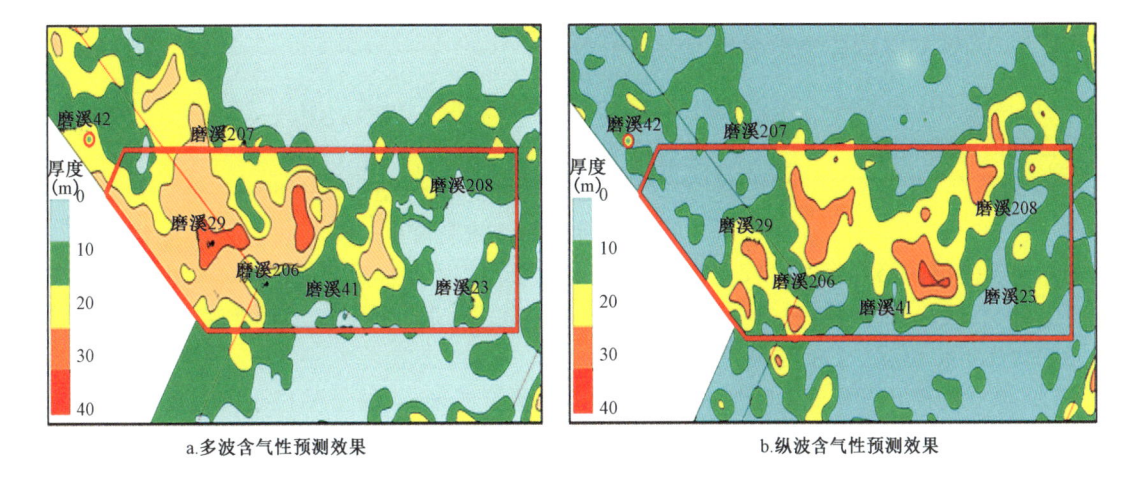

图16　多波含气性预测效果与纵波含气性预测效果对比

2.3.14　微震压裂监测技术

形成了微地震资料采集技术、井中实时定位技术、地面微地震监测配套技术、井中+浅井+地面微地震联合监测技术、多井同时微地震监测技术,研发了相应的微地震压裂监测软件,该技术整体达到国际先进水平。图17是东方地球物理公司与国外某公司在四川页岩气监测结果对比,前者的效果更符合实际情况。

a.国外某公司　　　　　　　　　　　　b.东方地球物理公司

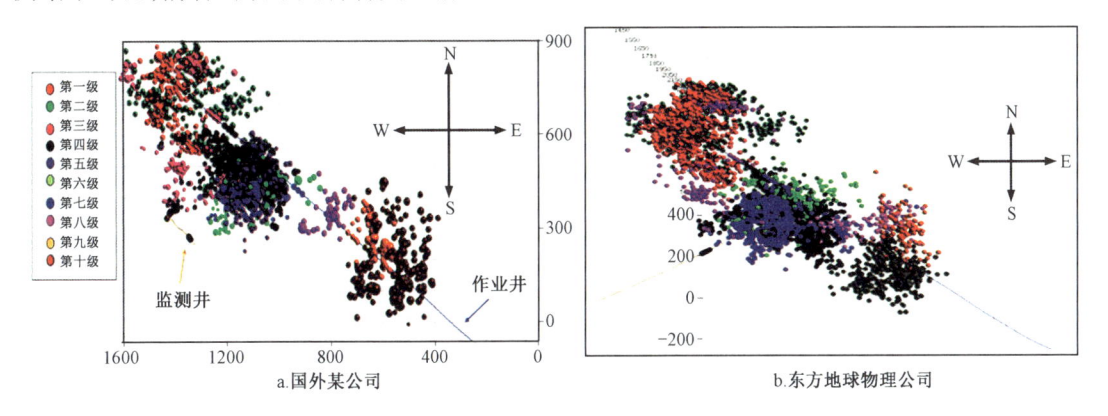

图17　国外某公司与东方地球物理公司在四川页岩气压裂监测效果对比

3　"十三五"物探技术发展展望

"十二五"科技创新成果的取得,得益于持续优化科技资源,不断完善科技配套政策,加速重大关键技术的攻关和应用[4],推动了创新驱动战略实施[5]。但是也应该看到,物探技术发展依然存在原始创新不足、技术获取方式不灵活等问题,技术研发与生产结合不紧密问题仍然突出。在"十三五"低油价新常态情况下,物探业务更是面临降本增效的新要求及发展效益科技新挑战的问题。

因此,"十三五"中国石油物探需要坚持战略目标不动摇,持续丰富技术创新战略内涵,在技术研发与应用方面持续改进与完善,以不断的技术创新,满足中国石油稳健发展和降本增效的需求,同时,为行业复苏做好储备。

3.1 内外部发展环境和条件

（1）展望2030—2040年,全球能源供给将随需求的增长而同步增长,化石燃料将继续为世界贡献最多的能源。

到2035年,化石能源主导的格局不会发生实质性改变,只是占比由80%左右下降至60%左右。石油公司对石油工业上游产业的发展前景保持乐观态度,油田工程技术服务仍有广阔市场。中国的能源格局将发生较大变化,一次能源结构将不断向低碳化转型,石油消费比重稳中有降,天然气消费比重将在2010—2030年间快速增长,非化石能源消费比重将持续较快增长,到2050年将形成"三分天下"的能源结构。

（2）油气勘探开发难度不断加大,油气资源类型更加多元、储量品位下降,勘探开发条件日趋复杂,对工程技术依赖程度更高。

从勘探领域来说,未来将逐渐向深水海域、深部层系和极地等新区、非常规油气等新领域拓展。由于现有油田不断降低的采收效率以及常规勘探开发区域越来越难以发现较大油藏,致密砂岩油气、煤层气、页岩气等非常规油气资源正成为当前及未来储量增长的主体,非常规油气资源在能源结构中的地位越来越重要,方向正逐步向非常规油气领域转变。

（3）国际竞争更加激烈,行业技术发展更加关注高收益的高端市场,物探服务领域不断延伸[6],促进技术向高效精细化发展。

在国际市场竞争中,中国石油物探核心装备在国际竞争中没有优势,中国石油物探在陆上高端市场面临更大的竞争压力,海洋、非常规油气领域高端技术差距较大。

（4）科技创新是国家和中国石油发展的核心战略,创新驱动是推动能源革命的必由之路,物探科技创新更是提升油气业务保障能力的关键。

中国石油物探技术与国际先进水平整体差距在不断缩小,在解决国内复杂油气勘探开发问题中具备差别化优势,为下一步发展奠定了良好基础。国际油价断崖式下跌,物探市场空间、盈利受到进一步挤压,倒逼中国石油必须走出一条低成本发展之路,科技创新将在低油价时代物探市场竞争中发挥更为重要的作用。

（5）物探技术创新发展模式还需要进一步优化,需要进一步优化研发体系,解决好资源分散、重复投入、成果转化等问题,加速技术研发与成果转化。

需要协调好中长期战略目标与低油价形势下战术调整的关系。在坚持既定战略目标不动摇的同时,要平衡基础研究、技术攻关、推广应用几个阶段的研发侧重,确保创新是一个价值创造过程。

3.2 技术需求与差距分析

"十三五"及未来一段时间,我国油气资源的增长潜力大体来自3个方面:一是随着认识的深化和勘探技术的进步,现有领域的范围、类型进一步增加,如西部的山前冲断带、东部的富油气凹陷的岩性油气藏;二是随着新理论、新技术的发展,目前尚未认识到的新盆地、新领域的资源增加,如深层资源、鄂尔多斯盆地中—下古生界次生气藏的资源、南方等地区海相碳酸盐岩地层中的资源、海域油气资源等;三是非常规油气资源的勘探开发,促进资源的增长,包括煤层气、页岩气、油砂矿、油页岩、天然气水合物、水溶气等。

（1）就目前发展趋势判断,未来3~5年的油气勘探开发地球物理主流技术仍然是宽方位宽频高密度三维地震,出现革命性技术的难度大,国内二次/三次三维以后,地震部署问题突出,高陡构造、老油区、低渗透、地层岩性、深层、深海、非常规等重点领域对物探精度的要求不断提高,一些关键技术尚待突破[7]。

① 高陡构造领域要求提高成像精度,构造误差小于1.5%,提高储层预测精度,钻探成功率提高20%。主要技术需求是高密度高覆盖地震采集技术、高分辨率处理技术、起伏地表叠前深度偏移技术、深度域解释+变速成图建模技术、重磁电综合物化探技术。

② 低渗透地层岩性领域要求地震主频提高10~15Hz,预测东部厚度1~3m、西部3~7m的薄层,识别3~5m断距的断层,岩性圈闭落实成功率提高20%。主要技术需求是高密度宽方位地震采集技术、精细近地表速度建模技术、保真去噪和精细静校正技术、方位处理技术、叠前综合甜点预测技术、复电阻率储层预测技术。

③ 深层领域要求构造落实精度误差小于2%,储层预测精度达到15~30m,准确率达到80%。主要技术需求是宽频、超长排列地震采集技术、折射波+回转波反演近地表速度建模技术、弱信号补偿技术、重磁+RTM+FWI成像技术、区域构造变形特征、盐相关构造建模技术、电磁+地震叠前反演预测技术。

④ 成熟探区领域要求进一步提高分辨率,预测东部厚度1~3m、西部3~7m的薄层,识别3~5m断距的断层,流体预测符合率提高20%。主要技术需求是宽频目标采集技术、提高分辨率处理技术、储层及流体成像技术、油藏精细建模技术、永久监测技术、多学科油藏地球物理技术。

⑤ 深海领域要求构造落实精度误差小于4%,烃类检测符合率达到80%以上。主要技术需求是多层拖缆和洋底接收技术、宽频激发技术、FWI+RTM成像技术、无井情况下的储层预测和烃类检测技术、海洋可控源电磁高精度油气识别技术。

⑥ 非常规储层领域要求预测孔隙度小于5%的储层,有效储层和烃类检测符合率提高20%,预测微裂缝发育带、TOC、岩石脆性等。主要技术需求是岩石地球物理分析技术、OVT域处理技术、微地震裂缝检测技术、"甜点"预测技术、电磁油气饱和度预测技术。

⑦ 海外油气勘探开发制约因素多,节奏快,面临的对象复杂,强化国内成熟技术在海外的有效应用是核心。

(2)中国石油物探技术发展还兼顾着国际市场竞争的需要,总体上看,中国石油物探实力雄厚,陆上地震采集能力居世界第一位,在全球油气勘探业务中占有重要席位,物探技术发展有着一些差别优势。

① 陆上地震勘探技术整体处于国际先进水平,复杂山地地震勘探技术处于国际领先水平。国际上,高密度宽方位三维采集技术普遍应用,高精度数据处理、叠前偏移成像、海量数据处理解释技术先进,多学科油藏地球物理综合研究成熟配套,永久监测技术投入应用。中国石油物探山地、沙漠等复杂地表区采集、静校正、去噪、构造建模与深度域解释等技术先进适用,形成高密度采集处理、多波采集处理配套技术,陆上宽频宽方位高密度三维地震采集处理技术,3.5维/四维和井震联合地震勘探技术投入应用。

对比来看,物探数据处理解释技术能够替代引进产品,采集技术实力较强。高效、低成本配套技术以及弹性波成像超前技术与国际先进水平有差距,但正在缩小。深层地震配套技术储备不足,需要深入研究。

② 大型地震仪器、可控震源技术保持国际同步。国际上,出现实时百万道有线地震采集系统,功耗更低、可靠性更高、速度更快。海上光纤永久油藏监测系统已成功商业化应用,正在发展陆上光纤地震采集系统。中国石油物探拥有 10 万道带道能力的地震仪器、3~120Hz 带宽的可控震源、噪声水平 50ng 的数字检波器。海洋勘探设备全部依赖进口。

对比来看,宽频可控震源技术先进,超大道数地震仪器和高精度检波器同步发展。数字检波器、光纤技术、深海装备有差距,产品稳定性及与采集处理技术的结合有待加强。

③ 物探软件整体处于国际先进水平,油藏地球物理技术取得重要进展。国际上,面向油藏的处理解释软件向海量数据、大规模计算、多学科协同工作、云计算等方面发展,已经推出了代表性产品。中国石油物探具备海陆采集处理和解释一体化功能,满足常规高密度数据处理解释、叠前深度偏移成像、多波与 VSP 数据处理要求及基本的海洋数据处理需要,初步建立了与油藏结合的多学科协同工作机制及平台。

对比来看,地震数据采集、去噪、静校正处理有特色优势,深度偏移、多波和 VSP 处理、构造和储层解释等功能与国际先进水平同步。初步具备三维速度建模、全波形反演功能,数据管理、协同工作、开放平台方面仍有差距,海洋资料处理、弹性波偏移技术需要加速发展。

④ 非常规、海洋等油气地球物理技术处于起步阶段。国际上,深水装备、海洋可控源电磁、海洋节点采集装备及技术较为成熟,处于垄断地位。非常规油气地震勘探技术,处于领先水平,支撑非常规油气低成本勘探开发。中国石油物探拥有 12 缆拖缆勘探船,装备能力处于中等水平,具备三维 SRME、数据规则化等基本的海洋数据处理解释能力。页岩气、煤层气等非常规储层三维经济技术一体化研究还处于起步阶段。

对比来看,海洋和非常规储层的常规地震采集和处理解释技术与国外差距不大,并且在中国海域有综合研究优势。深海拖缆、节点、电磁装备及配套处理技术全面落后,非常规储层岩石物理分析、TOC 分析等基础研究差距较大。

3.3 技术发展方向与建议

物探行业技术发展趋势总体是向高效率、高精度、一体化、安全环保方向发展。装备发展方向是便携化、智能化、无缆化、低成本、超万道地震仪;大数据、云计算高性能计算机及存储设备。采集技术朝着单点接收、宽频激发接收、高密度、超高密度、全方位方向发展。处理技术朝着起伏地表建模、各向异性速度建模、全波形速度反演、快速准确成像、弹性波岩性成像、海量数据处理方向发展。解释技术朝着大数据分析、多信息融合、地质统计反演、量化解释方向发展。油藏工程一体化向着地震井地联采、井中震电联采、地震地质一体化、勘探开发一体化方向发展。

因此,针对我国油气勘探领域面临的技术问题,结合国际物探技术发展趋势和低油价形势下对物探业务降本增效的新要求,"十三五"期间,中国石油应当持续把技术创新作为重要战略举措,立足陆上、拓展海上、延伸油藏、强化装备。保持优势领域技术领先,解决生产问题。实现核心技术赶超,提高竞争能力。发展业务链延伸技术,保障可持续发展。强化前沿技术获取与发展,占领制高点。分三个层次,重点发展一批支撑生产和提高竞争力的关键技术,使中国石油物探整体步入国际领先行列。

3.3.1 通过持续加强自主创新,保持或预期领先的技术

(1)陆上宽频高密度地震勘探技术。这是中国石油物探优势领域技术,通过不断集成先

进适用新方法,形成针对不同领域生产需求的配套技术,进一步解决长期困扰勘探开发的生产难题,并形成一体化品牌技术,提供高性价比技术服务,进一步提高国际竞争能力。

（2）地震采集工程设计技术。与国际同类产品相比,在功能多样性和与生产结合的适用性方面达到国际领先水平。结合高密度和超高密度勘探发展趋势,发展基于叠前目标的正演模拟、大数据实时质控和数据评价等技术。

（3）地震仪器、可控震源及高效采集技术。超高密度勘探可以获得更高信噪比、高分辨率地震数据,进而产生更可靠的储层参数和油藏特征参数解释结果,是重要技术发展方向。国际上率先提出百万道地震采集系统概念并正在实施,中国石油拥有无线、节点、有线一体化功能的10万道级仪器,拥有先进的宽频可控震源,具备技术研发的基础。

（4）弹性波叠前成像、多波技术。全弹性波动方程偏移是解决复杂构造高角度成像、岩性成像、流体成像等复杂问题的高端技术,但目前弹性波叠前成像和多分量处理过程复杂,且成本太高,大数据问题也是其中的一个瓶颈。要结合计算机技术设计一体化的解决方案,而不仅是单一技术,有可能在5～10年后发展成为常规处理技术。

（5）全波形反演、速度建模技术。全波形反演技术在海洋数据上见到了较好的应用实例,陆上数据相对复杂,进展较缓慢。目前油公司都看好这项技术,从事研发的公司和大学较多,结合正在开展的三维速度建模研究,需要加强信息收集,增强对该技术发展进展的敏感性,组织力量,不断探索,争取在该技术上突破并领先的可能性。

（6）微地震监测技术。这是目前在非常规油气勘探领域可用的不多的地球物理技术之一,正处于艰难发展时期,北美地区只有1%的页岩气注水破裂过程使用微地震监测技术。检测结果的可靠性有待于突破,解决问题的关键不仅是单一技术,也在于整体问题的解决方案。

（7）陆上三维重磁电技术。与国际同行业相比,在方法多样性和应用经验方面优势明显,三维地震数据处理及联合解释技术走在国际前列,形成了山前带、复杂岩性体及隐蔽油气藏等物化探配套技术。在仪器装备及与地震联合勘探技术方面有待进一步发展和提高。

3.3.2 通过引进合作再创新,保持与国际先进同步发展的技术

（1）处理解释一体化技术（GeoEast）。已经具备较完备的陆上地震数据处理解释功能,同时具备了海上数据常规处理和多波、VSP处理功能,进入比效果、比效率的生产时期,技术发展还有很大改进和完善空间。

（2）一体化协同工作平台。结合计算机发展水平和生产需求,考虑未来10～20年,开发兼顾云计算、三维可视化、跨平台的适应多学科协同工作环境的开放式平台,并研发和集成高精度地震成像、多波多分量、大数据处理、叠前反演等先进功能。

（3）油藏地球物理技术。通过多轮次地球物理研究,结合井筒、油藏等信息不断修正油藏模型[8],为井位部署调整、开发工艺设计奠定基础,最终实现油气田高效持续开发。中国石油已形成复杂油藏综合研究配套技术,初步开发了 GeoEast – RE 综合评价软件。要完善油藏描述、油藏模拟、油藏监测和协同工作系统,集成到新一代协同一体化软件平台,进而推广应用。

（4）非常规油气物探技术。非常规油气勘探是一项综合工程,国外经过了长期发展,才具备生产能力。中国石油要进一步加强装备、技术和人才的引进与合作,快速形成从岩石物理到产量预测的非常规油气勘探开发整体解决方案,支撑生产。

（5）海洋电磁技术。这是降低海上钻探巨大风险的关键技术，目前国际上处于技术垄断阶段。中国石油已开展海洋电磁装备研发工作，要结合装备研制成果，开展配套采集处理解释技术研究，尽快形成海洋电磁勘探生产能力。

3.3.3 需要加速追赶与发展的技术

深海高端配套技术。在现有高端海洋装备规模不大幅提高的前提下，加快宽频采集处理配套技术研发，尽快形成参与深海高端勘探市场竞争的门槛技术。

3.4 展望

中国石油物探发展正面临前所未有的机遇与挑战，站在建设国际性综合能源公司的战略高度，需要更加发挥综合一体化业务优势，切实依靠改革创新，实现有质量、有效益、可持续的发展。通过强化自主创新，培育核心竞争力和价值创造力；加强国际一流人才队伍建设，抢占未来发展制高点；推进资源优化整合，加大投入，增强超前研究与再创新能力；借助市场化和资本运作，建立全球研发能力。上述措施的实施，将为中国石油物探向陆上物探技术领先者转变迈出更加坚实的一步。

到"十三五"末，中国石油物探技术发展总体保持国际先进水平，陆上复杂区物探技术持续保持国际领先，新一代开放式物探数据处理解释软件平台、百万道级地震数据采集系统、新一代地震成像技术、基于大数据的两宽一高地震勘探关键技术等4项战略性技术的成熟度达到现场试验级别。形成宽频、宽方位、高密度地震勘探和油藏地球物理2项核心配套技术，研制百万道级地震数据采集系统、高精度宽频可控震源和宽频检波器、深水可控源电磁勘探系统、新一代地震数据处理解释等5套装备及软件；创新发展与超前储备深层油气藏地球物理探测、非常规能源地球物理、多波及裂缝储层预测、弹性波地震成像等关键技术。掌握深海宽频、海底节点勘探采集/处理技术，形成海洋电磁勘探作业能力，形成井中—地面联合微震监测技术和服务能力。

参 考 文 献

[1] 刘振武,撒利明,张少华,等.中国石油物探国际领先技术发展战略研究与思考.石油科技论坛,2014,33(6):6-16.

[2] 杜金虎,赵邦六,王喜双,等.中国石油物探技术攻关成效及成功做法.中国石油勘探,2011,16(5):1-7.

[3] 孙龙德,撒利明,董世泰.中国未来油气新领域与物探技术对策.石油地球物理勘探,2013,48(2):317-324.

[4] 刘振武,撒利明,张研,等.中国天然气勘探开发现状及物探技术需求.天然气工业,2009,29(1):1-7.

[5] 刘振武,撒利明,董世泰,等.中国石油天然气集团公司物探科技创新能力分析.石油地球物理勘探,2010,45(3):462-471.

[6] 刘振武,撒利明,董世泰,等.主要地球物理服务公司科技创新能力对标分析.石油地球物理勘探,2011,46(1):155-162.

[7] 撒利明,董世泰,李向阳.中国石油物探新技术研究及展望.石油地球物理勘探,2012,47(6):1014-1023.

[8] 刘振武,撒利明,张昕,等.中国石油开发地震技术应用现状和未来发展建议.石油学报,2009,30(5):711-716.

中国石油物探新技术研究及展望*

撒利明　董世泰　李向阳

摘要　中国石油隶属的物探队伍已成为国际油气勘探中一支不可忽视的力量,陆上综合勘探能力居世界第一。在物探技术全球化、国际化的大背景下,国际竞争日趋激烈,各物探公司均发展自身独有的特色技术,以确保其市场竞争地位。为增强中国石油物探技术创新能力和国际竞争力,提高前陆、岩性、叠合盆地、深层、非常规等领域油气藏勘探的技术水平和勘探成功率,需要加强9个方面的物探新技术新方法研究,大幅度提高中国石油物探技术整体研发能力,形成解决复杂地质问题的关键技术,提高中国石油核心技术竞争力及主营业务长远发展潜力,为打造技术领先的中国石油物探奠定基础。

1　中国石油物探队伍经过多年发展已成为国际油气勘探开发中一支不可忽视的力量

我国陆块内部的地质结构复杂,历经多次构造运动,后期改造作用强烈,油气藏具有陆相生油、多期运移、复式成藏等独特的油气地质特点,决定我国的油气勘探开发面临世界级难题。物探技术是近代石油勘探的主要技术,经过60多年的不懈努力,中国石油物探技术已成为具有中国特色的油气地质勘探理论和方法技术系列的核心内容之一,物探队伍相继为发现玉门、新疆、松辽、塔里木、渤海湾、四川、苏里格等油气田发挥了重要作用,不仅是我国石油工业的先行开拓者,也是保障油气资源接替的主力军,勘探开发持续发展的推进器[1]。

近10年来,中国石油十分重视物探科技发展,加大重大装备和核心软件研发、攻克山地地震数据采集与处理、复杂油气藏描述技术的研究力度,开展高密度地震数据等前沿技术攻关和现场试验,推动物探技术应用水平不断提高。到"十一五"末,已具备物探数据采集、处理、解释、重大装备和软件研发生产、核心技术攻关的综合实力,形成了具有较强竞争力的国际化物探技术服务队伍。

1.1　整体规模处于世界前列

截至2012年,中国石油物探具有专业公司3家、直属院所4家[2],另有1个国家级物探重点实验室和12家油田公司的物探队伍。共有从业人员26000余名,地震采集队伍181支,VSP队10支,非地震队23支,地震仪器164台套,近70万道,新度系数为0.6,处理解释CPU近9万余核。目前,中国石油物探陆地队伍数量全球第一,资产总额排名世界第四[3]。

1.2　复杂地区技术服务能力世界领先

围绕复杂山地、黄土塬等特殊地表和复杂陆相沉积地层勘探等世界级难题,持续开展提高

---

*　首次发表于《石油地球物理勘探》,2012,47(6)。

资料信噪比、成像精度、储层预测效果的一体化物探技术方法攻关,逐步形成了复杂山地、沙漠、黄土塬、过渡带、大型城区、富油气区带等复杂地区的勘探技术及油藏地球物理、综合物化探等 8 项特色技术系列[3,4],高密度、多波、四维、井震联合等前沿地震技术已在一些重点试验区初见成效。

现今我国的复杂山地一体化物探技术、黄土塬地震配套技术达到世界领先水平,沙漠区地震配套技术、浅海过渡带地震配套技术、陆上油气富集区地震配套技术、综合物化探配套技术具有国际一流的技术水平,大型城区地震配套技术、复杂油藏地球物理配套技术具有国际先进水平。

1.3 核心技术研发取得重大进展

"十一五"期间,中国石油持续加大物探科技投资力度,取得了一批重大科技成果并在生产中得到应用,为中国石油的业务发展提供了坚实的技术支撑。

1.3.1 重大装备研制取得突破性进展

成功研发了 ES109 新型地震数据采集记录系统,填补了国内空白;掌握了高速数据传输、站体嵌入式系统开发、主机软件、系统同步 4 项关键技术,取得了 3 项技术创新。高速数据传输能力比目前国际主流产品的数据传输能力提高了 2～5 倍[3],被评为 2009 年中国石油十项重大科技进展之一,并成为国务院民口国家重大专项的标志性成果。

成功研发了 KZ-34 大吨位可控震源,能够适应深层、低信噪比地区勘探需要。激发能级由 $1.35 \times 10^4 N(60000lbf)$ 提高到 $1.8 \times 10^4 N(80000lbf)$,低频可控震源技术利用 3Hz 低频扫描,取得较好的效果;研究掌握了 ISS、V1、DSSS 可控震源高效采集配套技术;开发了质量监控及数据处理配套软件,提高了陆地地震作业的竞争能力。

1.3.2 地球物理软件达到世界先进水平

GeoEast 地震数据处理解释一体化系统跨入国际先进行列。叠前深度偏移处理、单程波叠前偏移技术已投入生产应用,逆时偏移技术功能较为完善,已在国内推广安装 163 台套,CPU 达到 12773 个核。新增海洋数据处理、VSP、叠前反演和属性提取分析等新功能,系统整体性能与国外同类处理系统相当。

GeoMountain 山地地震勘探特色软件,具备复杂山地采集、复杂山地和地下构造数据处理、复杂构造解释、多分量采集处理解释等功能,填补了国内外山地地震勘探专用软件空白,提升了解决复杂山地问题能力。已推广安装 10 余套,在四川、新疆、东北、缅甸和埃及等工区得到了大规模应用。

1.4 超前储备技术研究取得可喜成果

1.4.1 获得了 3 项基础理论创新

建立了低频岩石物理实验装置,通过实验分析,形成了较系统的致密砂岩岩石物理数据库,建立了致密砂岩经验模型;提出了地震频带最小耦合速度与孔隙度关系模型,为预测含气性提供了依据;建立了波动方程反演理论体系和优化算法。

1.4.2 获得了 4 项应用技术突破

在跨频带岩石物理分析基础上,研发了含气饱和度预测技术;自主研发形成了二维波动方程反演和解释技术系列;基于 AVO 的 PG 属性分析,提出了利用 G 属性广谱特征识别流体技术;研发了 GeoEast 4 个关键功能模块,形成了多重约束下的偏移速度建模技术,为复杂区地震成像和储层解释提供了重要的技术支撑。

1.4.3 自主研发了 4 套地震应用软件

包括 Geo－GMES 3.1 地质地球物理资料综合处理解释一体化软件、GeoEast－Lightning1.0 逆时偏移成像处理软件、"地震采集质量分析评价系统 1.5"版本、Geo－Frac1.0 地震裂缝综合预测软件。

1.5 市场份额大幅度跃升

在大力实施走出去战略方针指引下,中国石油物探国际化服务业务蓬勃发展,国际地震勘探份额已提升至全球第二位,陆地地震采集业务居全球第一,技术装备研发水平和技术创新水平显著提高。

但是,也应该看到,现今物探技术正在经历一个重要的发展时期,在未来的 3～5 年,物探技术在硬件和软件方面都将迎来快速发展。在硬件方面,深海勘探船、无线采集仪器、陆地可控源电磁等都将很快在生产中得到广泛应用;软件方面,向客户提供一揽子服务,向软件一体化方向发展;各公司的专有核心技术将进入快速发展时期,服务公司则竭尽全力增强自身的技术实力和创新能力,以保持行业领跑者的地位。因此,根据中国石油勘探面临的形势和技术需求,着眼高端,加速解决生产急需的瓶颈技术,快速提升核心竞争力具有重要意义。

2 未来 5～10 年物探技术需求

未来 5～10 年,全球能源需求持续增长,常规、非常规能源勘探方兴未艾,全球勘探开发投资进一步增加,我国宏观经济政策必将大力促进石油天然气发展,物探市场也将持续稳步增长。

中国石油油气勘探开发的重点集中在"八大盆地、四大领域",同时,加大深海、深层、非常规等 3 个新领域的油气勘探,对复杂地表高信噪比采集、高分辨率处理、叠前深度域准确成像、确定性储层预测等物探技术提出了更高的要求。

2.1 物探的主要任务

在岩性—地层勘探领域,物探的主要任务是预测致密砂砾岩及裂缝型岩性油气藏,识别 1～3m 厚的砂体,储层预测符合率要达到 85% 以上。

在前陆勘探领域,复杂构造和深度超过 7000m 的深层构造是下步勘探主要目标,物探的主要任务是复杂构造准确成像、优质储层预测和圈闭有效性识别,要求构造落实成功率达到 80%,构造深度误差和高点平面误差小于 2%。

在碳酸盐岩和火山岩勘探领域,物探的主要任务是搞清深层构造,提高礁滩储层和岩溶缝洞储层预测精度,定量雕刻缝洞储层空间展布,开展非"串珠"状储层的识别预测研究。要求深层地震资料的信噪比再提高 30%,纵向、横向分辨率再提高 30%。

在老区勘探领域,物探的主要任务是提高地震资料的信噪比和分辨率,提高地震成像精度和储层识别预测精度。要求地震资料信噪比提高 50% 以上,在中国东部地区识别落差 3～5m 的小断块及 1～3m 厚的岩性储层,在西部地区识别落差 5～10m 的小断块及 3～7m 厚的岩性储层,为储量滚动扩边和油气二次开发提供技术支撑。

在大于7000m的深层勘探领域,物探的主要任务是加大排列,探索折射波、回转波的速度建模和成像的潜力。同时,保护低频,提高深层信噪比,提高成像精度。

在深海勘探领域,物探的主要任务是研发相应的观测方法,比如超长拖缆(长于12km)、多层拖缆和洋底接收技术等,进一步提高地震资料的信噪比,既能解决构造问题,又能满足无井情况下的储层预测和烃类检测研究需要。

在非常规页岩气及煤层气勘探领域,物探的主要任务是能识别断距为1~3m的断层和厚度为1~3m的薄煤层,以及含气页岩层的裂缝密度和发育方向,识别有利储层发育带,预测页岩脆性和含气富集区,为开发水平井、羽状井等设计提供技术支撑。

在油藏开发领域,物探的主要任务是进一步创新油气藏描述技术及研发提高采收率的技术。在当前要特别注意在三维三分量、3.5维、四维地震及井震技术基础上研发获得剩余油气分布的综合开发技术。

2.2 物探技术需求

精细勘探和评价开发需要精细物探技术支撑,精细采集、处理解释一体化、定量化储层预测与油气检测是对物探技术发展的总体需求。

2.2.1 地震采集技术需求

鉴于中国特有的陆相沉积、复杂断块、复杂冲断构造、低丰度岩性油气藏等石油地质条件,要求在全频激发、宽频接收基础上,在模型正演指导下,采用较高密度空间采样(20~25m面元)、适当方位角(横纵比为0.5~0.8)、适当覆盖次数(100次以上)、宽频激发和接收的观测系统,提高不同地表条件下原始地震资料的信噪比和分辨率。此外,采集设计要面向地质目标体,向可视化、波动方程正演方向发展,并要求地质目标体属性均匀,包括叠加属性、偏移属性、静校正等。

全数字高密度采集代表了精细采集技术发展趋势,有利于扩展动态范围(大于90dB),提高地震频带宽度,提高深层弱反射信号强度[5]。多波采集获得的转换波资料有利于缝洞识别、各向异性研究和烃类检测,越来越多地被油公司所采纳,代表了复杂油气水关系的油藏描述技术需求。

2.2.2 处理技术需求

地震资料处理技术随着勘探目标的日益复杂而向"精细、保真"发展。要求解决好静校正、信噪比、分辨率等问题,地震处理要具有更准确、清晰的成像,为此要求速度建模真实,波场归位准确,解决好各向异性问题,偏移成像过程中保持波场动力学特征,做到保幅偏移。

此外要进一步完善逆时偏移成像技术、全弹性波方程偏移成像及全波形反演成像技术。这些技术不仅有利于得到精确的全波场速度模型,而且有利于解决复杂构造的屏蔽反射成像,以及适应各向异性和保持振幅的特点,代表了处理技术发展的方向。

2.2.3 解释技术需求

从叠后到叠前是储层地震预测的发展方向,叠前储层预测能够获得目的层波阻抗、泊松比、密度等参数,刻画储层分布,评价储层有效性。

从单一到综合也是地震解释的现实发展方向,从单纯利用纵波到利用多波,从单纯利用地面地震到地面—井筒地震相结合,从单学科到物探、测井、地质、钻井等多学科协同,从单井解释到多井解释,降低解释的多解性。

从定性到非均质性定量描述是储层雕刻技术的发展趋势,发展适应性强、分辨率高的储层物性参数的定量描述技术,可提高相关油气藏开发成效。

从间接油气检测到直接油气检测,提高流体识别精度,是解释技术发展的趋势之一。

3 物探新技术研究方向及其意义

根据物探科技发展方向测评分析,现今中国石油有关复杂区地震采集处理、综合地震地质研究、现场试验新技术处于国内领先水平,山地、黄土塬等差异化地震勘探技术处于国际领先水平,油藏地球物理、深海、深层、物探装备、非常规油气等技术水平处于中等或偏低水平,是近期发展的重点。

因此,加强岩石地球物理、地震成像及速度建模、储层及流体识别、微地震监测、非常规油气勘探、非均质储层预测、深海、深层、综合物化探等9个方面的新技术研究,是增强中国石油物探技术创新能力和国际竞争力,提高复杂区油气、接替领域油气勘探技术水平和勘探成功率的关键。

3.1 碳酸盐岩、致密砂岩地震岩石物理分析方法

地震岩石物理研究是建立岩石物理性质和油藏基本参数之间关系的主要途径,在地震数据处理、岩石物理参数获取、定量化解释和风险评估等环节发挥重要作用,可有效提高地震岩性识别、储层预测与流体检测的精度和可靠性。地震岩石物理学研究被认为是促进常规地震勘探从定性走向半定量乃至定量的最重要途径,已成为国内外勘探地球物理学研究的热点。

目前,国内地震岩石物理研究的整体水平较低,无论是实验研究、理论模型分析还是实际地震岩石物理应用,基本上处于起步阶段,由于对油藏的地质特征与物理性质之间的关系缺乏科学的定义,复杂储层预测仍然存在诸多问题。在国外,岩石物理作为叠前储层预测的基础,受到油公司和研究机构的广泛重视,已形成一定的理论基础和实验方法。因此,要加强以下4个方面的研究。

一是孔隙流体分布描述与岩石物理测试。采用岩心薄片分析与CT成像方法,结合常规物性测试,研究孔隙形状、尺寸、微观流体分布特征(图1)与渗透率及其对样品岩石物理参数的影响;开展不同频段的岩石物理测试,分析孔隙结构在不同频带对声波速度的影响;开展变饱和度岩石物理测试,建立不同岩心在地震频带的含气饱和度预测模型。

二是非均匀饱和双重孔隙介质理论研究。以低频测试数据为基础,结合地震属性及正演技术,优化双重孔隙介质波动理论模型;以孔隙结构描述为基础,定义满足最大弛豫的孔隙结构参数,区分两类

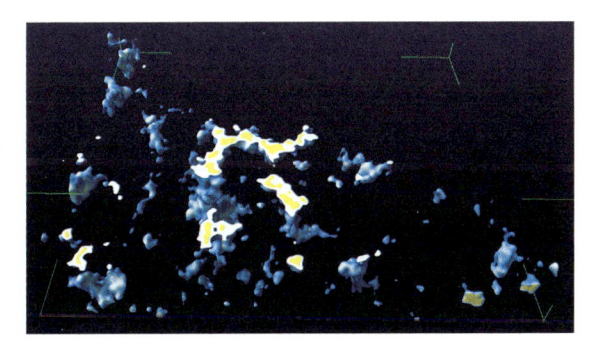

图1 孔隙流体分布描述——微观孔隙流体三维成像(纳米级)

孔隙压力均衡方式;发展复杂结构双重孔隙介质波传播理论,对含流体的复杂孔隙系统进行速度及衰减定量预测;完善非均匀饱和介质跨频带纵波速度理论模型。

三是建立复杂孔隙结构储层地震预测模型。基于孔隙结构成像、孔隙成因及分类,定义和揭示不同孔隙结构关键参数,在低频实验基础上,分析孔隙结构对波速的影响,建立地震频带复杂结构储层定量预测模型。

四是地震岩石物理分析技术及工业化应用。基于岩石物理测试及理论模型,分析地震频带物性及含气性导致的岩石物理参数变化规律,建立定量预测物性和含气性的岩石物理量板,以敏感参数分析为指导,开展致密砂岩和碳酸盐岩岩石物理分析技术应用。

通过以上研究,建立新的地震岩石物理参数预测模板,提供跨频带岩石物理分析方法和流程;形成描述部分饱和非均质储层地震波传播机理的新理论模型;建立多种跨频带地震岩石物理模型;形成新的地震岩石物理分析技术。使数字化高分辨率表征孔隙结构数据体尺度达到微米级,地震成果预测准确率达到80%。

3.2 地震成像和速度建模新方法

近几年,叠前深度偏移技术得到广泛应用,已成为地震成像的主导技术,在复杂构造区,逆时叠前深度偏移技术需求急剧上升。如前所述,中国石油在"十一五"期间已形成了GeoEast-Lightning声波逆时偏移成像技术,但是速度建模一直沿用积分法的建模思路,限制了逆时偏移等先进偏移算法的应用效果。

地震成像是油气藏定位、评价、开发的基础。如今应用常规的单一纵波成像方法既不能精确刻画地下构造信息,也不能充分反演地下岩石参数。为了准确估计地下岩石参数的性质,必须提供弹性波的成像信息。此外,以往的建模只利用地震波的走时信息,存在很大的局限性,为此有必要开展全波形反演研究,利用波形信息反演速度和其他物性参数,建立准确的速度模型。为进一步提高成像和速度建模的精度及计算效率,必须发展相应的GPU技术和弹性波方程逆时偏移技术,这些技术是解决复杂地质问题的必然选择。

根据叠前成像技术国内外对标分析,中国石油的偏移成像技术研究与国外还有较大差距,如图2所示。为此,针对山前带、盐下、高陡构造等复杂地质体波动方程深度偏移对精确速度模型的需要,有必要开展基于GPU/CPU加速的弹性波正演和频率域和时间域波形反演速度建模计算中的相关问题研究,推动时间域和频率域波形反演的高精度快速计算,完成深度偏移建模,实现复杂构造的精确成像。主要应从以下3个方面入手。

一是声波方程全波形反演速度建模方法研究。完善声波全波形反演技术流程,开展高效声波方程正演方法、数据相位误差和周期错位分析方法、梯度数据调节处理方法等研究,以提高速度横向变化的适应性,形成全波形反演速度建模系统。

二是弹性波动方程保幅逆时偏移和全波形反演速度建模方法研究,包括基于交错网格和紧致交错网格有限差分技术及其频散压制策略的弹性波方程保幅逆时偏移方法、低波数噪声识别与压制、快速梯度算法弹性波方程时间域全波形速度建模方法、高效迭代快速计算方法、CPU/GPU并行计算弹性波方程时间域全波形反演方法、弹性波方程频率域全波形速度建模方法、CPU/GPU弹性波方程逆时偏移、全波形反演加速技术等,从根本上提高偏移和反演的效率,提高弹性波场(纵波、横波)成像精度(图3)。

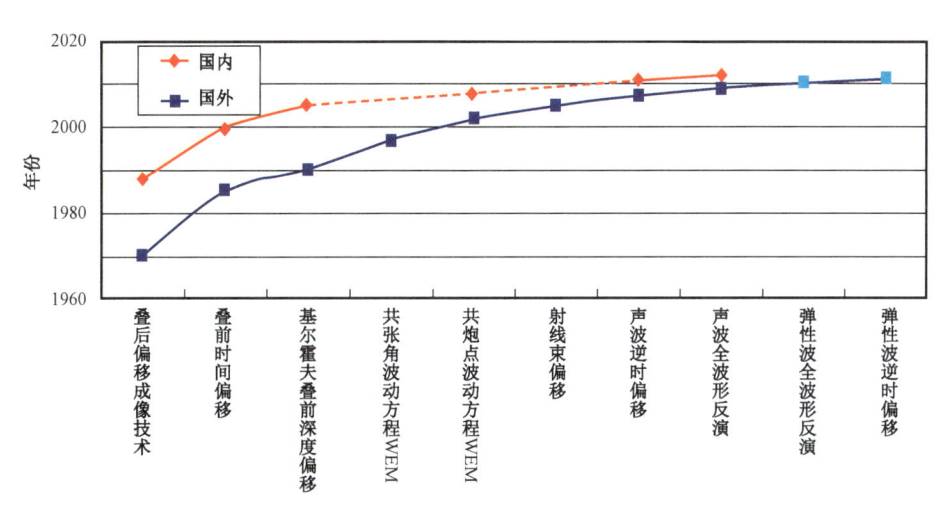

图 2 中国石油偏移成像技术研究与国外对比
国外弹性波技术刚刚起步

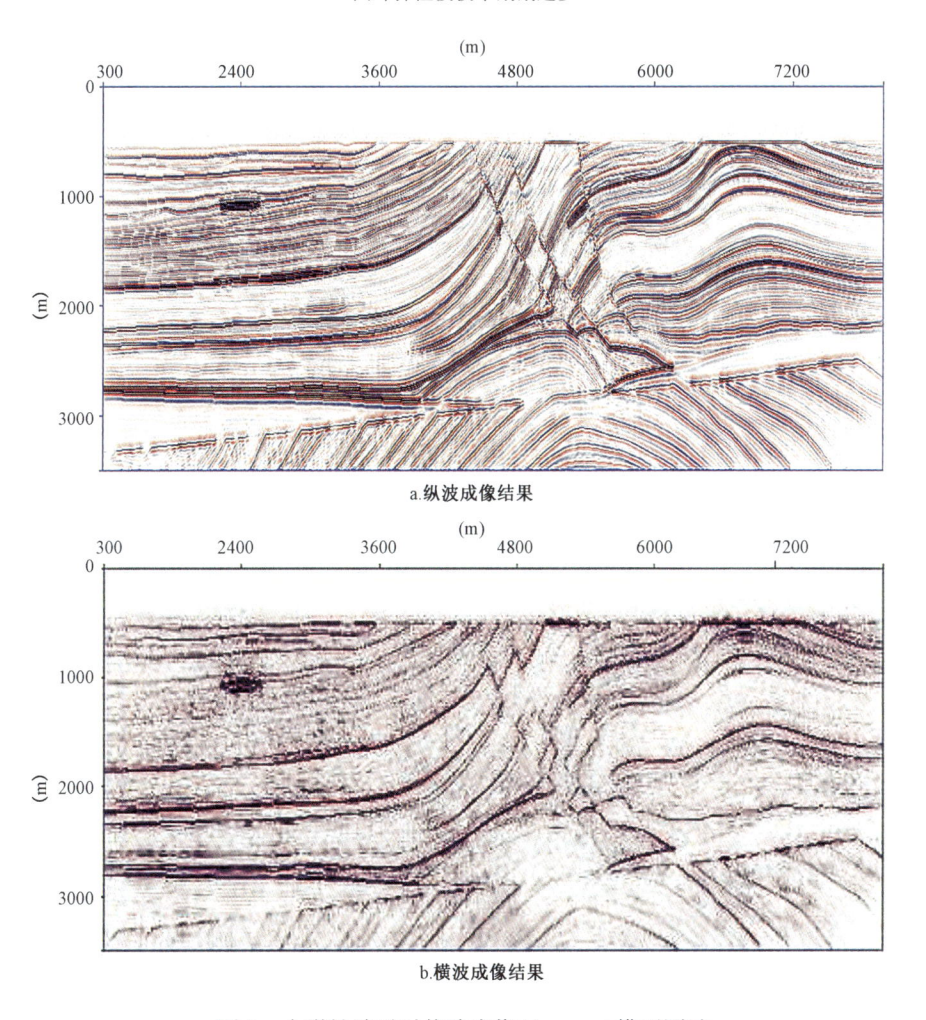

图 3 全弹性波逆时偏移成像 Marmousi 模型测试

a.纵波成像结果

b.横波成像结果

三是高密度宽方位三维复杂物理模型数据体采集与分析研究。包括高密度、宽方位三维地震物理模型数据采集与分析、多波二维地震物理模型数据采集与处理分析等。通过分析高、低密度数据体对成像精度的影响及宽、窄方位数据体对成像精度的影响,进而分析高密度、宽方位数据体成像精度优势和二维多波数据体成像精度优势。

通过以上研究,形成全波形反演技术,建立三维弹性波方程逆时保幅偏移方法、三维弹性波方程时间域和频率域全波形速度建模方法,使中国石油的地震成像技术研究水平跨入国际先进行列。

3.3 储层及流体地球物理识别技术

储层物性特征参数控制着油气的空间分布和油气的储量估计,直接影响油气开采方案的设计和采收率,一直是油气勘探开发研究的重点。由于我国复杂油气储层具有储层结构复杂、厚度薄、物性差、岩性物性高度非均质且横向变化快、储层岩性对比性差、有效储层分布分散等特征,对储层预测及流体检测技术提出了更高要求。

如今,国内外储层物性参数与流体因子估算主要来自基于射线线性近似理论的叠前地震反演获取的弹性参数,估算的储层物性参数与流体因子存在一定的冗余性及不确定性,给油水分布识别带来很大困难。

为了探索新的地震波(微尺度波场信息)的基础理论、观测与敏感参数分析技术,从地震资料中提取能反映储层流体类型的属性参数,为油气增产稳产和裂缝性油气藏预测提供技术支撑,应重点开展以下3个方面的研究。

一是基于声波方程的叠前储层参数反演方法研究及应用,包括基于波动方程的叠前储层物性参数反演理论、基于GPU/CPU加速的高效声波方程反演算法、三维声波方程储层参数反演理论与方法、非线性叠前弹性参数反演理论及非线性叠前弹性参数反演算法等,为获得高精度地下复杂介质构造和岩性信息提供保障。

二是基于固液两相解耦近似的流体因子叠前反演方法研究,包括含流体多孔弹性介质地震响应特征研究、构建固液两相解耦反射特征方程、流体因子叠前地震直接反演方法研究等,以提高流体因子估算的精度和可靠性。如图4所示,基于固液解耦方程的敏感流体因子叠前定量反演方法提高了流体预测的可靠性。

三是慢横波及慢纵波流体敏感性分析方法及实验研究,包括不同尺度、不同孔隙度的裂缝人造岩样制作、慢横波测试与敏感参数分析及多尺度岩石物理模型、裂缝性多孔介质的慢纵波测试与敏感参数分析、慢横波信息提取技术等[6],充分利用慢横波油水速度差异(图5),准确识别流体中水的分布,进一步提高油水识别精度。

通过以上研究,形成基于三维声波方程的储层参数反演方法,形成固液两相解耦近似的流体因子叠前反演方法和有效的流体识别方法,形成不同黏滞度流体饱和的慢横波敏感性岩石物理模型。为岩性和流体识别技术提供更多可靠的物性参数,使油藏地球物理评价技术得到进一步发展,为我国复杂岩性油气藏勘探开发提供新的有效手段。

3.4 非常规油气地球物理识别新方法

随着我国油气消费需求与日俱增,积极寻找新的接替能源势在必行,加速非常规油气的勘探开发是国家能源安全的需要,在非常规油气方面的勘探正如火如荼。

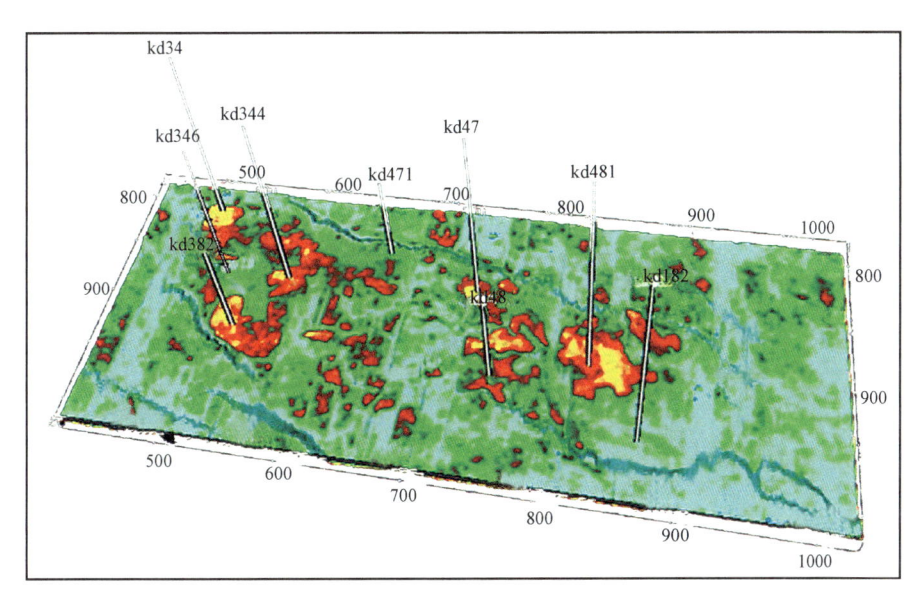

图4 基于固液解耦方程的敏感流体因子叠前反演结果

敏感流体因子叠前反演很好地指示出岩性油气藏的流体富集区(红色),与该区钻井结果完全符合

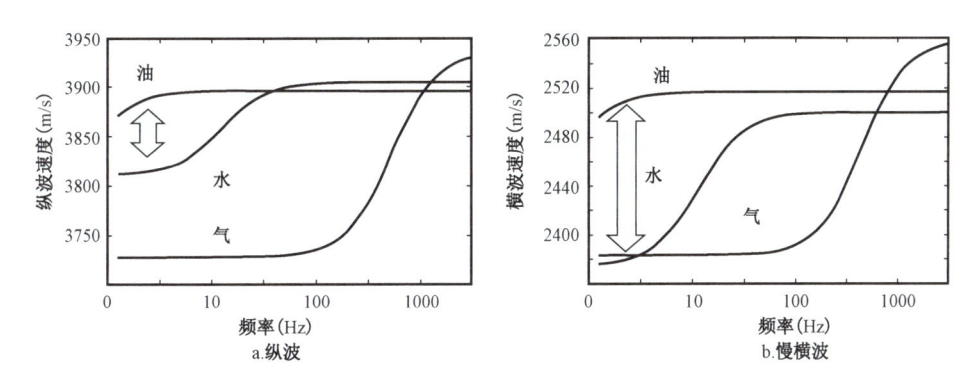

图5 多相介质纵波及慢横波对于流体敏感性分析

我国非常规油气资源分布广泛,包括页岩气、煤层气、致密砂岩气等。我国页岩气资源的开发刚刚起步,经验匮乏,技术不成熟,制约着我国页岩气的发展。页岩气储层具有超低孔渗等特征,页岩气的开发与裂缝发育带有密切关系,致使针对页岩气的地球物理技术如裂缝检测、"甜点""脆性"预测等非常困难。煤层气以吸附状态赋存于煤层孔隙内表面,造成煤层气空间分布存在较强非均一性,煤层气在煤层中的主要通道是裂隙网络系统,煤层中的煤岩裂隙、内生裂隙和微裂隙愈发育,则束缚水饱和度就愈低,气体相对渗透率就愈高,越有利于煤层气的运移、产出,因此要求地震技术能够预测裂缝,预测煤层气局部富集区,以提高高产井比例,提高勘探开发效益。

常规油气勘探技术不能完全满足煤层气和页岩气勘探开发的要求。以往针对非常规油气藏的地球物理识别与评价方法研究相对较少,迫切需要进行该领域的基础理论、方法和技术的研究与试验,形成适合我国地质特点的煤层气和页岩气地球物理勘探配套技术系列。

国外针对非常规油气资源,开展了非常规油气储层预测与流体检测方面的研究,初步形成了地震识别敏感参数优选、含气丰度和储层脆性的地震有效识别、微地震压裂检测等技术。图6中分别是页岩岩石脆性预测、裂缝预测和微地震压裂监测结果,可以支撑页岩气开发。

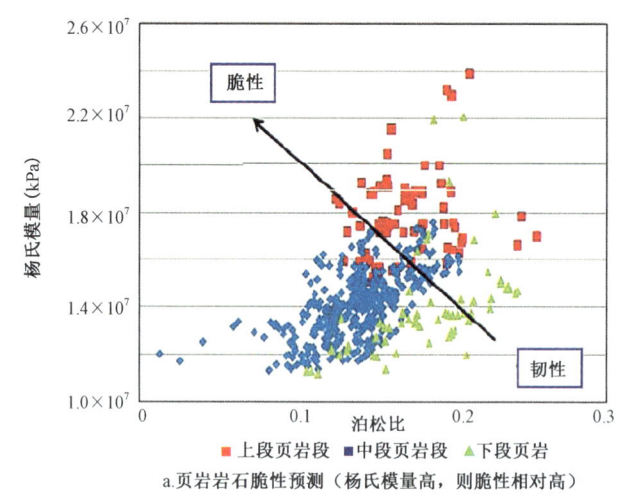

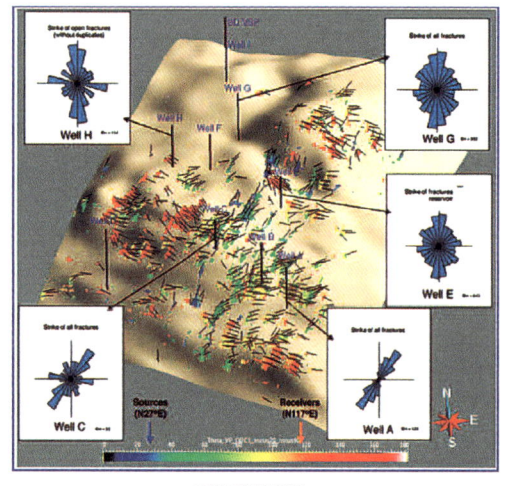

a.页岩岩石脆性预测(杨氏模量高,则脆性相对高)

b.页岩裂缝预测
(通过分方位处理分析,预测裂缝的方向和裂缝尺度)

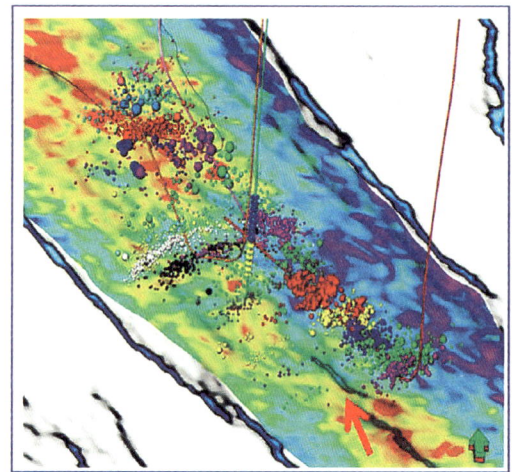

c.微地震压裂监测
(通过对压裂过程的井下观测,指示人造裂缝的空间展布情况)

图6 页岩气预测结果

因此,有必要加大非常规地球物理技术研究,主要包括以下两方面。

一是页岩气地球物理识别新方法研究。开展页岩气储层矿物组分、孔隙结构、裂缝分布对地震弹性模量的影响及分析方法、VTI各向异性参数计算方法、地震岩石物理建模、页岩储层各向异性地震波场数值模拟方法等研究,形成包括VTI、HTI、ORT(正交各向同性)、MONO(单斜各向异性)4种各向异性类型和速度、偏振、全波场3种地震属性描述方法。

二是煤层气地球物理识别新方法研究,包括煤层气储层地震岩石物理建模研究、煤层气地震三参数弹性反演方法、煤层气地震裂缝响应特征数值模拟、煤层气探区地震裂缝检测、煤层气探区地震资料综合分析等研究。

通过以上研究，形成页岩储层纵波各向异性成像处理方法、页岩储层脆性估算方法、煤层气地震三参数弹性反演方法、煤层气的裂缝检测与含气丰度预测等技术，为我国非常规油气藏勘探提供新的手段。

3.5 微地震监测技术

微地震监测技术是观测水力压裂、油气采出，或常规注水、注气以及热驱等石油工程作业时引起地下应力场变化，导致岩层断裂或错断所产生的地震波，进行压裂裂缝成像或对储层流体运动进行监测的技术。微地震监测技术在判断压裂效果、实时调整压裂方案等方面具有独特优势，是提高低渗透、页岩气、煤层气等致密油气藏开发成效的有效手段。

中国致密低渗油气藏包括致密砂岩油气藏、碳酸盐岩油气藏、火山岩油气藏、页岩气、煤层气等，具有巨大的资源潜力和勘探远景。但是，这些低渗透资源储量的有效动用难度大，目前开发获取高产的关键技术是水平钻井、压裂储层改造，而压裂效果只能通过后期开发情况进行评价，增加了压裂控制和开发调整的难度。微地震监测技术可以实时对压裂效果进行评价，及时提供压裂方案的调整，使压裂效果达到最佳，使难动用储量成为可动用储量。

国内微地震监测技术研究起步较晚，现今的微地震压裂监测工作主要依赖国外服务公司进行，不仅增大了压裂开采成本，也制约了国内致密油气藏的开发。因此，应加大微地震监测技术研究，以提升中国石油工程技术服务水平，达到实时监测压裂效果，调整压裂方案，提高单井产量，为致密砂岩气藏、页岩气储量的有效动用提供技术支撑。主要开展以下5个方面的技术研究。

一是微地震资料采集技术研究，包括微地震波正演模拟、微地震压裂监测采集设备及观测方式的优选、微地震压裂资料波场研究。

二是微地震资料处理技术研究，包括微地震弱信号提取、微地震事件三分量分析方法、微地震事件的自动识别、微地震震源的实时定位、岩石破裂波场数值模拟、地面微地震直达波的静校正、地面微地震去噪、地面微地震速度模型反演、地面微地震震源定位、地面微地震震级计算等技术研究。

三是微地震资料解释技术研究，包括微地震事件裂缝参数计算方法、裂缝三维可视化成图、微地震震源破裂、压裂参数的综合解释等技术。

四是微地震压裂监测与油藏模型综合分析技术研究，包括微震裂缝的标定方法、压裂裂缝参数反演、单井/井组原始油藏模型建模、微地震事件的三维可视化显示、裂缝体积计算、基于微震信息的油藏模型渗透率计算方法等技术研究。

五是微地震资料处理解释及油藏综合分析，包括微地震采集、处理、解释及油藏模型综合分析等。

通过以上研究，能够填补国内技术空白，满足低渗油气藏、致密砂岩气、页岩气藏、煤层气开发多级压裂井裂缝监测的需要，实时确定压裂裂缝空间位置和展布（图7），及时指导油田压裂，为提高单井产量及油田高效开发奠定技术支撑。

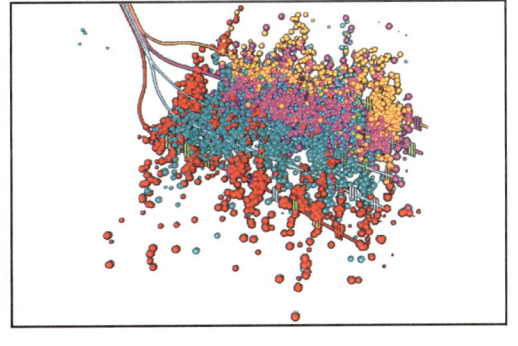

图7 分支井多级压裂微地震监测的裂缝空间展布

3.6 非均质储层低频地震响应特征

在实际生产中,利用测井资料标定地震层位时,因子波提取的不准确会造成反演结果存在巨大误差。声波测井数据与地震数据是属于不同频段的波。因此,有必要在跨频带岩石物理分析基础上,开展基于跨频带岩石物理分析的井—震匹配研究,进而推进地震解释、层位标定、井约束地震反演、属性分析等技术的发展与进步。主要开展以下3个方面的研究。

一是跨频段岩石物理实验及分析。开展基于共振声谱法和应力应变法的跨频带岩石物理实验研究,测试不同环境因素下岩石的纵横波速度、弹性模量、Q 值等参数的变化,改进储层岩石物理理论模型,提高实验结果与理论模型的拟合精度。

二是跨频段数值岩石物理—岩石物理数据精确标定,建立频散校正经验模型。对储层中的地震波场、岩石物理参数随环境因素的变化进行数值模拟,分析不同频段地震波对岩石物理参数的响应差异和尺度效应,建立频散校正经验模型,为超声、测井、地震资料的综合应用提供理论依据。

三是基于跨频段岩石物理的分析及应用研究。分析岩石物理实验及数值模拟结果,分析实际测井资料与地震资料的尺度效应、速度频散对岩石物理参数的响应特性等,确定井震资料的定量关系,建立充分考虑井震关系的子波提取方法。

3.7 深层地球物理技术

中国石油深层油气勘探领域包括西部盐下砂岩气藏、深层碳酸盐岩缝洞型油气藏、东部松辽盆地及其东南隆起带、渤海湾深潜山及深盆等。

近几年,针对深层开展了宽线大组合采集、叠前深度偏移处理等技术攻关,深层成像得到改善。但深层勘探普遍面临信噪比低、成像精度低、构造落实程度低等问题。

为此,针对西部深层砂岩构造油气藏,要发展宽频、长排列、超长排列地震采集技术,深化复杂区速度建场及TTI各向异性、高斯束偏移、双程波动方程逆时偏移配套处理技术攻关,提高复杂构造的信噪比和偏移成像质量。针对深层碳酸盐岩,以提高地震资料空间分辨率和油藏表征精度为目标,开展全数字、三维三分量、"两宽一高"等地震采集技术攻关,提高非均质储层定量化雕刻精度,为产能建设提供技术支撑。针对东部深层油气勘探,开展全方位三维地震数据采集、处理,有效提高地震资料品质,开展低频地震采集,提高深层地震反射波能量,采用逆时偏移处理技术提高中深层复杂构造及复杂断裂系统成像精度,提高深层油气勘探成功率。

3.8 深海地球物理技术

中国石油在南海深水海域油气勘探的水深范围是 900~1300m,地震作为先行技术,已实施了大量的二维地震和三维地震,并在国外50多个区块提供深水地球物理服务。该领域面临深海环境和地质方面的难题,国外已广泛应用多缆、高密度、宽频海洋采集技术及全波形速度建模、多次波压制等处理技术,而中国石油的技术服务能力在某些方面相对于国外公司还比较薄弱。

为此,应加强多层、多缆高端海洋地震采集船舶的建造,加强海洋宽频地震数据采集技术研究,提高海洋勘探能力;开展消除海上虚反射、速度建模、深度偏移等技术的研究,开展海洋可控源电磁技术研究,提高构造落实程度和烃类检测的可靠性;加快叠前地震资料的解释,全面学习、探索海洋地震勘探理论体系,形成国际先进、具有自主知识产权的地震勘探技术系列。

3.9 电磁—地震联合勘探技术

由于电磁对高阻地层下目标探测效果好于地震,对地层岩性变化反映灵敏、对油气饱和度变化反应灵敏而广受推崇,重磁电技术一直是地球物理界持续发展并发挥了重要作用的关键技术。

由于电磁技术分辨率较低,在精细勘探中只能作为辅助手段。近几年,电磁—地震技术联合应用,在构造带和特殊目标联合解释、油气圈闭联合检测评价等方面发挥了重要作用,如图8所示。

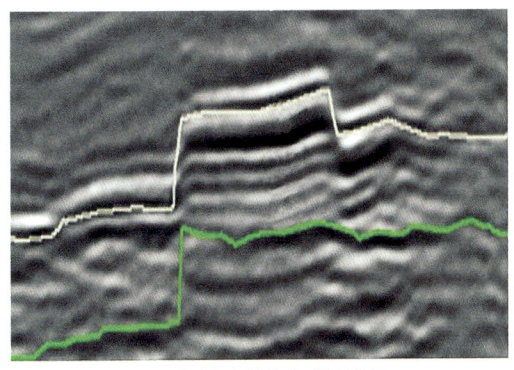

a. 地震解释的地垒,是否含油

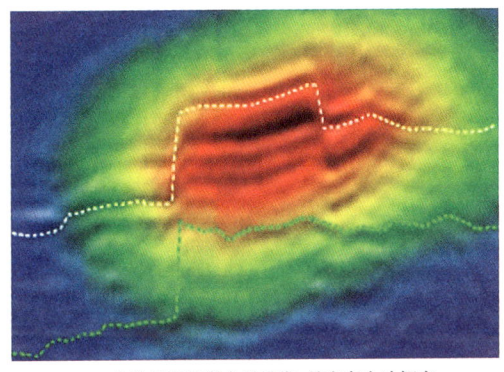

b. 电磁解释的高电阻异常,具有高含油概率

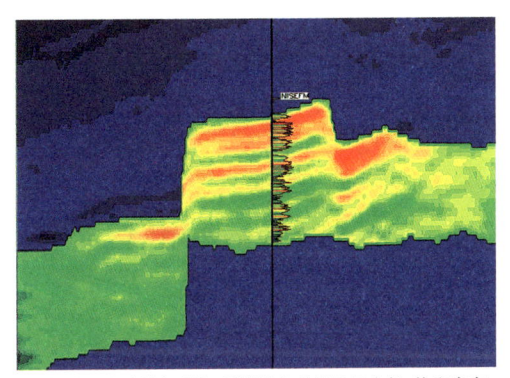

c. 电磁—地震联合反演,预测地垒砂岩储层含气,饱和度高

图8 电磁—地震联合解释成果

目前,地震技术在复杂地区依然面临较大挑战,如上覆地层岩性变化造成速度异常,致使深层成像不准;深层反射信噪比低,成像不清,岩性识别难,无法确定有利目标;地震发现的构造和地层岩性圈闭异常,如何判断是否具工业油气价值?油田开发后期,剩余油气、油水分布如何有效圈定?以上实例说明,利用电磁技术,有望辅助解决这些问题。

为此,应开展电磁—地震联合速度建模技术、地震—电磁联合反演的深层异常目标识别技术、电阻率、极化率、介电参数等油气敏感参数反演技术、井地电磁剩余油检测技术等研究,进一步提高油气识别成功率。

4 展望

4.1 未来技术发展方向

现今中国石油的勘探区域中,复杂地表分别占石油和天然气勘探地表类型的60%和90%,深层目标在油气勘探中占35%以上,低渗透、低丰度油藏占总探明储量的65%以上,促使未来地震技术向更轻便的采集仪器、更高的空间采样密度、全方位、全弹性波处理、综合一体化解释方面发展。具体如下:

(1)轻便地震仪器是地震技术发展的驱动力。现代网络技术支撑的百万道无线遥测系统,使高密度、超高密度、单点采集变为现实。

(2)高密度地震及快速处理技术。快速处理方法的应用和不断改进是高密度地震发挥商业价值的关键。

(3)深层盐下地震成像技术。盐体是扭曲声波的透镜,造成其下产生盲区,速度建模和算法改进,将提高盲区成像精度。

(4)三维CSEM(可控源电磁法)建模及反演技术。快速三维CSEM建模和反演将帮助减少对水合物、盐、火山岩等可产生与油藏相似响应的误判,提高油藏识别精度。

(5)浅水及陆地CSEM技术。浅水及陆地环境比深水环境噪声大,通过高噪声环境数据采集和分析研究,可极大地延伸CSEM的应用范围,提高陆地油气识别的可靠性。

(6)新的井中地球物理技术。利用新型多信息传感器,增加地层信息,特别是非常规储层的数据测量,如煤层气吸收、非常规产量数据等,既提高储层识别精度,又提高油气藏生产管理能力。

(7)全弹性波动理论研究。波动理论基础研究一直在工业界和学术界持续开展,能够进行更精确的地震数据定量成像和建模,带来勘探技术的巨大进步。

(8)非常规油气储层地球物理预测技术研究。非常规油气是重要的勘探新领域,急需研发经济有效的地球物理预测技术。

(9)大型地球物理模型实验技术。大型地球物理模型实验技术能更好地研究复杂储层的地球物理响应特征,是基础理论研究的重要手段。

4.2 发展建议

面对油气勘探开发难度加大、新兴业务发展迅速,对物探技术要求越来越高的形势,中国石油管理层指出物探"要力争成为国际物探技术的领跑者,走国际化科技创新发展的道路"。因此,要加速物探技术发展,依托中国石油整体优势,建议重点做好以下几个方面的技术研究:

(1)发展新一代开放式一体化全数字地震仪。集有线、无线、节点等多项能力,以降低高密度、单点采集成本,促进物探新技术应用。

(2)发展物探数据处理解释一体化系统。使处理解释过程共享、成果共享,达到解释指导处理、处理指导解释的有机互动。

(3)开展物探新技术新方法等储备技术研究。持续开展油藏地球物理特色技术、速度建模及偏移新技术、多波特色处理解释技术、非常规资源地球物理识别技术、微地震监测技术研究,开展CSEM、原子介电常数等油气直接检测技术研究,在钻前预测油气,降低钻探风险,开展针对深层和深海的地球物理关键技术研究。

（4）开展物探配套技术研究。发展以高端装备、集成化采集处理技术为主的海洋地球物理勘探配套技术，以复杂山地、高密度、碳酸盐岩、综合物化探为主的油气重点领域配套技术，以可控震源高效采集、高效钻运装备等为主的提高地震采集作业效率配套技术等。

参 考 文 献

[1] 王炳章,蔡俪. 石油物探在我国油气发现与发展中的作用——纪念《石油物探》创刊50年. 石油物探,2011,50(6):533-544.

[2] 刘振武,撒利明,等. 中国石油物探技术现状及发展. 石油勘探与开发,2010,37(1):1-10.

[3] 刘振武,撒利明,董世泰,等. 主要地球物理服务公司科技创新能力对标分析. 石油地球物理勘探,2011,46(1):155-162.

[4] 刘振武,撒利明,董世泰,等. 中国石油天然气集团公司物探科技创新能力分析. 石油地球物理勘探,2010,45(3):462-471.

[5] 王喜双,曾忠,易维启,等. 中国石油集团地球物理技术的应用现状及前景. 石油地球物理勘探,2010,45(5):768-777.

[6] Li X Y and Zhang Y. Seismic reservoir characterization: How can multicomponent data help. Journal of Geophysics and Engineering. 2011,8(2):123-141.

中国未来油气新领域与物探技术对策

孙龙德　撒利明　董世泰

摘要　随着中国经济、社会发展，油气供需矛盾日益突出，为此需扩展勘探领域，向深层、深海、非常规等新领域及常规领域精细勘探进军。面对未来油气勘探新领域，必须进一步提高各类深层异常岩性储集体的成像和定量刻画精度，进一步提高地震资料的信噪比和分辨率，提高目标区预测可靠性及流体检测的准确性，提高非常规油气藏的预测精度，发展面向勘探开发目标的集成技术，不断提升陆地和海洋的物探技术服务能力。

1　概述

截至 2011 年，全国累计探明石油地质储量达 $327.4 \times 10^8 \mathrm{t}$，累计探明天然气地质储量为 $81570 \times 10^8 \mathrm{m}^3$；2011 年全国石油产量为 $2.01 \times 10^8 \mathrm{t}$，天然气产量为 $1011.1 \times 10^8 \mathrm{m}^3$，加之海外油气市场的快速发展，为我国国民经济的可持续发展提供了坚实的资源保障[1]。据专家估计，"十二五"期间，我国石油消费量年平均增长率为 4%，到 2015 年，表观消费量将达到 $5.45 \times 10^8 \mathrm{t}$，对外依存度将达到 60%；天然气消费表观年平均增长率达到 20% 左右，到 2015 年，表观消费量将达到 $2700 \times 10^8 \mathrm{m}^3$，对外依存度将达到 35% 以上。由此可见，我国的油气供需矛盾日益突出，而油气勘探开发面临拓展勘探领域、稳定资源基础、提高采收率、提高油气产量的严峻挑战。

现今，我国油气勘探开发主要集中在前陆、岩性、叠合盆地中下部组合、老区、海域等五大领域。在石油勘探方面，我国东部成熟盆地富油气凹陷精细勘探不断深化，岩性地层、低潜山、火山岩油藏及滩海地区中、浅层构造油藏勘探均取得重要进展，探明石油储量稳步增长；我国中西部地区克拉通古隆起、岩性地层油藏、海相碳酸盐岩、前陆盆地冲断带等领域的勘探不断获得新突破，探明石油储量规模不断扩大；渤海湾盆地近海海域勘探不断获得新的成果，储量规模大幅攀升。在天然气勘探方面，以我国中西部的四川、鄂尔多斯、塔里木、柴达木四大盆地和我国东部的松辽、东海海域盆地为重点，实现了天然气勘探由"择优探明"到"加强勘探"重大思路的转变，并取得了重要成果，天然气工业进入快速发展新阶段[2]。然而，这些领域的供给能力远远不能满足日趋增长的油气消费需求，不能缓解油气对外依存度的持续攀升。在此严峻形势下，必须积极拓展现实的油气勘探新领域，发展面向新领域的油气勘探开发技术，特别是地球物理勘探技术，提高新领域的勘探开发成效，以增强国内油气资源的勘探开发和利用供给[3]，为我国经济可持续发展提供保障。

2　中国油气未来新领域

中国沉积盆地共有 505 个，总面积为 $670 \times 10^4 \mathrm{km}^2$，石油远景资源量为 $1163 \times 10^8 \mathrm{t}$，天然气

---

* 首次发表于《石油地球物理勘探》，2013，48(2)。

远景资源量为 $79\times10^{12}\text{m}^3$。剩余油气资源主要集中在岩性地层油气藏、成熟盆地、前陆盆地、叠合盆地中下部组合、新区新盆地、海域和非常规油气藏七大勘探领域(图1)[4]。其中,前四大勘探领域油、气资源量占总剩余资源量的50%左右,是中国陆上油气勘探的重点领域。未来油气勘探的重点包括常规领域的精细勘探、深化挖潜和深层;海域剩余资源量巨大,过去勘探领域主要局限在近海岸的浅水区,深海是未来石油和天然气勘探的又一主要领域;非常规油气资源类型多,存储量大,勘探程度极低,是未来油气勘探特别是天然气勘探的另一重点领域。

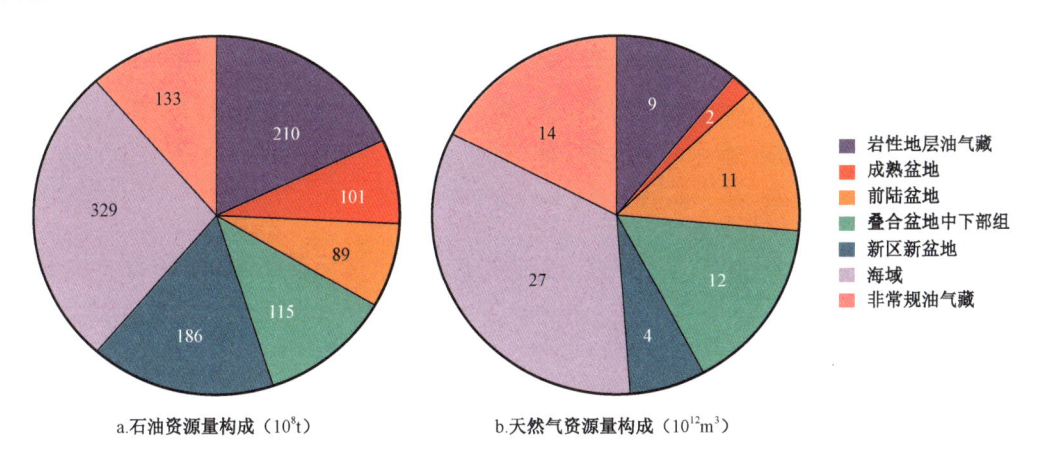

a.石油资源量构成(10^8t)　　b.天然气资源量构成(10^{12}m^3)

图1　中国油气资源量构成图(据赵文智等[4])

2.1 深层油气勘探

不同国家对"深层"有不同的定义。如今国际上普遍接受的标准是:埋深不小于4500m。截至2009年底,全球共发现了149个埋深大于6000m的工业性油气藏,累计探明石油可采储量约为 $6\times10^8\text{t}$,天然气可采储量达 $1000\times10^8\text{m}^3$ 以上,大量深层油气有待探明。

中国不同探区、不同盆地"深层"定义也不完全相同。东部地区渤海湾盆地埋深大于3500m为深层,松辽盆地白垩系以下地层为深层;中西部地区四川盆地埋深在4500m以深地层为深层,鄂尔多斯盆地三叠系以下地层为深层,准噶尔盆地埋深在4500m以深地层为深层,塔里木盆地埋深大于5000m以下地层为深层。按照深度统计,埋深大于4500m的深层石油资源量约 $304\times10^8\text{t}$,占全国石油资源总量的28%;天然气资源量为 $29\times10^{12}\text{m}^3$,占全国天然气资源总量的52%[5,6]。

深层勘探要以碳酸盐岩、碎屑岩、火山岩等三大领域为主,是未来陆上油气勘探的重点。近年来,中国石油在深层碳酸盐岩、碎屑岩、火山岩三大领域获得了10个规模发现,形成了2个储量规模超 $5\times10^8\text{t}$ 的油区、4个储量规模超 $1000\times10^8\text{m}^3$ 的天然气区,共探明石油地质储量 $13.3\times10^8\text{t}$,石油资源探明率为7.5%;探明天然气地质储量为 $1.98\times10^{12}\text{m}^3$,资源探明率为11.8%。由此可见,该领域的剩余油气资源潜力很大。

2.2 深海油气勘探

全球海洋石油资源量约为 $1350\times10^8\text{t}$,探明储量约为 $380\times10^8\text{t}$;海洋天然气资源量约为 $140\times10^{12}\text{m}^3$,探明储量约为 $40\times10^{12}\text{m}^3$。全球深水油气资源量约占海洋油气资源量的40%。

由此可见,海域既是当前重要油气勘探领域,也是未来主要的油气勘探领域和增储上产来源。如今深水油气勘探业务已成为国外大型油公司油气增储上产的重要领域。近年来,在全球获得的重大勘探发现中,有 50% 产量来自海洋,而且主要是深水、超深水海域。

我国濒临渤海、黄海、东海和南海四大海域,发育渤海湾盆地、东海陆架盆地、珠江口盆地、琼东南盆地、中建南盆地、曾母盆地、文莱沙巴盆地等 20 多个沉积盆地。我国传统疆界线内的海域面积近 $300 \times 10^4 km^2$,海域盆地面积约为 $140 \times 10^4 km^2$,油气资源总量达 $500 \times 10^8 t$ 油当量以上[7,8]。我国自 20 世纪 60 年代中叶开始在渤海海域开展油气勘探,之后扩大到南海、黄海、东海,至今虽然在各海域开展了大量油气勘探,但探明率还是很低。其中,渤海石油和天然气探明率分别为 41.5% 和 54.6%,黄海南部和东海石油和天然气探明率分别为 4.9% 和 2.5%;南海石油和天然气探明率分别为 6.0% 和 1.4%。由此可见,中国海域油气勘探开发的发展空间很大,特别是深水海域,尚处于勘探起步阶段。

2.3 非常规油气勘探

非常规油气泛指相对于常规油气之外,在非常规地质条件下存在的油气资源。主要包括致密气、煤层气、页岩气、致密油和天然气水合物等。估计全球非常规天然气资源量为 $921 \times 10^{12} m^3$,非常规石油资源量为 $4495 \times 10^8 t$。

非常规天然气成藏特征为近源或源内成藏,多为自生自储,呈大面积分布,丰度低,赋存方式各异:致密气赋存方式以游离态为主、微米级及以下空间渗流;煤层气赋存方式以吸附态为主、微米级及以下空间渗流;页岩气为两种形态并存、纳米级空间渗流;水合物为固态,赋存方式为纳米级空间渗流。一般来说,非常规天然气藏的储层物性复杂致密,通常需人工改造,才能投入商业生产,而且需要降压解析开采,单井产量低,成本高,回收期长,经济效益较差[6]。

据国土资源部估算,我国页岩气地质资源量为 $134 \times 10^{12} m^3$,其中可采资源量为 $25 \times 10^{12} m^3$。主要集中在中国南方古生界页岩、华北地区下古生界页岩、塔里木盆地寒武 奥陶系页岩等三大领域。我国页岩气的依存构造复杂,经历多次改造,断裂发育,沉积类型多样,往往海相沉积物有效范围保存少,有机碳含量偏低,以 1%~5% 为主,含气量更低,热演化程度复杂,埋深偏大(普遍大于 3500m),地表条件复杂(南方多高山,北方少水),油气管网总体不发达,部分地区还处于无管网状况。

我国致密气有利勘探面积为 $32 \times 10^4 km^2$,资源量为 $17 \times 10^{12} \sim 25 \times 10^{12} m^3$,可采资源量为 $9 \times 10^{12} \sim 12 \times 10^{12} m^3$,主要分布在鄂尔多斯、四川、塔里木和松辽等沉积盆地。根据我国已发现的致密气藏特征,基本可分为透镜体多层叠置型、层状型和块状型三种类型,其中前两种类型开发技术比较成熟,是近期勘探开发的重点。苏里格气田的上古生界气藏为典型透镜体多层叠置型,埋深小于 4000m,储量丰度为 $1 \times 10^8 \sim 2 \times 10^8 m^3/km^2$;四川盆地须家河组、松辽盆地登娄库组气藏为典型层状型,埋深大于 4000m,储量丰度为 $2 \times 10^8 \sim 3 \times 10^8 m^3/km^2$;块状型气藏的典型代表是塔里木盆山前侏罗系气藏,埋深大于 3000m,储量丰度为 $5 \times 10^8 \sim 10 \times 10^8 m^3/km^2$。

经初步评价认为,我国 45 个聚煤盆地埋深小于 2000m 的煤层气总资源量为 $36.8 \times 10^{12} m^3$,可采储量为 $10.87 \times 10^{12} m^3$。其中,埋深小于 1000m 的资源量为 $14.3 \times 10^{12} m^3$,是近、中期勘探开发重点。西北、东北地区主要为陆相湖盆煤系地层,煤层变化大,而且以低煤阶为主,含气量低;南方地区以石炭—二叠系海陆交互相煤系地层为主,煤层品质较好,但构造破坏严重;沁水盆地和鄂尔多斯盆地主要为石炭—二叠系海相煤系地层,煤层埋深适中、相对稳定,埋深小于1000m的资源量约为 $4 \times 10^{12} m^3$,是近期煤层气勘探开发重点。

我国含油气盆地致密油分布广泛,有利勘探面积为 $41 \times 10^4 \sim 54 \times 10^4 km^2$,资源潜力达 $113 \times 10^8 \sim 135 \times 10^8 t$。其中,鄂尔多斯盆地为 $35 \times 10^8 \sim 40 \times 10^8 t$,四川盆地为 $15 \times 10^8 \sim 18 \times 10^8 t$,松辽盆地为 $20 \times 10^8 t$。此外,渤海湾和准噶尔等盆地也是致密油的主要分布区域。

我国天然气水合物资源量为 $1100 \times 10^8 t$ 油当量(其中南海为 $700 \times 10^8 t$,青藏高原为 $400 \times 10^8 t$)。目前已经查明南海北部陆坡天然气水合物资源量达 $185 \times 10^8 t$ 油当量。南海11个区块有可能存在水合物,资源量为 $649.68 \times 10^8 t$ 油当量。

2.4 常规领域的精细勘探

中国许多常规领域的含油气盆地均已进入较高油气勘探程度,油气勘探开发难度逐渐加大,生产作业成本逐渐上升,勘探开发困难日益显现,陆上油气勘探目标更为隐蔽,储层物性更差[9]。主要表现在:(1)岩性由碎屑岩向特殊岩性体延伸;(2)构造油气藏从构造的高部位向坳陷中心斜坡带断层控制的构造圈闭、构造岩性圈闭延伸,从简单构造向逆掩推覆体、复杂断块、潜山延伸;(3)储集体由原生孔隙向微裂缝、纳米级孔喉延伸;(4)勘探目的层从地球物理易于识别的大于 3~5m 层厚向更薄的层(1~3m)、微幅度构造(小于5m)延伸;(5)开发单元由大于 $0.5km^2$ 面积向 $0.1km^2$ 面积延伸;(6)储量、产量极其不稳定。

勘探实践说明,在勘探程度相对较高的盆地和领域,复式油气聚集带依然具有十分优越的石油地质条件,位于生油洼陷之中或邻近多个生烃中心,可能发育多套储盖组合[10]。但这些老区构造带大多断块发育,断块小且组合复杂,加之陆相湖盆沉积相变快造成的砂层尖灭多和厚度变化大等特点,油、气、水关系十分复杂,使储层和圈闭预测难度加大。近年来,随着科学技术的不断进步,新技术和新方法的不断应用,通过对这些老区构造带的精细勘探和挖潜,区带资源探明率不断提高[11,12],一批新层系、隐蔽油气藏被发现,展现出这些复式油气聚集带的巨大勘探潜力。同时,通过高密度三维地震技术、地下构造重构技术、二次开发技术的应用,使一批剩余油得到解放,采收率显著提高,确保了我国石油稳产。因此,加强常规领域精细勘探,不断提高常规领域探明程度和油气产量,仍然是未来油气勘探开发的重中之重。

3 未来新领域物探技术对策

3.1 物探技术攻关进展

针对未来油气新领域,中国石油开展了持续物探技术攻关,并在软件研发、硬件研制等方面均取得了重大进展,形成了针对重点领域油气藏勘探和评价的技术解决方案和关键技术。

3.1.1 高密度地震技术

为提高分辨率和信噪比,建立了"充分、均匀、对称"采样理念的高密度地震技术,形成了高密度地震采集配套技术及高保真资料处理技术。实现全波场、全数字、高效率地震勘探,地震频带拓宽了 10~20Hz。在克拉玛依油田二次开发中应用高密度地震技术,落实断点及识别薄储层的能力显著提高,可识别埋深大于2000m、断距小于10m、厚度小于8m的储层。

3.1.2 油藏地球物理技术

为提高老区精细勘探及剩余油预测精度,在多信息融合理念的指导下,形成了以宽方位地震采集、相对保持振幅地震处理、3.5维地震、四维地震、井地联合观测、油藏模拟、微震监测等为核心的综合技术系列,实现了勘探向开发延伸。在辽河油田通过四维地震描述了埋深约3000m、高10m、宽15m的汽腔,建立了动态油藏模型。

3.1.3 海洋地震勘探技术

通过引进吸收再创新,自主研发了综合导航、质量监控配套技术,形成海洋地震勘探配套技术,实现深海业务从无到有的历史跨越,拥有6艘共23缆深海作业船,实现了深海作业从二维向三维宽方位采集的转变。

3.1.4 综合物化探技术

自主研发了三维重磁电处理解释软件,具备重力、磁力、大地电磁、连续电磁法、可控源音频电磁等综合物化探资料采集、处理及解释能力,在复杂地表区、火山岩勘探中成效显著。

3.1.5 复杂区地震勘探技术

经过多年发展逐步形成了针对复杂地表的特色地震施工工艺技术,成为中国石油物探陆地业务中的关键技术。例如,柴达木盆地英雄岭复杂山地勘探中面临地表高差大、海拔高(3000~3600m)、表层干燥疏松、构造复杂、断裂发育、地震资料信噪比极低等挑战,应用山地三维地震技术,以山地高密度、宽方位、震检联合压制山地噪声、高精度表层结构调查为核心,使原始资料品质提高50%以上(图2),以多域多步联合压噪、标志层静校正、弯曲射线叠前偏移等为核心的处理技术,准确落实了构造形态;应用地质露头、井资料等多信息开展地震解释,明确了英东地区地质结构和断裂系统。

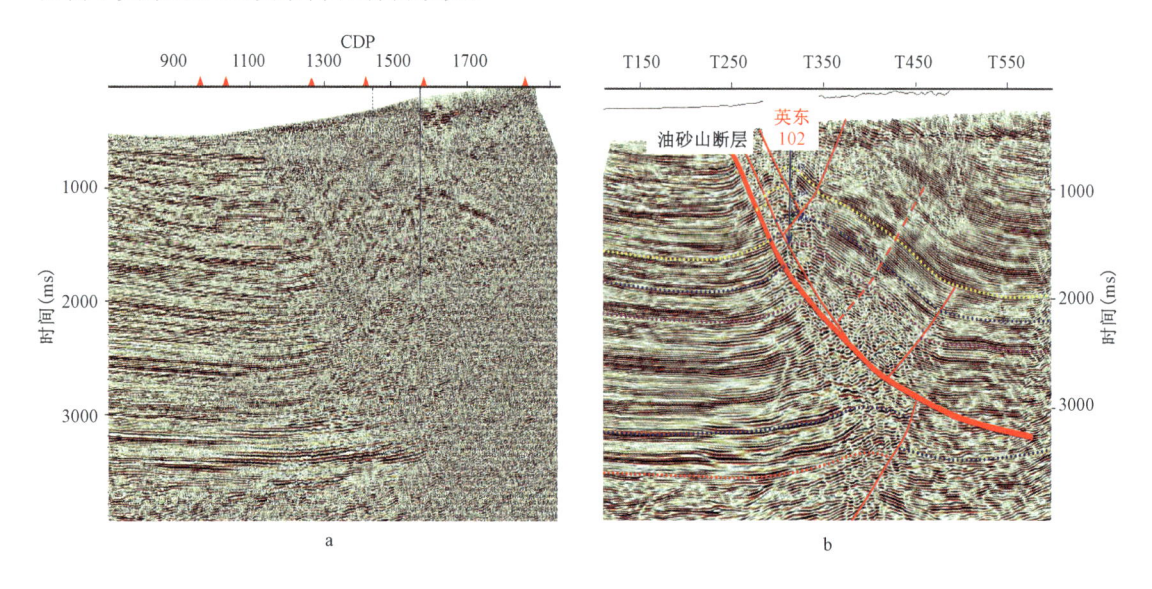

图2 山地二维高密度(a)与三维高密度宽方位(b)剖面

3.1.6 地震软件技术

形成了具有陆上、海上、VSP、模型正演、静校正、资料品质分析等六大功能的KLSeis地震采集工程软件系统。具备现场处理、陆上处理、海上处理、叠前偏移、VSP处理、多波、构造解释、储层预测等八大功能的GeoEast地震数据处理解释一体化系统,其中:GeoEast-Lightning叠前成像软件,具备单程波、双程波、各向异性逆时偏移等功能;GeoEast-MC多波处理软件,具备三维转换波静校正、横波分裂、速度分析、叠前深度偏移等功能,在中国东部潜山、复杂断块、西部复杂山地、逆掩推覆体油气勘探应用中取得良好效果;GeoFrac 地震综合裂缝预测软件,具备井震联合交互裂缝分析、各向异性叠前裂缝预测、叠前、叠后综合裂缝预测、三维可视化多尺度裂缝雕刻等特色功能;研发了 GeoMountain 复杂山地地震勘探特色软件,具有山地地震采集、复杂高陡构造地震成像、地震综合解释、复杂储层预测四大特色功能。

3.1.7 地震采集装备技术

研制了 ES109 新型地震数据采集记录系统,填补了国内万道地震仪空白;开发了 G3i 地震仪,兼容模拟检波器和数字检波器,兼容多种激发方式,支持可控震源高效采集,具有实用、高效现场实时 QC 功能,带道能力达 24 万道;研制了 KZ34 大吨位可控震源和低频扫描频率为 3Hz 的 KZ28LF 低频可控震源,为深层勘探提供了有力的手段。

3.2 物探技术对策

面对未来油气勘探新领域,面向以往常规领域的物探技术不能满足提高分辨率、识别更薄储层和更隐蔽油气藏的要求;面向深层的低频勘探技术、深层成像技术、缝洞储层定量雕刻技术还不成熟;面向深海的地震、可控源电磁技术还存在装备比较落后,配套技术不完善等问题;面向非常规油气的地球物理技术攻关才刚刚起步。由此可见,面对未来油气勘探新领域的物探技术攻关任务任重道远,主要有以下几方面。

3.2.1 提高成像和缝洞储层定量刻画精度

(1)深层碎屑岩构造勘探重点是提高成像精度。深层碎屑岩构造油气勘探领域主要包括中国西部的塔里木盆地库车坳陷的盐下构造及中国东部的松辽盆地东南隆起带与渤海湾盆地的深潜山。西部深层构造的主要勘探难点是速度倒转,推覆体下三角带构造破碎,下传地震波屏蔽严重、散射噪声发育、速度建模难、埋深普遍大于 7000m。东部地区的主要勘探难点是复杂断块及潜山断裂发育,波场复杂,潜山顶面及内幕反射弱,成像难,内幕基本不成像,埋深普遍为 3000~5000m。

针对西部深层碎屑岩目标开展了宽线大组合、双滑脱层构造建模及盐构造描述等技术攻关,实现了复杂山地(深层)低信噪比资料的重大突破,相继发现了克拉苏(图 3)、大北等深层大型油气藏。但是,现有地震资料对深层兼顾还不够,普遍缺乏针对深层目标的低频信息,导致深层地震资料信噪比低,构造、圈闭和油源等难以落实,增加了勘探风险。为此,需要应用宽频、长排列、超长排列地震采集技术,锁定深层目标,应用高精度三维地震技术,利用逆时偏移(RTM)+全波形反演(FWI)成像技术,准确落实构造;在此基础上开展区域构造变形特征、盐相关构造建模、圈闭落实等技术攻关,对深层目标进行评价和精细描述,降低钻探风险。

针对东部深层潜山等目标,需要开展井控高分辨率处理、弱信号处理、复杂断裂识别等技术攻关,提高潜山内幕成像精度;开展全方位三维地震数据采集、处理,有效提高地震资料品质;开展低频地震采集、宽频地震资料处理,提高深层地震反射波能量;采用逆时偏移处理技术提高中深层复杂构造及复杂断裂系统成像精度,提高深层油气勘探成功率。

(2)对于深层碳酸盐岩勘探需要提高缝洞储层刻画精度。碳酸盐岩储层是石油天然气储量新增长点,占中国石油新增石油储量的 7.2%,新增天然气储量的 45%。主要分布在塔里木、四川、鄂尔多斯、渤海湾等盆地。由于这些地区的碳酸盐岩储层具有埋藏深,裂缝溶洞发

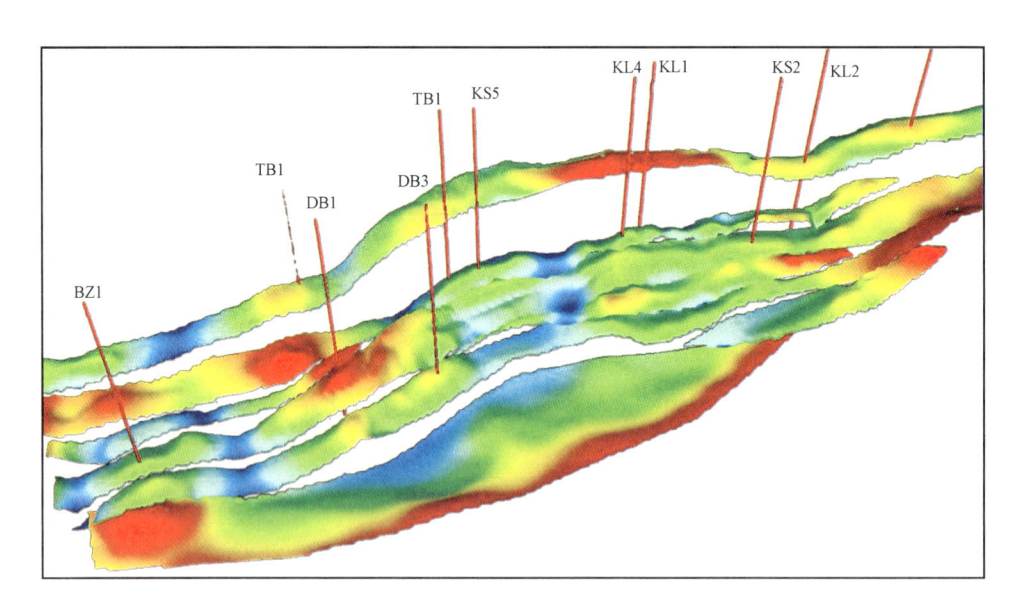

图3 库车坳陷克拉苏构造带三维雕刻

育,非均质性强,油、气、水关系复杂等特点,因此地震勘探面临提高地震资料信噪比、串珠状响应准确成像、准确预测有效储层和流体的挑战。在塔中地区,地震剖面上虽出现形状相同的串珠状响应,但经钻井证实此类储层内部的流体差异巨大,这说明储层发育特征和流体分布十分复杂。那么哪些串珠状响应反映有效储层,缝洞体系空间展布关系如何刻画,此类储层如何开发,如何提高油水识别精度,均是该类储层认识与描述的技术难题。为此,需要强化储层成藏规律研究、开展有效储层空间雕刻、流体检测、开发单元描述等方法的技术攻关;采用全方位地震数据采集,获得用于各向异性检测的全方位资料;采用各向异性RTM成像技术,使地质异常体准确归位;进行非均质储层定量化雕刻技术、非串珠储层识别与雕刻、流体定量化预测技术和成藏系统量化解释技术攻关,预测和描述深层碳酸盐岩储层开发"甜点",使储层预测准确率达到80%,定量刻画碳酸盐岩缝洞储层,使勘探开发成功率提高10%~20%。

(3)深层火山岩需要提高有效储层描述准确率。鉴于火山岩新增天然气储量不断增加,火山岩已成为我国天然气勘探的重要领域。我国的火山岩气藏主要分布在松辽盆地深层以及准噶尔、渤海湾等盆地。当前火山岩天然气藏主要的勘探难点是面临储层埋藏深,构造形态复杂,速度高、变化剧烈、波场复杂,密度高、低孔、低渗、岩性复杂多样,深层地震资料信噪比、分辨率低,储层预测难等。前几年针对火山岩的物探技术攻关,较好地识别了火山岩的轮廓,但是火山岩单元内的物性预测、裂缝及孔隙发育区预测、含气富集区预测还没有完全突破,致使火山岩油气藏难以稳产,开发井位部署难度大。为此,需要针对深层开展提高信噪比和分辨率采集处理攻关,开展宽频地震激发和接收,提高深层成像精度;开展高精度三维或1∶50000高精度电磁技术攻关,利用电磁+地震叠前反演进行火山岩岩性预测、有利相带划分和储层含气性预测,寻找火山岩开发"甜点"区和规模建产目标区,使储层预测准确率达到80%,勘探开发成功率提高10%~20%。

3.2.2 提高地震资料信噪比、分辨率

各类盆地的岩性油气藏已经成为我国石油储量增长的主体,中国石油新增石油储量的47.2%主要来自如下盆地的岩性油气藏:松辽盆地中浅层、渤海湾盆地、鄂尔多斯盆地、塔里木盆地、准噶尔盆地腹部、吐哈盆地、柴达木盆地柴西南和三湖地区、四川盆地川东和川中等地区。随着勘探程度不断深入,勘探开发对象向低渗透岩性油气藏、低丰度高成熟气藏延伸,面对低孔、特低渗或超低渗油气藏,储层物性差、丰度低,横向上厚度变化大,深层资料信噪比低,储层预测及目标圈闭评价困难[13],应用现今的高分辨率地震依然不能有效识别厚度小于3m的单砂层,因此要强化提高分辨率处理、井控处理、地震属性融合解释等技术攻关。在保幅处理基础上,开展井控高分辨率处理和积分法叠前深度偏移处理,以岩石物理研究为基础,开展3~5m单砂体预测,开展低渗透储层厚度、地应力参数、裂缝发育带及甜点研究,努力使我国东部地区的地震主频再提高10~15Hz,西部地区的主频再提高10Hz左右,以提高储层预测精度,使岩性圈闭落实成功率提高20%,含油气性预测精度提高10%。

此外复杂高陡构造也是探明天然气储量增长的重要领域,约占中国石油新增天然气储量的24.4%,主要分布在塔里木盆地库车及塔西南地区、准噶尔盆地南缘、四川盆地大巴山及龙门山山前带、鄂尔多斯盆地西缘、柴达木盆地北缘、酒泉盆地窟窿山地区。该领域地表地形复杂、高差大、出露岩性复杂、低降速带变化大,导致静校正问题突出,近地表建模困难;地下盐下构造、逆推构造、走滑大断裂等地质现象发育,使得地震波场极其复杂,资料信噪比极低。虽经多年攻关,但构造高点的平面误差及深度误差依然较大,断层偏移归位精度低,现有地震成像技术还不能满足复杂构造刻画需要。面对以上难点,有必要针对提高信噪比、提高速度建模精度和成像精度开展地球物理技术攻关:采用适宜叠前深度域成像的高密度、宽方位三维地震采集技术;强化以精细近地表速度建模技术为核心的静校正技术、叠前保真去噪技术、复杂构造精细建模技术、起伏地表叠前深度偏移技术、地质模型指导的变速成图及构造精细建模技术等的研究;深化重磁电、地震一体化技术的研究。通过这些有力措施可望进一步提高地震资料信噪比和成像精度,力求构造落实精度达到2%;提高逆冲带高陡构造成像准确率,使构造落实成功率提高20%,使勘探周期缩短20%~40%。

再有就是像渤海湾盆地、松辽盆地大庆长垣、准噶尔盆地西北缘等成熟区,以油藏评价、寻找剩余油、老区新层系、新目标挖潜、隐蔽圈闭识别为主要勘探对象,面临单层厚度薄、砂泥薄互结构、构造规模小、储层低孔、低渗、断裂小、资料信噪比和分辨率低等问题。依据现有的地震分辨率不能可靠刻画井间砂体展布关系,不能为非均质薄储层开发水平井、分支井设计提供可靠依据。许多高含水老油田的大量实际资料表明,当老油田含水达60%~80%时,中、低渗透层中还存在着大片连续的剩余油,剩余油的分布呈现"整体高度分散,局部相对富集"的特点。针对地下剩余油分布格局的变化,需要通过重新建立地下认识体系,实现剩余油分布的准确量化描述,要求应用地震技术开展精细构造解释、提高纵横向分辨率、提高储层预测精度、提高流体识别能力。为此需要开展面向储层预测的测井资料处理技术、动态地震岩石物理技术、井地联合高分辨率处理技术、小尺度构造解释技术、叠前多分量精细油藏描述等技术研究,重构地下油藏模型,进一步提高分辨率和剩余油预测精度,能够满足中国东部预测厚度为1~3m、中国西部预测厚度为3~7m的岩性和低幅度构造;识别中国东部3~5m、中国西部5~10m断距的断层,提高二次开发成效。

3.2.3 提高深水目标区评价可靠性、流体检测准确性

深水油气勘探是当前油气勘探的前沿领域,与浅水和陆上油气勘探相比,深水油气勘探技术要求高、资金风险高、作业难度大。深水油气勘探牵涉专业广泛,如高分辨率三维地震、多波、四维地震、可控源电磁等技术,均涉及众多学科前沿领域,如造船、自动化、材料科学、通信、测量、运输等,致使深水勘探难度远大于陆地勘探。

鉴于我国海域勘探程度低,海域多次波发育、井资料少,致使地震资料预测的多解性问题突出,给高成本钻井带来较大风险,亟须发展宽频高分辨率地震采集处理技术,提高地震剖面的分辨率和信噪比(剖面信噪比达到 4 以上);发展目标区多信息综合评价技术、高保真的无井约束烃类检测技术、海洋可控源电磁技术、多分量海底电缆采集处理技术,解决构造成像和无井情况下的储层预测和烃类检测研究问题,特别是应发展海洋宽频地震勘探技术,包括低频、低噪声水平的固体电缆地震采集接收系统(2Hz)、压制多次反射的双检接收或多层(多沉放深度)接收技术、多层震源组合激发技术、双偏移成像技术等,以提高目标评价的可靠性,降低钻井风险。

3.2.4 非常规油气领域需要提高裂缝识别、"甜点"预测和岩石力学性质预测精度,为目标评价和水平井部署提供依据

非常规油气主要包括致密油气、页岩气、煤层气和天然气水合物。对于地球物理勘探而言,非常规油气普遍面临结构复杂、气水空间关系复杂、"甜点"预测、地应力预测难度大等问题。因此需要在岩心实验分析、测井评价基础上,对非常规储层的矿物成分、裂缝、有机碳含量以及含气性等参数进行精细解释。通过叠前反演、分方位提取地震属性和 AVO 响应、各向异性速度分析等地震技术联合应用,对断层、裂缝、物性、脆性和应力场进行预测[14]。应用微地震监测技术实时提供压裂过程中产生的裂缝位置、方位、大小以及复杂程度[15],评价增产方案的有效性,优化页岩气藏多级改造的方案。通过多学科综合研究,能够满足预测孔隙度小于 5% 的致密油气有效储层,并使烃类检测符合率提高 10%~20%;能够预测厘米级微裂缝发育带的页岩气;能够识别断距为 1~3m 的断层和薄煤层的煤层气。

4 未来之路

根据当前国际油气形势和物探技术进展情况,未来几年,我国物探技术的发展一定要强化创新驱动,加速研发生产急需的瓶颈技术,提升解决地质问题能力和油气发展的保障能力[16],主要体现在如下几个方面:

(1)技术发展向精细延伸,即从构造向岩性、从叠后向叠前、从时间域向深度域、从定性描述向定量描述、从储层预测向烃类检测转移,进一步提升物探科技自主创新能力[5];

(2)服务方式由单一向一揽子延伸,提供从勘探设计到储层描述、井位部署、储量上交的一揽子服务;

(3)服务市场向海外高端市场延伸,从陆上进军海洋,从勘探到开发,从单用户到多用户;

(4)技术链向开发延伸,形成完整的物探技术链条,贯穿油气田勘探开发的生命周期,业务链向关键领域延伸,做强油藏、海域、软硬件、信息等领域的业务;

(5)持续开展包括新一代开放式地震数据采集软件系统、地震数据处理解释一体化软件系统、一体化(有线、无线、节点)全数字地震仪,低畸变、宽频高精度可控震源的物探软件与装

备研制;包括跨频带地震岩石物理分析技术、全波形反演速度建模技术、各向异性弹性波逆时偏移技术、储层参数反演与流体检测技术、非常规气地球物理识别技术、微地震实时监测处理解释技术的物探新方法研究;包括海洋地震勘探配套技术、高密度地震勘探配套技术、油藏地球物理配套技术、复杂区地震勘探配套技术、综合物化探配套技术、海洋地震勘探配套技术的物探配套技术研究;

(6)逐步实现地震描述、三维可视化、提供全面解决方案的物探技术发展蓝图:在勘探阶段,发展以重磁电、复杂地表采集、叠前深度偏移处理、叠前储层预测和圈闭评价为主的地震勘探技术;在评价阶段,以地震勘探技术为基础,发展以高精度三维、叠前属性描述、流体识别、定性/半定量圈闭评价和油藏静态建模为主的物探评价技术;在开发阶段,发展以数字、高密度、宽方位、宽频、多波、井筒、四维、流体识别、储层改造动态检测、油藏动态建模为主的油藏地球物理技术;在目标开发和提高采收率阶段,应用地震、测井、钻井等工程技术一体化技术,开展滚动评价。

综上所述,力求充分考虑外部竞争环境与内部资源环境的复杂性、勘探目标与服务对象多样性、经济技术相匹配的可行性、技术积淀与资源勘探开发持续性,实行勘探、评价、目标开发和提高采收率各阶段一体化,进行勘探开发目标技术的集成,不断提升陆地和海洋物探技术与服务能力。

参 考 文 献

[1] 孙龙德,方朝亮,李峰,等. 中国沉积盆地油气勘探开发实践与沉积学研究进展. 石油勘探与开发,2010, 37(4):385-396.

[2] 贾承造. 中国石油油气勘探新发现及经验——中国石油已形成以岩性地层油气藏和前陆盆地勘探为代表的新一代石油地质理论与以三维地震、先进钻井、测井技术为代表的勘探技术. 世界石油工业,2007, 14(6):39-43.

[3] 刘振武,撒利明,董世泰,等. 主要地球物理服务公司科技创新能力对标分析. 石油地球物理勘探,2011, 46(1):155-162.

[4] 赵文智,胡素云,董大忠,等. "十五"期间中国油气勘探进展及未来重点勘探领域. 石油勘探与开发, 2007,34(5):513-520.

[5] 贾承造,郑民,张永峰. 中国非常规油气资源与勘探开发前景. 石油勘探与开发,2012,39(2):129-136.

[6] 邹才能,陶士振,杨智,等. 中国非常规油气勘探与研究新进展. 矿物岩石地球化学通报,2012,31(4): 312-322.

[7] 姜亮. 东海陆架盆地油气资源勘探现状及含油气远景. 中国海上油气,2003,(1):1-5.

[8] 万天丰,郝天珧. 黄海新生代构造及油气勘探前景. 现代地质,2009,23(3):385-393.

[9] 贾承造. 关于中国当前油气勘探的几个重要问题. 石油学报,2012,33(增刊1):6-13.

[10] 翟光明,王世洪,何文渊. 近十年全球油气勘探热点趋向与启示. 石油学报,2012,33(增刊1):14-19.

[11] 邱中建,邓松涛. 中国油气勘探的新思维. 石油学报,2012,33(增刊1):1-5.

[12] 张大勇,腾格尔. 中国油气勘探思路的演进及二次质的飞跃. 科技创新导报,2011,(3):37-38.

[13] 胡文瑞. 中国低渗透(致密)油气勘探开发技术研讨会论文集. 北京:石油工业出版社,2010.

[14] 刘振武,撒利明,杨晓,等. 页岩气勘探开发对地球物理技术的需求. 石油地球物理勘探,2011,46(5): 810-818.

[15] 王升辉,孙婷婷,孟刚,等. 我国煤层气产业发展规律研究及趋势预测. 中国矿业,2012,21(6):46-50.

[16] 孙龙德. 中国石油科技发展战略问题. 石油科技论坛,2008,27(6):4-7.

地震偏移成像技术回顾与展望[*]

撒利明　杨午阳　杜启振　王成祥　周　辉　张厚柱

摘要　在简要回顾地震成像技术发展史的基础上，按照介质参数由少到多的顺序，分别对仅需纵波速度场的常规声波偏移，需纵波、横波速度场的弹性波偏移，需纵波、横波速度场和3个各向异性参数的各向异性偏移，以及除弹性参数场之外还增加黏滞性参数场的黏弹性波偏移等4类偏移方法及其相关的速度建模技术和计算机硬件技术进行了梳理，进而总结地震成像技术在构造解释、物性反演、振幅属性提取、井地联合属性分析以及采集参数设计等方面的应用。本文展望，随着大数据时代和"云"时代的到来，地震成像将向基于弹性介质、各向异性介质、黏弹性介质的叠前深度偏移方向发展。

1　引言

地震成像作为降低勘探风险的主要技术之一，在油气勘探开发的各个环节都得到广泛应用，可以在油田寿命期的每个阶段提升资产价值。在勘探阶段，需要详细研究有希望的远景区；在开发阶段，需要精确建立油藏模型；在生产后期，可以利用延时地震测量结果，监测饱和度与压力的变化，以便更好地部署加密井网和延长油田生产寿命。目前，地震成像技术正在那些几年前还被认为是高风险的区域创造新的勘探机会。

成像是现代地震资料处理的重要组成部分，成像的目的是将地震波归位到产生它的地下位置。主要包含两个方面内容：一是确定反射（散射）点的空间位置；二是恢复其波形和振幅特征。地震成像分为叠加成像和偏移成像，地震偏移是实现地震成像的主要手段。

地震成像是复杂的系统化过程，成像质量受诸多因素影响，主要包括成像方法、速度建模方法、地震数据的采集和计算机软硬件等关键因素。

地震偏移技术最早可追溯到20世纪20年代[1]。偏移的原理是唯一的（图1），但从不同的角度有不同的理解，归纳起来有3个方面：一是把偏移看成数据的空间映射；二是把偏移看成非实时的合成聚焦成像；三是偏移是一个逆传播过程。任何偏移算法都应该具备如下特点：（1）足够准确地处理大倾角地层；（2）有效地处理横向和纵向速度变化；（3）算法具有较高的计算效率。推动地震成像技术发展的巨大动力来自产业界强烈的技术需求，面对不同品质的地震数据、不同的地质问题及其勘探风险，人们发展了种类繁多的偏移成像方法。

20世纪70年代是波动方程偏移理论产生和发展的关键时期，形成了偏移技术的基本框架。大体可分为3个阶段：一是古典偏移成像阶段，其基本特征表现为"地震偏移成像技术仅仅是一种手工操作的制图手段，只能获得地下反射点的空间位置"；二是早期基于射线理论的计算机偏移成像阶段，其特征是依据惠更斯原理，广泛使用波前、绕射等概念；三是波动方程偏

---

[*]　首次发表于《石油地球物理勘探》，2015，50(5)。

移成像阶段，由于波动理论能够揭示地震波的传播规律，且地震成像与弹性波的传播密切相关，因此此类方法在业界应用最广。波动方程偏移方法的应用要解决两个关键问题：成像和延拓（外推）波场。此类方法的奠基人是 Loewenthal[2] 和 Claerbout[3,4]，前者的贡献在于提出"爆炸界面"模型，后者则解决了波场延拓问题。Claerbout 首次利用有限差分法求解单程波动方程的近似式，并提出了成像条件的概念。20 世纪六七十年代，计算机技术的发展催生了单程波法、相移法[5,6]与积分法[7-10]等偏移方法，并从此逐渐形成了以 Kirchhoff 积分偏移为主的地震成像方法体系。

20 世纪 80 年代后期是偏移技术发展的繁荣时期，基本贯穿了如下主线：（1）有限差分的大倾角偏移算法；（2）叠前偏移；（3）串联偏移；（4）由两步法到一步法的三维偏移技术。在此期间地球物理学家做了许多开创性的工作。如 Hurbal[11] 发现当地层速度发生横向变化时，使用有限差分法反射层不能正确归位；Larner 等[12] 据此提出了深度偏移方法，较好地解决了上述问题；李庆忠提出了串联偏移思想；马在田[13] 提出了解决大倾角偏移问题的高阶逼近有限差分算法；张关泉等[14] 提出了高阶单程波方程的低阶方程组解法；McMechan 等[15] 首次提出了逆时偏移的概念等。但在整个 80 年代，由于偏移速度分析技术实用性问题没有解决，因此偏移在工业界的应用还十分有限。

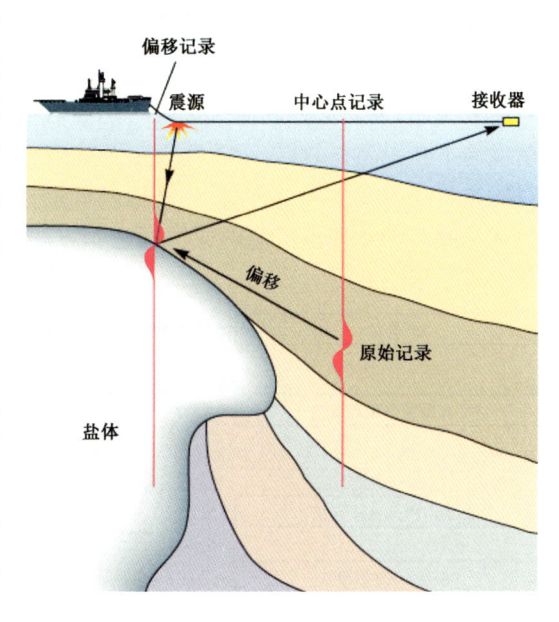

图 1 反射地震数据偏移原理
偏移通过速度模型，将从炮检对中点记录位置上获得的地震记录重新定位到它真实的位置上，在三维情况下，反射波可能会重新分配到震源和接收器控制平面以外的位置上

20 世纪 90 年代是偏移技术走向工业化应用的重要阶段，主要表现在计算机软硬件水平有了较大发展，偏移速度分析与建模技术有了长足进步。另外诸多学者在偏移效率、算法如何适应速度横向变化、有限差分方程的频散等方面做了大量工作，这也是整个 90 年代偏移技术发展的显著特点。

进入 21 世纪，随着地震勘探难度的增大，油气勘探与开发对地震资料精度的要求愈来愈高，对地震偏移成像质量的要求也越来越苛刻，地震偏移成像技术进入空前的发展阶段。这一时期最显著的特点之一是计算机硬件（PC 机集群、GPU 等）技术的飞速发展大大促进了叠前偏移技术的工业化应用，成像精度大幅度提高；其次是逆时偏移作为高精度复杂构造成像的有力工具，经过十几年的发展，声波逆时偏移的研究日臻成熟且已进入实用化阶段（如 CGGVeritas、WesternGeco 等公司推出的方法）。与此同时，出现了针对多分量地震资料的弹性波逆时偏移[16-18]以及 Zhang 等[19-21] 提出的基于声学近似的各向异性介质逆时偏移。除逆时偏移外，真振幅偏移方法一直是偏移成像研究的另一个重要方向，经过近十几年的理论研究，

Kirchhoff真振幅偏移方法[22-24]、单程波真振幅偏移方法[25-28]、双程波真振幅逆时偏移方法[29-32]以及真振幅高斯束偏移方法[33,34]得到了很大的发展。随着计算能力的进一步提高，基于反演理论的最小二乘偏移方法[35,36]以及声波、弹性波全波形反演方法[37-40]逐渐出现并得到越来越多的发展与应用。

如上所述，地震偏移成像技术是一门有着数十年发展史的地震资料处理核心技术，随着勘探精度的不断提高，一直处于不断发展与完善中，因此又是一门朝气蓬勃的技术。推动其快速发展的主要动力来自两个方面：一是以降低勘探风险为目标的强大工业需求；二是计算机技术的快速发展。图2列出了地震成像理论和方法发展的简要历程。

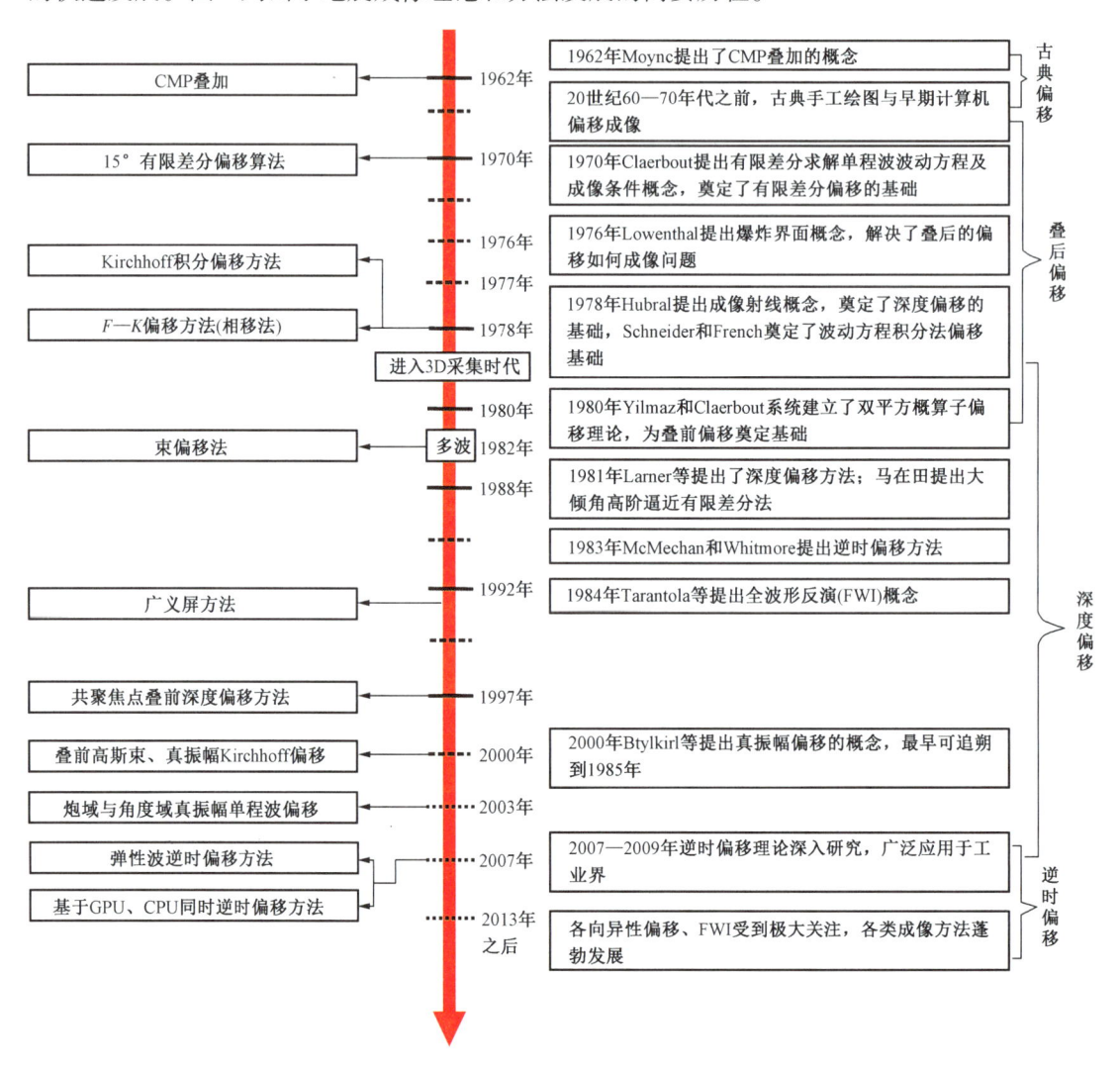

图2 地震成像技术简要发展历程

下面首先从学术界与工业界主流的声波偏移方法开始，按照介质参数由少到多的顺序，分别对仅需纵波速度场的常规声波偏移，需要纵波、横波速度场的弹性波偏移，需要纵、横波速度场和三个各向异性参数的各向异性介质偏移，以及除弹性参数场外还需要增加黏滞性参数场的黏弹性介质偏移等四类偏移方法进行详细介绍和分析；然后简要阐述地震成像技术与速度建模和计算机技术发展之间的关系以及地震成像技术在解决油气勘探中的作用;最后,对今后地震偏移理论和方法的发展方向进行展望。

2 地震成像技术50年

2.1 常规纵波偏移

常规地震偏移领域最有里程碑意义的成果为Claerbout[3,4]于1970年在偏移技术中首次引入15°单程波方程,并通过有限差分方法求解解决了波场的延拓问题,这标志着地震偏移真正建立在波动理论的基础之上。15°单程波方程是上行波、下行波方程的一阶近似方程,该方程只允许波的能量向一个方向传播,因此15°有限差分偏移算法存在倾角限制及不能适应速度剧烈变化等缺点。Gazdag[6]提出了基于快速傅里叶变换的相移法偏移,这是一种频率—波数域方法,无倾角限制,且适用于阵列处理机,但只能适应速度随深度变化而横向速度没有变化的介质,在此条件下偏移成像是精确的,当介质的速度横向变化时,偏移就会失败。Stolt[5]将傅里叶变换引入偏移技术,提出了适应横向速度变化缓慢的常速介质的频率—波数域方法,并随后将其扩展能够适应叠前偏移的情况。Stolt法的缺点是不能进行速度分析,但由于其计算效率高,以及与剩余偏移方法结合可以节约成本等优点,很快得到推广。

地下反射界面可以视为一系列类似惠更斯二次震源的点的集合,基于这样的思想,人们结合波动方程的Kirchhoff积分解来实现地震波场的反传及成像,这就是在工业界广泛应用的Kirchhoff积分偏移。Kirchhoff积分偏移具有无倾角限制、无散射、对网格剖分要求灵活、实现效率高等特点,能实现局部目标成像,适应复杂观测系统和起伏地表,对速度场精度要求比较低,因此在实际生产中占有重要地位。但对于许多偏移问题而言,它既不是最快也不是最精确的方法,如在复杂不均匀介质中成像不准确、焦散区无法成像和不能解决多路径问题是该方法难以克服的缺陷,因此叠前偏移方法得以产生[41,42]。Schneider[10]、Berryhill[43]和Berkhout等[44]对Kirchhoff积分偏移方法的提出和数学处理做出了贡献。此后,人们对该方法进行了广泛研究,并由此衍生出一系列真振幅偏移算法及与之相关的地震波走时算法。Cerveny等[45]、Costa等[46]、Hill等[47]结合射线理论和波动方程提出了束偏移,该方法是一种改进的Kirchhoff偏移方法,弥补了Kirchhoff积分偏移的部分缺陷,有较高的精度和计算效率,可以对多次波进行成像。该方法考虑了波的动力学和运动学特征,以及介质的吸收作用,可以应用于非均匀的复杂介质中。Gray等[34]对高斯束进行了扩展,将高斯束应用于各向异性以及真振幅偏移成像。Ting等[48]提出了控制束叠前深度偏移方法,与高斯束不同的是不用对每个点进行采样、偏移,只需对满足条件的采样点偏移即可。

15°有限差分偏移算法最大的缺陷是倾角限制。要克服这一限制,有两条路可走:一是使用能够适应更高角度的单程波方程,即提高求解方程的阶数;二是设法直接求解双程波方程。马在田[13]于1983年发表了《高阶方程的分裂算法》一文,提出了高阶波动方程的分裂算法,从理论上解决了单程波方程偏移的倾角限制问题。从偏微分方程数值解的角度来看,马在田的分裂方法推广了Marchuk的分裂法思想,不仅分裂了方程,而且降低了方程的阶数,这是世界上第一个由中国人独立提出的偏移算法。在实用性方面,分裂法仍然存在效率问题,方程每升高一阶,耗时几乎要增加一倍。张关泉[49]进一步从数学上总结了单程波方程在时间—空间域解的一般形式,提出了构造低阶方程组求解单程波方程的新解法。McMechan[15]发表了题为"依赖时间的边值延拓偏移"的文章,首次提出了逆时偏移的概念,该方法仍然使用爆炸界面模型,但在差分中首次采用了声波方程本身,且其计算方法正好和正演模型的计算顺序相反,从最大的时间开始向最小的时间方向计算。随后,国外的勘探地球物理学家采用多种方法实现逆时偏移,如解析解法[50]、伪谱法[51]等,例如,李志明提出的双线性变换逆时偏移。由于逆时偏移直接对波动方程进行求解,不存在射线类偏移的高频近似及单程波偏移的倾角限制,可以利用回折波等波场信息正确处理多路径问题,具有适用于复杂区域和高陡构造成像等优点。逆时偏移技术的出现是地震成像技术发展的里程碑,被公认为目前最精确的深度偏移成像方法。当然,逆时偏移仍然存在计算量和存储量大、效率低、偏移噪声强、需要高精度的速度模型等缺点,这也是近年来地震偏移技术研究的热点和难点之一,并由此催生了 PC Cluster 集群和 CPU + GPU 异构集群在油气行业的大规模应用。当速度横向变化、波的折射现象不可忽视时,通常的时间偏移算法就显得无能为力。Hubral[11]发现,当地层速度发生横向变化时,有限差分法等方法反射层不能正确归位,基于此,Larner 等[12]提出了基于波动方程的深度偏移方法;Kosloff 等[52]提出了广义相位的深度偏移方法,该算法无倾角限制、无频散,其思想也适用于弹性波波动方程。

以提高计算效率和对复杂构造的适应性为主要目标,20 世纪 90 年代出现了新的单程波方程偏移方法。如李庆忠最先提出的三维两步法偏移思想;王振华提出的三维波动方程 $P-R$ 分裂偏移的三维一步法偏移技术等。Wu 等[53]讨论了广义屏偏移方法的传播理论以及对于地震偏移成像技术的应用,随后 Wu 等[54]又通过 Dewolf 近似以及 Born 近似,提出了相对比较实用的广义屏深度算法。Wu 等[55]和 de Hoop 等[56]应用广义屏偏移方法进行了二维和三维地震偏移成像,均得到了不错的效果。

21 世纪以来真振幅偏移方法得到了较快的发展。如 Zhang 等[57]针对传统的共炮集波动方程引起的失真问题,提出了真振幅单程波偏移方法;Sava 等[58]提出了双平方根(DSR)方程偏移成像技术;Sun 等[59]利用标量双程波动方程对多分量资料进行了逆时偏移,得到了相应的纵、横波成像结果;以 Bleistein 为代表[60]提出基于加权绕射叠加炮检距变换理论,采用 Kirchhoff 反积分模型;Phadke 等[61]提出了一种可适合于弹性介质和声学介质保幅的逆时偏移法;Qin 等[62]根据保幅的 Kirchhoff 共炮反演公式提出了一种保幅的共炮逆时偏移。

Hill[63]指出高斯束偏移并没有考虑偏移中的振幅情况,Gray 等[34]和 Bleistein 等[57]对此进行了深入研究,提出了高斯束真振幅偏移方法。Popov 等[64]提出了更严格遵守 Kirchhoff 积分理论的高斯束叠加法,该方法不用进行最速下降近似,是另一种类型的高斯束偏移方法,比 Gray 等[34]、Hill[63]提出的高斯束偏移更具优势,将此方法应用于三维实际数据,可获得更好的效果,能量较弱的地质目标同相轴更连续。

逆时偏移技术(RTM)是目前成像领域研究的热点和难点,但其巨大的计算量、对速度模型的敏感性等诸多问题,在很大程度上影响了该技术的广泛应用,特别是中国陆地地震资料,RTM 方法的应用还面临诸多困难。近年来针对逆时偏移效率和偏移噪声等问题的研究取得了一定的进展。如针对逆时偏移算法中产生的噪声,Mulder 等[65]提出了高通滤波处理;Yoon 等[66,67]将 Poynting 矢量引入到逆时偏移的去噪处理中;Fletcher 等[68]通过对界面上的反射能量进行方向性衰减达到去噪的目的;Zhang 等[27]通过获取角道集的方式,实现了去噪的同时获取共反射点炮检距道集和共反射点角道集信息,便于后期的振幅和速度分析;Costa 等[69]基于 Yoon 等[66]的方法通过引入倾斜校正因子,提出了一种新的成像条件,并在模拟数据上取得了较好的效果。针对因大量存储造成的计算效率低下问题,Clapp[70]提出了随机边界模型,即用一定厚度的速度随机的边界包围有效偏移成像介质区域,其最外边界为刚性边界,记录最后时刻所有模拟空间的波场,用其逆时间方向重构炮点波场,与逆时外推的检波点波场进行互相关,避免了海量数据的存储,提高了效率。

此外,最小二乘法偏移成像技术也可以获得高精度和高分辨率成像剖面,也是当前地震成像的研究热点。为了得到近地表高精度的保幅成像结果,Nemeth 等[35]提出用最小二乘法进行逆时偏移,通过运用最小二乘法加权得到一系列的优化系数来完成。Symes[71]提出逆时偏移具有最佳检查点,可用最小二乘法提高逆时偏移的效率,其基本思想是以适当的计算量换取存储量提高逆时偏移效率。

2.2 弹性波偏移方法

基于声学介质假设的偏移方法在过去的数 10 年中取得了巨大的成功,已成为地震勘探的重要支柱。但客观上讲,地震波场其实是一个矢量波场,地球介质也不是简单的声学介质。因此,采用较复杂的弹性介质模型和弹性波波场描述地震波能更进一步接近真实的地下情况。

多波地震数据包含了更为丰富的地震波场信息,在构造成像、储层预测、油气监测和动态监测中显示出了独特的优势和巨大的应用潜力。因此,针对多分量地震资料的弹性波偏移方法受到越来越多的关注。目前常规处理方法是将多分量地震资料分解为纵波资料和横波资料,然后分别用声波偏移方法进行处理[60,72],该流程高效易行,但地震波场的弹性矢量特征在该过程中无法保持。因此,从弹性波理论出发,发展适用于多分量地震资料的偏移方法在理论上和实际中都具有重要意义。

弹性波偏移方法在整体框架上与声波偏移方法相同,都包含波场延拓与成像值提取两个部分,它们最主要的区别在于波场延拓过程所基于的理论基础不同。相对于声波理论的波场延拓方法,该过程考虑了弹性波的矢量特征,在波场传播过程中能够正确处理波型能量的转换。基于弹性波理论的波场延拓方法与声波情形类似,也可大致分为波动方程与射线两大类。

第一类为基于弹性波波动方程的弹性逆时偏移。此类方法在逆时偏移理论提出[15,50,73]后不久出现[16]。应用弹性波波动方程导致波场物理意义发生变化,即外推得到的波场不再是纯粹的纵波,而是既有纵波又有横波的矢量波场,随之而来的一个问题是如何从中提取物理意义明确、符合后续处理要求的成像结果。实际上早期的弹性波逆时偏移并未考虑该问题,而是直接应用激发时间成像条件[16,74],从矢量波场分量中直接提取成像结果。随后,该方法被进一步应用于三维弹性逆时偏移[17]。国内学者对该方法也进行了诸多研究并将其与各向异性介质做了有效的结合,如杜启振等[75]基于激发时间成像条件实现了横向各向同性介质中的多分量叠前逆时偏移,该方法避开了基于互相关成像条件的逆时偏移方法在计算和存储上的困境,但其所提取的成像结果在每个分量中都混有纵波和横波能量,因而物理意义并不明确。实际上,"先分离、后成像"思路在 Dellinger 等[76]讨论 VTI 介质波场分离方法时已经提及。对此另一个更为有效的实施方式由 Yan 等[18]给出,即同样使用弹性波波动方程构建源、检波场,分别对源、检场进行波场分离之后,再使用纵波和横波进行互相关成像,由于在该方法中存在转换波极性反转的现象,导致叠加成像质量大打折扣。对此问题有两种有效的解决途径:一种是在角度域道集上进行极性校正[77-80],但是涉及的计算和存储量大;另一种是在共炮域实现[81-83],可以在较小的计算代价下获得较好的校正效果。这种弹性波逆时偏移方法所得到的成像结果物理意义明确,并可以在此基础上进一步生成相应的角道集[18],用于后续的AVO反演、速度分析等工作。然而,互相关成像条件的应用也带来了计算和存储问题,对此可应用在声波逆时偏移中已经成熟的波场重构技术并结合高性能计算技术作为解决方案。

第二类是基于射线理论的弹性波偏移。几乎与弹性波逆时偏移同时出现,Kuo等[84]提出了基于弹性波Kirchhoff—Helmholtz积分解的Kirchhoff弹性偏移(KEWM),并进而实现了在实际资料中的应用[85]。很多学者对此方法进行了进一步的研究,Keho等[86]提出了适应于VSP数据偏移的矢量波场弹性Kirchhoff偏移方法,并通过计算伪应力来消除偏移假象;Sena和Toksöz[87]发展了各向异性条件下的Kirchhoff弹性偏移,并给出了相应的速度建模方法;Hokstad[88]依据Claerbout的沉降观测概念,提出了黏弹各向异性介质的多分量Kirchhoff偏移。与第一类弹性波逆时偏移方法相比,弹性Kirchhoff偏移具有显著的效率优势,因此成为弹性矢量波偏移速度分析的实用成像方法。但是这种高效率是有代价的,射线方法本身存在焦散区、阴影区无法成像等缺陷,应用于复杂构造时的偏移算子截断会造成严重的偏移噪声,并且弹性Kirchhoff偏移也难以处理多波至现象。为此,岳玉波[89]提出了弹性波高斯束偏移,该方法利用纵、横波速度,将多分量地震记录分解为不同波型、不同方向的局部平面波,并且利用弹性动力学高斯束进行延拓成像。由于可以直接在波场延拓的过程中对耦合的矢量波场进行解耦,因此无须波场分离便可以得到纵、横波的成像结果。随后,Yue等[90]又提出了PS波Kirchhoff偏移方法并将其应用于气藏检测。

多分量地震资料的弹性波偏移方法虽然取得了较大进步,但诸如横波速度估计等配套技术尚需进一步研究与发展。迄今为止,弹性波偏移技术在理论上已经历了数十年的发展,也形成了相对完整的理论体系,但在工业生产中尚未进入规模化应用。究其原因,可以归结为两个方面:一是尚未充分融合已经在声波偏移体系中形成的关键技术,比如预处理、常规处理以及保幅技术等;二是尚未充分展现其超越声波偏移方法的潜在优势,比如转换波偏移结果在裂缝预测、亮点识别等方面的优势。由此推测弹性波偏移技术将来的发展趋势将会集中在如下几个方面:各向异性介质弹性波偏移方法将会进一步发展;弹性波偏移的保幅性问题将会得到进一步深入研究;随着计算效率的提高,弹性波偏移方法将成为弹性波速度建模的有效工具;精度和效率更高的波场延拓方法将得到进一步研究与发展。与此同时,面向弹性波偏移的多分量资料处理方法也将会逐步形成体系,为弹性波偏移提供更可靠的道集资料和速度场。

综合来看,多分量资料的弹性波偏移短期内难以大规模应用,但是随着全球油气开发的深入、油气勘探难度的增加,地震勘探将日趋精细化,多分量地震勘探的应用将逐步增加,弹性波偏移方法将逐步呈现出其优势,弹性波偏移可以作为一项重要的储备技术得到长足发展。

2.3 各向异性偏移

大量研究表明,地球介质存在各向异性,不考虑介质各向异性的偏移算子必然导致反射点归位不准确,或造成偏移假象。因此,研究各向异性介质偏移对地下构造精准成像十分重要[91,92]。从20世纪90年代开始,各向异性介质偏移成像技术的研究一直是一个热点问题。现今在各向同性介质弹性波偏移理论尚不完善的情况下,实现各向异性介质全弹性波偏移成像必然存在诸多问题,如计算量大、各向异性参数获取困难、缺乏相应的各向异性资料的预处理技术等。因此,各向异性偏移技术的研究目前主要集中在TI(包括VTI和TTI)介质。即便是VTI介质,若要实现VTI介质全弹性波偏移仍然需要纵波、横波速度和三个各向异性参数场。针对这些问题,工业界普遍的做法是采用参数简化、弱各向异性近似、声学近似等方法来降低各向异性介质偏移成像的难度。

基于声学近似方程和纯P波方程的TI介质偏移成像技术是各向异性介质偏移成像技术的重要进展。各向异性介质偏移算法大部分是在声学介质偏移算法的基础上发展起来的,一般限制在TI介质中,并都具有一定的假设条件。Meadows等[93]最早实现了椭圆各向异性介质的频率—波数域Stolt偏移,随后又研究了横向各向同性介质的相移法偏移[94]。在射线类偏移方面,Sena等[87]、Hokstad[88]研究了各向异性多分量Kirchhoff偏移;Alkhali-fah[95]研究了横向各向同性介质高斯束叠前深度偏移;Zhu等[96]进行了高斯束各向异性深度偏移的相关研究。Alkhalifah等[97]在VTI介质的速度分析中提出了一个新的等效参数,用于等效各向异性参数的综合影响,进一步减少了各向异性参数的个数,对各向异性的实际应用起了很大的推动作用。而在波动方程类偏移方面,可谓百花齐放。Alkhalifah[98,99]最早提出了VTI介质声学近似方程,成为很多各向异性介质偏移成像的基础,在此思路基础上众多学者提出了不同的各向异性声学近似方程,并由此发展出了众多的各向异性逆时偏移算法[20,21,25,100-104]。声学近似方程虽然不能完全去除横波,但是相对于弱各向异性近似[105,106]、椭圆各向异性近似[107,108]和小倾角近似[106],它对纵波的运动学描述更加精确。然而,实际的情况表明,TTI介质声波逆时偏移在对称轴倾角变化剧烈的情况下会出现波场不稳定的问题,对于该问题很多学者进行了相应的研究。Fletcher等[20]通过引入有限的横波速度提出了一种新的TTI介质稳定波动方程,并用于TTI介质逆时偏移,虽然这种做法可以解决稳定性问题,但是引入了横波波场,对纵波的成像有一定影响。Zhang等[21]在共轭算子的基础上提出了稳定TTI声波方程,得到了适应工业生产要求的稳定的TTI介质逆时偏移算法,并成功应用到墨西哥湾宽方位数据中。Du-veneck等[104]从本构关系出发同样得到了稳定的TTI介质声波方程,理论上解决了TTI介质逆时偏移过程中出现的不稳定问题。另外,Grechka等[109]对VTI声波方程中的横波进行了详细研究,分析了横波残留的原因,指出这种令横波速度为零的方法并不能完全消除横波。为了消除横波干扰,一些学者又提出了各向异性纯P波方程[110-114]。各向异性纯P波方程因为没有横波干扰、稳定性好,近几年受到广泛关注。Pestana等[115]利用快速扩展法(REM)实现了TTI介质逆时偏移,得到了高质量的成像结果。Zhan等[116]联合伪谱法和有限差分法实现了TTI介质纯声波逆时偏移,计算效率明显提高。程玖兵等[117]提出了一种新的标量波动方程,称为qP波伪纯模式波动方程,将其用于TI介质叠前标量逆时偏移中获得了较好的应用效果。

TI介质声波偏移方法在实际生产中取得了较好的应用效果,各向异性介质逆时偏移方法经过十几年的发展也逐渐进入实用阶段。目前,国外CGGVeritas和GXT等公司都成功地将各向异性逆时偏移应用到墨西哥湾等地的复杂构造、盐体及盐下构造的成像处理中,取得了令人满意的效果。尤其是 CGGVeritas 公司,在经过几年的技术积累后,各向异性介质的逆时偏移技术已较为成熟,特别是 TTI 介质逆时偏移方法。

当前,各向异性偏移成像的研究热点集中在各向异性逆时偏移上,但绝大多数的各向异性偏移算法的基础仍然是声学近似。声学近似方程虽然可以很好地描述地震波在各向异性介质中传播的运动学特征,但是其动力学特征却不是精确的,尤其是无法处理转换波的问题,这给地震解释工作带来一定的困难,因此发展高效快速的全弹性波各向异性偏移方法将会成为一个重要的研究课题。目前各向异性介质的偏移方法,不论是基于射线类方法还是波动方程类方法基本上都是针对 TI 介质,而对各向异性更加复杂的介质(比如 OA 介质)的偏移方法的研究鲜有报道。复杂各向异性介质偏移成像除了计算量大外,各向异性参数的表征与简化也是一个比较棘手的问题,而其实际应用价值也有待于进一步验证,但是复杂各向异性介质偏移成像技术的研究仍然是一个重要的发展方向。

2.4 复杂介质地震波叠前成像

地球介质具有多尺度的横向非均匀性,吴如山等指出地球的非均匀尺度可以在八个数量级范围内变化,这种地球内部的不均匀变化可引起地震波场特征的变化,这种变化可称为地震波的散射。散射波场是入射波场与不均匀介质相互作用的产物,散射波场携带了大量源于散射体构造和岩性、流体的信息,因此,研究地震波的散射有助于了解地下的构造和岩性信息以及油气信息。

关于地震波散射理论的研究已经取得了大量成果,但就较常规反射波成像而言,散射波成像研究还是一个较新的领域。目前的研究主要集中在散射波数值模拟和反演成像方面,其基本思想是将非均匀介质分解为背景介质和扰动介质,非均匀介质中的波场可以看作是均匀介质中产生的波场和扰动项产生的波场的叠加,因此可以用散射体外部接收到的散射波场来反演内部的非均匀结构,这就是逆散射成像。根据不同的近似条件,可以采用 Born 近似、Rytov 近似等方法,通过积分法求解波动方程计算地震波散射场和实现逆散射成像。杨文采[118]、吴如山[119]、黄联捷等[120]、栾文贵[121]在该领域做了许多卓有成效的工作;Bleistein 等[24]将散射波场理论与地震勘探问题结合起来,奠定了逆散射成像的理论基础;徐基祥等[122]在该领域也进行了有益的探索。

此外,地震波在实际地层中传播必然存在球面扩散、反射透射以及由于地层的非完全弹性而引起的地层吸收等一系列损失,这种损失必然带来地震振幅特征的变化,进而对后续地震成像、储层预测、油气检测、AVO 分析等带来严重影响。地层的这种非完全弹性性质被称为地层的黏弹性,可以用黏弹性介质理论进行较精确描述。近年来,以黏弹性理论为基础,在黏弹性波动方程偏移成像领域取得了较大的进展,研究重点集中在品质因子 Q 的反演、黏弹性保幅偏移等方面。

为准确提供黏弹性 Q 参数场,地球介质的吸收衰减模型的构建是其研究基础。目前常用的黏弹性模型有 Kelvin – Voigt 模型、Maxwell 模型、标准线性固体(SLS)模型、Kolsky—Futterman 衰减模型[122,123]、常 Q 模型[124]等。

在黏弹性成像方面,Hargreaves 等[126]提出了基于一维射线偏移的反 Q 滤波方法,并对相位进行校正,随后该方法得到了广泛的重视[127];Dai 等[128]及 Mittet 等[129]较早研究了单程波反 Q 偏移,并同时对振幅衰减和相位畸变进行补偿;Wang 等[130]和 Wang[131,132]在此基础上对单程波反 Q 偏移方法进行了深入的研究,并提出利用正则化方法解决反 Q 滤波算法稳定性问题,取得了非常好的补偿效果;杨午阳[133]在该领域取得了较大突破,并在 2007 年将该方法扩展到三维[134],其基本思想是采用黏弹性波动方程,推导了包含吸收、衰减等损失的补偿算子,并修改成像条件,在 $F—X$ 域波场延拓过程中实现振幅补偿。Deng 等[29,30]基于标准线性固体研究了逆时偏移衰减补偿方法,此方法克服了反 Q 滤波方法的弱点,能够在波场传播过程中对全路径进行振幅补偿和相位校正,计算速度快;但由于黏弹性方程逆时偏移逆过程中稳定性没有得到很好的解决,无法获得很好的补偿效果。Zhang 等[135]和 Zhu 等[136]提出了分数阶黏弹性声波方程,该方程较基于标准线性体模型的黏弹性波动方程具有更好的稳定性,能够较准确地恢复地震波的振幅,并对相位畸变进行校正,得到了很好的补偿效果;但该方程现有的计算精度低,且必须采用伪谱法进行计算,计算效率低,并对 Q 模型有较强的依赖性。

目前黏滞声波偏移需要解决的问题主要有以下两个方面:一是 Q 建模方法;二是稳定性。吸收衰减补偿为指数型补偿,造成高频部分不稳定,可考虑推导新的具有较高稳定性的黏弹声波方程和采用正则化方法或者其他方法来控制补偿稳定性。

3 偏移速度分析与建模

虽然现有的各种地震偏移方法比早期的方法更准确,但仍未能发挥这项技术的全部潜力,需要解决的主要问题集中在速度建模上,它决定着产生最佳成像结果时所采用的偏移类型,决定着偏移成像的质量,以及完成偏移处理所需要的时间。因此,研究速度分析方法和研究成像方法同样重要。

地震波速度是地震勘探中最重要最有用的参数之一,在历届的 SEG 年会、EAGE 年会中,都有速度分析专题对这一问题进行讨论。现代时间域和深度域成像方法均对速度场的精度有越来越高的要求,成像质量直接受制于速度—深度模型的精度。通常时间偏移是利用地面位置和成像位置间的一种宏观速度模型,而深度偏移则是利用一种更详尽的层速度函数。

偏移速度建模是一个综合分析迭代过程,影响偏移速度分析和建模的因素很多,以中国陆相地震资料为例可归结为:初始速度模型的精度、速度模型更新算法、静校正对速度建模的影响、叠前数据不规则性对建模的影响,等等。研究这些因素对速度建模的影响超出了本文的范围,这里只关注有关的速度分析和建模方法。

现代偏移速度分析的过程可表示为两个关键环节:叠前深度偏移+成像道集偏移速度分析。因此,偏移速度分析方法的研究,涉及成像算法、成像条件的扩展以及速度分析判别、交互分析等诸多方面,是典型的处理解释一体化迭代过程。

偏移速度分析方法很多,分类标准多样,感兴趣的读者可查阅相关的文献。依据速度分析时的判断准则可以将偏移速度分析分为两类:剩余曲率分析法(RCA)[137]和深度聚焦分析法(DFA)[138,139],分析所使用的数据主要是共成像点道集(CIG)。共成像点道集又可以分为炮检距域共成像点道集(ODCIG)和角度域共成像点道集(ADCIG)。

3.1 基于 Kirchhoff 叠前深度偏移的速度分析

CIG 随炮检距的相关性表现在 CIG 是否拉平,通常将 CIG 偏离水平部分的量称之为剩余量。基于 Kirchhoff 偏移得到 ODCIG 进行速度分析的基本方法就是利用剩余量进行速度更新。该方法的优点是算法相对成熟、高效，适应各种观测系统，ODCIG 很容易提取；不足之处在于 Kirchhoff 偏移需要利用射线追踪获取走时，而射线是波动的高频渐近近似，因此利用 Kirchhoff 偏移速度分析得到的速度也仅仅包含了速度场中的低波数成分，且基于 Kirchhoff 偏移得到的 ODCIG 可能存在假象。

3.2 波动方程叠前深度偏移速度分析

波动方程叠前深度偏移对偏移速度的变化敏感，速度场可以包含较高波数成分，因此它可以更好地适应速度横向变化剧烈的复杂构造区。该方法所使用的数据主要是 ODCIG 和 ADCIG。波动方程偏移得到 ADCIG 被证明是没有假象的道集，也被认为是最为合理的 CIG，更加适合做速度分析，ADCIG 道集的拉平程度可作为速度分析的判别准则。目前直接由波动方程偏移来获取 ADCIG 还很困难，实际操作中可通过倾斜叠加的方法将 ODCIG 转化为 ADCIG，由于其计算效率较高而被广泛应用。

基于 ODCIG 拉平准则，Al–Yahya[137] 提出了 RCA 方法，Lee 等[140] 进一步发展了 RCA 方法，给出了带倾角校正的剩余校正公式，Liu 等[141] 给出了小炮检距假设下的普适剩余校正公式。随后，出现了利用不同类型 CIG 进行 RCA 速度分析的方法，其优点是能在一定程度上克服倾角的限制。尽管如此，目前基于波动方程 ADCIG 的 RCA 速度分析也还没有得到工业化应用。ADCIG 比 ODCIG 更适合做速度分析，ADCIG 可以通过 ODCIG 分解得到。Rickett 等[142] 利用炮域偏移得到 ODCIG，然后通过倾斜叠加变换将 ODCIG 转换为 ADCIG，Sava 等[143] 进一步发展了该方法。

Jeannot 等[144] 提出基于零时间成像与零炮检距成像深度一致准则的 DFA 方法。它通过非零时间成像的方法，得到非零时间成像道集，并将该道集上能量最大值及其对应的深度定义为波场聚焦深度，通过聚焦深度与成像深度的差异更新速度模型。与 RCA 不同之处是 DFA 提取零炮检距成像波场，由于 DFA 解释受到来自倾斜界面的能量、绕射能量等的干扰，聚焦深度存在不确定性，因此偏移速度分析结果不能保证收敛。

总之，基于波动方程叠前深度偏移的速度分析可以更好地适应速度变化剧烈的复杂构造区，目前已在实际中得到应用。但计算量大，对数据要求苛刻，操作上远不如 Kirchhoff 偏移速度分析方法灵活，在不同程度上受到诸如地层倾角、炮检距大小以及速度场的横向变化程度等影响。

3.3 基于共聚焦点道集的偏移速度分析方法

Berkhout 等[145] 提出了利用共聚焦点（CFP）进行偏移速度分析的方法，它利用的是一种等时原理，即从地下一个绕射点激发的波传到地表各炮点的走时应该等于 CFP 道集中对应的该绕射点到这些炮点位置的走时。CFP 偏移速度分析一般采用层剥离法，从叠加剖面的顶层开始，填充一个初始的速度，并在每一层上的每一个聚焦点都采用以下三步求取速度：对炮记录应用合成聚焦算子得到 CFP 道集；将逆时聚焦算子应用到初始速度模型上，产生合成 CFP 道集；比较合成 CFP 道集的响应曲线与实际 CFP 道集响应曲线，更新速度模型。该方法原理简单直观，但依赖叠加剖面，并需要进行层位解释。

3.4 Deregowski 环速度分析

Deregowski[146]提出了 Deregowski 环速度分析方法,它基于叠前时间偏移,通过倾角时差来消除倾斜层对反射旅行时的影响,由于其效率高,效果较好,得到了比较广泛的应用。但由于常速或变速共炮检距道集的偏移只能部分地去掉地层倾斜、层内速度横向变化以及上覆层作用等因素的影响,因此对速度分析效果的改进是有限的。其缺点包括:要有解释好的层位,这对复杂构造是比较困难的;逐层迭代修改速度模型,产生速度误差向下积累现象;采用叠前时间偏移,并用 Dix 公式将均方根速度转换为层速度,需要平滑,得到的速度精度低;不是以深度域成像结果作为速度的判别标准,不易建立与叠前深度偏移的关联。

3.5 相干速度反演

Landa 等[146]提出了相干速度反演方法,其基本思想是:对于某一个层,利用射线追踪方法以不同的层速度合成共中心点(CMP)道集,并计算合成的 CMP 道集与实际 CMP 道集之间的相干函数,选择取得最大相干值时的层速度作为当前 CMP 处当前层的速度。该方法的不足是:需要用时间剖面解释层位,速度分析结果与层位解释结果有关;由于它是建立在射线理论基础上的,故具有射线类方法的缺陷,得到的是光滑的背景速度场,不适用于复杂构造的速度分析;它也不是以深度域成像结果作为速度的判别标准,无法形成与叠前深度偏移的关联。

3.6 基于走时的层析反演技术

层析速度分析一般是指基于非线性 Radon 变换的、基于旅行时的一类反投影方法,是比较完善的经典方法,在近地表速度估计中已广泛应用。近年来,基于反射、透射数据的网格层析技术已成为提高成像精度的一种重要手段。

与叠加速度分析和偏移速度分析相比,层析速度反演由地震观测数据就可以建立高精度的速度模型,而且不需要水平层状介质和速度横向不变的假设,能适应复杂的地质条件。但是,层析速度反演方法仍有很多问题需要解决,比如旅行时拾取困难、射线覆盖不均匀、观测数据误差、大型稀疏矩阵的反演、反射界面和速度的耦合、层析反演结果无法与偏移成像结果相关联等问题,因此,目前很少有人直接利用叠前道集进行反射层析。

从速度分析的理论框架分析知道,层析速度分析的发展主要包括几个方面:(1)利用地震波传播的 Beam—Ray 效应,把射线和波动结合起来提高层析速度反演的精度;(2)加强反演过程中的正则化约束;(3)提高反演结果的精度,多尺度和区域反演的思想是需要考虑的。

基于射线理论的层析速度反演,只能反演速度场光滑的背景成分,可为后续的全波形反演(FWI)提供光滑的初始速度模型。

3.7 全波形反演

全波形反演可以为地震成像方法提供高质量的偏移速度模型,极大地改善偏移成像剖面的质量,是当前地震成像的研究热点。全波形反演方法利用叠前地震波场的运动学和动力学信息重建地层结构,具有揭示复杂地质背景下构造与储层物性的潜力。FWI 可为区域深部构造及演化分析、浅表层环境调查、宏观速度场建模与成像、岩性参数反演提供新的有力工具。从 Tarantola[37]提出基于广义最小二乘反演理论的时间域全波形反演方法,到采用反传播方法将模型参数修改方向和地震波场有机结合起来,是地震反演历史上的一个标志性事件。如今FWI方法越来越受到地球物理学家的青睐,如二维声波FWI、三维声波FWI、弹性波FWI以及与联合偏移反演(JWI)、与黏弹性及储层相关的QWI等新方法层出不穷。FWI越来越多地被应用于高精度三维速度模型建立,并取得了较好效果。但直到目前,FWI还不是一种特别稳健和可靠的方法,现今应用也以海上地震资料居多,在我国鲜有成功的例子。虽然如此,笔者认为FWI仍然是今后地震勘探的一个重要发展方向,FWI的应用可拓展到诸多领域,如成像方法和波形反演联合进行各向异性速度模型估算、深度域反演、层析全波形反演(TFWI)、FWI和偏移速度分析(MVA)联合双目标优化、储层精细预测等方面[40]。

4 地震数据品质、计算机技术与地震成像

地震成像是复杂的系统过程,除成像方法和速度建模外,地震数据的采集和计算机软硬件也是其中的关键因素。

4.1 地震数据品质与地震成像

地震成像技术与地震采集技术相互促进,共同发展。每一轮采集技术的革新都促进了地震成像技术的飞跃式发展。Steve Roche指出,"通过不断提高地震数据的采集质量将会获得长期的效益"。在油气藏的勘探周期中,与地震数据采集相关的花费是工程中最早的也是最大的,地震数据的价值更是难以量化的。纵观油气勘探的重大发现,都和地震采集方式的变化密切相关,地震采集质量的提高对提高复杂构造成像精度、储层预测精度等具有重要意义。

面对地质勘探目标的复杂性和对地震勘探精度要求的提高,提高地震数据采集质量已成为当前地震勘探技术发展的主流方向。在中国,随着"两宽一高"等地震采集技术的不断推进,地震采集有了巨大发展。当前地震采集技术的发展主要集中在"采集仪器、观测系统设计、激发震源、高精度采集设备等特色采集技术"等方面,同时技术的进步还包括计算性能的提高、设备的小型化、功耗的降低、数据遥测能力的提高、具有高保真性能的数字传感器、相关的地震采集工程软件等诸多方面,如G3i地震仪、低频可控震源等核心仪器和KLSeis、GeoSeisQC等相关采集软件。

此外,地震采集技术的发展也推动了地震处理技术的发展,如多波处理技术,多方位、宽方位以及各向异性处理技术等。近几年来特别是复杂高陡构造成像、OVT处理、AVOZ等相关技术的发展,为复杂裂缝储层的预测起到了积极作用,而这一切均得益于地震采集质量的提高。

4.2 计算机技术与地震成像

地震成像技术的发展在很大程度上都与计算机处理能力的发展密切相关,叠前深度偏移技术和逆时偏移技术的工业化应用就是计算机软、硬件技术发展的结果。美国塔尔萨(Tulsa)大学Chris Liner教授曾经指出,地球物理历史与计算机技术历史是不可分割的,地震资料处理技术要求计算机具备快速、高精度、海量运算等相关性能。

中国虽然在20世纪60年代初已经开始研究在石油勘探开发中应用计算机技术,但由于当时计算机能力的限制,加上缺乏专用的地震数字磁带输入输出设备和地震剖面显示设备等,

未能形成工业规模数据处理的能力。

在过去40年间,国际上地球物理计算机技经历了5次重大变革[148]。

一是20世纪70年代——主机+数组处理机。数组处理机是一种外部向量协处理器,可以对数组进行操作,包括地震数据处理中常用的相关、褶积和FFT等。其典型代表是IBM2938数组处理机(1969年)和IBM3838数组处理机(1974年),以及FPS公司的AP-120B数组处理机(1975年),主机系统附加数组处理机后,处理地震数据的性能提高了4倍以上。中国在1974年首次使用150计算机和自己编制的地震处理程序包成功处理了剖面。

二是20世纪80年代——向量计算机。向量计算机对数据成批地进行同样的运算,以流水处理为主要特征,其典型代表是Cray-XMP(1982年)、Cray YMP(1988年)、IBM3090(1985年),以及国防科技大学的YH-1"银河"巨型计算机(1983年)。特别值得一提的是1986年由中国科学院计算技术研究所、石油工业部西北地质研究所等单位联合研制成功的KJ8920石油地质勘探油田开发大型数据处理系统,这是中国继"银河"巨型计算机之后自行研制的又一大型计算机应用系统,标志着中国的计算机科学技术、地震处理软件发展迈向了新的阶段。中国于1983年后逐步引进了国外PE3280、PE3284多数组处理机/多辅处理机地震数据处理系统,并在地质矿产部、石油工业部的相关单位安装应用。这一时期,中国地震资料处理方法研究水平得到了极大发展。

三是20世纪90年代——工作站和并行计算机。交互处理与批量处理被集成起来在UNIX工作站和并行计算机上运行。工作站使用RISC(精简指令计算机)技术,其典型代表是DEC公司的DEC-station3100(1989年)、IBM公司的RISC System/6000(1990年)。并行计算机的代表是IBM ScalablePower PARALLEL-2(1994年)、Convex SPP-1000(1994年)和SGI Origin 2000(1996年)。这期间涌现出一些优秀的处理软件,如Focus、Promax以及法国CGG公司的相关地震处理软件、GRISYS等。西北地质研究所于1992年引进了Paradigm公司开发的Geodepth深度偏移成像软件,并在中国尝试开展深度偏移处理。这一时期,大型计算机昂贵的价格和巨大的能耗限制了相关成像方法的应用。该阶段尚未在生产中普遍应用叠前偏移之类的高精度大运算量的处理技术。

四是21世纪初——集群计算机(Cluster)。PC集群是由PC构成的一种松散耦合的计算节点集合,它的出现极大地降低了并行计算成本,叠前深度偏移成像方法研究和应用变得切实可行。这个阶段的显著特点是源自1996年美国国家航空航天局(NASA)的PCCluster技术日益成熟,为地震资料处理提供了远比大型机廉价但计算能力却更为强大的技术,有力地促进了叠前时间偏移向常规化应用。

五是2007年之后——随着地震高效采集技术的发展,油气勘探逐步迈向大数据时代。高性能计算机不断涌现,高效推进高精度、大规模地震资料处理技术的应用发展到一个全新阶段。与之相关的地震处理技术如波动方程叠前深度域偏移(通常指单程波波动方程偏移)、双程波波动方程偏移、万道地震资料处理、宽方位角地震资料处理、三维三分量地震资料处理、OVT域地震资料处理、FWI等快速发展,这一切都对高性能计算机提出了更高要求。逐渐兴起的CPU/GPU协同架构高性能计算集群的出现,使得在油气勘探中海量数据的高效、高精度处理成为可能,并直接推动了逆时偏移处理技术的快速发展和工业化应用,同时极大地缩短了地震成像的作业周期,降低了生产成本。东方地球物理公司、中国科学院地质与地球物理研究所、中国石油勘探开发研究院西北分院等在推动以 GPU 为核心的逆时偏移技术发展中做出了贡献。

随着"两宽一高"技术应用的深化，油气行业正在加速迈入大数据时代。过去十年来，中国勘探数据规模剧增 35 倍以上，当前单体地震数据量已超过 100TB，国内地震采集道数已超过 6 万道以上，不远的将来，单体 PB 级规模数据必将出现。因此，研究大数据时代计算机计算能力、存储模式、软件架构特点是当前必须面对的问题。云技术、Flash 高效存储技术、高速的大二层网络互联技术、千节点异构大规模集群的高效管理、远程可视化等是当前必须关注的重点。同时也要注意用户对节能降耗、降本增效、多学科协同等未来理念的热切期盼。

5 地震成像技术的应用

前文简要回顾了地震成像技术的发展历程，其实真正推动地震成像技术发展的是三维地震勘探技术的发展以及与此相伴的进一步提高油气勘探精度、降低勘探风险、提高采收率的巨大工业性需求。自从墨西哥湾发现油气以来，地震成像已经演变为一种复杂的地层特征成像的处理过程。地震成像技术的进步使产量不断增加，早期的钻井技术曾是影响勘探成功率的关键，而现在地震成像技术已经成为稳定勘探成功率、降低勘探风险的关键。如今地震成像技术已在精确刻画盐下构造、高陡构造成像、碳酸盐岩缝洞成像等诸多领域获得广泛应用，直接推动了油气重大发现，并将持续对储层预测、油田开发产生深远影响。每一次地震成像技术的革新都会为储层预测和油藏开发提供更为精确的基础资料，从而带来新一轮的油气探明储量的增长。

面对复杂多样的地表、地下地质条件，中国地球物理工作者进行了许多卓有成效的工作，针对西部复杂山地、戈壁沙漠、黄土塬、东部复杂断块、盐下复杂构造等形成了一系列特色地震处理方法，取得了诸多成功范例，突破了许多勘探禁区。在复杂陆上地震成像技术的应用方面，中国在国际上具有极高的应用水平。下面的例子来源于国内外有关探区，虽然不尽全面，但也可管中窥豹。

5.1 地震成像结果指导野外采集观测系统设计

采集观测系统的设计对获取高质量的地震数据至关重要，如果地质结构复杂，射线发生弯曲，地震波无法波及地下某些区域，这时只有震源—检波器方位上很窄范围内的资料才能被记录。常规陆上地震资料采集的方式是在勘探目标区上方沿一系列平行直线布设检波器，采集三维地震资料。这种勘探系统本身存在缺陷：尽管震源波前向各个方向传播，但只有一小部分反射波波前被布置在地表上的接收排列捕捉到，而且地震射线路经主要在一个方向或方位角内成直线传播。为了解决这一难题，近年来研究人员开发了宽方位角采集技术(WAZ)、富方位角采集技术(RAZ)和多方位角采集技术(MAZ)。上述方法从多个方向"照亮"以揭示地层面貌，得到的地下构造面貌更为清晰，记录的资料信噪比较高，地震分辨率也得到提高，在成像困难的复杂地区(如复杂盐下构造)比较有效。反之，人们可通过对成像结果的分析，研究如何设计合适的野外采集参数，以便在最经济的条件下获取高质量的采集数据和成像结果。为此开发了照明分析技术。在照明分析过程中，照明强度弱意味着地震观测系统难以获取反映地下介质的地震反射信息,也意味着很难获得好的偏移成像结果;照明强度强则能够有效地获得地震反射信息,取得满意的偏移成像结果。如果存在照明阴影区,则需要进行炮点加密,当深层照明强度明显减弱时,就需要提高覆盖次数以改善深部地层的成像效果。通过分析复杂地区的照明能量展布特征,确定面向勘探目标的最佳激发范围,提高照明阴影区的照明强度,改善地下阴影区的成像质量,以此优化地震采集观测系统参数,确保目的层成像效果。该技术不仅可以改进野外施工质量,也提高了三维地震数据采集质量。

某些地质环境导致射线路径非常复杂,要想获得地下构造的充足照明,往往既需要采集全方位角资料,也需要在激发点和接收点之间采集非常长炮检距的资料。在墨西哥湾深水区某些盐下油气远景区就是这种情况,因为盐体较厚,形态复杂,面临严峻的成像难题。多船WAZ能够提高这类区域的成像质量,但很多数据展现出的区域信噪比低,反射层连续性差,特别是盐蓬下的地层和陡倾角地层。这些照明差的区域往往是钻探目的层,是进行油田评价的关键成像区。对这些区域进行模型研究,结果表明要想获得充分的盐下成像,需要采集全方位覆盖和长至14km炮检距的资料。图3是WesternGeco公司在墨西哥湾地区通过不同采集方式试验,最后选用全方位、长炮检距环式采集所获得的高质量盐底成像结果。如图3所示,经过照明分析确定的宽带循环激发观测系统采集的数据,其初叠加成像结果明显好于窄方位观测系统采集数据的最终成像结果,反射同相轴的连续性和构造细节的刻画能力得到了显著提高。

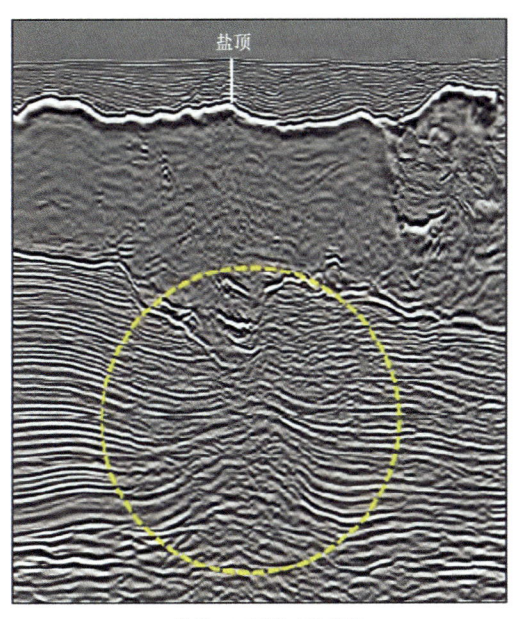

a.线性WAZ采集成像结果　　　　　　　　b.环式全方位成像结果

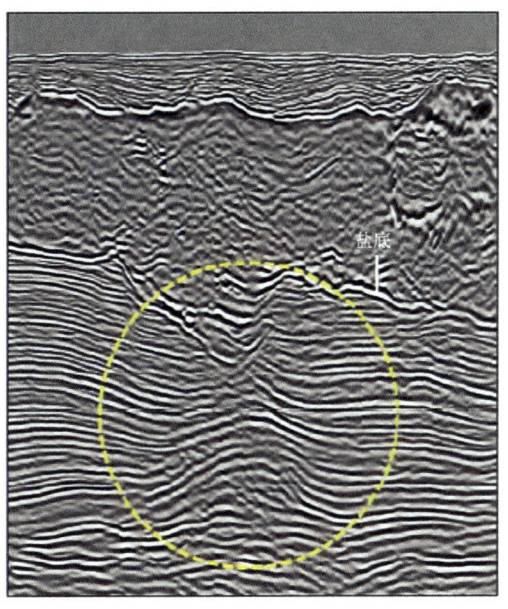

图3　不同观测系统采集获得的成像结果对比[149]
两套资料都应用同一速度模型快速处理,两者都显示在盐顶有强反射,
而环式全方位资料展现出盐底成像效果较好,盐体下反射连续性好(黄色椭圆内)

5.2　精确的地震成像提高陆上复杂构造解释精度,降低勘探风险

综合使用高分辨率的地震资料与常规油藏数据,油田作业公司正从他们所经营的油藏中

获得更多的信息,凭借这种经过标定的地震信息,可以了解油藏特征,并在油藏开发的各个阶段降低作业风险。油田作业公司利用在地震数据采集与处理方面取得的技术优势,在从油藏发现一直到废弃的全过程中,不断改善其油气生产的经营业绩,这其中三维高质量的地震成像结果是帮助油田作业公司确定探区前景并对其进行精确评价的关键。

在中国西部地区如柴达木、塔里木、准噶尔、长庆、玉门等探区,受复杂地表和复杂地下条件影响,地震资料品质通常较差,很难获得高质量的成像结果。近年来,随着叠前时间偏移、叠前深度偏移,特别是 RTM 的应用,获得了很好的成像效果。

高陡构造地震成像是中国西部复杂探区地震成像面临的巨大挑战。柴达木盆地英雄岭地区是地质家公认的地震勘探禁区,50 年来,"五上五下"一直未取得突破。2011 年采用宽方位高密度地震采集技术,取得了重大突破,获得了高质量的三维地震勘探成果,发现了亿吨级高原整装大油田。柴达木盆地油气勘探近年来持续获得突破,与近年来中国石油全面技术提升,特别是复杂山地地震勘探高密度宽方位三维和叠前偏移技术规模化推广应用具有密切关系。图 4 为柴达木盆地英中地区三维、二维地震成果剖面对比,三维地震资料较二维信噪比明显提高,构造成像更清楚。成像技术的提高,进一步提高了中西部山地山前带高陡构造地震成像精度,推动了以柴达木盆地英中地区三维为代表的山地油气勘探持续突破。

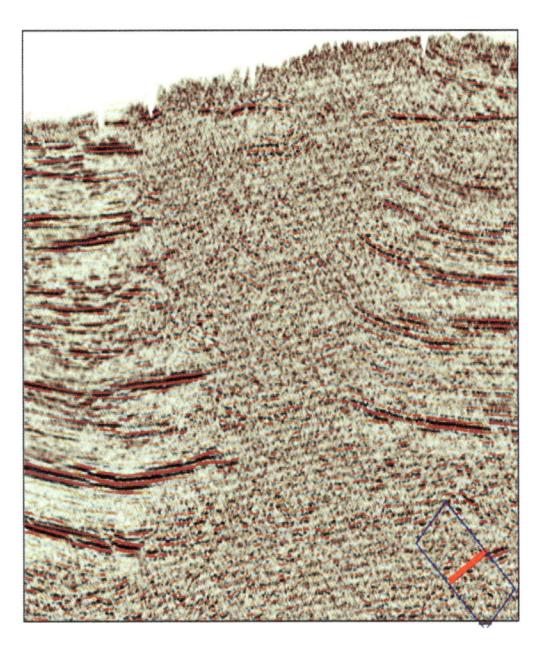

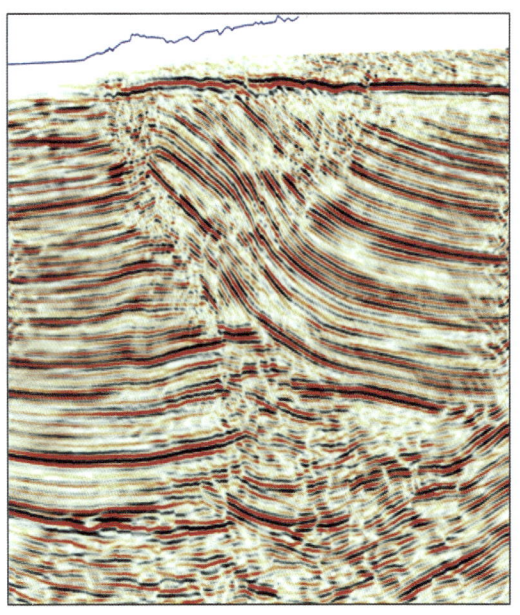

a.二维常规偏移成像　　　　　　　　　　b.三维叠前成像结果

图 4　柴达木盆地英中地区地震成像对比
两张剖面对应同一位置,三维叠前成像剖面断层下伏构造成像清晰,
整个剖面信噪比明显提高,波组特征清晰,反射连续性好

碳酸盐岩缝洞成像是一项重要挑战。与玄武岩一样,碳酸盐岩的高地震速度也会导致射线弯曲,使其内部构造和下伏地层构造难以成像。如在中国塔里木盆地,由于长期的风化淋滤,在裂缝发育的同时发育大量的溶洞和地下暗河,储层具有极强的非均质性,储层各向异性

特征显著。因此,如何获得溶洞的精确成像和实现裂缝预测是该区发现有利目标区的关键。随着地震成像质量的提高,该区在缝洞、裂缝的识别等方面取得了重要进展。图5是该油田某区块的裂缝密度预测结果,图中不同的颜色代表不同尺度的裂缝,蓝色代表中等尺度的裂缝,这类裂缝可以通过叠后常规资料预测出来;红色代表微尺度的裂缝,这类微裂缝的发育受地层岩性、地应力、沉积等多种因素的影响,常规资料和方法难以预测,必须根据叠前地震资料精细地分析其振幅、时间、速度等空间各向异性的变化才能预测。精确的地震成像是裂缝预测和串珠识别的关键,该预测结果经后期钻井证实,与实际结果吻合。通过预测,获得了该区三维裂缝发育密度和方向,利用选定和标定好的裂缝密度对缝洞单元进行连通性分析,为开发井的部署提供依据。

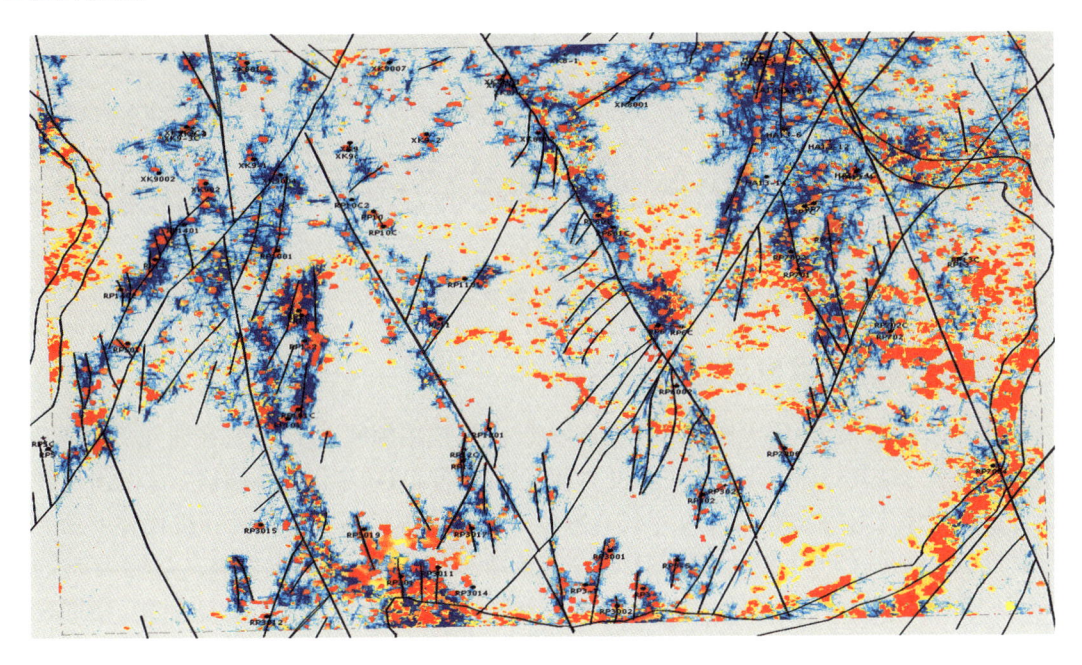

图5 裂缝预测结果
不同的颜色代表不同尺度的裂缝,蓝色代表中等尺度的裂缝,红色代表微尺度的裂缝

盐下成像一直是各类偏移算法如深度偏移、逆时偏移的良好试验场。不同阶段侵入和隆起的盐体建构出复杂的构造,它们对油气勘探家而言是一种挑战和刺激。盐体的几何形态变化十分显著,成为油气运移和聚集的关键因素。盐丘有时候看起来根植于更深的含盐层或完全脱离和漂浮,盐体与沉积层之间最大的地震速度差异高达约4500m/s,通常在差异不高于该数值的一半时,时间偏移方法的应用就会出现问题。自从墨西哥湾有油气发现以来,技术进步使产量不断增加,其中叠前深度偏移地震成像技术已经被证明是帮助降低风险的关键技术之一。图6展示了在滨里海盆地针对盐及盐下构造成像的结果,这是基于GPU/CPU协同并行计算将逆时偏移应用于实际的例子。经过逆时偏移处理后的地震剖面消除了时间域剖面上盐丘上拉的现象,实现了盐丘边界及侧翼的准确归位;同时改善了盐下成像质量,真实地反映了盐下目的层的构造形态。

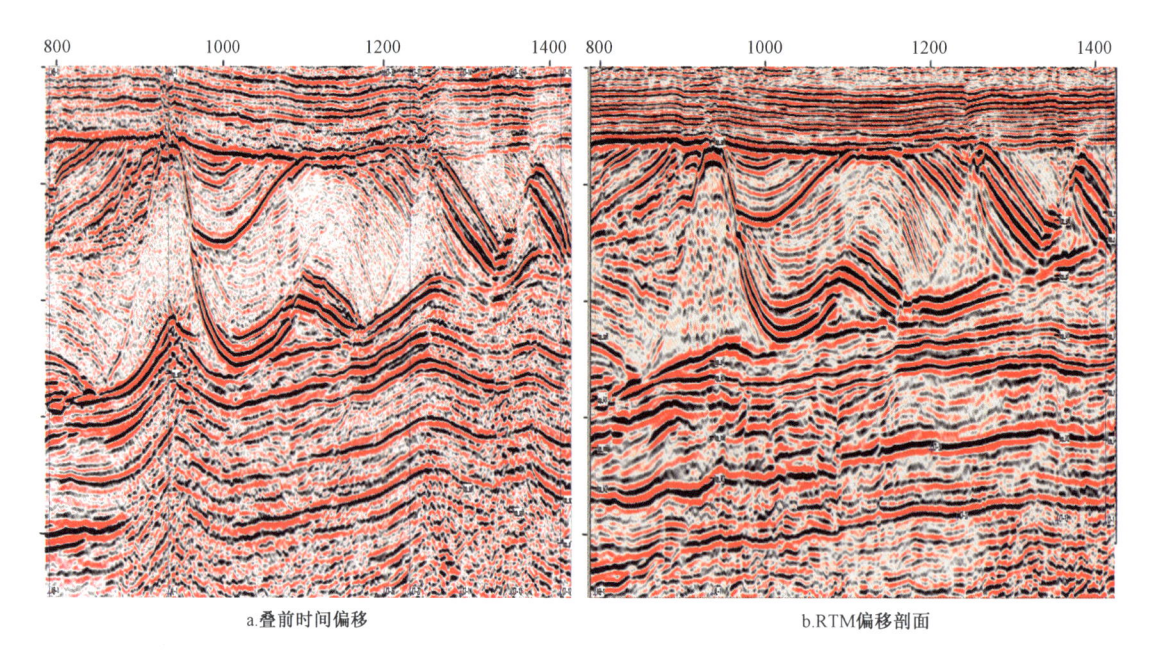

a.叠前时间偏移　　　　　　　　　　　　　　b.RTM偏移剖面

图6　滨里海盆地成像结果

6　地震成像技术发展趋势与启示

经过50年的发展,地震成像技术理论进一步完善,应用领域逐步扩展,在油气勘探中发挥着重要作用。总结其标志性事件有如下几方面:(1)20世纪60年代划弧偏移方法的出现开启了地震偏移成像技术的应用;(2)70年代有限差分波动方程偏移方法使计算机代替人工实现了地震成像工业化;(3)80年代三维偏移进一步推动了地震成像技术的发展;(4)90年代的叠前时间及叠前深度偏移技术将地震成像技术从叠后推向了叠前;(5)进入21世纪,集群技术带动了声波方程逆时偏移成像的蓬勃发展和工业化应用;(6)21世纪初基于误差反传思想的FWI流行;(7)大量商用成像软件进一步推动了偏移成像技术的发展。

然而偏移成像技术发展至今,依旧存在许多亟待解决的问题。主要表现在如下方面:(1)各向异性、弹性波及黏弹性波偏移成为继常规声波偏移之后新的发展热点,但各向异性参数求取、品质因子的估算与横波速度估计仍然存在许多困难;(2)随着大炮检距、宽方位甚至全方位高密度观测技术的发展,地震数据量呈爆炸式增长,虽然计算机硬件技术发展迅速,但海量地震数据依旧是制约叠前偏移算法广泛应用的瓶颈;(3)随着油气勘探难度和风险的增大,可以为地震反演提供可靠岩性及物性参数的振幅保真算法受到越来越多的关注,但仍有许多问题亟待解决,如配套的预处理、常规处理技术以及高精度速度分析方法等;(4)相对于海洋地震勘探,中国中西部所特有的起伏地表条件下的地震勘探所对应的偏移算法也是亟待发展和解决的难题。

有关中国石油地球物理技术的需求和未来发展,在相关文献中有详尽而细致的分析,这里不再赘述。未来一段时期,可以预测地震成像将呈现如下特点:(1)地震成像技术与地震采集技术相互促进,共同发展;(2)地震成像将向着弹性波、复杂各向异性、黏弹性波、双相或多相介质的叠前深度偏移发展;(3)先进的地震成像伴随更多的弹性参数,多信息融合波形反演日益重要;(4)无论是哪种地震成像技术,振幅的保真、分辨率的提高、反射角度道集的计算等都是其重要研究内容;(5)计算机技术将推动大数据时代地震成像技术的发展。

对于未来地震成像技术的发展、应用及需求,笔者有如下认识:

(1)期待新一代成像反演与成像理论的出现。层状介质理论已经远远不能够满足当前需要,由于反问题必定涉及傅里叶积分算子或拟微分算子,更复杂的波动方程的反问题目前还鲜有数学家进行深入探讨。但工业界要求不断把地震反演理论研究推向更具普适意义的方程,如从各向同性完全弹性模型变为各向异性黏弹性介质模型,或各向异性多相介质模型等,这势必导致方程中的未知参数越来越多,反问题解的非唯一性越来越严重。为此有必要对偏移和反演取得的解进行评估,形成一个定量地震解释的观念。当然这个观念的可信程度最终可以通过钻探、测井验证。笔者认为,只有成像理论与反演上的创新才能为复杂波动方程的成像与反演提供可靠的基础,而现今这一基础还不够坚实。

(2)常规逆时偏移技术已经基本成熟,CGG、WGG等公司已形成倾斜正交各向异性(TORT)逆时偏移技术生产能力,保幅及TTI各向异性逆时偏移技术成为当前热点。

(3)地震成像将向着弹性波、复杂各向异性、黏弹性波、双相或多相介质的叠前深度偏移发展。在实际的多分量记录中,纵横波是相互耦合的,不能完全分离,因而在纵横波分离成像过程中会产生成像假象。尤其对于各向异性介质成像,基于声波的纵横波分离方程本身存在近似,所以给成像结果带来不确定性。弹性波叠前深度偏移方法同时将纵横波场外推并归位,得到更精确的成像结果。另外,地下介质的各向异性特征是普遍存在的,只有方法本身考虑了介质的各向异性特征才能得到与介质各向异性特征相符的成像结果,弹性波各向异性技术将为解决该类问题提供有力工具。地下的地质体本身对地震波具有高频衰减作用,降低了地震成像分辨率,气藏构造对纵波衰减尤为明显,造成气烟囱下方构造很难成像,这需要黏弹性波成像方法来解决。而当考虑介质中的流体时,双相或多相介质的成像方法将提上日程。

(4)振幅保真算法是地震成像研究的永恒主题。无论是哪种地震成像技术,振幅的保真、分辨率的提高、反射角度道集的计算等都是其重要研究内容。声波成像主要面对的是各向同性介质,弹性波成像将面临各向异性介质成像的挑战。弹性波正交各向异性(9个独立参数)、单斜介质各向异性(13个独立参数)以及极端各向异性(21个独立参数)将逐渐成为弹性波成像的研究内容。在成像技术中,没有自然振幅保真的成像方法,包括极端各向异性弹性波偏移方法,即使波场外推算法是振幅保真的,成像条件也需要认真考虑。高分辨率成像结果同样是业界追求的目标,由于地震数据是有限带宽的,所以高分辨率成像必然会有分辨率瓶颈制约。最小二乘偏移成像技术可以获得高精度和高分辨率成像剖面,是当前及近期地震成像的研究热点。

(5)叠前深度偏移建模技术向着高效率、高精度方向发展,速度模型的建立优化仍然是重要的研究领域。多信息融合的、地表地下一体的综合速度建模技术是必然的发展趋势。其中全波形反演技术将会成为改善成像效果、完善速度模型的主要手段,为区域深部构造及成像演化分析、浅表层环境调查、宏观速度场建模与成像、岩性参数反演提供有力支撑。

(6)全波形反演技术研究成为行业主流,其应用范围将进一步扩展,未来FWI技术将不单单是能够获得高精度的速度模型,而且将FWI应用于储层反演也是可以预见的。另外以JWI

为核心的偏移+反演技术也将出现并成功应用于生产。

（7）地震成像是一项团队系统化工程，并且应加强地质认识对成像工作的影响，未来处理、解释一体化趋势将更加明显，单一的处理或解释将逐步被处理、解释一体化协同工作环境所取代。偏移和反演是系统化的工程实践和理论研究过程，是不断发展的，在发展进程中应高度重视计算机技术和软件集成研发，加强对国内外特色技术的推广应用力度。

（8）计算机技术将推动大数据时代地震成像技术的发展。随着"两宽一高"技术的发展，地震数据呈现爆发式增长。百兆兆字节级地震数据将逐渐出现在国内地震资料处理市场，对大数据进行叠前地震成像需要巨大的计算资源，大数据的全波形反演更是如此。计算机技术的发展在数据存储、网络数据传输和计算能力等方面为大数据的叠前地震成像和波形反演提供了必要的计算资源保障，尤其是 GPU 卡和 MIC 卡的出现大大加速了大计算量地震成像和波形反演技术走向工业化应用。另外，需要从地震成像和波形反演算法本身出发，探索各种高效率算法提升计算效率，使之满足工业化生产的需要，这也是地震成像技术发展的重要任务。

（9）云技术将开启地震成像和波形反演技术云时代。随着"互联网+"战略与工业 4.0 计划的提出，充分利用信息通信技术和网络虚拟系统，5G 和云计算技术将为大数据的传输和处理提供强有力的工具，使地震成像和波形反演技术向智能化转型。特别是近年来"云存储""云计算"等先进的网络资源及并行存储和计算架构的出现，开启了互联网"云"时代，其优点是最大限度地整合所有网络、存储和计算资源，进行合理地分配利用。具有超大规模计算量和大规模存储需求的地震成像和波形反演技术客观上需要此类技术的支撑，新一代地震成像软件平台将建立在云技术之上。也许在不久的将来，完成一块几千平方千米的三维数据的波形反演，地震成像系统会自动整合几十万个计算节点在 1 小时内完成。

以上认识仅仅代表笔者的观点，不妥之处敬请指正！

在本文写作过程中参阅了大量资料，也多次与地震成像领域的国内外有关专家进行讨论，他们提出了许多有建设性的意见。另外中国石油勘探开发研究院西北分院的王恩利博士、李海山博士、王万里等也给予了多方面的帮助。在此一并致谢！

参 考 文 献

[1] Bednar J B. A brief history of seismic migration. Geophysics,2005,70(3):3MJ－20MJ.

[2] Loewenthal D L,Roberson L R and Sherwood J. The wave equation applied to migration. Geophysical Prospecting,1976,24(2):380－399.

[3] Claerbout J F. Coarse grid calculations of waves in inhomogeneous media with application to delineation of complicated seismic structure. Geophysics,1970,35(3):407－418.

[4] Claerbout J F. Toward a unified theory of reflector mapping. Geophysics,1971,36(3):467－481.

[5] Stolt R H. Migration by Fourier transform. Geophysics,1978,43(1):23－48.

[6] Gazdag J. Wave equation migration with the phaseshift method. Geophysics,1978,43(7):1342－1351.

[7] Schneider W A. Developments in seismic data processing and analysis. Geophysics,1971,36(6):1043－1073.

[8] French W S. Two－dimensional and three－dimensional migration of model experiment reflection profiles. Geophysics,1974,39(3):265－277.

[9] French W S. Computer migration of oblique seismic reflection profiles. Geophysics,1975,40(6):961－980.

[10] Schneider W A. Integral formulation for migration in two and three dimensions. Geophysics,1978,43(1):49－76.

[11] Hubral P. Time migration some theoretical aspects. Geophysical Prospecting,1977,25(4):738－745.

[12] Larner K L,Hatton L,Gibson B S,et al. Depth migration of imaged time sections. Geophysics,1981,46(5):734－750.

[13] 马在田. 高阶方程偏移的分裂算法. 地球物理学报,1983,26(4):377－388.

[14] 张关泉. 利用低阶偏微分方程组的大倾角差分偏移. 地球物理学报,1986,29(3):273－282.

[15] McMechan G A. Migration by extrapolation of time dependent boundary values. Geophysical Prospecting,1983, 31(2):413－420.

[16] Chang W F,McMechan G A. Elastic reverse－time migration. Geophysics,1987,52(10):1365－1375.

[17] Chang W F,McMechan G A. 3D elastic prestack,reverse－time depth migration. Geophysics,1994,59(4):597－409.

[18] Yan J,Sava P. Isotropic angle－domain elastic reverse－time migration. Geophysics,2008,73(6):229－239.

[19] Zhang L,Rector J W,Hoversten G M. An acoustic wave equation for modeling in tilted TI media. SEG Technical Program Expanded Abstracts,2003,22:153－156.

[20] Fletcher R P,Du X,Fowler P J. Reverse time migration in tilted transversely isotropic(TTI)media. Geophysics, 2009,74(6):WCA179－WCA187.

[21] Zhang Y,Zhang H,Zhang G. A stable TTI reverse time migration and its implementation. Geophysics,2011,76 (3):WA3－WA11.

[22] Beylkin G. Imaging of discontinuities in the inverse scattering problem by inversion of a generalized Radon transform. Journal of Mathematical Physics,1985,26:99－108.

[23] Bleistein N. On the imaging of reflectors in the earth. Geophysics,1987,52(7):931－942.

[24] Bleistein N,Cohen J K,Stockwell J W. Mathematics of Multidimensional Seismic Inversion. Springer,New York, 2001.

[25] Zhang Y,Zhang G,Bleistein N. True amplitude wave equation migration arising from true amplitude oneway wave equations. Inverse Problem,2003,19(5):1113.

[26] Zhang Y,Zhang G,Bleistein N. Theory of true amplitude oneway wave equations and true amplitude common－shot migration. Geophysics,2005,70(4):E1－E10.

[27] Zhang Y,Xu S,Bleistein N,et al. Reverse time migration:amplitude and implementation issues. SEG Technical Program Expanded Abstracts,2007,26:2145－2149.

[28] Zhang Y,Xu S,Bleistein N,et al. True amplitude angle domain common image gathers from one－way wave equation migrations. Geophysics,2007,72(1):S49－S58.

[29] Deng F,McMechan G A. True－amplitude prestack depth migration. Geophysics,2007,72(3):S155－S166.

[30] Deng F,McMechan G A. Viscoelastic true－amplitude prestack reverse－time depth migration. Geophysics, 2008,73(4):S143－S155.

[31] Zhang Y,Sun J. Practical issues of reverse time migration:True－amplitude gathers,noise removal and harmonic－source encoding. First Break,2009,27(1):53－60.

[32] Du Q Z,Fang G,Gong X F. Compensation of transmission losses for true－amplitude reverse time migration. Journal of Applied Geophysics,2014,106:77－86.

[33] Albertin U,Yingst D,Kitchenside P. True－amplitude beammigration. SEG Technical Program Expanded Abstracts,2004,23:398－401.

[34] Gray S,Bleistein N. True－amplitude Gaussian beam migration. Geophysics,2009,74(2):S11－S23.

[35] Nemeth T,Wu C,Schuster G T. Least－squares migration of incomplete reflection data. Geophysics,1999,64 (1):208－221.

[36] Dai W,Schuster G T. Plane－wave least－squares reverse－time migration. Geophysics,2013,78(4):S165－S177.

[37] Tarantola A. Inversion of seismic reflection data in the acoustic approximation. Geophysics,1984,49(8):1259－1266.

[38] Virieux J,Operto S. An overview of full－wave form inversion in exploration. Geophysics,2009,74(6):WCC1－WCC26.

[39] Warne M,Ratcliffe A,Nangoo T,et al. Anisotropic 3D full－wave form inversion. Geophysics,2013,78(2):R59－R80.

[40] 杨午阳,王西文,雍学善,等. 地震全波形反演方法研究综述. 地球物理学进展,2013,28(2):766－776.

[41] Gardner G H F. Migration of Seismic Data. Society of Exploration Geophysicists,1985.

[42] Bale R,Jakubowicz H. Post－stack prestack migration. SEG Technical Program Expanded Abstracts,1987,6:714－717.

[43] Berryhill J R. Wave－equation datuming. Geophysics,1979,44(8):1329－1344.

[44] Berkhout A J,Palthe D W W. Migration in the presence of noise. Geophysical Prospecting,1980,28(3):372－383.

[45] Cerveny V,Popo M M,Psencik I. Computation of wave fields in inhomogeneous media Gaussianbeam approach. Geophysical Journal of the Royal Astronomical Society,1982,70:109－128.

[46] Costa C A,Raz S,Kosloff D. Gaussian beam migration. SEG Technical Program Expanded Abstracts,1989,8:1169－1171.

[47] Hill N R. Gaussian beam migration. Geophysics,1990,55(11):1416－1428.

[48] Ting C,Wang D L. Controlled beam migration applications in Gulf of Mexico. SEG Technical Program Expanded Abstracts,2008,27:368－372.

[49] 张关泉. 低阶方程组求解单程波方程的解法. 地球物理学报,1983,29(3):273－282.

[50] Loewenthal D,Mufti I R. Reverse time migration in the spatial frequency domain. Geophysics,1983,48(5):627－635.

[51] Baysal E,Kosloff D D,Sherwood J W C. Reverse time migration. Geophysics,1983,48(11):1514－1524.

[52] Kosloff D,Kessler D. Accurate depth migration by a generalized phase－shift method. Geophysics,1987,52(8):1074－1084.

[53] Wu R S,Huang L Y. Scattered field calculation in heterogeneous media using phase－screen propagation. SEG Technical Program Expanded Abstracts,1992,11:1289－1292.

[54] Wu R S,de Hoop M V. Accuracy analysis of screen propagators for wave extrapolation using a thin－slab model. SEG Technical Program Expanded Abstracts,1996,15:419－422.

[55] Wu R S,Huang L J,Xie X B. Backscattered wave accumulation using the de Wolf approximation and a phase－screen propagator. SEG Technical Program Expanded Abstracts,1995,14:1293－1296.

[56] De Hoop M V,Le Rousseau J H,Wu R S. Generalization of the phase－screen approximation for the scattering of acoustic waves. Wave Motion,2000,31(3):285－296.

[57] Zhang Y,Sun J,Gray S H,et al. To wards accurate amplitudes for one－way wave field extrapolation of 3D common shot records. 71st Annual International Meeting. SEG,2001,Workshop.

[58] Sava P,Biondi B,Fomel S. Amplitude－preserved common image gathers by wave－equation migration. SEG Technical Program Expanded Abstracts,2001,20:296－299.

[59] Sun R,McMechan G A. Scalar reverse－time depth migration of prestack elastic seismic data. Geophysics,2001,66(5):1519－1527.

[60] Bleistein N,Gray S H. Amplitude calculations for 3D Gaussian beam migration using complex－valued travel times. Inverse Problems,2010,26(8):1－28.

[61] Phadke S,Dhubia S. Reverse time migration of marine models with elastic wave equation and amplitude preservation. SEG Technical Program Expanded Abstracts,2012,31:1－5.

[62] Qin Y L,McGarry R. True – amplitude common – shot acoustic reverse time migration. SEG Technical Program Expanded Abstracts,2013,32:3894 – 3898.

[63] Hill N R. Prestack Gaussian – beam depth migration. Geophysics,2001,66(4):1240 – 1250.

[64] Popov M M,Semtchenok N M,Popov P M,et al. Depth migration by the Gaussian beam summation method. Geophysics,2010,75(2):S81 – S93.

[65] Mulder W A ,Plessix R E. A comparison between one – way and two – way wave – equation migration. Geophysics,2004,69(6):1491 – 1504.

[66] Yoon K,Marfurt K J,Starr W. Challenges in reverse – time migration. SEG Technical Program Expanded Abstracts,2004,23:1057 – 1060.

[67] Yoon K,Marfurt K. Reverse – time migration using the Poyntingvector. Exploration Geophysics,2006,37(1):102 – 107.

[68] Fletcher R,Fowler F P,Kitchenside P,et al. Suppressing artifacts in prestack reverse time migration. SEG Technical Program Expanded Abstracts,2005,24:2049 – 2051.

[69] Costa J C,Neto F A,Alcantara M R M,et al. Obliquity – correction imaging condition for reverse time migration. Geophysics,2009,74(3):S57 – S66.

[70] Clapp R G. Reverse time migration with random boundaries. SEG Technical Program Expanded Abstracts,2009,28:2809 – 2813.

[71] Symes W W. Reverse time migration with optimal checkpointing. Geophysics,2007,72(5):SM213 – SM221.

[72] Sun R,McMechan G A,Lee C – S. Prestack scalar reverse – time depth migration of 3D elastic seismic data. Geophysics,2006,71(5):S199 – S207.

[73] Whitmore N D. Iterative depth migrationby backward time propagation. SEG Technical Program Expanded Abstracts,1983,2:382 – 385.

[74] Chang W F,McMechan G A. Reverse – time migration of offset vertical seismic profiling data using the excitation – time imaging condition. Geophysics,1986,51(1):67 – 84.

[75] 杜启振,秦童. 横向各向同性介质弹性波多分量叠前逆时偏移. 地球物理学报,2009,52(3):801 – 807.

[76] Dellinger J,Etgen J. Wave – field separation in twodimensional anisotropic media. Geophysics,1990,55(7):914 – 919.

[77] Rosales D,Rickett J. PS – wave polarity reversal in angle domain common – image gathers. SEG Technical Program Expanded Abstracts,2001,20:1843 – 1846.

[78] Rosales D,Fomel S,Biondi B L,et al. Wave – equation angle – domain common – image gathers for converted waves. Geophysics,2008,73(1):S17 – S26.

[79] Lu R,Yan J,Traynin P,et al. Elastic RTM:Anisotropic wave – mode separation and converted – wave polarization correction. SEG Technical Program Expanded Abstracts,2010,29:3171 – 3175.

[80] Yan R,Xie X B. An angle – domain imaging condition for elastic reverse time migration and its application toangle gather extraction. Geophysics,2012,77(5):S105 – S115.

[81] Du Q Z,Zhu Y T,Ba J. Polarity reversal correction for elastic reverse time migration. Geophysics,2012,77(2):S31 – S41.

[82] Du Q Z,Gong X F,Zhang M Q,et al. 3D PS – wave imaging with elastic reverse – time migration. Geophysics,2014,79(5):S173 – S184.

[83] Duan Y T,Save P. Converted – waves imaging condition for elastic reverse – time migration. SEG Technical Program Expanded Abstracts,2014,33:1904 – 1908.

[84] Kuo J T,Dai T. Kirchhoff elastic wave migration for case of the noncoincident source and receiver. Geophysics,1984,49(8):223 – 1238.

[85] Dai T F,Kuo J. Real data results of Kirchhoff elastic wave migration. Geophysics,1986,51(4):1006 – 1011.

[86] Keho T H, Wu R S. Elastic Kirchhoff migration for vertical seismic profiles. SEG Technical Program Expanded Abstracts,1987,6:774-776.

[87] Sena A G,Toksöz M N. Kirchhoff migration and velocity analysis for converted and nonconverted waves in anisotropic media. Geophysics,1993,58(2):265-276.

[88] Hokstad K. Multicomponent Kirchhoff migration. Geophysics,2000,65(3):861-873.

[89] 岳玉波. 复杂介质高斯束偏移成像方法研究. 青岛:中国石油大学(华东),2011.

[90] Yue Y B,Qian Z P,Qian J F. PS-wave Kirchhoff depth migration and its application to imaging gas clouds. SEG Technical Program Expanded Abstracts,2013,32:1699-1703.

[91] 牟永光,陈小宏,李国发,等. 地震数据处理方法. 北京:石油工业出版社,2007.

[92] 李振春. 地震偏移成像技术研究现状与发展趋势. 石油地球物理勘探,2014,49(1):1-21.

[93] Meadows M,Coen S. Exact inversion of planelayered isotropic and anisotropic elastic media by the state-space-approach. Geophysics,1986,51(11):2031-2050.

[94] Meadows M,Abriel W L. 3D poststack phaseshift migration in transversely isotropic media. SEG Technical Program Expanded Abstracts,1994,13:1205-1208.

[95] Alkhalifah T. Gaussian beam depth migration for anisotropic media. Geophysics,1995,60(5):1474-1484.

[96] Zhu T,Gray S H,Wang D. Prestack Gaussian beam depth migration in anisotropic media. Geophysics,2007,72(3):S133-S138.

[97] Alkhalifah T,Tsvankin I. Velocity analysis for transversely isotropic media. Geophysics,1995,60(5):1550-1566.

[98] Alkhalifah T. Acoustic approximations for processing in transversely isotropic media. Geophysics,1998,63(2):623-631.

[99] Alkhalifah T. An acoustic wave equation for anisotropic media. Geophysics,2000,65(4):1239-1250.

[100] Du X,Bancroft J C and Lines L R. Reverse-time migration for tilted TI media. SEG Technical Program Expanded Abstracts,2005,24:1930.

[101] Zhou H,Zhang G,Bloor R. An anisotropic acoustic wave equation for VTI media. 68th EAGE Conference & Exhibition,2006.

[102] Zhou H,Zhang G,Bloor R. An anisotropic acoustic wave equation for modeling and migration in 2D TTI media. SEG Technical Program Expanded Abstracts,2006,25:194-198.

[103] Duveneck E,Milcik P,Bakker P M,et al. Acoustic VTI wave equations and their application for anisotropic reverse-time migration. SEG Technical Program Expanded Abstracts,2008,27:2186-2190.

[104] Duveneck E,Bakker P M. Stable P-wave modeling for reverse-time migrationin tilted TI media. Geophysics,2011,76(2):S65-S75.

[105] Thomesen L. Weak elastic anisotropy. Geohysics,1986,51(10):1954-1966.

[106] Cohen J. Analytic study of the effective parameters for determination of the NMO velocity function in transversely isotropic media. Center for Wave Phenomena,Colorado School of Mines,1996,CWP-191.

[107] Helbig K. Elliptical anisotropy——Its significance and meaning. Geophysics,1983,48(7):825-832.

[108] Dellinger J,Muir F. Imaging reflections in elliptically anisotropic media. Geophysics,1988,53(12):1616-1618.

[109] Grechka V,Zhang L,Rector III J W. Shear waves in acoustic anisotropic media. Geophysics,2004,69(2):576-582.

[110] Etgen J T,Brandsberg-Dahl S. The pseudo-analytical method:Application of pseudo-Laplacians to acoustic and acoustic anisotropic wave propagation. SEG Technical Program Expanded Abstracts,2009,28:2552-2556.

[111] Liu F,Morton S A,Jiang S,et al. Decoupled wave equations for P and SV waves in an acoustic VTI media. SEG Technical Program Expanded Abstracts,2009,28:2844-2848.

[112] Crawley S,Brandsberg-Dahl S,McClean J,et al. TTI reverse time migration using the pseudo-analytic meth-

od. The Leading Edge,2010,29(11):1378-1384.

[113] Pestana R C,Ursin B,Stoffa P L. Separate P - and SV - wave equations for VT I media. 12th International Congress of the Brazilian Geophysical Society,2011.

[114] Zhan G,Pestana R C,Stoffa P L. An acoustic wave equation for pure P wave in 2D TTI media. 12th International Congress of the Brazilian Geophysical Society,2011.

[115] Pestana R C,Stoffa P L. Time evolution of the wave equation using rapid expansion method. Geophysics,2010,75(4):T121-T131.

[116] Zhan G,Pestana R C,Stoffa P L. An efficient hybrid pseudo - spectral/finite - difference scheme for solving the TTI pure P - wave equation. Journal of Geophysics and Engineering,2013,10(2):025004.

[117] 程玖兵,康玮,王腾飞. 各向异性介质 qP 波传播描述 I:伪纯模式波动方程. 地球物理学报,2013,56(10):3474-3486.

[118] 杨文采. 地震波场反演的 BG—逆散射方法. 地球物理学报,1995,38(3):358-366.

[119] 吴如山. 地震波的散射与衰减. 北京:地质出版社,1991.

[120] 黄联捷,杨文采. 声波方程逆散射反演的近似方法. 地球物理学报,1991,34(5):626-634.

[121] 栾文贵. 关于地球物理中几个不适定问题的解的连续依赖性. 地球物理学报,1982,25(4):626-634.

[122] 徐基祥,王平,林蓓. 地震波逆散射成像技术潜力展望. 中国石油勘探,2006(4):61-66.

[123] Kolsky H. The propagation of stress pulses in viscoelastic solids. Philosophical magazine,1956,1(8):693-710.

[124] Futterman. Dispersive body waves. Journal of Geophysics Research. 1962,67(13):5279-5291.

[125] Kjartansson E. Constant - Q wave propagation and attenuation. Journal of Geophysical Research,1979,84(B9):4737-4738.

[126] Hargreaves N D,Calvert A J. Inverse Q filtering by Fourier transform. Geophysics,1991,56(4):519-527.

[127] Ribodetti A,Virieux J. Asymptotic theory for imaging the attenuation factor Q. Geophysics,1998,63(5):1767-1778.

[128] Dai Nanxun,West G F. Inverse Q migration. SEG Technical Program Expanded Abstracts,1994,23:1418-1421.

[129] Mittet R,Sollie R and Hokstad K. Prestack depth migration with compensation for absorption and dispersion. Geophysics,1995,60(5):1485-1494.

[130] Wang J,Zhou H,Tian Y K. A new scheme for elastic full waveform inversion based on velocity - stress wave equations in time domain. SEG Technical Program Expanded Abstracts 2012:1-5.

[131] Wang Yanghua. Quantifying the effectiveness of stabilized inverse Q filtering. Geophysics,2003,68(1):337-345.

[132] Wang Yanghua. Inverse Q - filter for seismic resolution enhancement. Geophysics,2006,71(3):SV51-SV60.

[133] 杨午阳. 粘弹性波动方程保幅偏移技术研究. 北京:中国地质科学院,2004.

[134] 杨午阳,杨文采,刘全新,等. 三维 F-X 域粘弹性波动方程保幅偏移方法. 岩性油气藏,2007,19(1):86-91.

[135] Zhang Y,Zhang P,Zhang H. Compensating for visco - acoustic effects in reverse - time migration. SEG Technical Program Expanded Abstracts,2010,19:3160-3164.

[136] Zhu T,Harris J M,Biondi B. Q - compensated reverse time migration. Geophysics,2014,79(3):S77-S87.

[137] Al - Yahya K. Velocity analysis by iterative profile migration. Geophysics,1989,54(6):718-729.

[138] Doherty S M,Claerbout J F. Structure independent velocity estimation. Geophysics,1976,41(5):850-881.

[139] Lafond C F,Levander A R. Migration moveout analysis and depth focusing. Geophysics,1993,58(1):91-100.

[140] Lee W,Zhang L. Residual shot profile migration. Geophysics,1992,57(6):815-822.

[141] Liu Z,Bleistein N. Migration velocity analysis:Theory and an iterative algorithm. Geophysics,1995,60(1):142-153.

[142] Rickett J E,Sava P C. Offset and angle - domain common image - point gathers for shot - profile

migration. Geophysics,2002,67(3):883-889.

[143] Sava P,Fomel S. Angle-domain common-image gathers by wavefield continuation methods. Geophysics,2003,68(3):1065-1074.

[144] Jeannot J P,Faye J P,Denelle E. Prestack migration velocities from depth focusing analysis. SEG Technical Program Expanded Abstracts,1986,15:438-440.

[145] Berkhout A J,Rietveld W E. Determination of macro models for prestack migration:Part1,Estimation of macro velocities. SEG Technical Program Expanded Abstracts,1994,13:1330-1333.

[146] Deregowski S M. Common-offset migrations and velocity analysis. First Break,1990,8(6):225-234.

[147] Landa E,Thore P,Sorin V,et al. Interpretation of velocity estimates from coherency inversion. Geophysics,1991,56(9):1377-1383.

[148] 王宏琳,罗国安. 国产地震处理解释软件的发展. 石油地球物理勘探,2013,48(2):325-331.

[149] 斯伦贝谢. 全方位海上地震成像技术进展. 油田新技术,2013,25(1):42-45.

地震反演技术回顾与展望[*]

撒利明　杨午阳　姚逢昌　印兴耀　雍学善

摘要　在回顾地震反演技术的发展、分析反演多解性产生的根源、阐述地震反演技术可能存在的问题以及地震反演技术发展趋势的基础上,就几项具有代表性的反演方法及应用实例进行详细介绍。地震反演质量的提高是一项系统性工程,实际应用中还要正确认识理论最优和实际应用效果之间的平衡问题,必须在分外重视方法的先进性、合理性和实用性之间做出恰当的选择。

1 概述

1.1 地震反演的目的与反演技术的发展历程

油气地震勘探的根本任务是根据观测到的各种信息研究和提取有关地下介质的物性参数,如速度、密度等,并对储层的含油气性做出评价。完成这一任务有正演和反演两种途径,它们也是弹性动力学研究的两个基本方面。正演是在给定震源和介质特性时研究地震波的传播规律,而反演则是根据各种地球物理观测数据推测地球内部的结构、形态及物质成分,定量计算各种相关的地球物理参数。油气勘探的诸多问题最终都可归结为弹性动力学反问题,因此弹性动力学反问题研究在油气地震勘探中具有重要意义[1,2]。

地震反问题一般可以归结为非线性泛函极小问题,该问题的解决主要决定于3个方面:地震波传播理论、地震数据观测技术以及地震波反演方法。从地震勘探近几十年的发展来看,计算机技术、地震采集设备和采集技术的每一次发展都会引起勘探技术革命性的飞跃,带来勘探精度的大幅度提高。

地震反演研究至少应包括反演理论、求解算法、解的评价及应用等方面的内容。就目前而言,要根本解决储层定量预测问题,地震反演理论还要依赖于地震波传播理论的突破,只有反问题理论的创新才能为复杂储层的多参数反演提供基础,而这种基础现今还不牢固[2]。

在连续介质假设的基础上,Backus 和 Gilbert 于20世纪60年代后期建立了现代反演理论(简称 BG 理论)[3-5],从而改变了过去地球物理反演只是作为正演研究的自然延伸而分散单一的局面。BG 理论认为,所有可能的地球模型构成了一个无穷维的抽象空间,故描述它的函数将是空间坐标的连续函数。BG 理论包括两个部分:(1)模型构制问题;(2)模型评价问题。在 BG 理论基础上,人们开始尝试用定量和通用的反演方法解决地球物理问题,以获取岩性、物性以及流体等储层参数。其中具有里程碑意义的工作是1972年美国人 Wiggins 和英国人 Jackson 提出的广义线性反演方法 BCI[1,6]。但使反演技术得以广泛应用,则要归功于 Lindseth

---

[*] 首次发表于《石油地球物理勘探》,2015,50(1)。

等提出的 Seislog 方法[7,8]。

现今地震反演方法的分类多而繁杂。在勘探领域,人们根据求解问题的不同、输入数据的不同、所用算法的不同,提出了多种分类方法。如将地震反演分为基于旅行时的反演方法和基于振幅的反演方法,叠后反演方法和叠前反演方法,非线性反演方法和线性化的迭代反演方法等,具体采用什么分类方法,主要取决于研究问题本身。本文主要遵从反演技术的发展历程描述反演技术的过去、现在和发展趋势。

反演技术在诸多领域都有应用,并广泛应用于各种规模、级别的复杂实验过程,如地下结构和矿藏以及油气聚集参数估算、用波至时间确定震源位置、医学层析 CT,等等。在过去几十年中,反演技术在油气勘探领域获得了广泛应用。在许多情况下,反演提高了常规地震分辨率,并不同程度地改善了储层参数的研究条件,可获得优化的数据体,提高了对资源的评价能力,提出了有利的井位建议。因此人们对地震反演技术研究的兴趣不断增长,地震反演已成为油气勘探开发中的常规技术,而且正在成为储层表征中的关键环节。

勘探领域地震反演通常可分为叠后和叠前反演两大类。近 20 年来,叠后地震反演取得了巨大成功,已形成多种成熟技术。例如,按照测井资料在其中所发挥的作用可分为地震直接反演、测井约束地震反演、测井—地震联合反演、地震约束下的测井曲线反演等四类,分别应用于油气勘探的不同阶段。从实现方法上分为递推反演、模型反演和地震属性反演、地震统计学反演、测井曲线反演等,其中 Delog、Seislog、BCI、PARM、Seimpar、AVA 等方法是具有代表性的方法。应用叠后反演方法很难获得孔隙度、储层流体、岩性等关键参数,难以满足储层定量描述的要求。

在 1999 年之后,叠前反演技术得到迅速发展,其中以弹性阻抗(EI)反演和归一化的扩展弹性阻抗(EEI)反演[9,10]最具代表性,这类方法的理论基础是佐布里兹方程近似式。由于理论上存在缺陷、算法复杂和地震数据信噪比等方面的限制,求取弹性参数通常通过多重局部叠加的同步反演来完成,叠前 AVA 同步反演等方法是其中的典型代表[11,12]。在叠前反演技术的推广应用过程中,地震岩石物理技术的研究具有举足轻重的作用。如今叠前地震反演技术已成为油气勘探的常规技术,并在复杂储层精细预测、储层流体识别等领域展示了良好的应用前景。

如何提高储层非均质性、物性以及流体特性等的识别精度,是提高反演质量的关键。全波形反演技术(Full Waveform Inversion,简写为 FWI)从 20 世纪 80 年代就已问世[13,14],但直到近年才成为研究热点,因为人们逐渐认识到,在反演中综合考虑运动学特征和动力学特征,可以极大地提高反演精度。尽管该技术目前距离实际应用尚有相当距离,但笔者认为,地震反演的发展正走向 AI(声波阻抗)和 EI 结合、EI 和 AVO(振幅随炮检距变化)结合、FWI 和 JMI(联合偏移反演)结合的定量预测阶段。图 1 展示了地震反演技术自 1967 年到 2014 年期间的发展情况。如何构建精度更高的初始反演模型?如何实现孔、渗、饱等物性参数精确反演?如何实现储层流体特性反演?如何实现储层定量建模?实现储层的定量表征等是未来地震反演技术必须解决的关键应用问题,而解的有效性评价、反演理论的创新和地震波动理论的创新应该是反演技术未来需要解决的关键理论问题。纵观 40 年来反演技术的发展,距离上一个里程碑式的发展(1999 年的弹性阻抗技术)已经 15 年,期待一项更新的、更有价值的反演新技术出现。

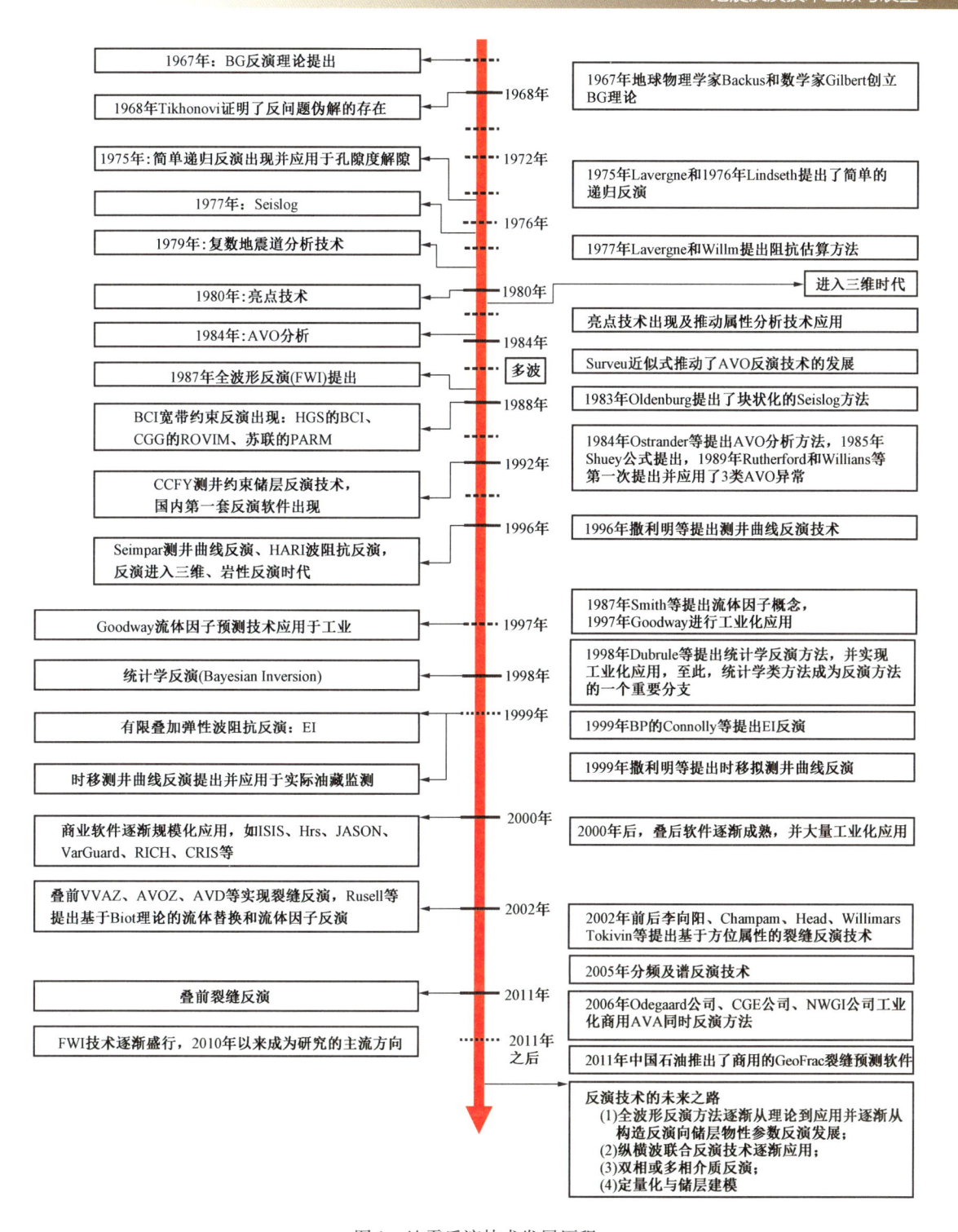

图1 地震反演技术发展历程

进入21世纪,随着地震岩石物理、逆时偏移、FWI、叠前地震反演、多波多分量等技术的进步,地震技术已贯穿油气勘探开发全过程,如今以地震技术为主导的油藏多学科一体化定量预测已成为一种发展趋势。

1.2 地震反演的基本概念与主要实现过程

油气勘探行业的许多观测结果在一定程度上都依赖于反演结果的资料解释。究其原因相当简单,对于许多观测资料解释问题,没有一个可将多种观测结果(如有效信号及其能量衰减、噪声、其他各种相关误差等)关联起来的解析解。在这种情况下,必须求助于反演这一数学方法,先估算一个结果,然后对照观测数据检查反演结果,并进行适当修正,最终得到合理答案。正如其名称所表示,反演可以理解为正演(模拟)的逆向过程。在本文中,正演从建立地层模型开始,然后基于该模型通过数学方法模拟某个物理实验过程,如电磁、声波、核反应、化学或光学实验过程,最后输出模拟响应(图2)。反演则是以上过程的逆过程:即根据实际测量的数据,逆向推导,最后建立地层模型[15]。油气领域地震反演的关键步骤可概括为:(1)测井曲线预处理及标准化;(2)建立单井波阻抗反演模型;(3)提取子波;(4)单井波阻抗模型精化及取低频;(5)建立整体反演初始模型;(6)迭代反演;(7)加低频信息等。其中反演初始模型的建立是其中的关键。

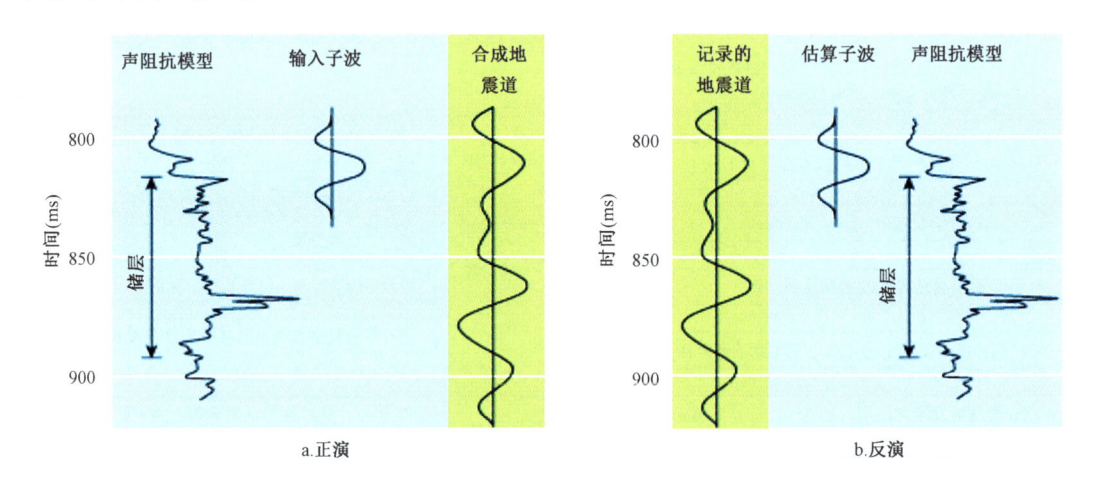

图2 正演、反演实现过程[15]

正演模拟首先采用地层物性建立模型(本例中使用测井数据得到的声阻抗),然后合并声阻抗和地震子波或脉冲,输出合成地震道;反演从地震道记录数据开始,从地震道记录中去除估算子波的影响,得出每个时间样点上的声阻抗值

1.3 当前地震反演领域存在的问题

地震反演关键问题可概括为:(1)由于实际地震勘探数据是不完全的、带限的,由这种不完整的并存在随机噪声的数据求取地下介质物性参数的变化,其数学表达式必然是不适当的病态方程;(2)地震数据量非常巨大,由此带来实际地震资料处理中的许多问题,在很大程度上妨碍了某些理论先进算法的实用化,为此应分外重视其合理性和实用性;(3)只有反问题理论上的创新才能为反演提供更可靠的基础,而现今这一基础还不够坚实,层状介质理论已经远远不能满足当前需要;(4)如何构建高精度的反演初始模型,是获得高精度反演结果的关键,也是反演方法获得工业化应用的关键。此外还要充分重视研究和利用叠后反演方法,只要选择方法得当及参数选择合理,叠后反演方法也能取得很好的应用效果。

2 典型反演技术及作用

2.1 叠后波阻抗反演为储层研究提供了新工具

由于利用波阻抗数据解释岩性和孔隙度横向变化精度较高,且算法简单,因而波阻抗反演方法获得了成功。简单递归反演提供了一种有限带宽的声阻抗估算方法。早期的绝对声阻抗估计都是通过井与井之间内插得到含低频阻抗的估计而得到的,波阻抗反演在20世纪70年代中期由Lavegne[7]和Lindseth[8]引入,并成为一种流行的地震道反演工具。Lindseth将这种方法命名为Seislog(测井约束地震反演),因为它能从观测到的CMP道集中得到连续的速度曲线估算值。随后Oldenburg等[16]推出了一种改进的块状Seislog版本。当时对于很多地球物理学家而言,Seislog似乎就是地震反演的同义词,因为这种带测井约束的储层反演技术可以较好地了解储层的分布情况(图3)。但是,实际地震数据往往是带限的,并且存在有干扰,因此Seislog常常效果欠佳,但也不失为一种较好的反演方法。

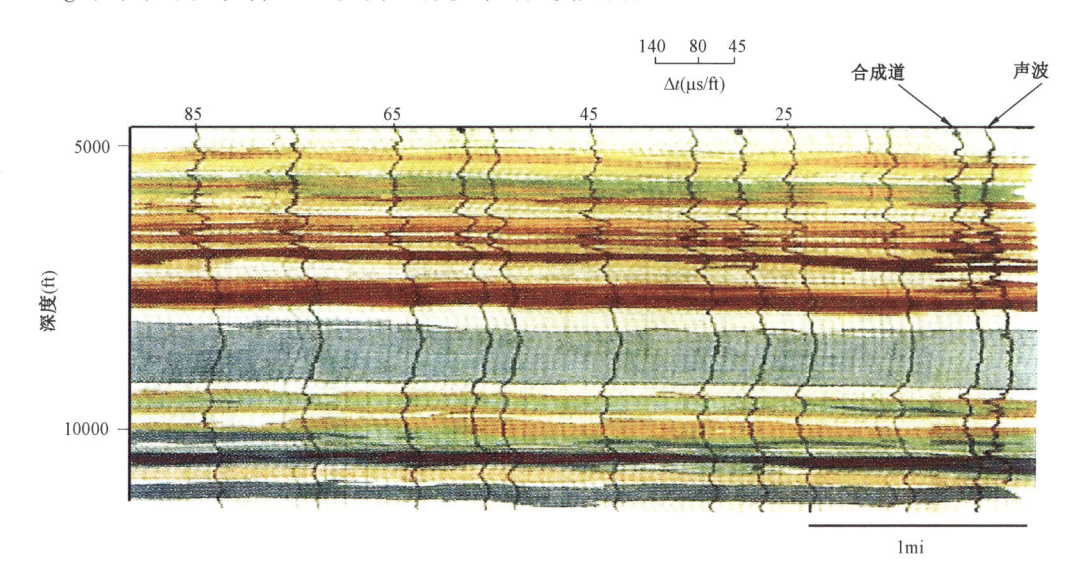

图3 碳酸盐岩地层的拟测井反演剖面[8]

2.2 基于模型的叠后反演是使用最广泛的波阻抗反演方法

早期的波阻抗反演方法存在分辨率有限、预测精度低等诸多缺陷。为此,基于模型的反演方法从20世纪80年代发展并盛行。其做法是:首先由解释人员依据井控和层位资料产生(用克里金、平方反比等插值方法)低频背景的模型;接着生成合成地震记录,并将其与实际地震记录进行对比;然后依据反射时间和阻抗对模型进行反复调整以缩小两者之间的差异,最终产生较高分辨率的波阻抗剖面。上述处理过程的起初手段是在初始背景模型(局部最小)附近找到一种解(将背景模型线性化并使用约束最小二乘技术求解得到)。自20世纪90年代末以来,随着模拟退火和遗传算法等非线性技术寻找最优解(或全局最小)方法的使用,寻求局部解的技术得到了拓展。

如果已知地震子波是带限的,反演的解就不是唯一的。经典的反演技术通常倾向于地震数据的"最平滑的"阻抗模型。相反,约束稀疏脉冲反演流程更喜欢"块状"模型,这些模型表现为有限的离散脉冲。早期的执行过程类似于最大似然反褶积方法,也有人使用 L_1 范数标准。通过稀疏脉冲反演可获得更高的分辨率。

通常应用 Seislog、Delog、SLIM(地震岩性反演)、GLI(广义线性反演)等方法可以得到地震有效频带之外的分辨率,这是一种视分辨率,视分辨率通常是多解的,并且是一种低水平的视觉分辨率。而代表性的高水平视分辨率方法是美国 HGS 公司的 BCI 方法(宽带约束反演),CGG 公司的 ROVIM,苏联的 PARM,中国石油西北地质研究所的系列反演技术 CCFY(图4)、HARI(适用三维)、Seimper(适用岩性反演)[17-20],中国石油勘探开发研究院的 RICH 系列技术等。其中 BCI、ROVIM 等方法因需要采用整个数据体来求取模型修正量而未得到广泛应用,其求解大型矩阵的运算需要大内存、高速运算的计算机。CCFY 和 HARI 不需要太大的机器内存,且因采用逐道外推、逐点模型精化等优化策略,获得了广泛应用(图5)。其关键步骤包括子波提取、初始模型建立、逐样点模型精化、自适应外推以及取低频和加低频等。

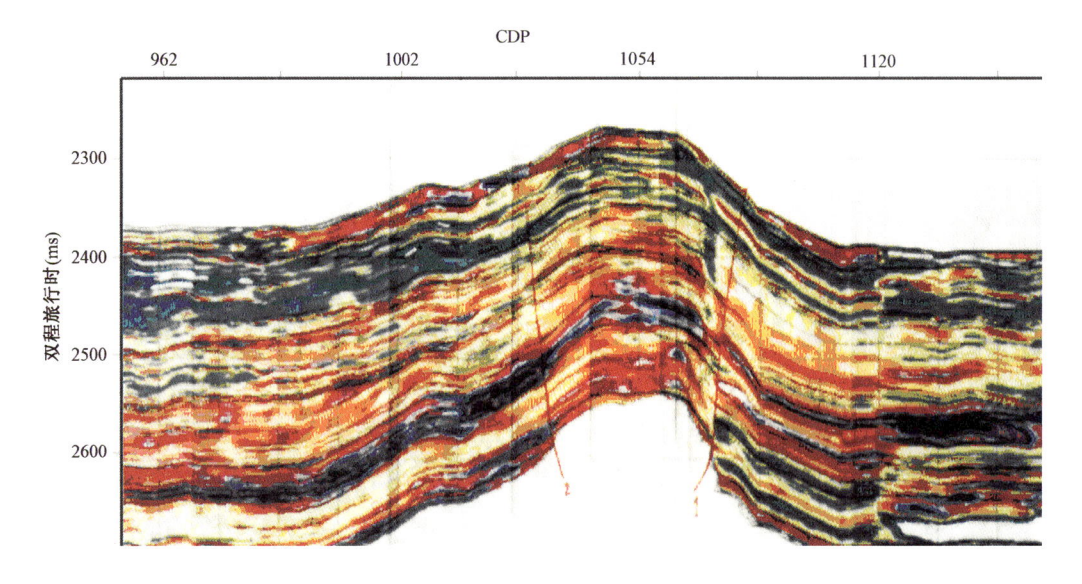

图4 过塔中401井 CCFY 反演波阻抗剖面[20]

2.3 拟测井曲线反演技术可进一步提高反演分辨率

由于地震数据是带限和含有噪声的,常用反演方法又是线性的,所能获得的视分辨率通常是有限的。因此如何利用测井的高分辨率特点提高反演精度就成为人们的不二选择。1996年,撒利明等[18]在研究非线性反演算法的基础上,提出了 Seimpar 拟测井曲线反演方法,首次获得了极佳的分辨率,可获得米级储层的反演结果(图6),砂体厚度和自然电位测井曲线对应极佳。针对油田测井曲线具有时间差异性的特点,1999年撒利明等[20]又提出了时移拟测井曲线反演方法,并取得了实际应用效果。随后甘利灯等[21]、杨午阳等[22]、陈宝书等[23]应用曲线重构的约束反演方法,较好地解决了常规模型约束反演精度低、难以解决含钙质等特殊矿物时的储层反演问题,并使反演技术的内涵进一步得到拓展。

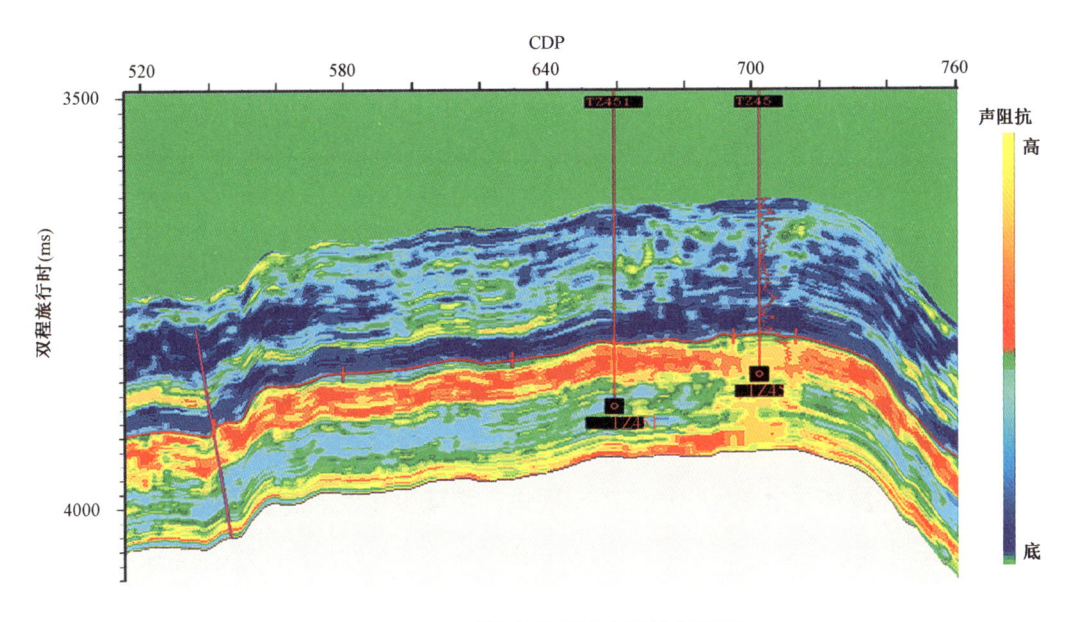

图 5 HARI 反演碳酸盐岩声阻抗剖面图

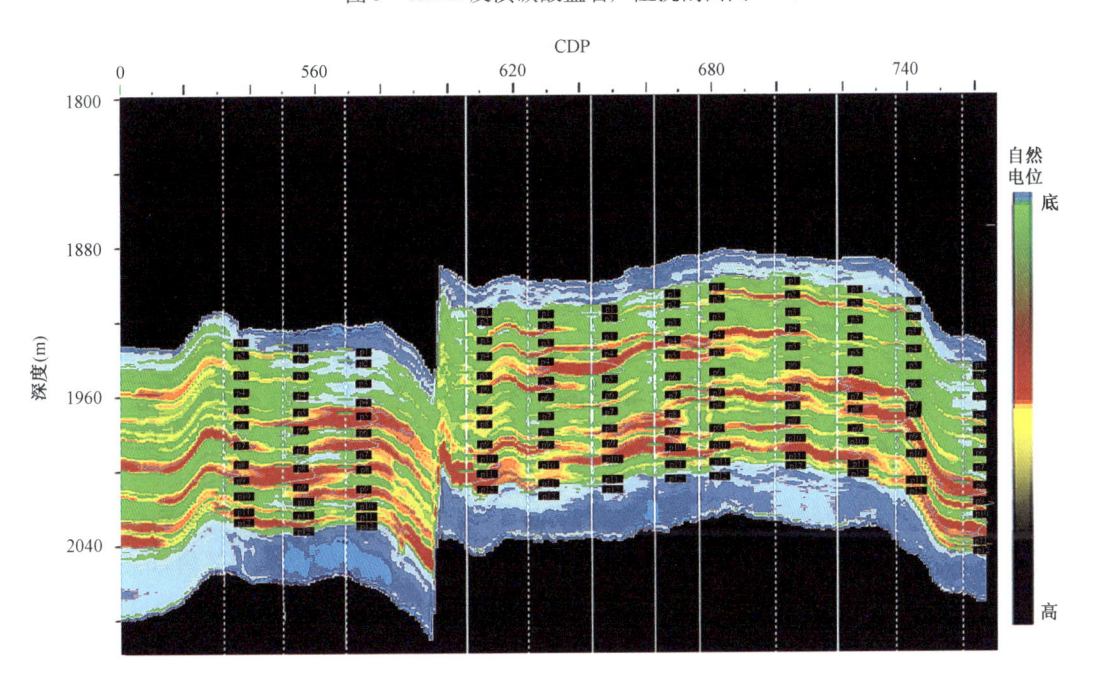

图 6 Seimpar 拟测井曲线反演自然电位剖面[19]
红色及过渡色为反演砂体,白色曲线为对应的自然电位测井曲线

2.4 统计学反演更进一步拓展了地震带宽

反演问题本身是高度非线性的,且受线性反演方法本身条件以及地震资料品质的限制,模型约束反演普遍受非地震先验知识的影响较大,对初始模型的依赖性较强,多解性较明显。可以证明,反演所获得的解是非唯一的,在许可的误差范围内,有一系列解对应这些数据[24]。幸

运的是,可以将这些解进行约束和规范,使之向地下参数的先验信息逼近,这样的约束可以是"硬约束",也可以是"软约束",并且可以用多维概率密度函数(PDF)的形式来表示。Tarantola是这种反演理论早期支持者之一,他的观点是基于18世纪英国牧师和统计学家Thomas Bayes的经典著作。现代文献都把这种方法称为贝叶斯反演(Bayesian Inversion)。在Hass等发表的论著中对此有深入的阐述[25-29]。贝叶斯反演的实现过程可概括为:解释人员使用井控建立低频背景模型,并构建高频垂向变异函数,横向变异函数由地震振幅数据构建。由于模型很好地将地震分辨率延伸到其分辨率的极限之外,因此许多模型既符合变异函数也符合地震振幅数据。基于此原因,利用此方法可产生一系列多达100或更多的实现。这些实现的平均阻抗与由经典的模型驱动反演得到的阻抗在理论上是一致的。实际应用中,解释人员通过感兴趣的参数实现对实现的模型进行分类(如阻抗一定,总孔隙度低于一定给定的门槛值)并产生P10模型、P50模型和P90模型,用于随后的风险分析和储层精细表征[30]。

2.5 非线性及有关全局优化算法的出现进一步减少了反演的多解性

研究表明,非线性反演要比线性反演复杂得多。解决非线性反演问题,通常采用两种反演策略:一种是局部优化的迭代线性化反演策略,另一种是全局优化策略。局部优化反演策略具有计算速度快等特点,但由于反问题的高度非线性,致使局部优化的反演结果严重依赖于初始模型,因此人们通常采用迭代线性化的思路处理非线性反演问题[31,32]。实际上,非线性迭代本身容易不断地制造人为假象,把有用信息转化为熵,非线性的本质就是分形和混沌[33,34]。迭代线性化的关键在于如何选择收敛条件和迭代停止准则,否则有可能陷入解的局部极小区而非全局最小区。全局优化策略可较好地克服上述缺陷,因此也就成为求解高度非线性优化问题的重要手段。该类反演方法中需要特别提及是模拟退火算法(SA)、遗传算法、蒙特卡罗方法以及混沌反演方法和人工神经网络方法。

2.6 弹性阻抗反演进一步扩展了反演的应用范围

基于道集的AVO/AVA反演方法对资料品质要求较高,常规AI反演对流体和特殊岩性预测并不十分敏感,且角道集抽取的质量也成为制约其应用的又一个重要因素。为了更好地适应生产,Connolly[9]首次提出并使用了EI的概念,这种阻抗是有限角度叠加数据反演的结果。弹性阻抗是密度、纵波阻抗和横波阻抗的产物,弹性阻抗的分量取决于入射角以及纵横波速度比(v_p/v_s)[35]。通常远角度弹性阻抗比近角度阻抗对流体含量更加敏感。弹性阻抗的另一个优势是为每一角道集评估子波,并可以消除通常出现在远炮检距道集中的低频转移现象。扩展弹性阻抗[10]更有助于判别储层的流体特性,可通过地震建模确定哪个有限角度道集与期望的储层特性(如体积或剪切模量、泊松比、GR和含水饱和度)相关最大,这些参数是不同岩性指示参数,并体现了流体充填方面的信息。

2.7 以VVAZ及AVAZ为核心的AVD属性反演为裂缝储层预测和裂缝流体识别奠定了坚实基础

人们很早就认识到,地震反射振幅、视速度、时差等随方位变化,并在HTI弱各向异性近似下呈现椭圆特征。随着宽方位勘探技术的发展,叠前AVD属性(地震属性随方位变化)特别是VVAZ(速度随方位角变化)和AVAZ(振幅随方位角变化)已被用于评估储层中天然裂缝的方向和空间变化(图7)。Ruger 公式[36]的提出具有里程碑意义。VVAZ 通常由专门的处理部门来完成,AVAZ 可通过解释人员利用工作站中的商业软件来完成[37]。VVAZ 以及 AVAZ 在评估最大水平应力方向、裂缝预测、裂缝流体识别等方面都非常有用,水平应力方向评估有助于优化水平井的设计和压裂方式的选择。

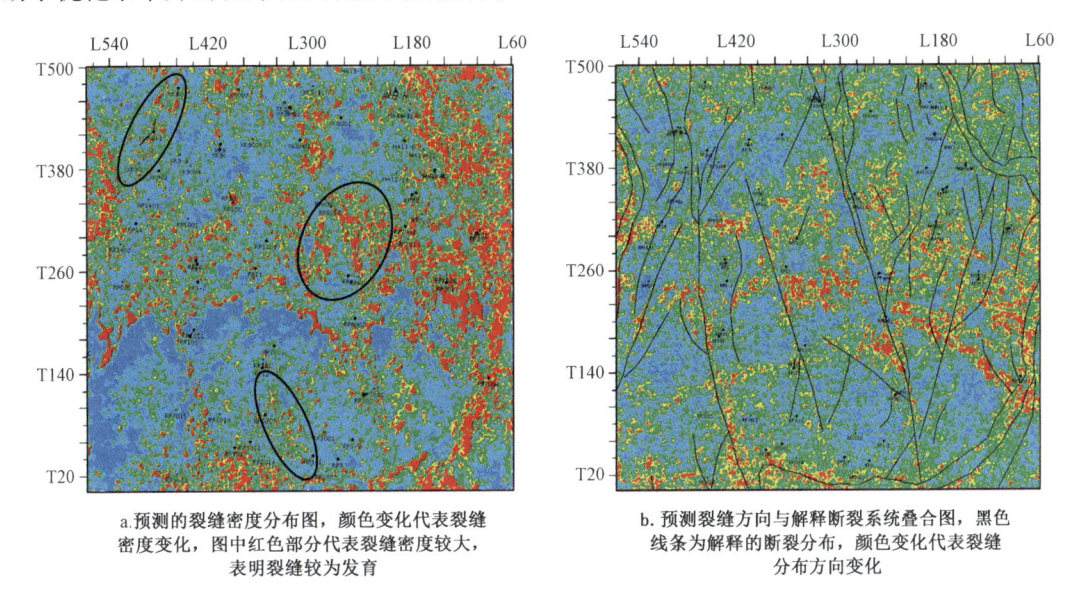

a.预测的裂缝密度分布图,颜色变化代表裂缝密度变化,图中红色部分代表裂缝密度较大,表明裂缝较为发育

b.预测裂缝方向与解释断裂系统叠合图,黑色线条为解释的断裂分布,颜色变化代表裂缝分布方向变化

图 7　叠前 AVD 技术反演裂缝方向和密度[37]

2.8　基于波动方程的叠前反演方法为实现复杂介质叠前反演提供了有效途径[38,39]

人们在应用基于佐普里兹方程的反演方法进行储层预测的同时,也在探求更符合实际地下介质的波动方程叠前反演方法,该类方法可综合考虑振幅和旅行时信息,因而可获得更加理想的反演结果,这也是当前反演领域的研究热点之一。基于波动方程的叠前地震反演正演化算子包括有限差分法、有限元法和积分法以及反射率法,前三种方法主要用于速度建模,而反射率法则广泛应用于储层预测和流体识别。但直到目前,基于波动方程的叠前反演方法在实际资料处理中的应用还极为有限。

2.9　多相介质中弹性波的传播与流体识别是油气储层研究的焦点

地球物理学需要解决的关键问题是了解地震波在沉积盆地中的传播规律,而沉积盆地属于固液双相或固气双相介质,将单相介质中的地震波传播理论推广到双相介质或多相介质中是 20 世纪地震波动理论发展的重要步骤[1,2],Biot[40]、Gassmann[41]、Russell 等[42]等为实现流体项的直接反演做出了极其重要的贡献。双相介质的弹性波理论是当前热门的油气储层预测与描述方法的基础,其中对储层中流体含量的计算和流体特性的判别是关注的焦点。

2.10　AVO 反演为提高储层定量化预测精度提供了有效途径

在亮点技术成为烃类检测商业化工具后的 1984 年,Ostrander[43]发表了一篇里程碑式的论文,认为储层含气后,叠前振幅会随炮检距发生变化,并且这种振幅变化与含气引起的泊松比变化有关,AVO技术由此诞生。AVO分析的理论基础源于佐普里兹方程的Aki-Richards近似式[35],随后出现的Shuey近似式证明了在中小入射角(0°~30°)情况下的反射系数是泊松比的函数。至此,AVO作为商业化技术诞生了。杨绍国等[44]、郑晓东[45]分别提出了以级数形式表示的佐普里兹方程近似公式,这些近似式具有物理意义更加明确、形式更加简单、精度更高等特点,非常有利于地震岩性参数反演。近年来随着三维地震技术、横波测井、岩石物理、地震建模等技术的发展,AVO技术应用又迎来了一个新的高潮。杨午阳[12]提出了基于模拟退火的AVA同步反演方法,直接求解佐普里兹方程,且目标函数中可引入多种约束条件,精度较高。印兴耀等[46]提出了基于流体弹性阻抗方程的叠前反演方法等。近年来,随着三维、三维三分量等采集技术的广泛应用,地震数据真振幅处理方法不断完善,全波列声波测井及高精度地震建模的应用,AVO分析进入了量化阶段。

2.11 纵横波联合反演是未来储层定量化表征的重要途径

前文介绍的反演方法都是纵波数据反演。然而,地震波场是矢量波场,因此研究多波多分量地震勘探技术更加具有现实意义,也是实现储层定量表征、降低预测风险、减少多解性、提高预测精度的关键。近年来,多波技术取得了长足的进步,在岩性预测、流体识别、方位各向异性、裂缝预测等方面展示了良好的应用前景[47-52]。受横波震源技术所限,转换波成为当前多分量勘探的重要研究和应用领域。虽然多分量勘探在采集和处理上比单分量勘探复杂得多,但多分量勘探可以提供单分量勘探无法提供的资料,如纵波阻抗、横波阻抗,v_p/v_s和密度等多种重要参数,并可为储层物性参数的预测提供重要基础,进而帮助地球物理学家建立三维岩石力学模型(MEM)。考虑实际资料的限制,开展纵波与横波(P-SV)联合反演是一个重要方向。Statoil公司的Martin Landro等提出了横波弹性阻抗(SEI)的概念,用于解决转换波的层位标定和岩性反演问题[53]。实际应用表明,叠前同步反演是实现纵横波联合反演的一个最佳选择。

2.12 FWI为地震反演带来了全新的视角

FWI方法利用叠前地震波场的运动学和动力学信息重建地层结构,具有揭示复杂地质背景下构造与储层物性的潜力。FWI可为区域深部构造及演化分析、浅表层环境调查、宏观速度场建模与成像、岩性参数反演提供新的有力工具[54]。从Tarantola等[55,56]提出基于广义最小二乘反演理论的时间域全波形反演方法,到采用反传播方法将模型参数修正方向和地震波场有机结合起来,成为地震反演历史上的一个标志性事件。如今FWI方法越来越受到地球物理学家的青睐。二维声波FWI、三维声波FWI、弹性波FWI以及与联合反演结合的JWI、与黏弹性及储层相关的QWI等新方法层出不穷。FWI越来越多地被应用于高精度三维速度模型建立,并取得了许多令人振奋的结果。但直到目前,FWI还不是一种特别稳健和可靠的方法,现今也仅用于海上地震勘探(图8),在我国鲜有成功的例子。虽然如此,笔者认为FWI仍然是今后地震勘探的一个重要发展方向,FWI的应用可拓展到诸多领域,如联合成像方法和波形反演进行各向异性速度模型估算、深度域反演、层析全波形反演(TFWI)、联合FWI和偏移速度分析(MVA)进行双目标优化等。

3 地震反演技术的应用效果

前文简要回顾了地震反演技术的发展,其实真正起到推动作用的是三维地震勘探技术的

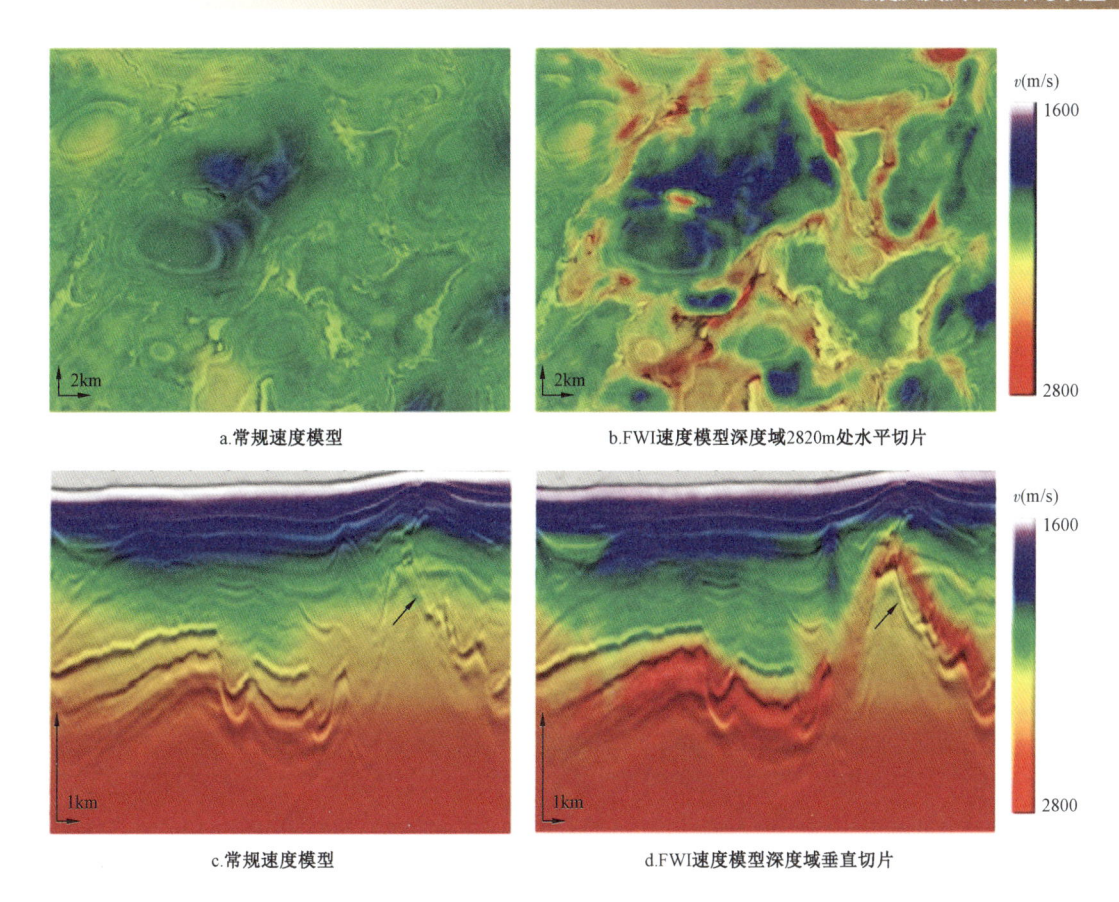

图8 海上常规速度模型与FWI速度模型[57]
箭头所指处为盐丘所在位置

发展以及与此相伴的进一步提高油气勘探精度、降低勘探风险、提高采收率的强大工业性需求。如今地震反演技术已经在精细调整钻井井位、描述复杂油气藏特征、确定含水饱和度、改进油藏模拟以及更好地了解地质力学特性等方面,广泛应用于各种规模、级别的复杂实验过程。如根据感应测井数据计算井筒流体侵入剖面;利用超声波测井评估水泥胶结质量;从多种测井结果提取地层岩性和流体饱和度数据;根据生产测井资料解释油气水体积;根据瞬时压力资料预测储层渗透率及其范围;根据井间电磁测量绘制流体前沿;综合电磁和地震测量数据精细描述盐下沉积特征等。下面的例子来源于国内外有关探区,虽然不尽全面,但也可管中窥豹。

3.1 提高岩性预测精度

在有些情况下,两种岩性间的声阻抗差异非常小,例如高密度、低纵波速度的含油砂岩和低密度、高纵波速度的页岩几乎具有相同的声阻抗值,或者储层含有特殊矿物后(如高泥、高钙时),此时泥岩和砂岩几乎具有相同的声阻抗值。如果声阻抗值差异不明显,就很难利用传统的地震勘探方法检测出这类油气藏。此外有些地区储层厚度小,纵向上砂泥岩交互分布,隔层厚度小,横向相变快,非均质性严重,识别起来极为困难。下面给出一个反演的实例[58-61]。

大庆油田太190区块储层高泥、高钙,采用常规的地震成像方法以及反演往往无法识别。如何解决此类砂泥岩薄互层(2~3m厚的单砂体)油气储层预测问题,是该区块寻找剩余油分布、调整优化开发方案、油田增储上产的关键。为此在测井曲线的敏感性分析基础上,通过地震资料的模型约束反演,结合测井曲线反演将不同岩性区分开。其具体步骤如下。

为了获得精确的储层分布和厚度图,确定单个砂体的几何形态、评估剩余油和油藏连通性,设计了如下预测流程:(1)首先利用高精度地震资料开展基于 HARI 三维波阻抗反演;(2)进行测井曲线敏感性分析,以确定最佳识别岩性曲线;(3)利用声波测井曲线结合地震处理速度场进行速度建模,并将 HARI 三维波阻抗反演结果进行时—深转换;(4)以深度域波阻抗结果为约束,采用多信息 Seimpar 拟测井曲线反演技术获得高精度的自然电位反演数据体;(5)开展时移拟测井曲线反演;(6)引入流动单元概念,开展剩余油预测。以上所有措施都有利于地下储层的精确预测,有利于获得成功的反演结果。

图 9a 为通过三维高精度波阻抗反演 HARI 获得的深度域波阻抗反演数据体,图 9b 为采用多信息 Seimpar 拟测井曲线反演技术获得的高精度自然电位反演数据体。根据反演结果,在自然电位反演结果上进行了单砂体定量解释,在 60m 厚的目的层段精细解释出 12 个单砂层,其中最小单砂体厚度接近 2m。综合各层的解释符合率,厚度为 2~5m 以上单砂体砂岩达 80%,极好地解决了砂体识别难题。此外,太 190 区块的原始油藏为断层复杂化的层状砂岩油藏,其非均质性及水驱过程中的油水关系非常复杂,给高含水期剩余油分布规律研究带来了很大困难。因此在上述反演基础上,应用时移拟测井曲线反演(图 10),结合该区碳氧比(C/O)测井资料,引入流动单元的概念,开展了剩余油分布预测,把储层反演划分的单砂体看作一个流动单元作为研究对象,并根据砂体的分布情况,在平面上确定剩余油的平面展布规律。根据这些认识,在太 190 区块划分了剩余油分布的有利区,并新部署了 34 口加密井,除两口地质报废井外,其余全部获得成功,地质报废率由原来的 14.28% 下降到 5.88%。由于加密调整,开发效果得到改善,10 年后采出程度由 11.56% 提高到 15.18%,综合含水率由 80.81% 下降到 76.23%。

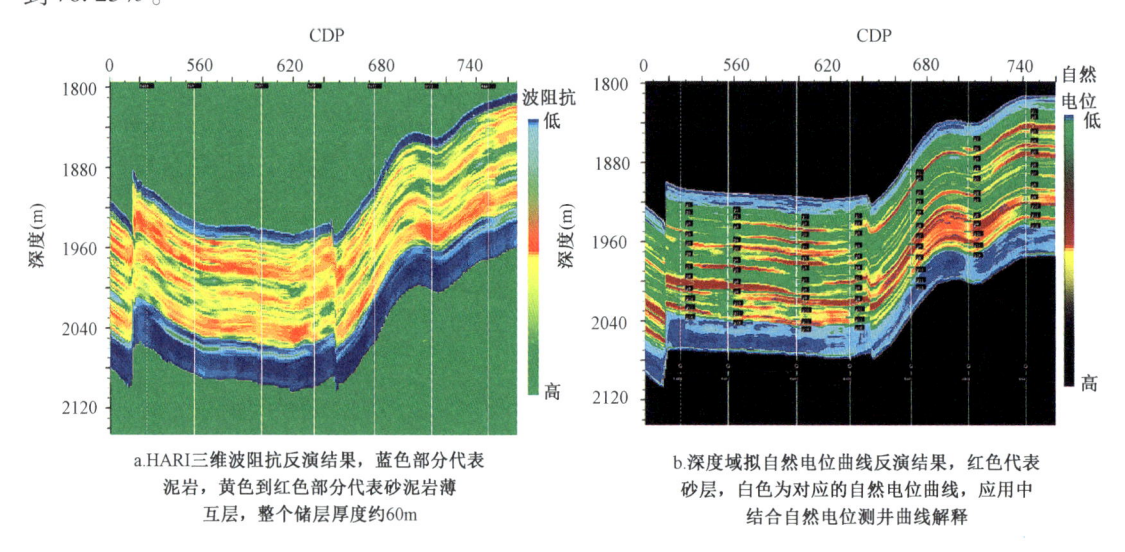

a.HARI三维波阻抗反演结果,蓝色部分代表泥岩,黄色到红色部分代表砂泥岩薄互层,整个储层厚度约60m

b.深度域拟自然电位曲线反演结果,红色代表砂层,白色为对应的自然电位曲线,应用中结合自然电位测井曲线解释

图 9 两种反演结果的对比[19]

从图 b 中可以看出,拟自然电位反演结果和自然电位曲线有良好的对应关系,因此在该区拟自然电位曲线反演可精确反演 1~2m 厚的储层

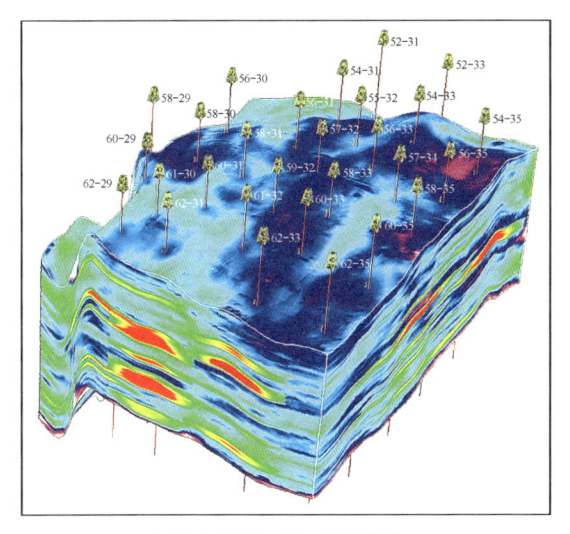

a.原始(开采前)反演的油藏模型 　　　　　　b.开采中后期拟测井曲线反演的油藏模型

图 10　时移拟测井曲线反演的自然电位三维数据体[58]
从反演结果可以看出,经过一段时间开发,储层段(图中红色部分)含油气性发生了较大变化,
据此可实现对油藏的监测

3.2　预测含气饱和度

地震反演技术的规模化推广应用,在岩性识别等方面展现了良好的应用效果,但当面对储层含有流体,特别是含气后,通常表现出较强的振幅。但仅有振幅一种属性不可能可靠指示含气饱和度,因为两种截然不同的含气层(一个是高含气饱和度,另一个是低含气饱和度)都表现出较强的振幅特征,因此如何从地震资料中提取更多具有价值的参数特别是密度参数,就成为确定含气砂岩是否具有工业开采价值的关键。下面给出 BP 公司在尼罗河三角洲地区深海探区应用 AVO 三参数反演方法预测储层含气饱和度的实例[62]。该实例中地震采集最大炮检距为 6000m,可以提供 10°～55°入射角范围内的资料,因此地震资料完全满足叠前三参数 AVO 反演的需要。根据探区内 5 口井的测井资料求出地震属性与岩性的相关关系,基于 v_p/v_s 和纵波阻抗对探区内的岩石—流体进行了分类(图 11)。砂岩含水饱和度高低不同,这种流体含量上的差异应在反演结果中明显体现出来。反演流程结合了全波形叠前反演和三参数 AVO 反演。叠前反演仅在几个稀疏的样点上进行,用来预测背景 v_p/v_s 变化趋势,结合测井资料建立低频模型,最后合并到 AVO 反演结果中。图 12 是观测 AVO 道集与合成 AVO 道集对比分析,合成结果和实际结果比较吻合,表明所建立的属性模型较为准确。

将三参数 AVO 反演结果转换成相对波阻抗,并与低频背景模型合并以便得到纵波阻抗、横波阻抗和密度的三维体。然后,根据岩石物理分析推导的变换公式,将这些弹性属性转换成砂岩百分含量和体积含水饱和度。

研究发现,密度体是一个可靠的流体饱和度指示参数。在强地震振幅位置上钻的 Abu Sir 2X 井就是一个很好的例子(图 13),该井钻遇了一个高含气饱和度储层及两个较深的低含气饱和度储层。图 13 显示的是密度反演剖面,但对应地震振幅剖面表明该气藏所有层都显示出高振幅值,因此根据振幅剖面无法将高含气饱和度的第 1 层与低含气饱和度的第 2 层和第 3 层

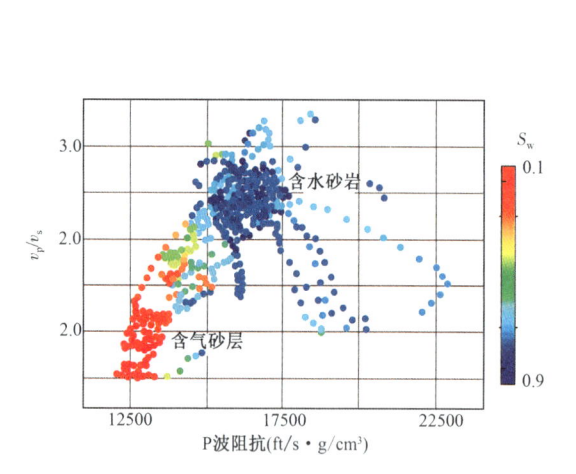

图 11　声波阻抗与含水饱和度交会图
红色表示纯含气砂岩，黄色表示
不确定性范围，蓝色表示含水砂岩

图 12　观测 AVO 道集与合成
AVO 道集对比分析[62]

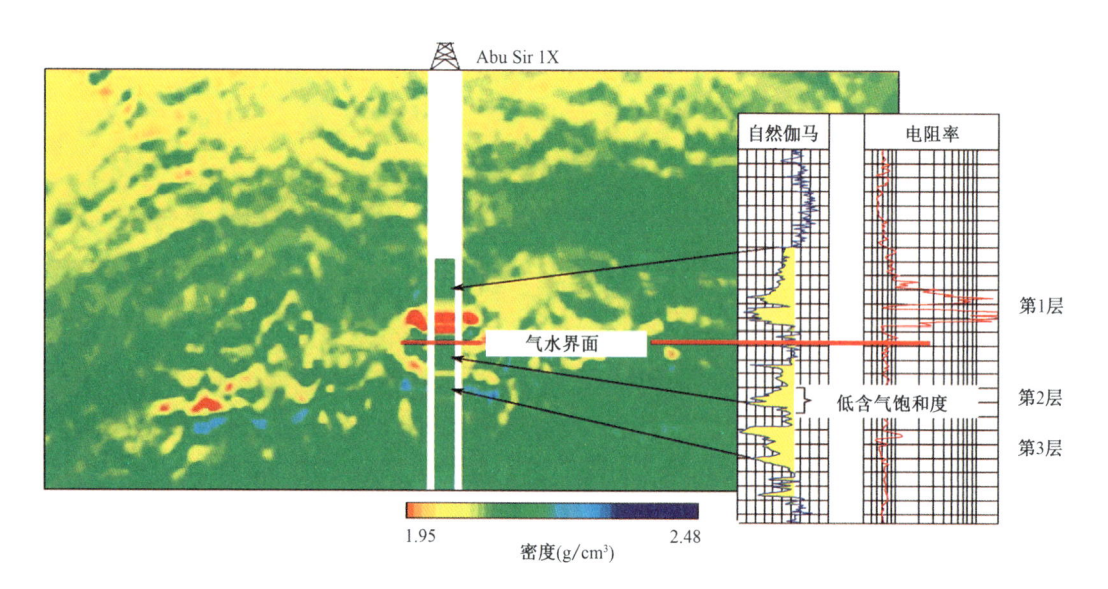

图 13　密度反演结果[63]

AVO 反演结果预测出气藏上部（第 1 层）为低密度（红色），下部的第 2 层和第 3 层是高密度（绿色和黄色）。井筒测量的密度值采用和地震反演密度剖面同样的色码绘制在图中心位置。右侧插图是测井记录，其中黄色阴影的自然伽马曲线段表示实际被测的砂岩层段，高电阻率曲线段表示存在油气

区分开来。根据地震资料反演的该井密度剖面预测出了这两个层段具有低含气饱和度，并确定出一个高饱和度层段，且显示该层段横向上的展布有限。

如果声阻抗值差异不明显，就很难利用传统的地震勘探方法检测出这类油气藏。图 14 给出了一个 Abu 油田的实例[63]，从该地区其他井的钻遇气藏来看，该气层位于下倾位置，但密度和含水饱和度分布图支持该下倾区域含气饱和度较高且不含水这一解释结论。目的层位是 Abu Sir

2X 井中的第 2 层,属于低含气饱和度层。根据原始振幅切片(图 14a)可以看出,在 Abu Sir 2X 井附近表现出振幅异常,但对应密度图却没有类似表现(图 14b)。振幅(图 14a)、密度(图 14b)和纵波阻抗图上(图 14c)都在东南角处表现出异常值,该处已计划打一口新井。图 14d 是将反演结果转换成含水饱和度的结果,可以看出,新计划井应能钻遇低含水饱和度层。

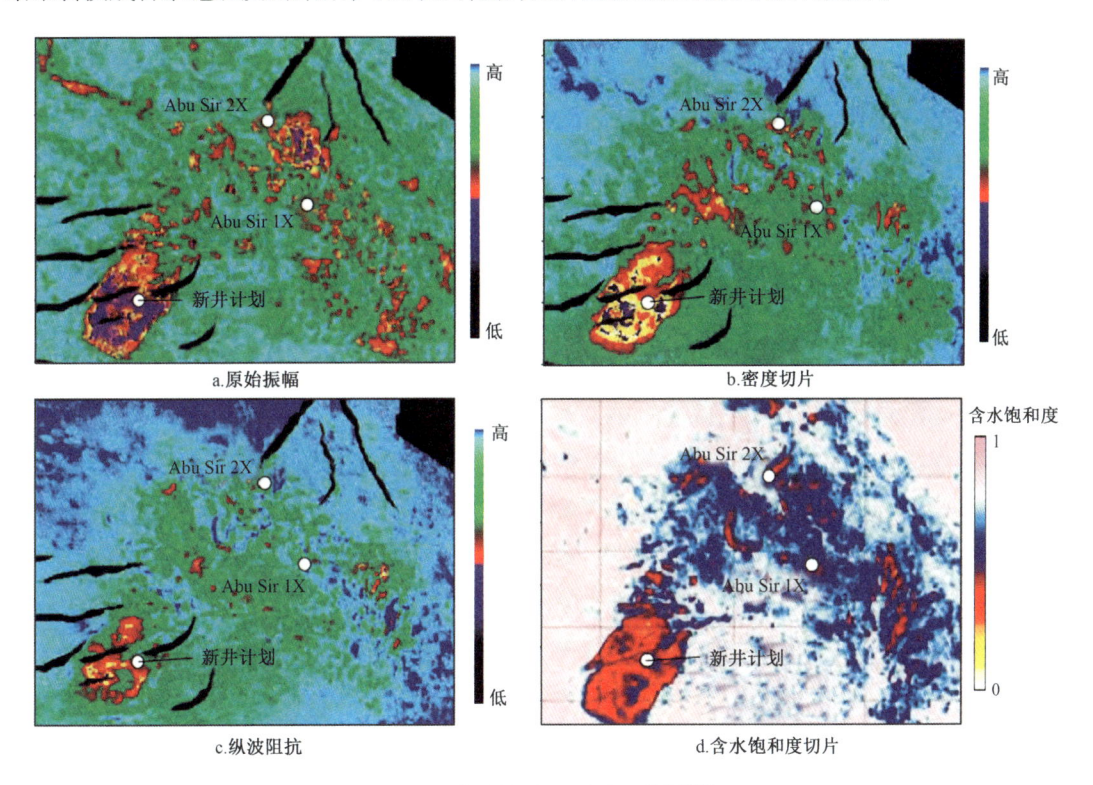

a. 原始振幅

b. 密度切片

c. 纵波阻抗

d. 含水饱和度切片

图 14　多属性平面图对比分析[63]

在振幅剖面图上蓝色和绿色表示低振幅值,红色和紫色表示高振幅值;密度剖面图上红色表示低密度值,蓝色和绿色表示高密度值。低阻抗值以红色和紫色表示,高阻抗值以蓝色和绿色表示

3.3　提高油藏成像精度

提高油藏成像精度,是油气勘探不断追求的目标。对多数探区来说,采集和处理的目的通常仅仅是为了获得地下精确的反射体成像,但当勘探设计、采集和处理方案都适合反演的要求时,地震反演通常可以带来更好的反演结果。

图 15 是澳大利亚近海某地区为提高油藏采收率而利用同步反演进行精确油藏成像的实例[64]。对该区测井资料的岩石物理分析表明,该油藏和其上覆页岩间的纵波阻抗差异非常小,此外多次波等干扰较发育。图 15 中纵波阻抗反演结果质量较高,与该油田 4 口井的测井响应极为一致。虽然与上覆地层的波阻抗变化相比,储层顶部(图 15 中水平黑线)的波阻抗变化要小得多,但通过同步反演还是能够精确检测其微小的上升趋势。

储层顶部的纵波阻抗差较小,但泊松比差较显著,这是一个潜在的较为有用的衡量储层质量的特征参数。采用大入射角范围进行反演更能精确估算泊松比(图 16),通过对比不同角度内反演出的泊松比,发现角度越大反演结果的分辨率越高,干扰越小。

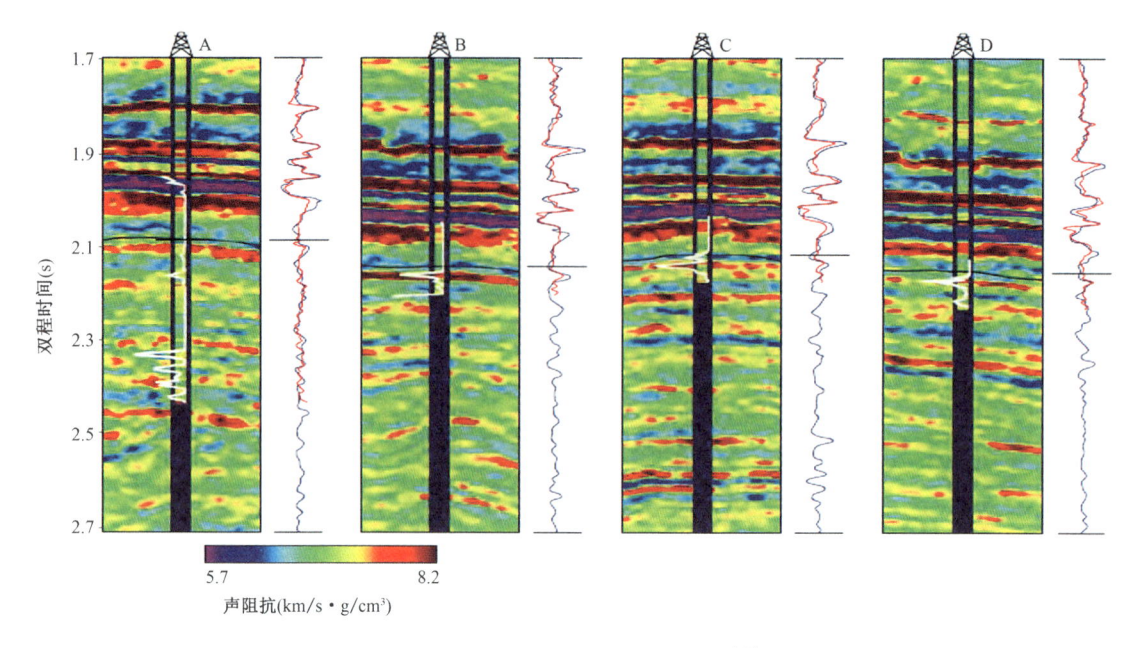

图 15 井 AVA 同步反演纵波阻抗[64]

地震反演声阻抗剖面与 4 口井的测井声阻抗剖面表现出较好的相关性。井中测到的阻抗值绘制在每一道的中央，色码比例与绘制反演结果的比例相同。储层顶部用近似水平的黑线标记。白色曲线表示未按比例绘制的含水饱和度测井曲线，向左表示饱和度减小。在每一道的右侧是井眼处测井声阻抗曲线（红色）和根据地震资料计算的地震反演声阻抗曲线（蓝色）

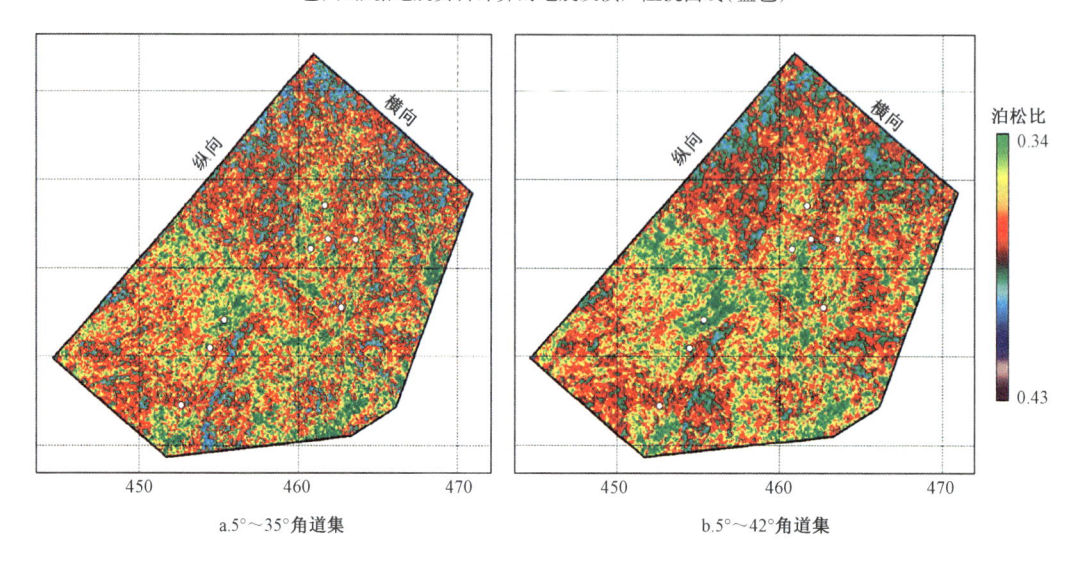

图 16 不同角道集反演的泊松比[64]

泊松比是比声阻抗更好的一个储层质量评估参数。绿色表示低泊松比，一般代表高质量的砂岩。
反射振幅易受大入射角泊松比影响，反演角度扩大后，所计算出的泊松比干扰减小。而泊松比相同的区域，
大入射角度的泊松比（b）比小入射角的泊松比（a）显得更连续。白色圆圈代表井位

在碳酸盐岩储层分布区，由于储层的强非均质性，利用常规基于层状佐普里兹方程的反演方法不能得到理想的反演结果，而应用基于模拟退火全局优化的 AVA 同步反演则能部分解决

这个问题。图 17 为某碳酸盐岩探区通过同步反演获得的体积模量剖面和对应目的层段的沿层切片,其中储层的非均质性得到了很好的反映,特别是有利区带得到精细划分。

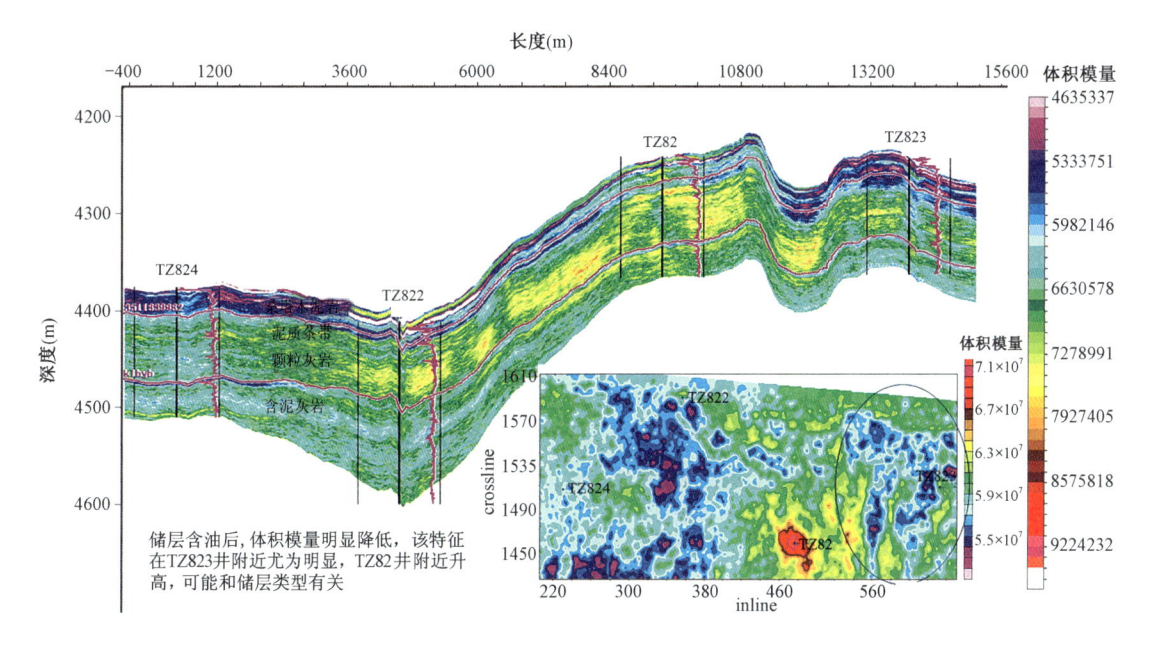

图 17　某探区通过同步反演获得的体积模量剖面(深度域)和对应目的层段的沿层切片[30]
色标从上到下表示体积模量由低到高,可以看出,利用叠前 AVA 反演可较好地实现储层物性参数的反演并进一步提高储层反演精度

图 18 为挪威石油公司在 Norne 油田进行时移反演的实例[65],通过时移反演方法将采收率从 40% 提高到 50%。Norne 油田进行了多次时移地震采集,该油田砂岩储层质量好,孔隙度为 25% ~ 32%,渗透率为 200 ~ 2000mD,所有这些条件非常有利于时移监测。流体饱和度和压力的变化引起的地震振幅和弹性阻抗的变化很显著。该工区 1992 年进行了第一次三维采集,这次采集是在开采和注水、注气前进行的,没有被当作是时移监测的基准。在 2001 年采用可重复采集系统第一次进行了 Q – Marine 采集,随后以 2001 年采集为基准,在 2003 年、2004 年和 2006 年进行了 3 次 Q – Marine 采集。

该项目综合了 7 口井的测井资料和所有可利用的地震资料,以及来自 ECLIPSE 油藏模型的生产资料。首先采用同步反演计算出了基准值,并根据时移地震资料对声阻抗和泊松比的变化进行了分析(图 18)。2001 年和 2003 年反演结果之间的差异说明储层声阻抗发生了变化,可以解释为含水饱和度有所上升。根据这一结果,修改了某区域上一口井的轨迹,目的是避开被推测为高含水的地层。

以上介绍的都是纵波数据的反演。但地震波场是矢量波场,因此研究多波多分量地震勘探技术更具有现实意义。近年来,多波技术取得了长足的进步,在岩性预测、流体识别、方位各向异性、裂缝预测等方面展示了良好的应用前景。虽然多分量勘探在采集和处理上比单分量勘探复杂得多,但多分量勘探可以提供单分量勘探不能提供的资料[66,67]。

图 19 为同一地震勘探项目中记录的 PZ 和 PS 资料,但其振幅、速度和 AVO 等属性特征表现却大不相同。

a.PE反演 b.PE、PS联合反演

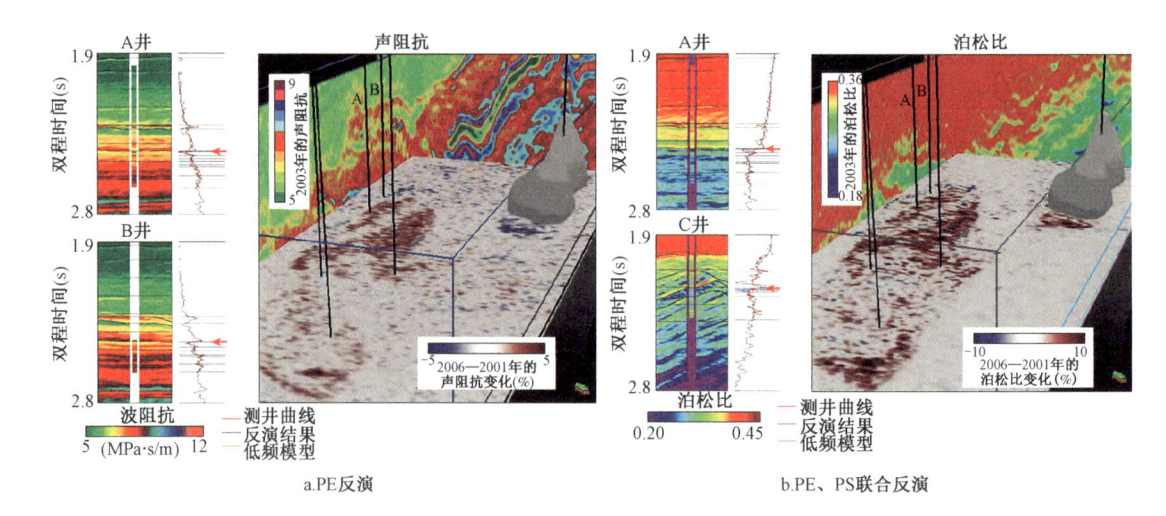

图18 2001—2006年声波阻抗和泊松比变化情况[65]

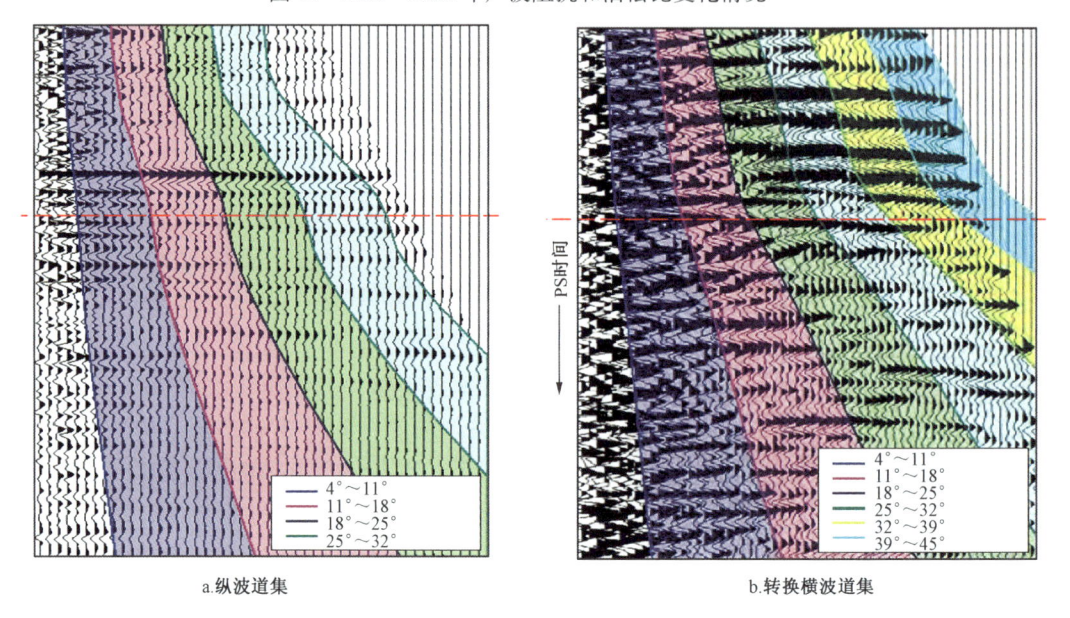

a.纵波道集 b.转换横波道集

图19 纵波和转换横波道集对比[66]

图20为PZ反演和PZ、PS联合的反演结果。可见基于PZ和PS资料的声阻抗和密度反演结果比仅基于PZ资料的相应反演结果分辨率高，与测井资料吻合较好。

3.4 非均质裂缝储层预测

裂缝既是油气聚集的空间，也是油气运移的主要通道，非均质储层尤其是裂缝储层，在中国油气勘探中占有十分重要的地位。因此，其预测、评价显得尤为重要。中国石油多年来在该领域开展了多项研究，取得了重要进展，形成了以叠前方位各向异性技术为特色、叠前叠后裂缝预测为核心的多尺度预测技术系列，并开发形成了相关软件产品[37,68,69]。

图21为塔里木盆地某区块利用叠前方位各向异性进行裂缝预测的实例。该区储层类型以缝洞型为主，主要发育北西—南东向和北东—南西向走滑断裂。实际钻探表明，裂缝的存在

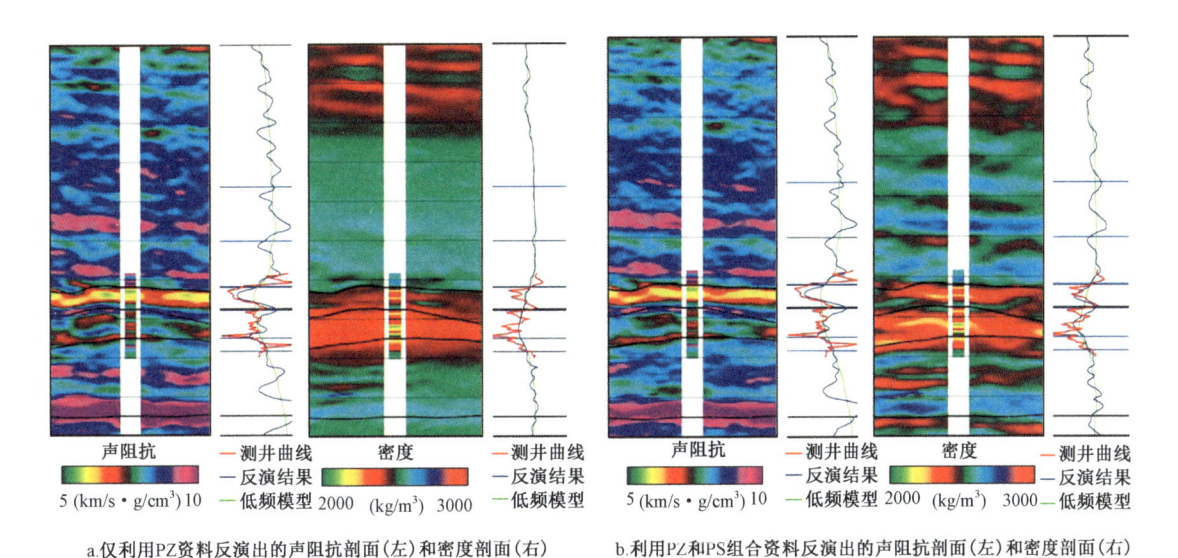

图 20 PZ 纵波反演和 PZ、PS 联合反演结果对比[66]

PZ 和 PS 联合反演结果分辨率高,连续性好。特别是密度剖面,与测井数据的相关性较好。
近似水平的黑线表示解释层位

对于沟通缝洞体、形成高产稳产井组具有重要作用。在连井剖面上(图21),强串珠状反射即缝洞体发育处,应用频率衰减属性预测的裂缝较弱或不发育,而应用 AVO 梯度属性预测的裂缝发育且细节更丰富,这种结果与实际地质情况更吻合。

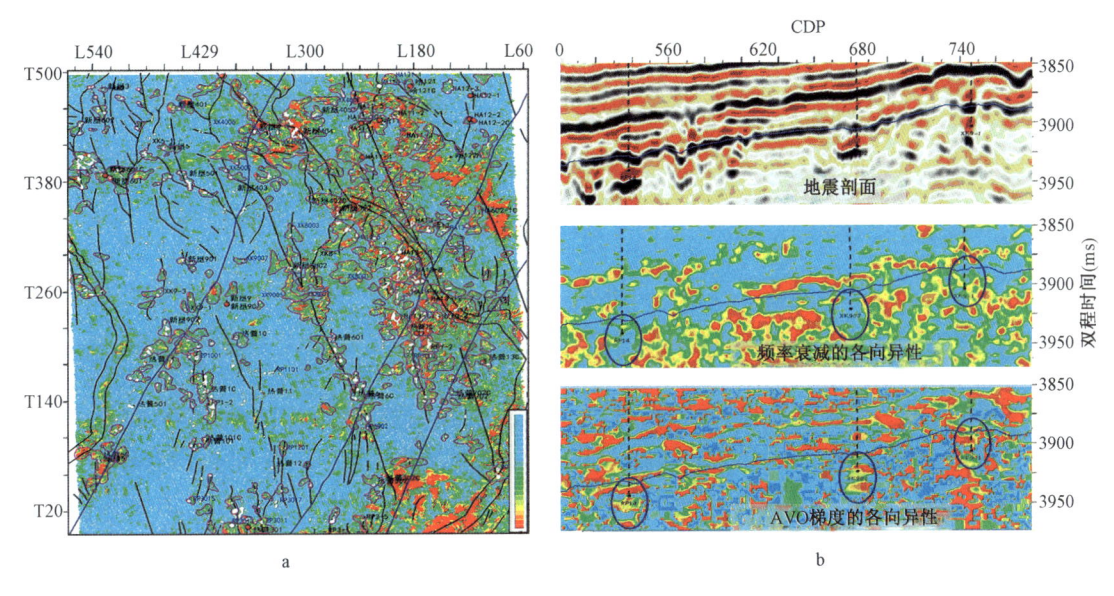

图 21 沿层相干切片(a),利用频率衰减预测(c)和 AVO 梯度预测(d)的裂缝密度剖面[38]

对比地震剖面上(b)的强串珠反射和利用 AVO 梯度获得的各向异性反演结果(d),可以看出二者具有良好的对应关系,预测结果较为可靠。而利用频率衰减预测的各向异性结果(c)在串珠反射表现出较好的各向同性特征,这应该和溶洞处形成塌陷、空洞有关,也是该区域存在缝洞的一个有利证据。因此,结合地震剖面、频率衰减的各向异性、AVO 梯度的各向异性预测结果,可以实现对缝洞储层的精确描述

4 地震反演技术的发展趋势与启示

地震反演技术经过40余年的发展,其标志性进一步完善,应用领域逐步扩展,其里程碑式的事件有如下几个方面:(1)20世纪60年代BG理论的诞生;(2)20世纪70年代末Seislog反演技术的出现;(3)20世纪80年代出现的AVO反演;(4)21世纪初基于误差反传思想的FWI再次流行;(5)21世纪初弹性阻抗反演及相关叠前流体识别因子技术出现;(6)大量商用储层预测软件推动地震反演技术的发展。地震反演技术基本上每隔10年就有一个较大的飞跃。笔者确信,反演技术发展的又一个春天应该很快到来。有关中国石油地球物理技术的需求和未来发展,在参考献文71—74中有详尽而细致的分析,这里不再赘述。对于未来反演技术的发展、应用,笔者有如下认识:

(1)增加先验信息的约束尤为重要。由于实际地震勘探数据是不完全的、限带宽的,由这种不完整的并存在随机噪声的信息来求取地下介质物性参数的变化,其求解过程必然是不适当的,因此需要增加约束降低求解过程的不适定性。

(2)正确理解理论方法先进性和实际应用效果的差异性。地震数据量非常巨大,由此带来实际地震资料处理中的许多问题,在很大程度上妨碍了某些理论先进的算法的实用化。在此情况下,把问题做大幅度简化并结合地质人员的经验可能反而更有效。因此在选择地震反演方法除了考虑方法的先进性外,应分外重视其合理性和实用性,正确认识理论最优和实际应用效果之间的差异问题,以进一步提高反演质量。

(3)加强对反演解的有效性评价技术的研究。反演是一项系统化的工程,在过去的几十年中,反演理论、解的构建、求解等方面有了长足的进步,但对于反演的另一个主要方面——解的有效性评价始终鲜有研究。面对日益复杂的勘探目标和日益飙升的勘探投入,风险性评价技术的研究已经刻不容缓。正确的做法应该是综合应用地质、测井、物探等所有先验信息,基于概率统计学观点,开展解的有效性评价研究,这是未来降低风险的关键之一。

(4)深度域反演的必要性。实际应用中经常面临井—震匹配、纵波和横波资料的匹配等应用难题,因此开展深度域的反演技术和建模技术研究具有现实意义。

(5)地质统计类的反演方法的研究和应用应引起足够的重视。未来"四维地质建模、储层不确定评价以及裂缝储层表征"都需要精确的了解储层特性。地质统计类型的反演方法是实现上述未来需求的关键。

(6)定量化的储层表征与建模是未来反演技术发展必由之路。随着油气田开发程度的加深,面向开发领域的需求愈加强烈,像开发方案制定、井网调整、注水、压裂等工程无一不要求精确而定量化的研究储层。因此储层物性参数的高精度反演、流体识别、岩石物理分析、储层建模、纵横波联合反演、裂缝反演等技术未来应该进一步优化。

(7)期待新一代反演理论和反演结果评价理论的出现。层状介质理论已经远远不能够满足当前需要;由于反问题必定涉及傅里叶积分算子或拟微分算子,更复杂的波动方程的反问题目前还少有数学家进行深入探讨。但工业界要求不断把地震反演理论研究推向更具普适意义的方程,如从各向同性完全弹性模型变为各向异性黏弹性介质模型,或各向异性多相介质模型等,这势必导致方程中的未知参数越来越多,反问题解的非唯一性越来越严重。为此有必要对反演取得的解进行评估,形成一个进行定量地震解释的观念。当然这个观念的可信程度最终可以通过钻探测井验证。笔者认为,只有反问题理论上的创新才能为复杂波动方程的多参数反演提供可靠的基础,而现今这一基础还不够坚实。

(8)反演是系统化的工程实践和理论研究过程,是不断发展的,在发展进程中,应高度重视计算机技术和软件集成研发,应加强对国内外特色技术的推广应用力度。

参 考 文 献

[1] 杨文采. 地球物理的反演理论与方法. 北京:地质出版社,1996.

[2] 杨文采. 反射地震学理论纲要. 北京:石油工业出版社,2011.

[3] Backus G, Gilbert J F. Numerical application of a formalism for geophysical inverse problems. Geophysics J R Astr Soc,1967,13:247－276.

[4] Backus G E,Gilbert J F. The resolving power of gross earth data. Geophysics J R Astr Soc,1968,16:169－205.

[5] Backus G E,Gilbert J F. Uniqueness in the inversion of inaccurate gross earth data. Phil. Trans. R. Soc,1970,266:123－192.

[6] Wiggins R A. The general inverse problem:implication of surface phys. 1972,10:251－285.

[7] Lavergne M. Pseudo－diagraphics de vitesse en offshore profound. Geophysical Prospecting,1974,23:695－711.

[8] Lindseth R O. Synthetic sonic logs:a process for statigraphic interpretation. Geophysics,197,944(1):3－26.

[9] Connolly P. Elastic impedance. The Leading Edge,1999,18(4):438－452.

[10] Whitecombe D N. Elastic impedance normalization. Geophysics,2002,67(1):60－62.

[11] Rasmussen K B,Brunn A,Pedersen J M. Simultaneous seismic inversion. 66th EAGE Conference & Exhibition,165－168,2004.

[12] 杨午阳. 模拟退火叠前 AVA 同步反演方法. 地球物理学进展,2010,25(1):219－224.

[13] Tarantola A. Inversion of seismic reflection data in the acoustic approximation. Geophysics,1984,49(8):1259－1266.

[14] Tarantola A. Astrategy for nonlinear elastic inverson of seismic reflection data. Geophysics,1986,51(10):1893－1903.

[15] 斯伦贝谢. 地震反演技术及其应用. 油田新技术,2008,20(1):42－63.

[16] Oldenburg D W,Scheuer T,Levy S. Recover of the acostic impedance from reflection seismograms. Geophysics,1983,48:1318－1337.

[17] 秦凤荣. 塔里木盆地 TZ－4 构造油藏描述方法及 PARM 反演技术的应用. 石油地球物理勘探,1994,29(s2):69－81.

[18] 撒利明,梁秀文,张志让. 一种新的多信息多参数反演技术研究//1997 年东部地区第九次石油物探技术研讨会论文摘要汇编,1997:364－367.

[19] 李庆忠. 走向精ættぇ勘探的道路:高分辨率地震勘探系统工程剖析. 北京:石油工业出版社,1993.

[20] 撒利明,师永民. 大庆太 190 区块地震多信息反演剩余油预测(研究报告). 中国石油集团西北地质研究所,1999.

[21] 甘利灯,殷积峰,李永根,等. 利用储层特征重构技术进行泥岩裂缝储层预测//1997 年东部地区第九次石油物探技术研讨会论文摘要汇编,1997:446－456.

[22] 杨午阳,王西文,雷安贵,等. 综合储层预测技术在包 1－庙 4 井区中的应用. 石油物探,2004,43(6):577－584.

[23] 陈宝书,杨午阳,刘全新,等. 地震属性组合分析方法及其应用. 石油物探,2006,45(2):173－176.

[24] Cary P,Chapman C H. Atomatic 1－D waveform inversion of marine seismic reflection data. Geophysical Journal International,1988,105:289－294.

[25] Hass A,Dubrule O. Geostatistical inversion——A sequential method of stochastic method of stochastic reservoir

modeling constrained by seismic data. Frist Break,1994,12:561－568.

[26] Doyen P M. Seismic reservoir characterization:an earth modelling perspective. Education Tour Series,Houten, The Netherland:EAGE Publications bv,2007.

[27] 印兴耀,曹丹平,王保丽,等.基于叠前地震反演的流体识别方法研究进展.石油地球物理勘探,2014, 49(1):22－34.

[28] Dubrule O,Basire C,Bombarde S,et al. Reservoir geology using 3D modelling tools. SPE Annual Technical Conference and Exhibition,Society of Petroleum Engineers,1997.

[29] Dubrule O. Geostatistics for seismic data integration in earth models. SEG/EAGE Distinguished Instructor Short Course No. 6,2003.

[30] 杨午阳,王从镔.利用叠前AVA同步反演预测储层物性参数.石油地球物理勘探,2010,45(3):417－421.

[31] 杨文采.非线性波动方程地震反演的方法原理及问题.地球物理学进展,1992,76(1):9－10.

[32] 杨文采.非线性地震反演方法的补充及比较.石油物探,1995,34(4):110－116.

[33] 杨文采.地震道的非线性混沌反演—Ⅰ.理论和数值试验.地球物理学报,1993,36(2):222－232.

[34] 杨文采.地震道的非线性混沌反演—Ⅱ.关于Lyapunov指数和吸引子.地球物理学报,1993,36(3): 376－387.

[35] Aki K I,Richard P G. Quantitative Seismology. W H Freeman and Co,1980.

[36] Ilya Tsvankin,Vladimir Grechka. Seismology of azimuthally anisotropic media and seismic fracture characterization. Geophysical Reference Series No. 17,2011.

[37] 杨午阳,等.地震综合裂缝预测系统资料汇编.中国石油勘探开发研究院西北分院,2011.

[38] 石玉梅,齐莉.基于波动方程的多分量数据叠前反演,天然气工业,2007,27(增刊A):418－419.

[39] 石玉梅,姚逢昌,等.地震密度反演及地层孔隙度估计.地球物理学报,2010,53(1):189－196.

[40] Biot M A. General theory of three－dimensional consolidiation. Journal of Applied Physics,1941,12(2):155－164.

[41] Gassmann F. Elastic waves through a packing of spheres. Geophysics,1951,16(4):673－685.

[42] Russell B H,Hedlin K,Hilterman F J,et al. Fluid property discrimination with AVO:a Biot－Gassmann perspective. Geophysics,2003,68(1):29－39.

[43] Ostrander W J. Plane－wave reflection coefficients for gas sands at non－normal angles of incidence. Geo－physics,1984,49:1637－1648.

[44] 杨绍国,周熙襄. Zoeppritz方程的级数表达式及近似.石油地球物理勘,1994,29(4):399－412.

[45] 郑晓东. Zoeppritz方程的近似及其应用.石油地球物理勘探,1991,26(2):129－144.

[46] 印兴耀,张世鑫,张繁昌,等.利用基于Russell近似的弹性波阻抗反演进行储层描述和流体识别.石油地球物理勘探,2010,45(3):373－380.

[47] 王家映.地球物理反演理论.武汉:中国地质大学出版社,1998.

[48] 牟永光.储层地球物理学.北京:石油工业出版社,1996.

[49] 赵邦六.多分量地震勘探技术理论与实践.北京:石油工业出版社,2007.

[50] S肖普拉,K J马弗特.地震属性在有利圈闭识别和油藏表征中的应用.李建雄,等译.北京:石油工业出版社,2012.

[51] 姚逢昌,刘雯林,梁青.横向预测技术在储层研究中的应用.石油地球物理勘探,1991,26(1):24－35.

[52] 姚逢昌,甘利灯.地震反演的应用与限制.石油勘探与开发,2000,27(2):53－56.

[53] Per Avseth,Tapan Mukerji,Gary Mavko.定量地震解释.李来林,等译.北京:石油工业出版社,2009.

[54] 杨午阳,王西文,雍学善,等.地震全波形反演方法研究综述.地球物理学进展,2013,28(2):766－776.

[55] Tarantola A. Inverse Problem Theory:Methods for Data Fitting and Model Parameter Estimation. Elsevier,1987.

[56] Pica A J,Diet P,Tarantola A. Nonlinear inversion of seismic reflection data in laterally invariant medium. Geophysics,1990,55:284－292.

[57] Sabaresan Mothi, Katherine Schwarz, Huifeng Zhu. Impact of full – azimuth and long – offset acquisition on full waveform inversion in deep water, Gulf of Mexico. SEG Technical Program Expanded Ab – stracts, 2013, 31:924 – 928.

[58] 撒利明. 基于信息融合理论和波动方程的地震地质统计学反演. 成都理工大学学报(自然科学版), 2003, 30(1):60 – 63.

[59] 撒利明, 曹正林. 提高储层预测精度技术思路与对策. 大庆石油地质与开发, 2002, 21(6):6 – 7.

[60] 撒利明, 梁秀文, 刘全新. 一种基于多相介质理论的油气检测方法. 勘探地球物理学进展, 2012, 25(6):32 – 35.

[61] 雍学善, 余建平, 石兰亭. 一种三维高精度储层参数反演方法. 石油地球物理勘探, 1997, 32(6):852 – 856.

[62] Roberts R, Bedingfield J, Phelps D, et al. Hybrid inversion techniques used to derive key elastic parameters: a case study from the Nile Delta. The Leading Edge, 2005, 24(1):86 – 92.

[63] Chou L, Li Q, Darquin A, et al. Increase production by Geosteering. Schlumberger Oilfield Review, 2005, 17(3):54 – 63.

[64] Barclay F, Patenall R, Bunting T R. Revealing the reservoir: integrating seismic survey design, acquisition, processing and inversion to optimize reservoir characterization. ASEG Extended Abstracts, 2007:1 – 5.

[65] Khazanehdari J, Curtis A, Goto R. Quantitative time – lapse seismic analysis through prestack inversion and rock physics. SEG Technical Program Expanded Abstracts, 2005, 24:2476 – 2479.

[66] Rasmussen A, Mohamed FR. Event matching and simultaneou sinversion——A critical input to 3D mechnical earth modeling. EAGE Annual Meeting, 2008.

[67] Aronsen H A, Osdal B, Dahl T, et al. New progress in time – lapse seismic technology and application. Schlumberger Oilfield Review, 2004, 16(2):6 – 15.

[68] Xie Chonghui et al. Pre – stack fracture detection using wide – azimuth P – wave attributes. SEG Technical Program Expanded Abstracts, 2013, 32:3216 – 3220.

[69] Wang Hongqiu, et al. Anisotropy analysis of multi – attributes and fracture prediction. EAGE Annual Meeting, 2014.

[70] 刘振武, 撒利明, 董世泰, 等. 中国石油物探技术现状及发展方向. 石油勘探与开发, 2010, 37(1):1 – 10.

[71] 刘振武, 撒利明, 董世泰, 等. 中国石油天然气集团公司物探科技创新能力分析. 石油地球物理勘探, 2010, 45(3):462 – 471.

[72] 刘振武, 撒利明, 杨晓, 等. 页岩气勘探开发对地球物理技术的需求. 石油地球物理勘探, 2011, 46(5):810 – 818.

[73] 撒利明, 董世泰, 李向阳. 中国石油物探新技术研究及展望. 石油地球物理勘探, 2012, 47(6):1014 – 1023.

[74] 撒利明, 甘利灯, 黄旭日, 等. 中国石油集团油藏地球物理技术现状与发展方向. 石油地球物理勘探, 2014, 49(3):611 – 625.

中国天然气勘探开发现状及物探技术需求

刘振武　撒利明　张　研　董世泰　王　玲

摘要　2000年以来,中国石油在鄂尔多斯、四川、塔里木、松辽、柴达木、渤海湾等盆地的天然气勘探中不断获得新的发现,初步形成了东部、中部、西部协调发展的合理布局。现阶段面临的问题是如何尽快将资源优势转化为经济优势。目前,我国天然气主要储集层为碎屑岩、碳酸盐岩和火山岩三大岩石类型。碎屑岩储层特征表现为我国中部丘陵地区的低孔、低渗的致密砂岩以及西部复杂高陡构造的孔隙砂岩;碳酸盐岩和火山岩储层普遍埋藏较深,非均质性强,缝洞单元难以刻画。因此,必须采用有针对性的地球物理勘探技术,优先发展碎屑岩气藏检测勘探技术,强化地震岩石物理等基础研究,加快碳酸盐岩、火山岩气藏检测技术攻关。同时开展高密度、多波地震勘探等前沿技术研究,为定量评价和产能建设提供技术保障。

1　引言

近年来,天然气工业已经成为我国石油工业最具成长性的业务。截至目前,全国天然气探明储量在 $500\times10^8\mathrm{m}^3$ 以上的气田有14个。这充分表明中国石油的天然气业务在国内处于主导地位[1]。

现阶段面临的问题是如何尽快将资源优势转化成经济优势。为此,中国石油提出在"十一五"后3年及"十二五"期间实施天然气大发展工程,地球物理技术要在天然气新区产能建设与老区稳产方面发挥重要的作用,地球物理技术面临着严峻的技术挑战。天然气藏勘探开发主要针对碎屑岩、碳酸盐岩和火山岩三大岩石类型。碎屑岩领域主要为复杂高陡构造的孔隙砂岩、丘陵地区的致密砂岩两大类。而碳酸盐岩与火山岩面临的共性问题则是埋藏普遍较深(一般大于4000m),深层地震资料信噪比较低,储层的非均质性很强,地震预测难度很大。产能建设面临的核心问题是如何按照成藏单元描述有效储层,准确预测流体分布。

2　天然气勘探开发现状及面临的问题

2.1　天然气勘探开发概况

中国天然气工业已经进入发现大气田、构建大气区阶段,迎来了天然气储量增长高峰期。天然气探明储量高位增长有5个方面的原因:(1)油气勘探投入增加;(2)勘探技术手段进步;(3)海相、陆相油气勘探理论取得重要进展;(4)我国油气整体探明程度偏低(石油探明程度约35%,天然气探明程度约15%);(5)油气田开发进一步促进了天然气勘探的大发现。目前,中国石油在鄂尔多斯、四川、塔里木、松辽、柴达木、准噶尔等8个盆地的三大岩石类型的天然气勘探中不断获得新的发现(图1),8个盆地探明储量占整个探明储量的95%。我国天然气工业初步形成了东部、中部、西部以及海域协调发展的良好局面[2]。

---

* 首次发表于《天然气工业》,2009,29(1)。

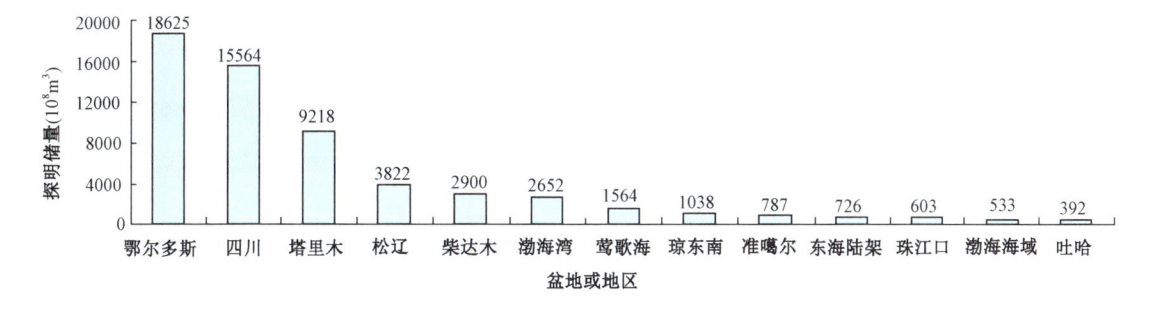

图 1　中国天然气探明储量分布图(据邹才能,2008)

从国内天然气的远景资源量、探明储量和产量来看,中国石油均占有主导地位。中国石油的天然气勘探与开发直接关系到国家的经济利益。因此需要大力发展天然气地球物理技术,以保证中国石油天然气勘探与开发的高速增长。针对现状,中国石油提出实施"储量高峰期工程"以及"天然气大发展工程",部署天然气年新增三级储量超 $1\times10^{12}\,m^3$,天然气产量年增 $100\times10^8\,m^3$ 的发展目标。这就要求物探技术在三大岩类精细勘探、评价与开发井位优选等方面发挥更大作用。

2.2　面临的技术问题

目前,中国石油发现的天然气储层主要集中在碎屑岩、碳酸盐岩、火山岩三大岩石领域,这三种类型的储集体面临诸多的地质难点,制约了天然气的勘探与开发。表 1 分析了天然气勘探在三大岩石领域所遭遇的地质难点以及所带来的地震技术难点。

表 1　三大岩石领域地质问题与地震技术难点分析表

岩石类型	勘探对象	地质问题	地震技术难点
碎屑岩	高陡构造	圈闭落实程度低	地表条件及地下构造复杂,成像精度低等
	致密砂岩	储层薄、低孔低渗	分辨率不能充分满足有效储层及流体检测等评价需求
	疏松砂岩	气藏薄、弥散分布	近地表影响,资料信噪比低,"气烟囱"成像等
火山岩	火山碎屑岩	储层类别多样,非均质性强	埋藏深度偏大,有效储层预测、流体检测等
	火山熔岩		
碳酸盐岩	礁滩储层	储层发育控制因素成藏控制因素复杂	地表条件复杂,埋藏深度偏大导致资料信噪比较低,分辨率较低;有效储层预测,流体检测等
	岩溶储层		
	白云岩储层		

碎屑岩领域主要包括高陡构造中的砂岩、深层致密砂岩、浅层疏松砂岩。高陡构造通常面临地表巨厚砾石层的激发接收、低信噪比资料的静校正、叠前去噪等技术难题。致密砂岩面临的主要问题是气藏受构造和岩性双重控制,具有典型的低孔、低渗及含水饱和度较高的特征;储层一般为三角洲河湖相沉积,砂体分布广泛,横向上极不连续,纵向上相互叠置;孔隙度一般为 3% ~15%,渗透率多数小于 0.1mD,有效储层厚度一般为 2~10m,单井有效储层与非有效储层难以区分。这些地质问题的存在,给低渗透气藏的勘探与开发带来了困难。疏松砂岩以柴达木盆地三湖地区为主,通常储层成岩性差,呈弥散状分布,"气烟囱"成像问题普遍存在,

给储层预测与流体检测带来了困难。

碳酸盐岩储层主要包括生物礁、颗(鲕)粒滩、岩溶风化壳以及白云岩储层。通常埋藏深、时代老、储层非均质性极强,储层发育主控因素以及成藏控制因素复杂,不同类型储层相带划分难,有效储层预测及流体识别难,给地球物理技术的应用带来了困难。

火山岩气藏通常埋藏深,不同相带相互叠置,相带划分难;火山岩岩性复杂,岩石类型多种多样,岩性识别难;储层演化受多种作用控制,有效储层预测难,储层非均质性极强导致流体识别难。

3 物探技术现状及需求分析

针对以上的勘探开发现状与面临的问题,中国石油积极采取相应的对策,物探投入持续稳定增长,物探技术发展迅速,初步形成了致密砂岩、碳酸盐岩、火山岩3项配套技术,流体检测技术也得到了快速发展。其中,碎屑岩流体检测技术,特别是低渗透砂岩气藏检测技术由方法研究、技术研发阶段发展到目前的工业化应用;碳酸盐岩储层预测从单一的储层单元评价发展到缝洞单元评价;火山岩储层评价由叠后储层预测技术向叠前流体检测技术延伸。这些技术的形成在天然气产能建设方面发挥了重要作用,为库车、川中、苏里格、塔中、准东、徐深等地区天然气探明储量的提交奠定了扎实的资料基础。另外,在苏里格、大庆、四川等地区开展了多波、高密度等新技术试验和生产,取得了一定的效果[3,4]。

3.1 碎屑岩物探技术现状与需求

目前,高陡构造成像技术初见成效,低渗透砂岩气藏检测配套技术也得到了工业化应用,疏松砂岩气藏预测技术正在完善之中。

3.1.1 高陡构造地震技术系列

地表巨厚砾石层的激发接收、低信噪比资料的静校正、叠前去噪等专项技术难题制约着叠前深度偏移技术应用,导致构造圈闭落实程度低。需要发展复杂山地激发接收技术、复杂地表静校正技术、复杂波场多域去噪技术、复杂构造叠前深度偏移成像技术等。

(1)地震采集技术。

通过高精度遥感信息选线、选点、优选速度层激发以及宽线+大组合采集,有效压制各种干扰,提高地震资料信噪比。

(2)形成了一套针对性的山地处理关键技术。

CRS叠加作为模型道求取剩余静校正,改善成像质量;CRS加权应用,减少相干干扰,改善成像效果;分层剩余静校正技术,改善浅层和深层的成像质量;采用分段拾取、分段计算的初至波剩余静校正技术,实现精细的静校正;通过多域多系统叠前去噪,提高信噪比,通过模型正演,对速度模型和复杂波场进行分析研究,为叠前深度偏移准确成像奠定了基础。如图2所示,前期处理与正确的速度分析,对叠前深度偏移最后的成像起到了关键作用。

(3)精细的构造解释与变速成图技术。

速度模型的正确建立,对盆地基底结构、断裂体系和构造区带进行宏观分析,明确区带展布特征和构造发育的基本规律,来指导构造建模;通过钻井和地震资料相结合,对构造进行精细研究,落实圈闭形态。

通过上述关键技术系列的应用,库车克拉苏构造取得了较好的效果。落实的克深2井钻

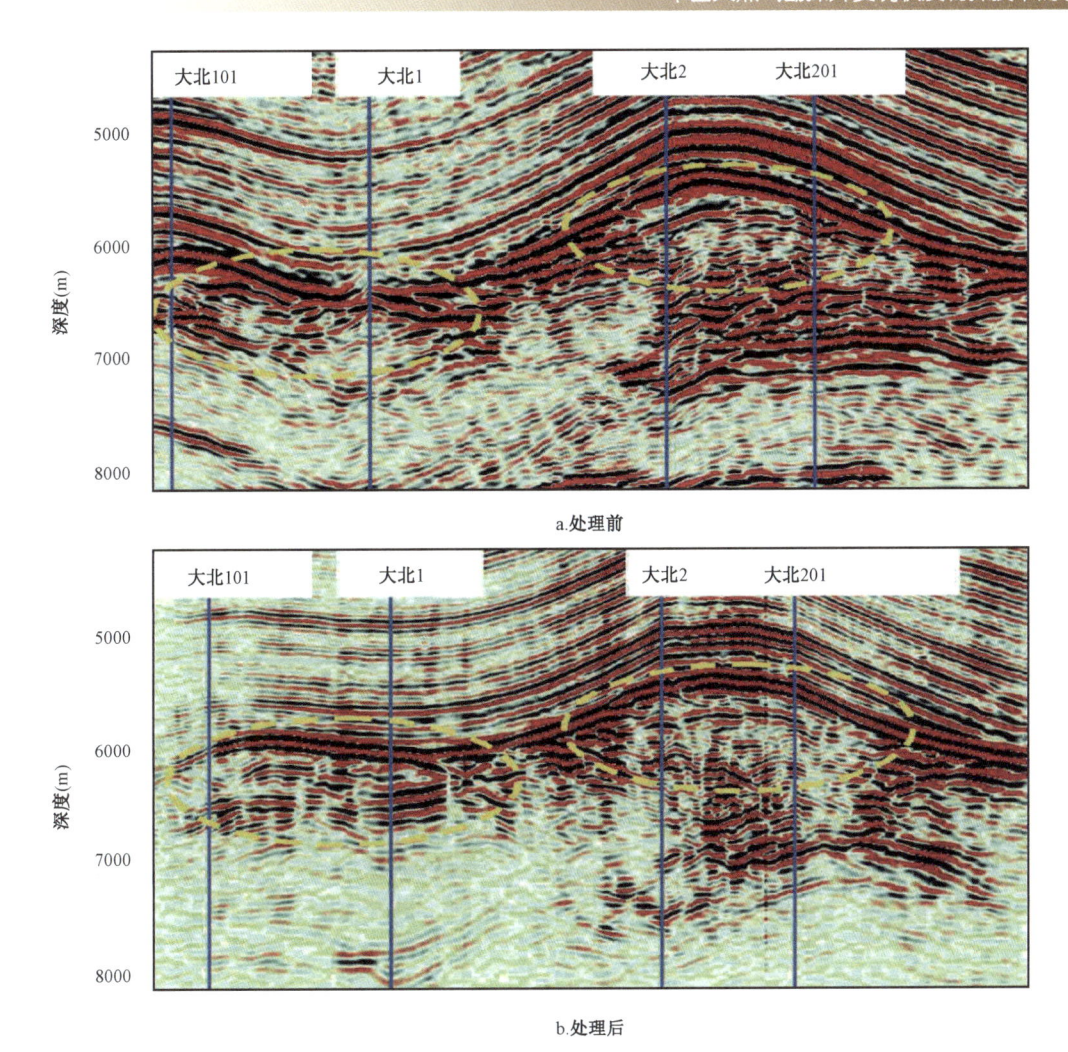

图 2 采取关键技术叠前深度偏移效果处理前后对比图

探获得重大突破,实现了克拉苏—大北区带第二排构造的突破,进一步证实了克拉苏—大北区带四排"阶梯状"构造大面积含气,具有 $1\times10^{12}m^3$ 天然气资源规模,证实了克拉苏—大北区带的盐构造分析及其构造样式的合理性。

3.1.2 致密砂岩气藏检测配套技术

测井地球物理特征分析与钻井相结合,确定地震储层预测的敏感参数,为地震叠前储层预测奠定了坚实的岩石物理基础。利用 AVO 技术即弹性阻抗、独立反演和同时反演进行叠前反演,通过不同的弹性参数交会,优选参数,识别岩性,可降低反演的多解性,最终可以实现利用叠前振幅信息进行流体的检测。同时,开展多波多分量联合反演、纵横波压缩计算速度比和泊松比、多分量分频对比、多分量联合 AVO 分析、多波多分量各向异性分析等技术研究,在气藏预测方面见到良好效果。通过对川中地区上三叠统须家河组气藏和鄂尔多斯苏里格气田 3a 的技术攻关,形成了一套针对低渗透气藏的物探关键技术系列。

(1)建立了一套针对地质目标,以实现相对振幅保持为主的"三高"处理流程和参数,形成了以开展叠前有效储层预测和含气性预测为目标的处理技术。

（2）针对低孔、低渗储层的特点，形成了适用的地震岩石物理技术和岩石物理图版，成功地进行横波速度估算；同时，优选对岩性、物性和含气性敏感的弹性参数，包括三参数纵波速度、横波速度、密度，以及弹性参数拉梅常数、体积模量、杨氏模量、泊松比等，指导叠前储层预测和含气性检测。

（3）形成了叠前全三维弹性参数反演技术。利用不同角度道集，对不同的角度道集提取不同的子波进行同时反演，获得纵波阻抗、横波阻抗以及密度体，在反演过程中，建立各弹性参数之间、弹性参数与岩石物性、流体之间的关系，通过分析获得弹性参数体，进行岩性和流体检测。

（4）形成了单参数与多参数有效储层识别技术。

（5）形成了利用岩石物理建模、地震正演、含气性敏感参数分析、波动方程弹性参数反演、岩性因子反演以及地震衰减等技术，联合进行含气检测。图3为利用弹性阻抗与衰减属性在川中地区须家河组储层发育区识别出须四段含气层。图4是利用角度域吸收衰减属性进行气藏检测，可以看出，苏118井在小角度吸收最强，中角度吸收较弱，大角度吸收最弱，可以对苏118井区的含气情况进行预测。由此看出，中国碎屑岩天然气藏地震有效识别技术达到了国际领先水平。

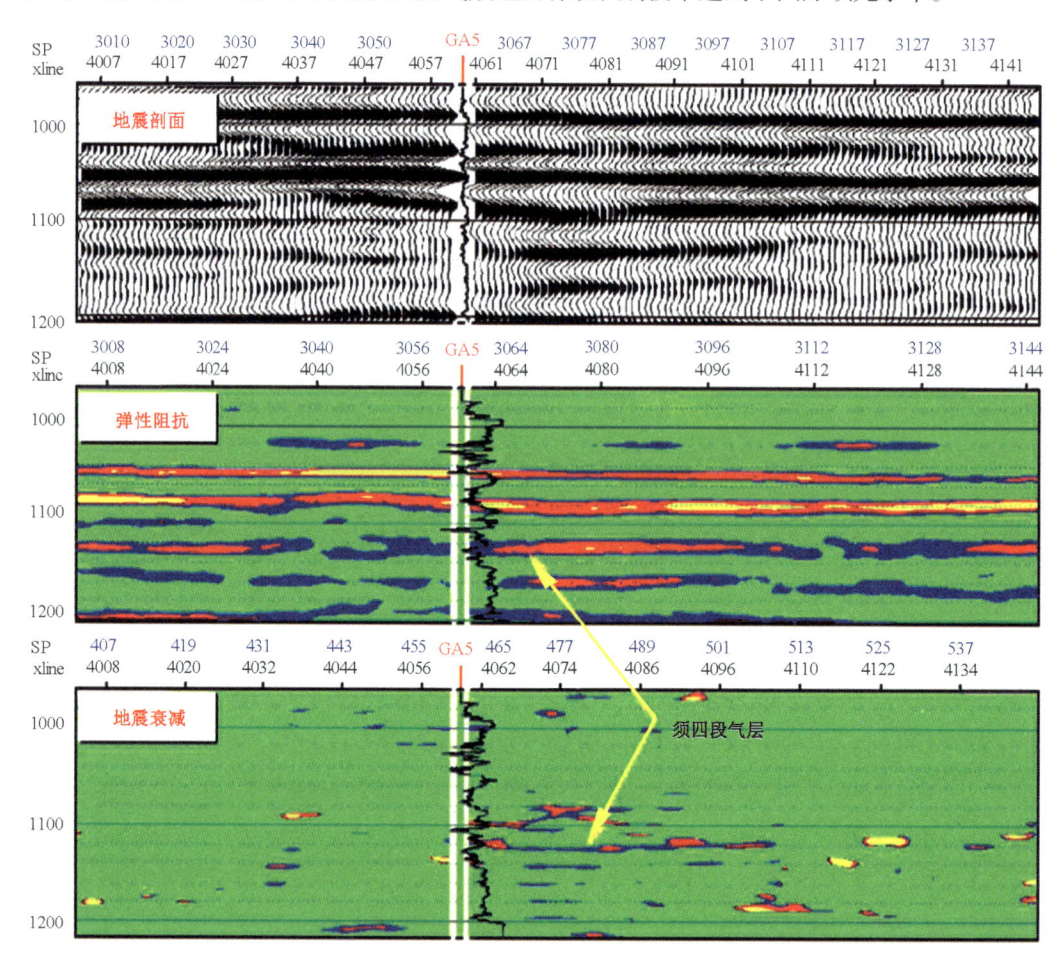

图3 弹性阻抗反演与地震衰减属性图

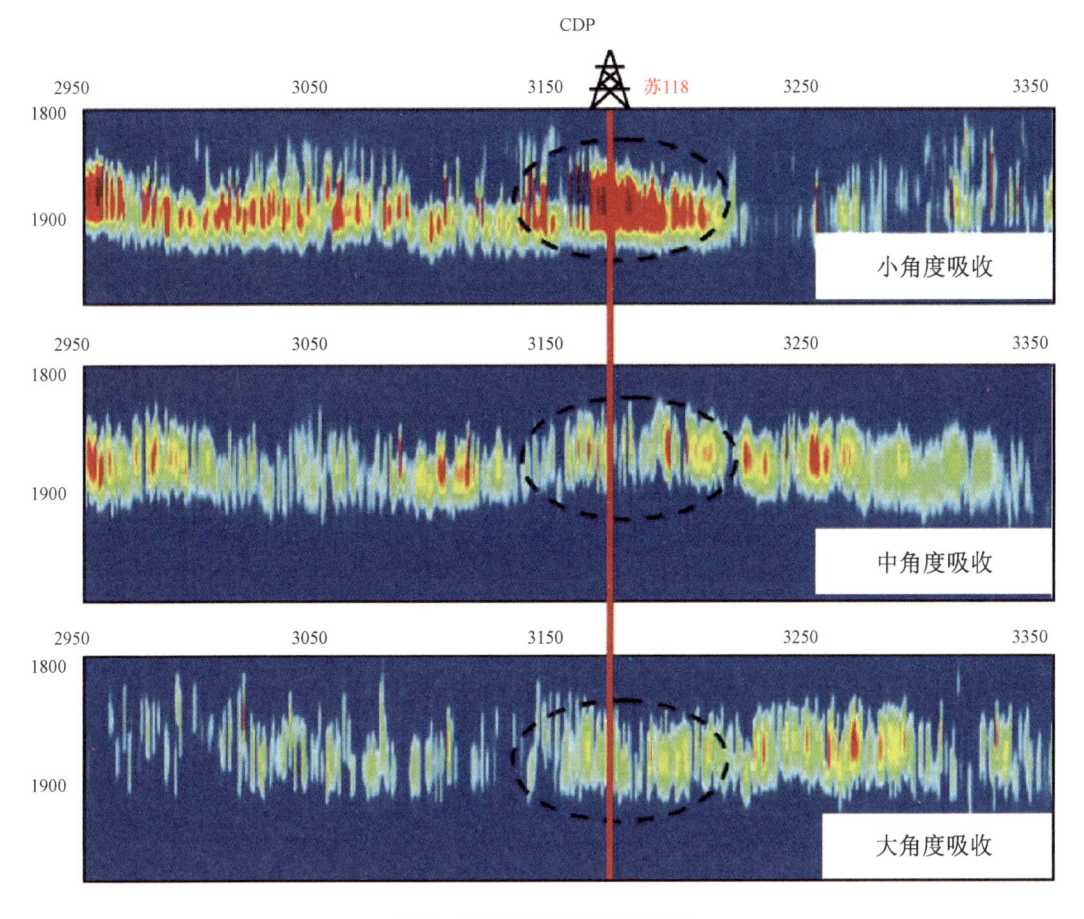

图 4　角度域吸收衰减剖面图

3.2　碳酸盐岩物探技术现状与需求

近年来,海相碳酸盐岩天然气勘探获得重要突破,逐渐成为储量增长的重点领域之一。我国碳酸盐岩大气区主要集中在塔里木盆地、四川盆地、鄂尔多斯盆地,但由于这些地区碳酸盐岩储层埋藏深度大、非均质性强、分布区地表复杂、地震资料信噪比低等特点,严重制约了碳酸盐岩气藏的勘探开发进程。通过近些年来地震技术攻关,突破了一些技术"瓶颈",初步形成了碳酸盐岩地震勘探配套技术。

3.2.1　复杂地表区碳酸盐岩高精度三维地震采集技术

包括潜水面以下优选岩性激发技术、基于波动方程模拟的观测系统设计技术、高密度三维采集技术、宽方位三维采集技术、复杂地表静校正技术。在塔中整体部署实施三维地震 $4533km^2$。在四川 LG 地区针对礁滩部署地震 $2600km^2$,面元 $25m×25m$,覆盖次数为 70 次,开创了我国丘陵山地一次部署三维面积最大的先例,为两个地区天然气储量的进一步落实以及产能建设提供了资料基础。

3.2.2　碳酸盐岩储层地震处理关键技术

主要有相对振幅保持处理技术、叠前四维去噪技术、层间多次波压制技术、各向异性介质叠前时间偏移技术、方位各向异性处理技术以及叠前深度偏移成像技术。通过这些针对性的处理技术,在塔中取得了明显的效果。如图5所示,经对塔中地区某剖面叠后时间偏移与叠前时间偏移效果进行对比,可明显看出叠前时间剖面上信息更加丰富,波阻特征清晰,碳酸盐岩溶洞在地震剖面上表现的串珠反射更加清晰。

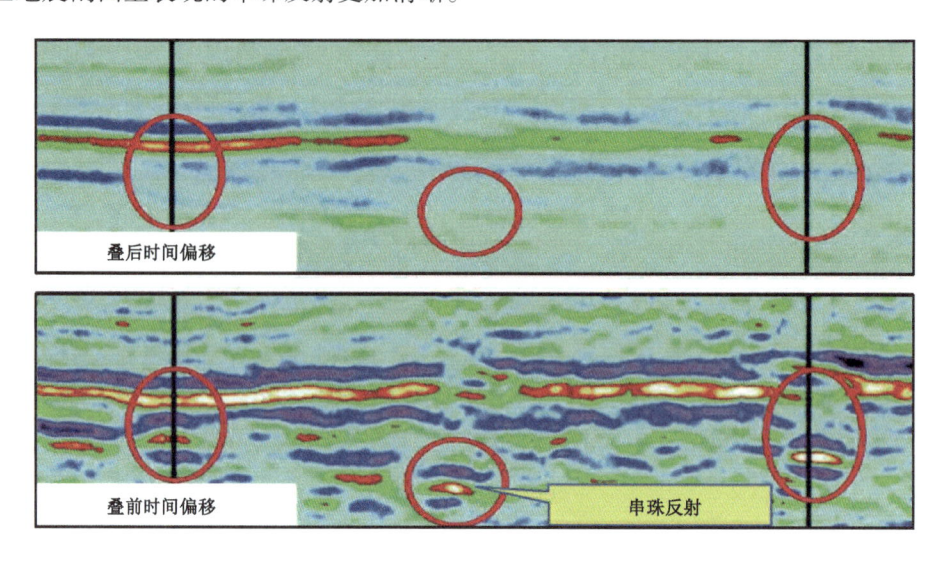

图5 叠前时间偏移与叠后时间偏移剖面对比图

3.2.3 形成了非均质碳酸盐岩地震解释及储层预测配套技术

地震技术的进步为岩溶风化壳以及礁滩相储层天然气勘探提供了技术支持。

通过采取针对性的地震采集处理技术以及精细的构造解释技术,可以在剖面上识别出落水洞、侵蚀沟、地下暗河等(图6)。通过三维可视化以及子体检测等技术,形象直观地展示了地下构造与特殊地质体的宏观展布特征(图7)。对四川盆地乐山—龙女寺地区进行子体追踪结合可视化技术,可以清晰刻画出地下暗河的存在;以古地貌恢复技术与构造趋势面法相结合可以清晰刻画低幅度台缘礁的空间展布形态;地震相识别技术、地震相—沉积相转换技术为主要内容的区带评价、地震相和沉积相的综合描述技术系列,在碳酸盐岩礁滩储层预测中得到充分应用;以相控反演、逆断层反演技术为主要内容的定量预测技术客观地反映了储层的定量分布,LG地区优质滩储层发育区与钻探结果吻合。

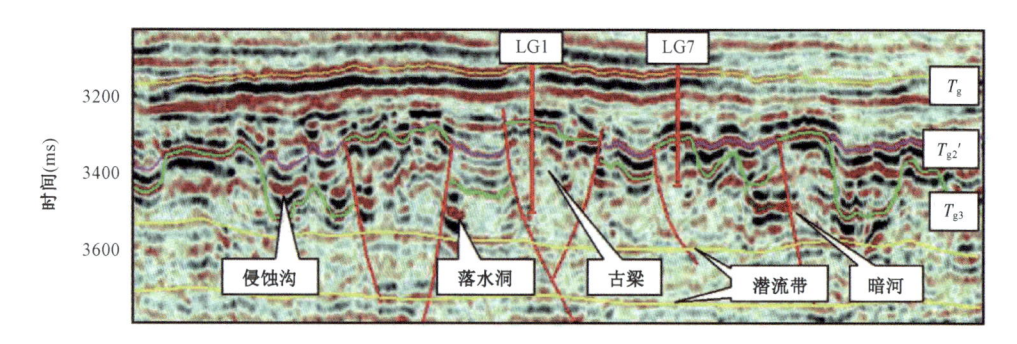

图6 精细的三维地震资料解释图

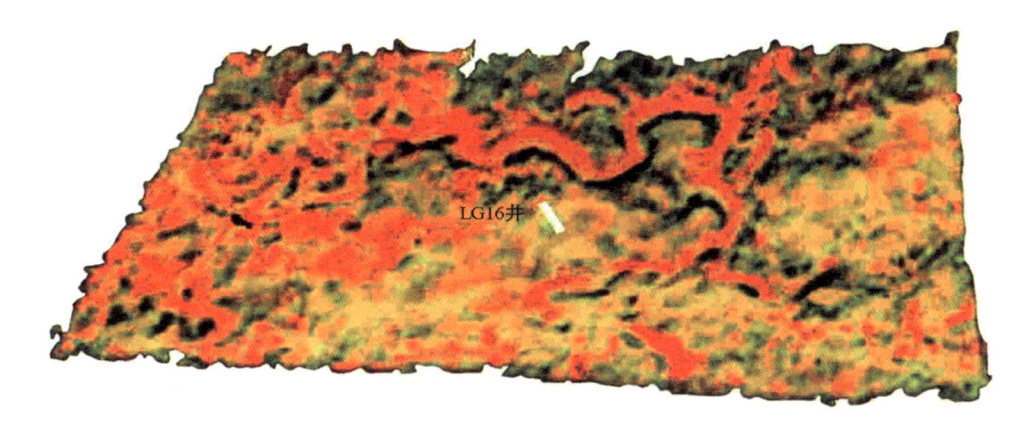

图7 地下暗河的空间展布形态图

3.3 火山岩气藏物探技术现状与需求

以松辽盆地深层、准噶尔盆地石炭系为代表的火山岩天然气勘探正在蓬勃展开。松辽盆地深层已建成大气区。准噶尔盆地在陆东—五彩湾地区石炭系形成 $1000 \times 10^8 \mathrm{m}^3$ 场面。另外，在中拐—五八区金龙4井区石炭系、车91井区石炭系、西泉1井区石炭系火山岩勘探也有突破，火山岩储层综合配套评价技术已经形成。

3.3.1 地震采集、处理技术的进步，促进了火山岩天然气勘探

徐家围子断陷位于松辽盆地北部，是松辽盆地深层勘探的重点。2000年以前，利用二维资料和少量的三维资料发现了一批小型气藏。2000年以来，针对深层开展地震采集、处理技术攻关，形成了大偏移距、高覆盖次数的高信噪比三维地震勘探技术。通过优化设计，更新装备，兴城地区采集参数从1998年的记录道数480道、最大炮检距3800m、覆盖次数40次，到2002年记录道数已达1920次、最大炮检距达4769.4m、覆盖次数达96次，原始地震资料品质得到了明显的提高，目的层主频从25Hz提高到40Hz(图8)，提高了成像精度，对落实徐中隆起带火山岩构造形态起到了关键作用。

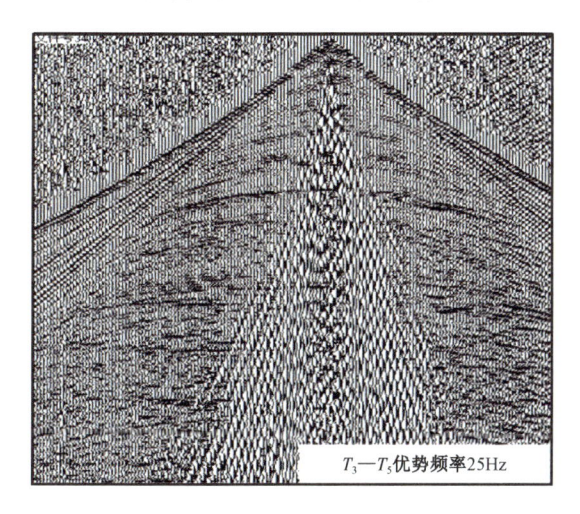

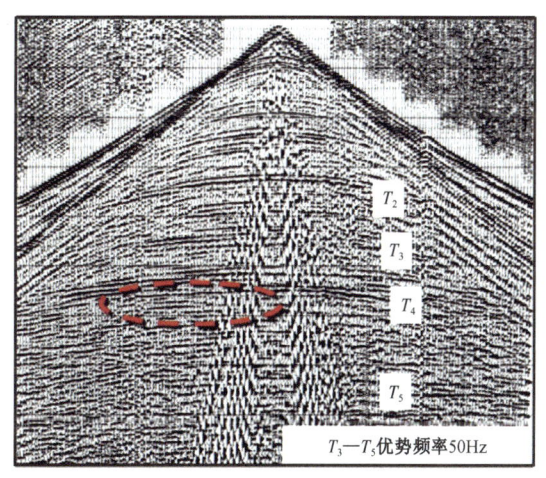

图8 优化采集参数后原始单炮对比图

徐深 1 井的突破,拉开了徐家围子断陷深层天然气勘探的序幕。截至 2006 年,徐家围子断陷深层火山岩勘探程度较高,基本实现了不同年度三维地震的覆盖,深层三维地震总面积达到 4689.7km²。但不同年度采集、处理的地震资料品质有所差异,在拼接部位存在振幅、频率、相位、分辨率以致能量的差异。针对这种现状,2007 年对徐深气田深层 19 块三维 5058km² 进行了大面积叠前时间偏移联片处理。叠前时间偏移较叠后时间偏移在深层断点、断面、火山岩体内幕刻画、陡倾角反射波的成像方面得到了明显的改善(图 9),为落实发现徐深气田第二个 $1000 \times 10^8 m^3$ 探明储量,扩大储量规模奠定了基础,徐深气田目前已建成我国陆上第五大气区。

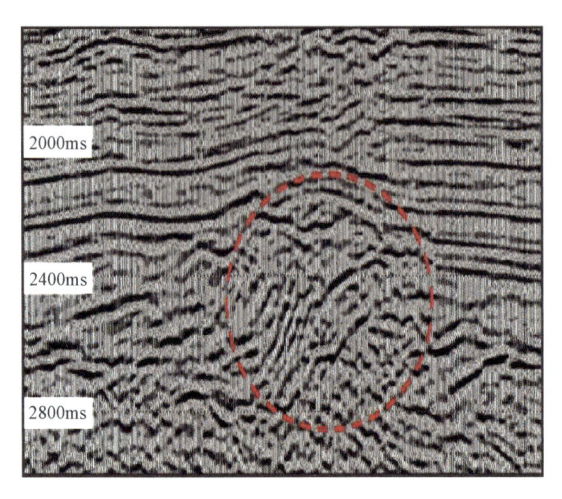

a.叠后时间偏移剖面效果　　　　　　　　b.叠前时间偏移剖面效果

图 9　叠后、叠前时间偏移剖面图

3.3.2　重磁预测技术已经初步形成

重磁勘探是一种体积性勘探,重磁异常是由地表到地球内部深处各个相应场源的综合叠加效应。各沉积盖层密度界面、内部构造、基底起伏和莫霍面起伏等都能使重力异常复杂化,浅部火山岩、侵入体、磁性不均匀体、含磁性沉积岩、磁性基底起伏和居里面等也会构成复杂磁异常的因素。因此需要针对不同的地质任务和研究目标以及解释需要对重磁数据进行变换处理,以便突出和分离不同场源的信息,重磁电区域、区带预测技术在松辽盆地以及准噶尔盆地得到了较好的应用。

3.3.3　火山岩目标预测技术已经形成

火山岩评价技术第二步主要针对火山岩目标进行预测,这一步主要是以地震资料为主。首先,对地震数据体进行大跨度的浏览找异常,扫描可能的火山岩体,锁定火山口的丘状目标和近火山口的层状目标,图 10a 为相干时间切片,蓝色相干性较差的构造部位为火山口,由浅至深火山口逐渐增大。另外,通过对徐深 1 井区纵剖面的扫描,图 10b 可以清晰地看出火山岩规模从南向北逐渐扩大。针对火山岩体的特点,可以锁定丘状及楔状目标以及其附近的层状或席状目标,识别可能的火山岩体,针对火山岩目标,建立火山岩识别的地球物理标志,划分火山岩相。

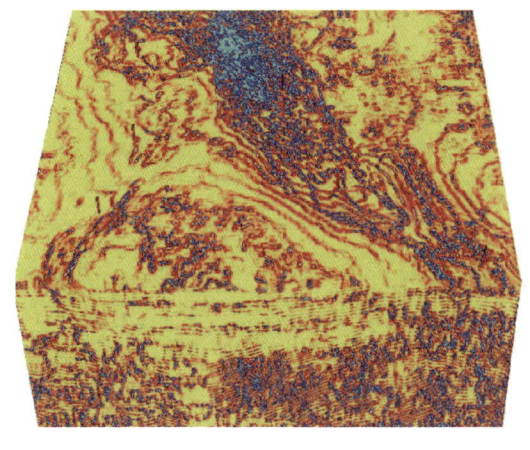

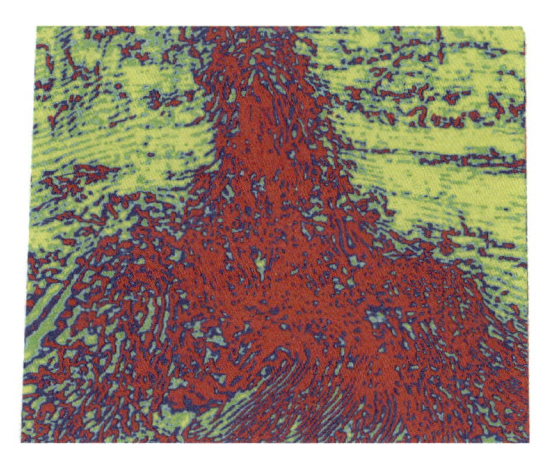

a.切片　　　　　　　　　　　　　　　　b.剖面

图 10　火山异常体在相干时间切片和纵剖面反映图

3.3.4　叠后储层反演预测火山岩储层分布

利用地震属性分析技术对火山岩储层发育区进行定性预测;通过火山岩储层敏感参数反演技术,实现利用叠后资料进行火山岩储层的半定量评价,识别火山岩优质储层,划分储层类别。

3.3.5　火山岩叠前流体检测技术已经起步

火山岩气藏流体检测主要是由叠后流体检测技术和叠前流体检测技术组成。叠后流体检测技术是以叠后资料为基础的,火山岩含油气后,高频端衰减特别快,因此通过振幅、频率的衰减属性可以对火山岩流体进行预测。但由于多次覆盖的叠加造成了地震信息的损失,降低了叠后地震储层描述的准确性,因此,叠前储层预测技术是火山岩气藏流体检测技术的发展方向。

4　物探技术发展

为保障中国石油提出的"储量增长高峰期工程"和"天然气大发展工程"顺利实施,需要认真分析物探技术发展与应用中存在问题,确定发展方向,梳理发展思路。纵观近年来中国石油物探技术发展,业务驱动是主导,高投入、快节奏是主要特点,业务链向开发延伸,由定性向定量化描述是地球物理技术发展的趋势。

4.1　把握物探技术的发展方向

高精度三维地震勘探技术是储量高峰期工程中的主导技术之一,在现有基础上,进一步完善地震采集装备,优化激发接收参数和观测系统是强化源头的重要措施。高密度三维地震技术也是国外物探技术发展趋势。

(1)结合我国各类复杂地表及地下地震地质条件,开展旨在提高信噪比、分辨率的叠前成像处理技术攻关,发展各向异性、逆时偏移、真地表叠前波动方程偏移等技术。针对各类复杂对象,开展多信息综合预测,最大限度提高目标描述精度,降低勘探风险。

(2)随着勘探程度的提高,要发展面向开发和开采阶段的油气藏物探技术,针对评价单元更小,精度要求更高,描述内容更具体,要采取面向油气藏的物探评价技术。

(3)优先发展碎屑岩气藏检测技术,将国家重点基础研究发展计划("973"计划)项目形成的气藏衰减等7项技术工业化。强化地震岩石物理等基础研究,加快碳酸盐岩、火山岩气藏检测技术攻关。同时开展多波地震等前沿技术研究,为三大岩石领域天然气藏定量评价以及产能建设提供依据。

4.2 突出物探技术发展的针对性

对于火山岩气藏,由于构造背景、成藏条件差别大,如松辽盆地火山岩气藏以构造—岩性为主,准噶尔盆地火山岩气藏以岩性—地层为主,而冀东火山岩主要以岩性气藏为主,另外由于地下地质条件的差别,造成地震成像效果差别,最终导致火山岩识别技术发展有所不同。如松辽盆地深层火山岩勘探已经进入到叠前流体检测阶段,而准噶尔盆地火山岩勘探目前最有效的方法是加强成像效果,应用重磁电震与叠后储层预测以及地震相识别技术相结合,来识别火山岩气藏。

对于碳酸盐岩,积极发展高密度地震勘探技术、多波地震技术、复杂地区的表层结构调查技术、碳酸盐岩出露区等重点地区的采集技术。研究基于起伏地表的三维波动方程叠前深度偏移方法,复杂构造速度场建模技术,提高成像质量。同时,加强随钻VSP、三维VSP地震采集与处理技术、多分量资料的综合解释技术、储层参数的高分辨率地震正反演技术,深化与地质的结合,实现碳酸盐岩从圈闭宏观评价到孔、洞、缝单元的微观评价。

5 结论

天然气作为一种洁净、高效的优质能源,得到世界各国的普遍重视,已成为世界三大支柱能源之一,在世界一次能源结构中的比例占25%左右。中国天然气工业起步较晚,天然气在一次能源消费中所占比例仅3%左右。因此,要深刻理解天然气勘探与开发对物探技术迫切的需求,充分认识现阶段物探技术发展形势,大力气、高投入、快节奏开发物探技术,是优化我国能源结构、实现经济可持续发展的重要措施和发展方向。

5.1 加强地球物理的应用基础研究

首先要加强天然气地球物理的应用基础研究,特别是岩石物理问题、天然气的地球物理响应和多波问题以及四维地震等问题的研究。

5.2 加强技术集成和重大现场试验

将现有成熟的共性技术梳理出来以及各个地区公司想要发展的特色技术总结出来,既有共性技术的研发,又有适合于各个不同地区的配套技术,形成配套技术和特色技术。同时,加强重大专项的现场实验工作,积极进行技术储备。

5.3 加强多学科的结合

天然气地球物理问题首先要加强与地质和测井的结合。这里所说的多学科结合,除了勘探阶段和地质以及测井的结合,天然气地球物理要向开发延伸,这就要与油藏工程师的结合,下一步要从多学科的交叉和多学科的结合进一步做工作。

5.4 重视对天然气未来潜在领域的技术储备研发

目前物探技术主要针对碎屑岩、碳酸盐岩和火山岩三大储集体进行天然气的勘探与开发。实际上有很多潜在的领域,如现在四川的白云岩问题等,有可能成为重要勘探领域,技术储备应该提前考虑[6]。

5.5 物探要向开发延伸,成为油气藏管理的重要工具

以高密度单点数字地震技术、多波多分量地震技术以及时移地震技术为代表的油气藏综合地球物理技术,能为油气田开发提供必要的技术支撑[7]。

参 考 文 献

[1] 戴金星,秦胜飞,陶士振,等.中国天然气工业发展趋势和天然气地学理论重要进展.天然气地球科学,2005,16(2):127-142.
[2] 宋岩,柳少波.中国天然气勘探思路的转变.天然气工业,2008,28(2):12-16.
[3] 王喜双,曾忠,张研,等.中油股份公司物探技术现状及发展趋势.中国石油勘探,2006,8(3):35-49.
[4] 袁士义,胡永乐,罗凯.天然气开发技术现状、挑战及对策.石油勘探与开发,2005,32(6):1-6.
[5] 李庆忠,魏继东.高密度地震采集中组合效应对高频截至频率的影响.石油地球物理勘探,2007,42(4):363-369.
[6] 宋岩,柳少波.中国大型气田形成的主要条件及潜在勘探领域.地学前缘,2008,25(2):109-119.
[7] 王喜双,甘利灯,易维启,等.油藏地球物理技术进展.石油地球物理勘探,2006,41(5):606-613.

页岩气勘探开发对地球物理技术的需求*

刘振武 撒利明 杨 晓 李向阳

摘要 近几年来,伴随着建设低碳经济的需要和对清洁能源需求的增长,页岩气产业发展迅速升温,特别是北美页岩气的发展已经改变了现今能源供应格局。我国页岩气资源潜力巨大,开发前景广阔,已经引起人们的高度重视。我国页岩气勘探开发仍处于起步阶段,特别是地球物理技术在页岩气勘探开发中究竟具有什么样的作用,还存在一些困惑。本文通过页岩气地球物理技术的需求分析和对未来发展的展望,明确指出地球物理技术作为页岩气储层评价和增产改造的关键技术,将在页岩气勘探开发中发挥重要的作用。

1 页岩气勘探、开发的现状

世界页岩气资源十分丰富,引起了各国勘探家们的广泛关注。据 Kuuskraa 提供的资料[1],全球页岩气总资源量约为 $456.24 \times 10^{12} m^3$,相当于常规天然气资源量的 1.4 倍(近年来,还有不断增长的趋势),主要分布在北美、中亚、中国、拉美、中东、北非和原苏联等地区。

进入 21 世纪以来,已有 30 多个国家开展了页岩气业务,美国和加拿大实现了页岩气的有效开发,并步入快速发展阶段。2000—2009 年,北美地区发现的页岩气盆地由原先的密西根、阿帕拉契亚、伊利诺斯、沃斯堡和圣胡安等 5 个盆地猛增到以沃斯堡、阿科马、路易斯安那、西加拿大等为主的约 30 个盆地,页岩气产层几乎包含了北美地区所有的海相页岩烃源岩[2]。美国页岩气的钻探深度已由发现初期的 180~2000m 加深到目前的 2500~4000m,部分盆地的深度达到 6000m。2005 年以来,页岩气开发钻井工作量年增长 10%~15%、产量年增长 $50 \times 10^8 \sim 100 \times 10^8 m^3$;2009 年生产井超过 50000 口,页岩气年产量达 $900 \times 10^8 m^3$(ARI,2010),约占北美地区天然气总产量的 12%;2010 年页岩气产量为 $1378 \times 10^8 m^3$,占当年天然气总产量的 23%;预计到 2015 年将达到 $2600 \times 10^8 \sim 2800 \times 10^8 m^3$,占天然气总产量的 1/3,增长潜力巨大[3](图 1)。

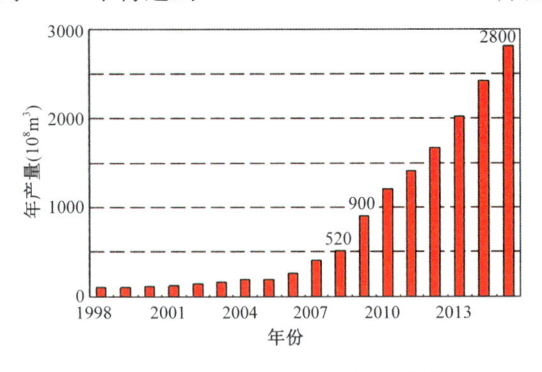

图 1 美国页岩气产量及增长趋势[3]

勘探、开发页岩气资源已成为全球快速发展低碳经济的重要途径。大规模开发使美国实现了天然气资源的自给自足,减少了对液化天然气的依赖,改变了天然气供应格局。

中国地质历史时期富有机质页岩十分发育,既有有机质含量高的古生界海相页岩,也有有机质丰富的中—新生界陆相页岩[4](图2)。页岩气已引起我国政府和相关企业高度重视。国土资源部组织相关单位开展了页岩

---

* 首次发表于《石油地球物理勘探》,2011,46(5)。

气资源评价工作,并启动勘查项目,国家发展和改革委员会、国家能源局也已开始研究相关激励政策。国家能源局针对页岩气成立了中美页岩气联合工作组,并于2010年在中国石油勘探开发研究院廊坊分院成立了中国首个专门从事页岩气开发的科研机构——国家能源页岩气研发(实验)中心。国内众多石油公司以及国土资源部相关科研机构积极开展页岩气选区评价工作,优选出了一批有利区块,并部署勘探工作。壳牌、康菲、BP和挪威国家石油等国外石油公司也积极参与我国页岩气勘探开发。

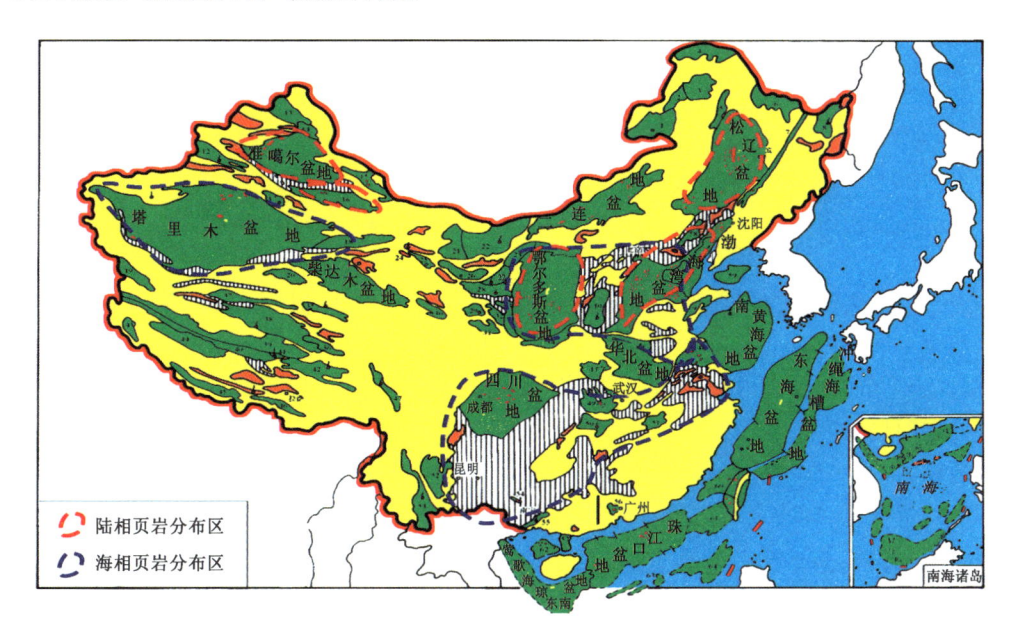

图 2　中国主要盆地页岩分布图[4]

我国页岩气地质成藏规律与美国页岩气的成藏特点有许多相似之处,也就是说我国的页岩气勘探前景十分看好。近两年虽然我国页岩气勘探取得一定进展,但总体上仍处于起步阶段,目前尚无成功的页岩气勘探开发实例,在页岩气资源评价、优质储层特征、地球物理技术、增产改造技术和开采技术等方面还有多项难题亟待解决。

2　页岩气勘探开发面临的关键技术问题

页岩气是一种特殊的非常规天然气,赋存于泥岩或页岩中,具有自生自储、无气水界面、大面积连续成藏、低孔、低渗等特征,一般无自然产能或呈低产,需要大型水力压裂和水平井技术才能进行经济开采,单井生产周期长。页岩气藏的这些特点决定了其勘探开发面临着与常规气藏不同的技术问题。

2.1　资源评价与核心区的选择

鉴于页岩既是烃源岩又是储层,具有大面积连续成藏、赋存方式多样和富集因素多样等特点,其油气成藏机理和富集规律与常规天然气藏差异较大。因此页岩气资源评价技术规范、标准与方法体系必然与常规天然气藏相关的要求有所不同。如今国内涉及页岩气资源评价体系总体处于探索阶段,可供借鉴的评价方法和评价参数很少。由于具体选用的参数值不同,导致资源量预测结果相差比较大(表1),但普遍认为我国页岩气资源十分丰富,特别是南方地区、华北地区、四川盆地和塔里木盆地等海相页岩,以及松辽盆地白垩系、准噶尔盆地中—下侏罗统、鄂尔多斯盆地上三叠统、吐哈盆地中—下侏罗统和渤海湾盆地古近系等的陆相沉积页岩都具备页岩气成藏条件。

表1 我国页岩气资源估算统计

单位	估计资源量($10^{12} m^3$)	资源类别	年份	备注
国土资源部油气资源战略研究中心	31	可采资源量	2011	主要盆地和地区
中国石油勘探开发研究院	10~20	可采资源量	2009	主要盆地
中国石油勘探开发研究院廊坊分院	11.4	可采资源量	2009	重点盆地
美国能源信息署	36.1	可采资源量	2011	主要盆地

由于我国页岩气勘探刚刚起步,至今还未开展比较全面、系统的页岩气资源评价研究,因此现今涉及不同地区、不同盆地页岩气资源潜力尚不准确,有必要借鉴美国页岩气资源评价经验,依据我国含气页岩实际地质特征,分别以海相沉积页岩和陆相沉积页岩为重点,通过评价页岩气储层厚度、面积、含气性、总有机碳含量(TOC)、脆性矿物含量和镜质体反射率(R_o)等关键地质要素,研究形成适合我国地质条件的页岩气选区评价方法及标准,以预测我国重点地区页岩气的资源量,探明页岩气的资源品质与分布,优选核心区,开展产业化生产。

2.2 页岩气储层识别与评价

页岩气储层与常规储层存在很大差别,主要表现在:储层均由细粒物质组成,岩石成分复杂,不仅有无机矿物,还有有机质,并且页岩气储层中存在大量吸附气;储层孔隙空间多样,特别是裂缝或裂隙更是影响页岩气产能的重要因素。为了查清页岩气储层的性质和分布,应用地球物理勘探技术是一种正确的选择,是页岩气储层识别与评价的核心技术。

在常规油气勘探开发评价过程中,页岩均被认为是无渗透性的封盖层(或烃源岩),不作为主要研究对象,在测井和地震解释评价过程中也不做详细解释。而在页岩气储层评价中,页岩气成为主要研究对象,对页岩气测井需要建立页岩气储层测井评价方法和标准。以往常规测井方法的评价模型主要是针对孔隙性储层建立的,不适用于主要由细粒物质组成的页岩气储层,因此需要建立页岩气储层识别方法,有效识别页岩气储层特征。对地震技术而言,主要用于页岩储层分布、厚度以及页岩储层物性、含气性等方面的研究。因此要根据储层的各向异性特征,运用地震信息中的弹性参数以及各种波场、速度资料研究储层的裂缝或裂隙特征、应力场分布等,尤其要采用三维地震解释技术设计水平井轨迹,通过沿垂直于裂缝发育方向钻井的方法来增加井筒与裂缝连接的可能性。

2.3 储层改造与开发技术

从美国开发页岩气获得的巨大成功看,除了依赖于天然气市场需求的增长、国家政策扶持外,开发技术的创新尤其是水平井钻井、压裂技术以及微地震压裂监测技术的进步与广泛运用,在推动北美地区页岩气开采的快速发展中起着至关重要的作用。

页岩气的开发主要以水平井分段压裂技术为主。其增产机理在于通过水平井分段压裂,在水平段形成横切缝,在储层内部形成复杂的裂缝网络系统,尽量扩大储层的改造体积。页岩气通过水平井完井、水平井水力分段压裂以及重复压裂、同步压裂等技术改造后能够实现很好的增产效果。我国的页岩气增产改造技术与国外相比,还有着较大的差距,面临的技术问题主要是:有效的水平井井身设计技术、多簇优化长井段射孔技术、桥塞封隔分段压裂技术以及滑溜水携砂低砂比支撑、缝网导流体积改造等。

应用微地震监测技术可以实时对压裂效果进行评价,及时调整压裂方案,使压裂效果达到最佳,最终达到增储上产的目的。目前我国还没有形成一套完整的微地震监测技术,没有形成具有工业化生产能力的商业软件。

3 页岩气地球物理技术的需求分析

结合美国页岩气勘探开发的成功经验,蒋裕强等[5]提出了评价页岩气的8大关键地质要素(图3),这8大地质要素基本涵盖了页岩气从资源评价、储层识别到储层改造、有效开发所涉及的关键技术。笔者认为地球物理技术是解决页岩气评价关键地质要素的有效手段。

在勘探阶段,针对页岩气资源评价和核心区选择,需要落实页岩气藏的富集规律。无论是页岩气藏的特征,还是页岩气藏的形成机理,都与常规气藏迥然不同,控制页岩气藏富集程度的关键要素主要包括页岩厚度、有机质含量和页岩储层空间(孔隙、裂缝)[6]。页岩层在区域内的空间分布(包括埋深、厚度以及构造形态)状况是保证有充足的储渗空间和有机质的重要条件,而地球物理技术是探测页岩气空间分布的最有效、最准确的预测方法。有机质的含量和页岩气储层空间包含了有机质丰度、成熟度以及含气性、孔隙度等物性参数,这些参数的确

图3 页岩气评价关键地质要素

定除了通过岩心的实验分析,测井评价更是重要的手段。综合运用伽马、电阻率、密度、声波、中子以及自然伽马能谱、成像等测井方法可对页岩储层的矿物成分、裂缝、有机碳含量以及含气性等参数进行精细解释,建立页岩气的储层模型;地震技术在测井的基础上进行区域预测,可为资源评价和页岩气开发核心区的优选奠定基础。

在开发阶段,应用地球物理技术对储层物性,特别是裂缝等各向异性特征进行精细刻画,可以为储层改造提供帮助。前文已述及,由于页岩储层本身的低孔、特低渗特征,页岩气井初始无阻流量没有工业价值,必须运用以水平井分段压裂、重复压裂等为主的储层改造手段提高页岩气开采效率。页岩气储层增产改造除了技术上的因素(包括压裂方式、压裂工具、压裂液等)外,关键的地质因素有页岩的矿物组成、脆性以及力学性质和天然裂缝的分布[7]。储层岩性具有明显的脆性特征是实现增产改造的物质基础,如果矿物组分以石英和碳酸盐岩两类占优,则有利于产生复杂缝网;储层发育有良好的天然裂缝及层理,是实现增产改造的前提条件。

储层岩石力学特性是判断脆性程度的重要参数,通过对杨氏模量及泊松比的计算可以确定储层岩石脆性指数的高低,脆性指数越高越易形成缝网。应用地球物理技术可以准确描述这些参数。以宽方位甚至全方位三维地震资料为基础,通过叠前反演、分方位提取地震属性、各向异性速度分析等地震技术综合应用,可对断层、裂缝、储层物性以及脆性物质分布和应力场进行预测。此外,与压裂技术配套发展的微地震监测技术也是地球物理在页岩气开发中的重要应用。通过监测和记录微地震事件,实时提供压裂过程中产生的裂缝位置、方位、大小以及复杂程度,评价增产方案的有效性,并优化页岩气藏多级改造的方案。

3.1 页岩气储层的测井识别和评价

页岩气储层与其他常规天然气储层的主要区别在于:组成页岩气储层的页岩均以小粒径物质为主,一般以黏土(粒径 $<5\mu m$)和泥质(粒径 $5\sim63\mu m$)为其最主要组分,而砂($>63\mu m$)所占的组分相对较少,所以页岩气储层的孔隙度低(一般在 4%~6%)、渗透率极低(一般在 $10^{-4}\sim10^{-6}mD$),页岩渗透率最低可达 $10^{-9}mD$。裂缝或裂隙是页岩气重要的储集空间和渗流通道,因此对页岩裂缝或裂隙的有效性评价(包括裂缝与层理、黄铁矿和溶孔的准确判别以及裂缝参数的定量化描述等)显得更为重要[5]。

测井结果评价是页岩气储层特征参数评价的主要手段之一。通过岩石物理实验、测试,研究页岩气储层的地球物理响应并建立页岩气识别的敏感参数;通过页岩气储层测井评价方法的建立,提供全井眼连续的黏土矿物组成、含砂量、孔隙度、渗透率,裂缝密度、张度、延展度等参数。

此外,鉴于页岩气储层中不仅存在游离气,更赋存大量的吸附气,所以有机质丰度、游离气、吸附气含气量也是页岩气储层含气性评价的主要参数。

综上所述,以往在碎屑岩中建立的测井解释模型、解释理论、评价参数等已不适用于页岩气。因此需要通过岩石物理实验、测井响应特征研究形成页岩气自身的测井解释理论、评价方法,提高页岩气储层评价精度,提高勘探成功率,降低页岩气勘探风险。

斯伦贝谢公司已经建立一套对页岩气储层识别与评价的测井技术和标准。图 4 是斯伦贝谢公司对 Barnett 页岩储层的测井综合解释结果图[8],显示了测井资料、岩性和矿物解释及流体评估综合数据,可帮助作业者确定天然气地质储量并根据矿物组成和渗透率确定射孔位置,以及确定在何处钻分支井。此外,作业者还可以利用图中的矿物成分形成的矿物曲线图识别页岩中的石英、方解石或白云石。这些矿物的存在增加了页岩气储层的脆性,有助于改善水平井中的造缝效果。

3.2 提高页岩气区地震资料品质

高品质的地震资料是页岩气储层预测的基础。与北美地区平坦、辽阔的地形不同,我国目前重点开展的南方海相页岩气勘探区域主要位于四川盆地南部、滇黔北、安徽及塔里木等地区。这些地区大多以山地地形为主,地震地质条件相对复杂,地面出露的岩层年代一般较老,主要为奥陶系、二叠系石灰岩及上三叠统石英砂岩,激发条件较差;页岩层内构造并不复杂,但其上覆和下伏构造复杂;储层相对较厚,但埋藏相对较浅,波阻抗差小,反射能量弱。因此,提高地震资料信噪比和分辨率,有效改善地震资料品质对于我国南方海相页岩气的勘探开发尤为重要。

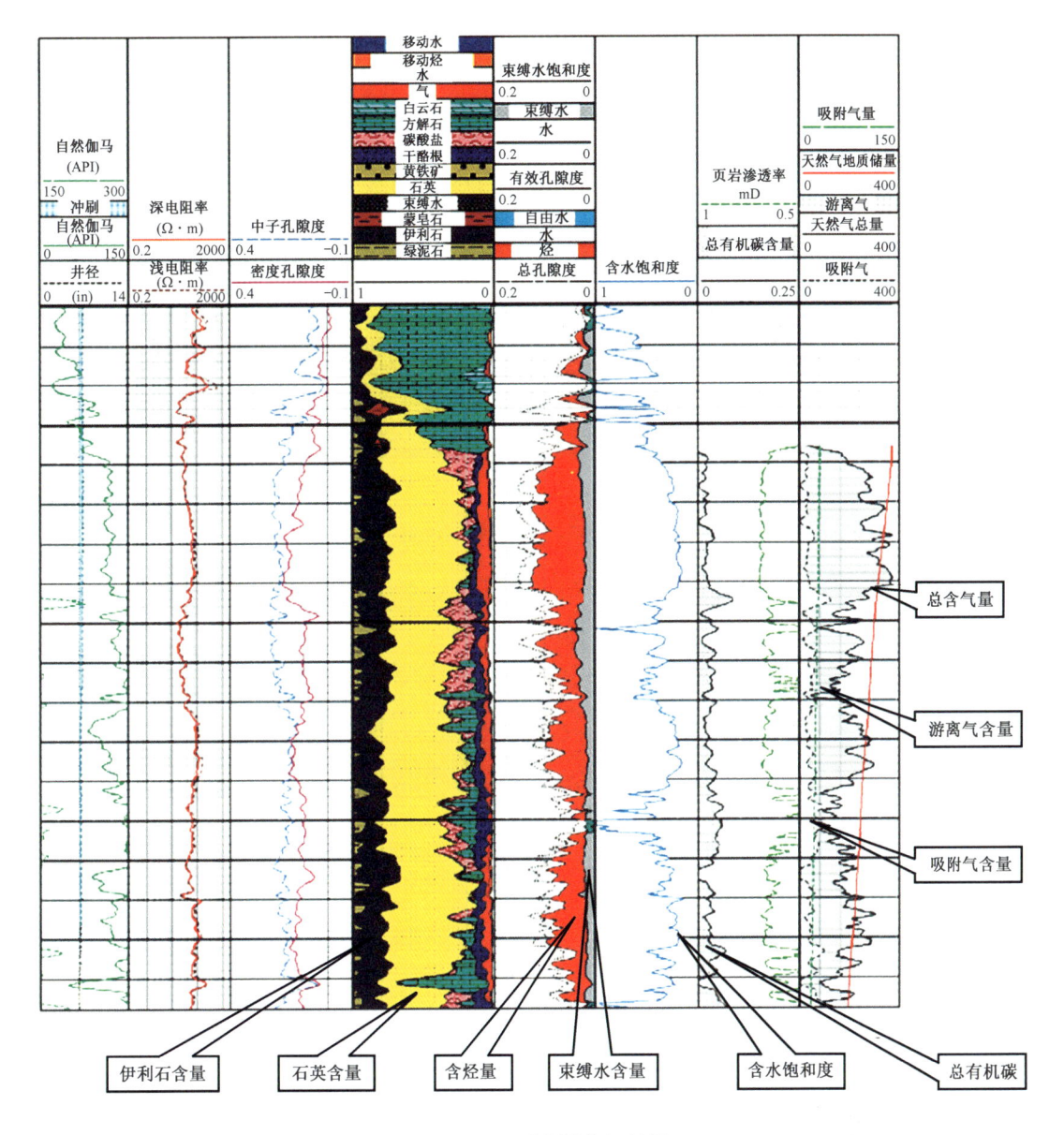

图 4 Barnett 页岩测井解释图

中国南方海相页岩气藏勘探开发在地震采集上面临如下两个主要问题:(1)主要为山地地形、大面积出露奥陶系、二叠系、三叠系等老地层石灰岩,地震激发、接收条件差,原始地震资料信噪比和分辨率较低;(2)勘探目的层地层倾角较大且埋深跨度大。在页岩气低成本勘探战略下,如何选择对勘探成本影响最大的道距、覆盖次数及最大炮检距等参数是地震采集的关键。

针对上述难点,中国石油川庆地球物理勘探公司近两年在长宁地区的地震采集中,主要开展了3个方面的攻关[9]:(1)攻关线(段)采用小道距、高覆盖、长炮检距的技术测试方案,优选针对目的层的覆盖次数、道距、最大炮检距等参数;(2)在保证足够信噪比的基础上,开展以小药量为核心的激发试验,优选适合该区的最佳激发参数;(3)采用数字检波器进行干扰波调查，优选组合串数、组合基距、组合图形等接收参数。

通过技术攻关，在节约勘探成本的基础上，地震资料品质有了明显提高，特别是灰岩出露的构造核部，成像效果显著改善（图5），为页岩气勘探开发奠定了基础。

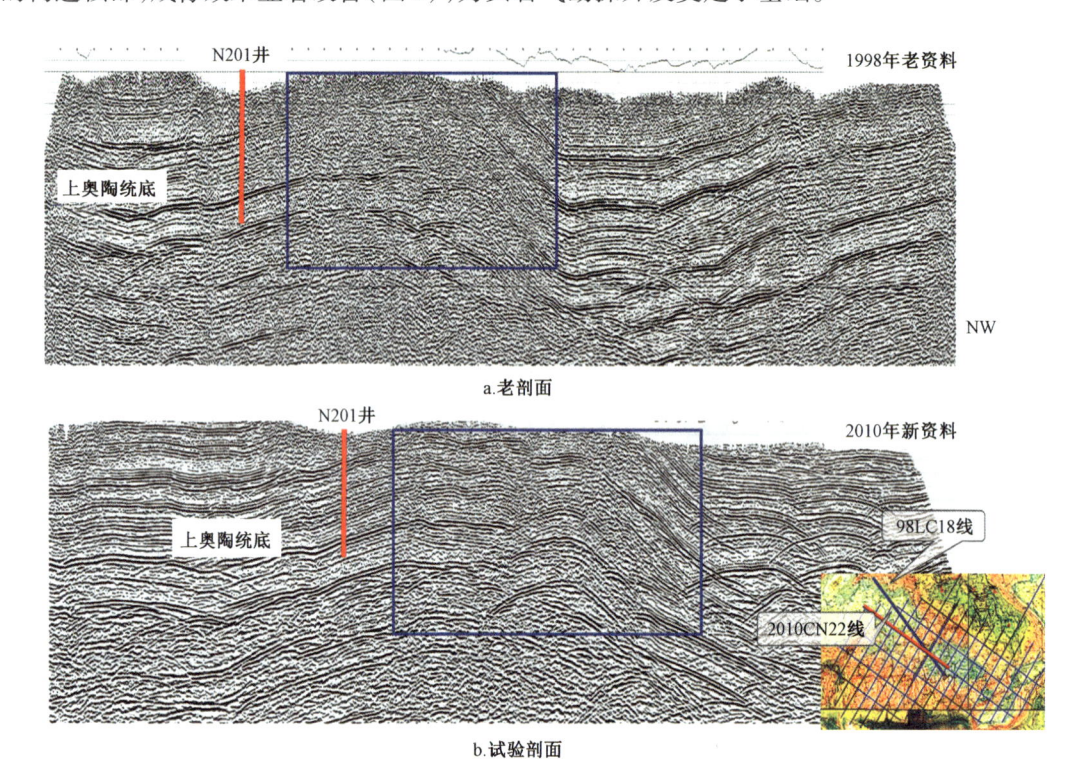

图5　长宁地区地震攻关试验剖面与老剖面对比

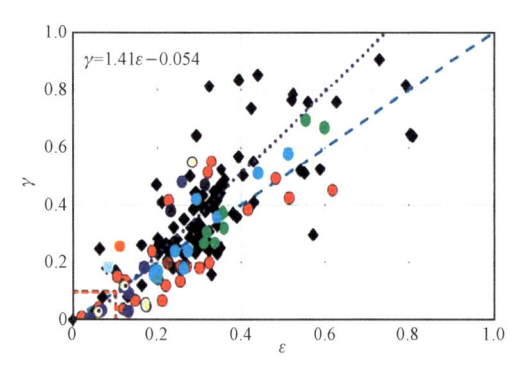

图6　Sondergeld等给出的页岩
各向异性参数 γ 和 ε [11]

圆点代表页岩岩心的测试结果；菱形代表页岩气岩心的测试结果；红色虚线代表10%的区域，95%以上的样品不在此区域。蓝色虚线为1:1的参考线；紫色虚线为最小平方拟合线

3.3　页岩气储层各向异性特征研究

页岩气储层具有强各向异性特征，各向异性的强度高达30%～40%，平均约为15%，传统弱各向异性假设只是特例。页岩层的各向异性大部分表现为具有垂直对称轴的横向各向同性（VTI），其各向异性的强度可由Thomsen参数 γ 和 ε 来表征，ε 代表横波的速度各向异性，γ 代表纵波的速度各向异性。传统上，当 γ 和 ε 小于0.1时，表示为弱各向异性。Sondergeld等[10]给出了150多对页岩各向异性系数 γ 和 ε 值，其中95%以上的测量值超过0.1，为强各向异性（图6）。

大量的岩石物理试验分析表明，页岩储层具有强各向异性特征，可见描述砂岩储层的常规岩石物理模型已不足以描述页岩的地球物理响应特征。导致页岩各向异性有多种原因,包括沉积历史和环境(应力场变化、矿物成分等),烃类成熟度,成排的裂缝和晶粒等因素。

页岩气储层的各向异性特征必然引起各种地震属性参数的变化,包括由岩性、裂缝、应力、流体饱和度、孔隙压力相互作用所引起的地下地震波速度以及各种弹性参数的变化等。不平衡的水平应力和垂向上排列的裂缝会引起地震速度随激发—接收方位不同而变化。因此应用方位速度分析可以衡量出速度随方位的变化以及确定方位速度各向异性属性。通过这些研究还可提供有关应力场和天然裂缝系统的信息。应用方位速度各向异性属性可帮助预测可能存在最优应力环境的区域。此外,当需要利用水力压裂改造天然裂缝密度,进而提高采收率时,应力场研究显得特别重要。从地震速度各向异性中估计天然裂缝系统的密度和方位,以及把这些信息与应力场进行相关,能够帮助地球科学家确认出有效的致密非均质储层[11]。Paradigm公司的EarthStudy360°全方位角度域成像、解释、可视化和描述系统在利用地球物理手段研究页岩气储层各向异性特征方面做了有益的尝试[12]。

3.4 页岩气储层地震识别与综合评价

以地震技术为主体的气藏描述技术是页岩气储层识别与评价的核心。在勘探阶段,应用页岩气地震技术主要解决资源评价和选区问题。首先从井震联合入手,准确标定和刻度页岩气层的顶底界面以及有效页岩的位置,进而在地震剖面上识别和追踪页岩储层;然后通过常规地震资料解释,确定页岩层的深度与厚度,圈出页岩的区域展布特征;最后在岩石物理测试分析和测井识别与评价的基础上,寻找页岩储层的敏感地球物理参数,建立储层特征曲线与地震响应的关系,选用合适的反演技术预测页岩气储层的有利发育区域,综合评价页岩气的资源状况,优选有利开发区域。在开发阶段,应用页岩气地震技术主要解决储层物性问题,直接为钻井和压裂工程技术服务。该技术手段具有独特性,主要运用相干分析与曲率分析等技术,特别是叠前弹性反演、分方位角信息以及多波地震信息,全面研究页岩气储层的各向异性特征,进行页岩段裂缝预测,预测宏观的裂缝发育区带、应力场分布以及岩石的脆性特征,为水平井的部署、井身设计以及压裂改造提供重要的基础数据。

CGGVeritas公司已针对页岩气等非常规油气资源,形成了一套比较系统的地球物理技术系列[13],从高密度、全方位地震采集开始,通过各向异性的叠前深度偏移,进行以应力分析、裂缝预测和岩石脆性研究为主的储层精细刻画,结合微地震监测手段,可为水平钻井和压裂改造提供全面的技术支撑。

3.5 微地震压裂监测

页岩气井实施压裂改造措施后,需用有效的方法确定压裂作业效果,获取压裂诱导裂缝导流能力、几何形态、复杂性及其方位等诸多信息,改善页岩气藏压裂增产作业效果以及气井产能,并提高天然气采收率。

微地震压裂监测技术就是通过观测、分析由压裂过程中岩石破裂或错断所产生的微小地震事件来监测地下状态的地球物理技术。该技术有以下优点[14]:(1)测量快速,方便现场应用;(2)实时确定微地震事件的位置;(3)确定裂缝的高度、长度、倾角及方位;(4)直接测量因裂缝间距超过裂缝长度而造成的裂缝网络;(5)评价压裂作业效果,实现页岩气藏管理的最佳化。

4 中国页岩气地球物理技术的发展方向

地球物理技术在页岩气勘探开发中的价值和作用越来越受到关注。据统计,仅CGGVeritas公司在北美地区应用地球物理技术就完成了40多个页岩气勘探项目,面积超过18000km²,已经形成一个庞大的地球物理基础数据库。其中,仅2009~2011年间,CGGVeritas公司分别在Haynesville地区和Marcellus地区完成4700km²及8500km²的三维地震勘探工作[13],结合钻井成果获得了很好的成效,充分显示出地球物理技术已经成为页岩气勘探开发中寻找"甜点"必不可少的手段。

依据笔者所掌握国内外有关页岩气地球物理技术发展状况,页岩气地球物理技术大致包括以下6大系列:页岩气储层岩石物理技术、页岩气测井评价技术、页岩气地震资料采集及特殊处理技术、页岩气地震识别与综合预测技术、页岩气非地震技术、微地震压裂监测技术(图7),不同颜色代表的是各种技术发展状况。

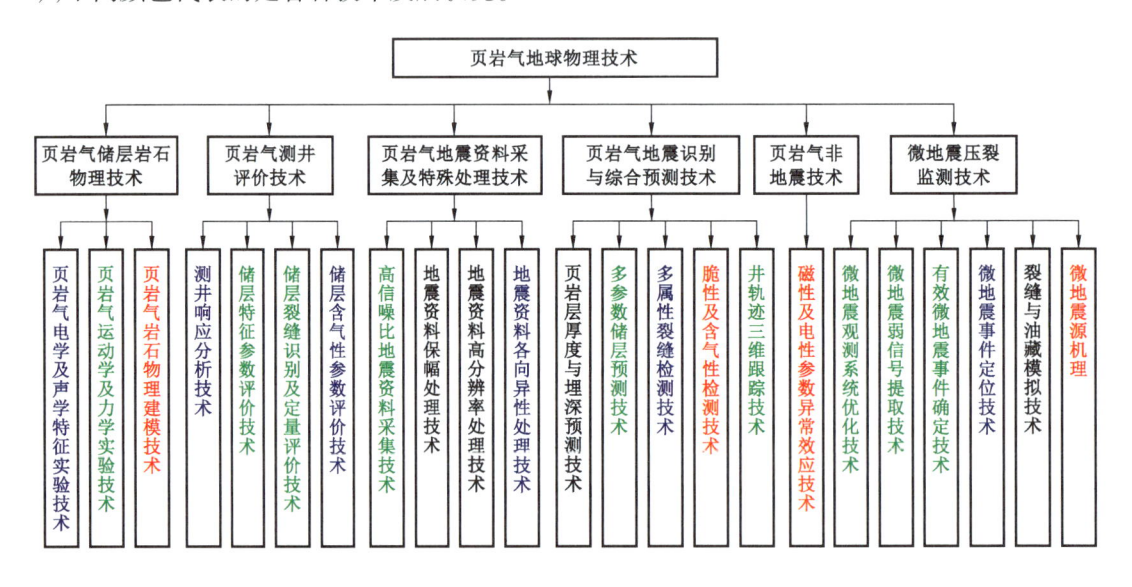

图7 页岩气地球物理技术涉及的内容和现今发展状况

黑色字体表示基本成熟技术,绿色字体表示需要攻关技术,蓝色字体表示储备技术,红色字体表示超前技术

就我国目前的情况,页岩气地球物理技术在未来5年间的发展应该从技术攻关、技术储备和超前技术研究三个层面上去考虑。其中:攻关技术指目前已经具备一定的技术基础,通过技术攻关可形成成熟的、具有工业化生产能力的技术;储备的技术指国外已开始研究、国内尚属空白,在3~5年内可以见到成效的技术;超前的技术指国内外尚未开展系统研究,但在理论上先进,并具有极大发展潜力的技术。为此,我国应全面、加速推进页岩气地球物理技术发展。

4.1 页岩气储层岩石物理技术

岩石物理技术是地球物理研究的基础。由于页岩易脆、性软,岩石物理测定有一定的困难,但测试技术和方法基本是成熟的。近两年要在页岩运动学和力学性质实验室测试技术方面进行攻关,形成配套技术;要储备页岩气储层电学及声学特征实验技术,完善页岩气储层的岩石物理实验手段,研究页岩气储层的地球物理响应特征;要超前研究页岩气储层地震各向异性岩石物理建模技术,从理论上求解页岩气储层的地震各向异性问题。另外,近年来发展的数字岩心技术可以相对连续地从微观和宏观角度研究岩石物理特性,有可能成为研究页岩岩石物理特性的重要手段。

4.2 页岩气测井评价技术

我国目前虽然没有形成成熟的页岩气测井评价技术和标准,但具备比较扎实的技术基础。其中有关储层的测井响应分析技术基本是成熟的,如今需要对页岩气储层参数评价技术,特别是裂缝识别及定量评价技术进行攻关,尽快形成成熟、配套页岩气储层物性参数测井处理和评价的工作流程,建立页岩气测井识别和评价标准,并在生产中推广应用;关于页岩气储层含气性参数评价技术,一方面要攻关研究,尽快形成生产力,另一方面还须针对页岩气储层含气的复杂性(既有游离气,又有吸附气),建立一些新的含气性识别和评价技术,以满足勘探开发的需要。此外,要超前研究井震综合预测评价技术。

4.3 页岩气地震资料采集及特殊处理技术

地震资料品质是地震储层预测和评价的基础。鉴于我国特殊的地震地质条件(特别是目前我国南方海相页岩气重点地区),决定了页岩气地震预测技术首先要解决地震资料的品质问题。未来几年仍然要攻克高信噪比地震资料采集技术,切实提高地震资料品质,为储层预测奠定坚实基础;地震资料的保幅处理和提高分辨率处理技术虽然已经比较成熟,但还需要储备针对页岩气的特色技术。各向异性是页岩气储层最重要的特征,现行页岩探区地震资料处理方法大多建立在地震各向同性的基础上,如何在地震资料处理和反演过程中考虑地震各向异性的影响是一个热点问题,也是进一步提高地震资料品质的关键。

4.4 页岩气储层地震识别与综合预测技术

页岩气储层地震识别与综合预测技术是地球物理技术在页岩气勘探开发中最重要、也是最有价值的体现。地球物理技术不仅用于勘探阶段的资源评价,而且在开发阶段可直接为开发工程提供储层物性、页岩层裂缝和应力场数据,以降低勘探风险,提高勘探成功率。

从技术的发展方向来看,作为资源评价基本手段的页岩层厚度与埋深预测技术已经成熟,仅需要进一步提高预测精度;要对页岩气储层的多参数预测技术(包括地震响应特征分析、地震识别敏感参数优选以及地震反演技术)进行深入攻关,研究有别于常规油气藏的页岩气地震响应并形成配套的、可用于工业化生产的识别和预测技术;多属性裂缝检测技术是页岩气储层地震预测中最核心的部分,需要持续研究,尤其是加强多分量地震的研究[15],利用纵横波联合反演页岩储层脆性特征。国外已经开始进行四维 VSP 的生产试验,研究储层各向异性特征的变化,不断提高裂缝检测的精度。对此,应当加强跟踪研究,同时要超前储备和研究页岩气储层地震资料各向异性处理、多波联合反演技术,开发页岩各向异性模拟技术,形成页岩气储层脆性和丰度地震响应特征分析技术,填补利用地震资料预测储层脆性和含气丰度这一项国际空白。因为储层脆性及含气丰度是影响储层改造的关键因素。

4.5 微地震压裂监测技术

微地震技术在国外发展很快,已形成了从数据采集到分析、解释以及油藏监测的配套技术系列。在数据采集方面,井下、地面和埋置阵列 3 种方式的技术原理和施工路线已经非常清晰,具备了工业化生产的能力;在数据分析和解释方面,不断有新的、更准确的微地震事件定位技术提出(如全波形弹性反演的微地震事件定位等),美国MSI公司甚至开展了对微地震源机理的研究。微地震监测中埋置阵列系统可以应用于二次采油、三次采油、储层沉陷以及油藏动态模拟等更广泛的油藏开发和监测中。

国内目前还没有一套完整的微地震压裂监测技术方案及采集设计、处理解释配套软件。因此必须加强对微地震压裂监测技术中的核心技术研究,如微地震观测系统优选技术、微地震弱信号提取技术、有效微地震事件确定技术、微地震事件定位技术等,并形成配套的软件系统,及时地转化为生产力,继续向页岩气开发延伸。

4.6 页岩气非地震技术

地球物理技术的发展趋势就是多学科综合研究,页岩气地球物理技术同样如此。作为超前技术,要研究除地震、测井之外其他的地球物理方法,如电法、磁法等非地震技术对页岩气的预测和评价技术,多学科综合研究必然会使预测结果更接近实际地质情况。

5 结束语

我国的页岩气勘探开发工作已经起步,技术创新是页岩气发展的关键。可通过页岩气开发先导试验区的建设,形成适合我国地质特点的页岩气勘探开发地球物理技术。

(1)开展页岩气储层岩石物理技术研究,完善页岩气储层的岩石物理实验手段,研究页岩气储层的地球物理响应特征,从理论上求解页岩气储层的地震各向异性问题;

(2)针对我国特殊的地震地质条件,开展页岩气区地震资料采集及特殊处理技术的研究,切实提高资料的信噪比,形成针对页岩气勘探的地震资料保幅处理和高分辨率处理特色技术;

(3)开展页岩气储层地震识别与综合预测技术的研究,对页岩气储层多参数预测技术进行攻关,研究页岩气储层地震资料各向异性处理和多波反演技术;

(4)加强微地震压裂监测技术研究,形成完整的微地震观测系统优化技术、微地震弱信号提取技术及处理解释配套软件,并服务于页岩气的开发工程。

国外页岩气地球物理技术已经发展了几十年,探索了一系列先进的理念和方法。我国这方面的工作虽然才起步,但有常规油气藏地球物理技术的基础和经验。通过加大与国外的技术交流与合作,可以尽快跟上技术发展的步伐,缩小与国外的差距。同时,要超前研究前缘技术和理论,加强原始创新,针对我国的地质特点和经济发展状况,建立合理的页岩气地球物理工作流程,在勘探开发生产中规模推广和应用,力求实现技术和效益双提高。

参 考 文 献

[1] Kuuskraa V A. Unconventional natural gas industry:Savior or bridge. EIA Energy Outlook and Modeling Conference,2006.
[2] U S Geological Survey. 1995 National Assessment of United States Oil and Gas Resources. U. S. Geological Survey,United States Government Printing Office,Washington D C,Circular 1118:20.
[3] Navigant Consulting Inc. North American natural gas supply assessment. Chicago,2008.
[4] 闫存章,黄玉珍,葛春梅,等.页岩气是潜力巨大的非常规天然气资源.天然气工业,2009,29(5):4-5.
[5] 蒋裕强,董大忠,漆麟,等.页岩气储层的基本特征及其评价.天然气工业,2010,30(10):7-12.

[6] 陈更生,董大忠,王世谦,等.页岩气藏形成机理与富集规律初探.天然气工业,2009,29(5):17-21.
[7] Matthews H L,Schein M,Maline M. Stimulation of gas shales:they're all the same – Right. Paper 106070 presented at the SPE Hydraulic Fracturing Tchnology Conference,New York,SPE,2007.
[8] Charles Boyer,et al. 页岩气藏的开采. 油田新技术. 斯伦贝谢公司(秋季刊),2006:18-31.
[9] 李志荣,邓小江,杨晓,等.四川盆地南部页岩气地震勘探新进展.天然气工业,2011,31(4):40-43.
[10] Sondergeld C H,Rai C S. Elastic anisotropy of shales. The Leading Edge,2011,30(3):324-331.
[11] Zheng zheng (Joe)Zhou,Mark Wallac. Unconventional role of 3D P-wave seismic data in shale Plays. SEG shale gas technology forum,Cheng Du,2011.
[12] Zvi Koren, Duane Dopkin. Paradigm Earth Study 360°——A breakthrough in full azimuth imaging & interpretation. Dew Journal,2009:39-40.
[13] Dong Qiao-liang. Unconventional Gas-Shale gas examples. CGGVeritas 中国用户会材料,2011.
[14] 王治中,邓金根,赵振峰,等.井下微地震裂缝监测设计及压裂效果评价.大庆石油地质与开发,2006,25(6):76-79.
[15] Li X Y,Zhang Y G. Seismic reservoir characterization:how can multicomponent data help. Journal of Geophysics and Engineering,2011,8(2):123-144.

中国石油开发地震技术应用现状和未来发展建议

刘振武　撒利明　张　昕　董世泰　甘利灯

摘要　开发地震技术是勘探地震技术向油田开发阶段的延伸。开发阶段的地震技术主要用于提高分辨率、提高储层描述和烃类检测精度、建立精细三维油气藏模型。其难点是目前的地震分辨率难以满足开发需要,利用常规地震资料进行流体预测的精度较低,基础研究有待加强,地球物理和油藏工程的一体化尚处于探索阶段。针对油田开发开展了高精度三维、高密度、储层精细描述等技术研究与应用,但应用效果与地质需求仍有差距,地震预测精度亟待提高。为此,对未来开发地震发展方向进行了探讨,并提出了建立相对稳定的研究团队,推动地震—油藏一体化平台建设以及人员和软件平台的整合;强调生产时效性和技术创新性并重,在着力推广成熟技术的同时,组织力量攻关瓶颈技术;以试验区项目运作带动技术系列、技术流程和技术规范的形成及推广,为开发阶段大面积应用地震技术奠定基础等发展建议。

1　引言

老油田寻找剩余油的关键是预测剩余油的相对富集区[1]。传统的油藏描述方法不能准确描述剩余油分布。而地震资料具有广泛空间采样的特性,地震技术是能够直接提供井间信息的唯一技术。因此要提高井间储层预测的精度,必须大力发展开发地震技术。

2　开发地震技术的特点与难点

开发地震技术是勘探地震技术向油气田开发阶段的延伸。它主要面向油气藏开发和开采,以地震技术为主导,充分利用地震资料空间密集采样的特性,并综合钻井、测井、地质、油藏工程等多学科信息,以实现油气藏特征的精细描述以及油气藏开发的动态监测。具体包括油气藏分布形态、断裂特征、储层厚度、岩性特征、各向异性特征、连通性、孔隙度、含油气范围、流体饱和度、渗透率、孔隙流体压力以及水驱、气驱、稠油热采、压裂、火烧等增产措施对油气藏产生的变化等,从而达到为油气藏开发及开发方案调整提供精细油气藏地质模型的目的。开发地震技术具备如下几个特点:其研究对象是密井网条件下的小尺度地质体,任务要求以储层解释而非构造解释为主;采用的手段包括旅行时、反演弹性参数在内的各种广义地震属性;最终目标是对各种油气藏参数进行预测,其技术核心在于油藏非均质性研究、剩余油分布预测以及动态油藏描述。

近年来,中国的地球物理技术发展很快,其应用已从勘探、评价阶段向油气田开发以及调

---

*　首次发表于《石油学报》,2009,30(5)。

整和提高采收率阶段延伸,其中开发地震不仅得到了油气田开发界的承认和重视,而且取得了一定的应用效果[2,4]。但是我国开发阶段的地震技术应用面临着严峻挑战,主要体现在以下4个方面:(1)对于陆相薄互层油气藏开发,其研究目标以薄储层、微幅构造、小断层等小尺度地质体为主,开发层系细分、薄油层识别、井间连通性分析都需要精细的三维油藏地质模型,因此对地震描述的精度要求很高,但目前的地震分辨率往往难以满足实际开发的需要。(2)开发阶段对流体判别提出了更高的要求,除了对剩余油的静态分布进行描述外,还要求对油气藏动态进行监测,而利用常规地震资料进行流体预测的精度较低。(3)油藏地震机理的基础性研究比较薄弱,高频岩石物理测试结果、中高频测井资料和低频地震资料的尺度匹配问题尚未得到解决。(4)地球物理和油藏工程的一体化尚处于探索阶段,不管是人员的一体化或者不同学科和研究平台的一体化都缺乏有效的融合机制和方法。

3 开发地震技术需求

高含水老油田的大量实际资料表明,当老油田含水在60%~80%时,中低渗透层中还存在着大片连续的剩余油;当含水进一步上升超过80%时,剩余油的分布呈现"整体高度分散,局部相对富集"的特点。针对地下剩余油分布格局的变化,需要通过重新建立地下认识体系,实现剩余油分布的准确量化,其关键在于准确预测井间信息[5]。由于我国以陆相沉积地层为主,储层非均质性强,尽管开发阶段井网密度很高,但是仅靠井资料对井间关系进行推断仍然非常不确定,而地震信息具备横向可追踪的特性,是目前唯一可对井间信息做出直接定量化描述的技术。

在油田开发阶段,不同油田由于地质条件、资料条件和开采状况等因素的不同,对地震技术的需求也不尽相同。东部老油区为陆相沉积地层,构造背景复杂,断裂发育,砂体类型多,沉积相横向变化剧烈,小断层对剩余油的分布影响很大。主要地质问题是薄储层预测和小断层与微幅构造识别,如松辽盆地单个小砂层平均厚度在3m左右,在现有常规地震剖面上的反射时间为1.5ms,小断层断距一般在20~40m。在这种情况下要求地震识别1m以上的储层、3m以上的小断层和5m左右的微幅构造。此外,要提高砂体横向边界识别精度,对废弃河道等岩性隔挡的准确位置及各种泥质夹层进行预测,并提高储层物性参数的预测精度,从而解决平面上高度分散、局部相对富集的剩余油分布问题。对于西部老油区的断裂遮挡型构造油气藏,其技术要求是提高断阶带的地震成像精度,准确解释复杂断裂;提高斜坡带的地震分辨率,精细描述油藏;精细刻画开发单元内的微构造和圈闭。对于中西部的低孔隙度、低渗透率气藏,主要地质问题是储层非均质性强,需要通过高精度三维地震提高储层的预测精度,进行不均匀加密井部署,从而提高Ⅰ类井(产量$10\times10^4m^3/d$以上)和Ⅱ类井(产量$1\times10^4\sim10\times10^4m^3/d$以上)的比例,达到气田高效开发的目的。在稠油油田开采中,普遍采用稠油热采,如辽河油田SAGD稠油热采中,需要利用时移地震资料对汽腔的形态变化进行准确描述,提高开发效率和防止开发事故。综上所述,开发阶段对地震技术的需求可以归结为六大类问题,即精细构造解释、纵横向分辨率、储层预测精度、流体识别能力、各向异性分析和地震—油藏融合问题。

4 开发地震技术应用现状

开发阶段的地球物理技术在很大程度上是勘探阶段地球物理技术的延伸,二者研究对象基本相同,但开发阶段对地质体纵向、横向分辨率以及流体的可预测性要求更高[6]。为满足这些要求,发展了系列采集、处理和解释特色技术(如高密度三维地震、井筒地震、多波地震等),精细油藏描述技术(包括高精度三维地震处理技术、井地联合处理技术、精细构造解释技术、叠前储层描述技术等)以及四维地震技术。

4.1 高精度三维地震技术

高精度三维地震技术通过较小面元(20m×20m)地震采集、高分辨率地震资料处理及精细地震资料解释,提供了高精度的三维地下复杂构造和储层属性资料,已经成为油气评价和开发阶段的成熟地球物理技术,在苏里格气田低丰度背景上寻找相对富集区中发挥了极其重要的作用。苏里格气田是迄今为止中国石油找到的面积和规模最大的低压、低渗透率、低丰度的砂岩岩性气藏,储层非均质性很强,以往均匀布井中Ⅰ类和Ⅱ类井的比例仅为62%。通过开展高精度三维地震工作,提高了储层预测和气藏描述的精度,进而采用不规则井网,有效提高了开发效益。截至2008年底,在苏5区块、桃7区块共完钻井345口,其中Ⅰ类和Ⅱ类井303口,成功率提高到88%,减少低产开发井或空井约143口,累计节约钻井成本约11亿元,平均单井天然气测试产量达$3.4 \times 10^4 m^3$。

4.2 高密度三维地震技术

高密度三维地震技术是提高分辨率的一个重要手段,国外的典型技术包括WesternGeco公司的Q-land、PGS公司的HD3D、CGGVeritas公司的Eye-D[7]等。该技术通过采用小面元提高空间采样率,通过增加单位面积内的检波点数和炮点密度,使记录的波场连续、不失真,具有提高信噪比、拓宽频带、提高纵向、横向分辨率以及空间采样均匀等优势。国内开发地震实施高密度地震采集区往往集中在城区和老油区,这些地区人口稠密、油田生产设施众多、地面施工条件复杂,是国内开展开发地震面临的特殊问题。经过技术攻关,现已形成了城区和老油区高精度采集技术,包括特观设计、激发能量均衡、表层结构精细调查等,有效提高了原始资料的信噪比和分辨率。目前冀东、大庆、苏里格、准噶尔等多个油田都开展了高密度三维地震技术的应用,对地震资料分辨率和信噪比的改善起到了很大作用。此外,多个地区开展了数字检波器的应用,其单炮记录频带宽,高频信号保持好,大偏移距振幅畸变小。

准噶尔盆地西北缘的克拉玛依油田是中国石油高密度地震重点科技攻关项目的试验区,该区虽已进入中高含水开发阶段,但仍有较大开发潜力,为此整体部署了二次开发三维高密度地震$1130 km^2$(图1)。这是国内一次性部署面积最大的开发地震三维采集,也是国内第一次道密度最高(80万~100万道/km^2)的高密度三维地震。该技术在成像和提高分辨率两个方面都取得了明显效果:地震信噪比改善明显,逆掩区成像好,地震资料频带宽,纵横向分辨率均有所提高,初步分析地震剖面上可识别10m左右的储层,为小层对比、储层描述、油田扩边等工作奠定了基础。

4.3 井控保幅处理技术

在地震资料处理方面,形成了井控保幅处理技术,包括特殊噪声压制技术、波形一致性处理技术、高精度静校正技术等。大庆油田和东方地球物理公司开展了大级数全方位井地联合地震处理,利用零井源距VSP获得大地吸收衰减补偿参数、反褶积参数以及精确的垂直入射

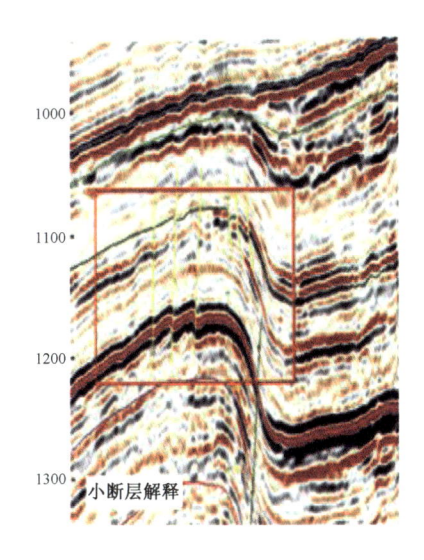

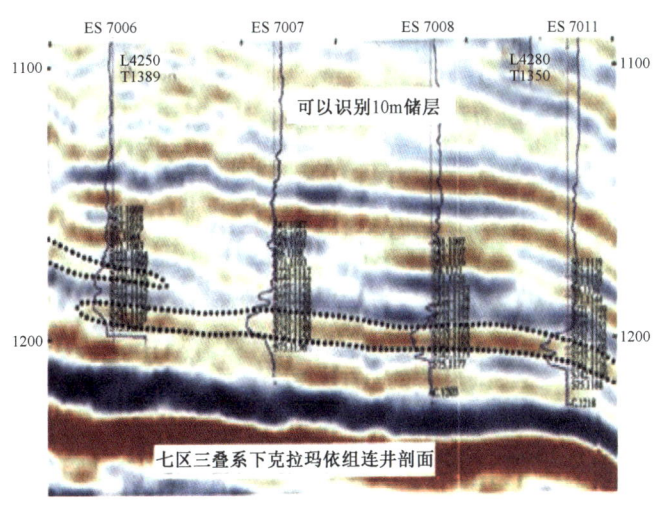

图 1 准噶尔盆地克拉玛依高密度三维地震解释结果

平均速度和层速度,利用变井源距 VSP 和三维 VSP 求取 VTI 和 HTI 介质参数,从而实现了 VSP 驱动的地面地震高分辨率处理和各向异性地震成像处理,提高了岩性储层和裂缝型储层的地震探测能力。如图 2 所示,在萨北试验区利用保幅处理和地震属性分析技术,发现了边界清晰的厚砂体(图 2a),反映了 S_a 小层(图 2b)和 S_b 小层(图 2c)沉积相图的特征。通过钻井验证,1 井至 8 井砂体相对发育,其余 4 口井砂体不发育,与地震预测结果吻合。

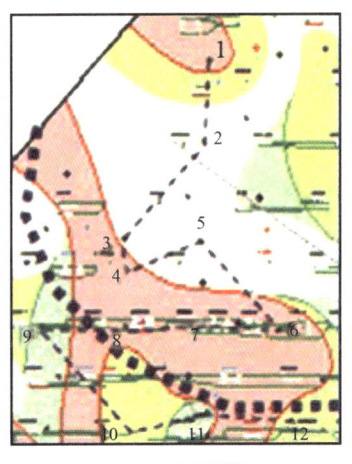

a. S 层地震振幅切片　　b. S_a 小层沉积相　　c. S_b 小层沉积相

图 2 萨北试验区井震联合预测砂体边界

4.4 提高分辨率处理技术

高分辨率拓频处理技术是根据地质目标的大小在道集或叠后数据上有选择性地调整高频信号的响应能量,在相对保幅的前提下增强薄层地震响应,提高高频有效信号的信噪比,使高频段有效信息相对增强。在此基础上,开展高精度层序地层学解释和分频解释、地震岩性参数反演,提取薄储层岩石物性。

在吉林油田红岗东—大安北地区应用中,目标是分辨3～5m的扶余单层,该目的层与泥岩的阻抗差异较小,地震响应较弱,且位于T_2强反射层之下,屏蔽作用严重。通过高分辨率拓频处理,T_2之下薄储层的弱反射得到提高,薄层响应能量得到增强。根据预测结果,部署、调整红75井区开发井6口,钻遇厚度在4m以上薄砂层的吻合率达80%以上。

4.5 储层精细描述技术

随着高分辨率开发地震技术的出现,精细构造解释和储层描述技术也得到进一步发展。精细井震标定、变速成图、趋势面分析等井控地震资料解释技术的应用,突出了微幅构造特征,大幅提高了微构造解释精度。小断层识别技术日益成熟,生产中广泛应用相干体断层检测、倾角检测、蚂蚁追踪、边界检测等断层解释技术,使目前的断层识别能力达到3～5m。基于模型的叠后地震反演将地震与测井有机地结合,以地质小层约束建立高精度初始模型,突破了传统意义上的地震分辨率限制,是油田开发阶段成熟的精细描述关键技术,在渤海湾盆地、松辽盆地薄互储层预测中取得了较好的地质效果。图3对比了太北试验区测井沉积相井震联合反演的沉积相。井震联合反演结合了地震横向识别能力和测井纵向分辨能力,大大提高了井间的砂体预测精度。地质统计学反演针对开发阶段密井网的特点,可明显提高储层的可辨识性,但尚未得到普遍应用。叠前反演利用了振幅随炮检距变化的信息,不但可以提供阻抗信息,还可以反演纵横波速度和密度,并由此得到各种弹性参数组合,大大提高了地震描述储层及流体的能力。该技术涉及的一套完整技术系列包括叠前地震保幅处理、储层及流体敏感因子分析、岩石物理建模、叠前反演及叠前地震属性融合等。在渤海湾盆地冀东南堡油田碎屑岩、长庆油田苏里格气田和四川盆地广安气田低渗透砂岩气藏、大庆油田深层火山岩勘探开发中见到明显成效,指导了油气开发。该技术现已基本成熟,可以在复杂储层预测、油气检测等方面进一步开展工业应用。

a. 太北试验区测井沉积相　　　　　　　b. 井震联合绘制沉积相

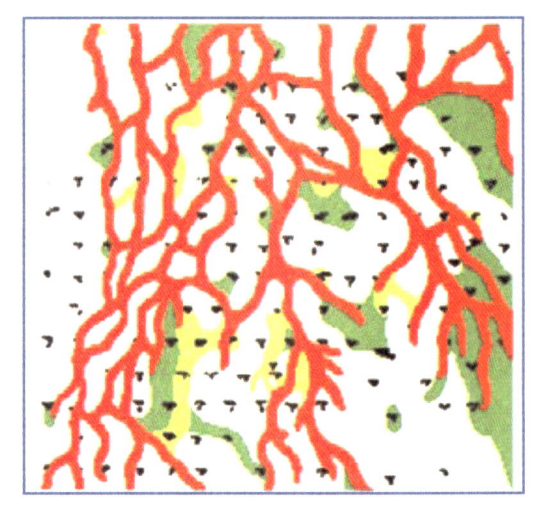

图3　太北试验区测井沉积相图和井震联合绘制沉积相图对比

4.6 烃类检测技术

烃类检测技术主要利用弹性阻抗反演得到的多角度弹性阻抗参数或储层弹性参数,并从叠前道集提取的 AVO 梯度、截距属性,在岩石物理分析及地质综合分析的基础上,结合研究区的地质特点,优选出与储层或流体相关性较高的特征参数,据此实现储层预测与烃类检测。在松辽盆地徐东地区针对火山岩气藏,通过系统开展火山岩叠前反演技术攻关研究,重点在复杂构造高精度成像、火山岩岩样测试分析、敏感性分析、模版分析、正演研究等几个方面开展攻关研究,提高了火山岩储层预测的精度。

通过攻关区内反演结果和已知井的 40 口井钻探结果分析,除徐深 302 井和徐深 141 井与预测结果不符合外,其余井均与预测结果符合,预测符合率达 95%。工业气流井均分布在叠前反演预测的有利区域内,而低产和干井均分布在预测的有利区外或边缘。除了对横向上井的符合率进行了统计之外,还对纵向上的符合情况进行了统计,共统计了 42 个层段,其中有 31 个符合,符合率达 73.8%。其中徐深 3 井经过压裂后,分别在 3786~3806m 和 3935~3944m 处获得产量为 68051m^3/d 和 42993m^3/d 的天然气,其岩性分别为流纹岩、流纹质晶屑凝灰岩。从反演结果中可以对上部的气层进行有效识别。

4.7 井筒地震技术

井筒地震技术包括各种 VSP 技术、井间地震技术[8,9]等,其优势在于记录的波场信息丰富,且受地面干扰和近地表低降速带的影响小,能得到高信噪比和分辨率的地震数据,从而精细刻画井间油气藏的细微特征,因此受到开发界的普遍认可。目前国内 VSP 技术已在井区速度研究、层位标定、井地联合提高分辨率处理等方面取得了显著效果。在辽河、长庆、新疆、大庆、吉林、塔里木、四川等油田开展了多块二维、三维 VSP 地震资料采集,并成功地用于开发领域。大庆油田通过三维 VSP 试验,获得了高分辨率地震资料,刻画了井周边断层和地层的分布,为油气藏滚动开发奠定了基础。大级数全方位井地联合地震勘探技术利用 VSP 资料的纵向信息,开展地面地震提高分辨率处理、三维速度场建立、地质成图与标定等研究,利用 VSP 的横向信息开展各向异性地震成像处理,提高了岩性储层和裂缝储层的地震描述能力。在大庆油田对火山岩进行研究,划分了多个火山岩期次,利用构造和 AVO 属性综合解释提出了有利目标区和井位建议。我国从 1992 年开始,在胜利、辽河、克拉玛依、吉林、大庆等油田相继开展井间地震的研究工作,利用纵波、横波速度剖面以及纵波、横波剖面确定储层空间分布,研究岩石裂缝密度与走向以及孔隙度与流体饱和度,监测蒸汽扩展方向和流体流动方向,估计剩余油位置与数量,为开发井部署以及开发方案优化提供依据。图 4 是吉林大安油田的井间地震解释剖面,与地面地震相比,井间地震的分辨率提高了 2~4 倍。地面地震仅能识别 10m 以上的砂层组,而井间地震基本可分辨 3m 左右的单砂层。目前井间地震的采集技术和处理技术已基本成熟,井间地震解释技术和井地联合解释技术也有了一定的进步,通过广泛使用井间地震技术来进行物性参数分析和井旁地质建模,可进一步提高井间储层预测的精度。

4.8 多波地震技术

多波地震技术综合利用了纵波、横波、转换波等多种地震波信息,在气云带成像、非均质性储层预测、各向异性检测等领域具有独特的优势和巨大的应用潜力,是地球物理技术发展的一

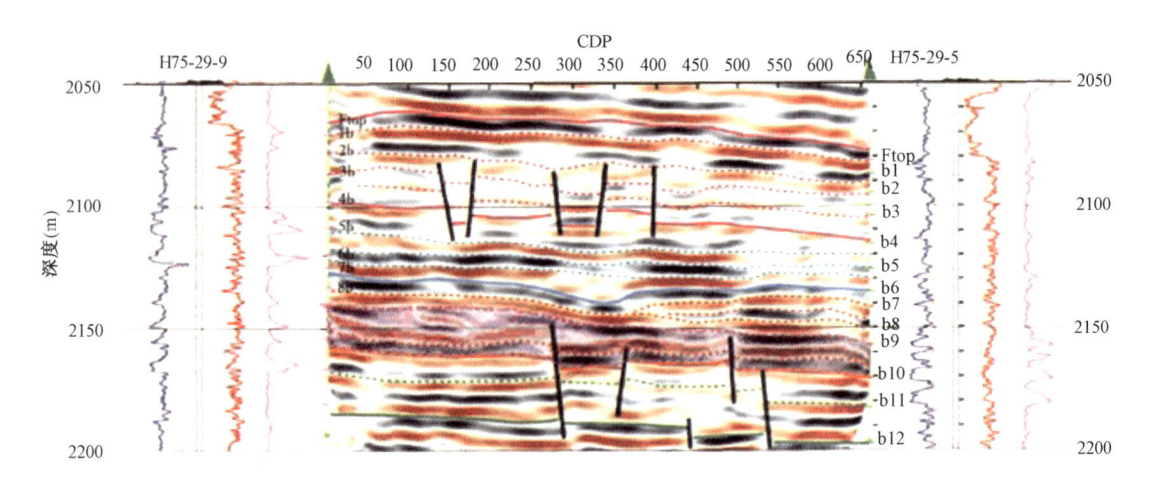

图4 吉林大安油田井间地震解释剖面

个重要方向。国外利用多波地震技术,已经在检测裂隙、改善气层下成像、岩性识别、气藏预测等方面取得明显效果[10]。国内目前通过转换波采集可以得到较好的目的层转换波资料,为转换波资料处理与解释奠定了基础,并初步形成了多波多分量地震资料处理和解释技术系列[11]。近几年随着多分量数字检波器的应用,多波地震技术研究力度有所加大。2002年以来,中国石油在鄂尔多斯盆地苏里格气田、四川盆地广安气田、松辽盆地大庆油田、柴达木盆地三湖地区开展了二维三分量或三维三分量的工业化试生产,采集资料品质和转换波处理效果大幅提高,向转换波流体检测迈进了一大步。

4.9 四维地震技术

四维地震试验始于20世纪70年代,它利用不同时间观测的地震波场的差异,反推油气藏开采过程中油、气、水分布的变化规律,是真正完全用于开发阶段的地震技术。四维地震技术在国外已经成为一种提高采收率的重要手段。水驱四维地震成功的实例有尼日利亚的Meren油田[12]、北海地区的Gullfaks油田[13]等。四维地震技术受到油公司的普遍重视,从1997年至今投入的经费迅速增长。国内四维地震研究起步较晚,但已逐渐得到地球物理学界和开发界的重视。目前国内已成功地运用四维地震技术,开展了油田注水开发过程中的水驱前沿监测、剩余油气分布范围预测、热采等人工措施的作用范围监测、热蒸汽推进监测等方面的研究。前期在冀东油田高29断块、高104-5等油藏中进行了应用,对水驱前沿和剩余油分布进行了预测,与实际钻井及油藏生产动态符合较好。目前在辽河油田曙光油田开展的SAGD稠油热采四维地震试验,旨在描述"直平"组合SAGD方式下的汽腔形态,寻找剩余油分布,现已完成第一期采集,地震资料品质比老资料有大幅提高,地震现场处理剖面上能看到汽腔的几何形态,展现了四维地震技术广阔的应用前景。

5 发展方向及建议

为了更好地发展油藏地球物理技术,在研究思路上强调生产时效性与技术创新性并重,以见到地质效果为目标,主要发展方向及研究内容如下:(1)在岩石物理方面,开展面向储层预测的测井资料处理技术研究和动态地震岩石物理技术研究;(2)在地震采集方面,开展开发后期高精度地震采集技术研究;(3)在处理方面,开展井地联合高分辨率资料处理技术研究和面向储层预测方法的多目标地震资料处理技术研究;(4)在地震解释方面,开展小尺度构造解释技术研究、薄储层地震反演方法研究及叠前多分量精细油藏描述技术研究;(5)在面向开发的软件平台建设方面,开展地震属性约束地质建模技术研究、地震油藏融合技术研究及一体化软件开发。

为加强和推进地震技术在开发工作中的应用,有以下几点建议:

(1)建立相对稳定的研究团队,推动地震—油藏一体化平台建设以及人员和软件平台的整合。

(2)在研究思路上强调生产时效性和技术创新性并重,在着力推广成熟技术的同时,组织力量攻关瓶颈技术。加强开发地震项目的前期可行性研究,明确各项目的地质目标和油藏工程目标,以工区的地质问题和油藏工程目标为导向,突出各项目有针对性的技术特色,以先导试验区方式带动大面积推广;加强多学科合作及多类型资料的结合,使地震、地质、测井和油藏工程之间达到高度一体化,探索油藏地球物理与油藏管理的对话机制和结合方法,为油气藏的滚动勘探和开发提供迭代的油气藏描述成果,并在不断迭代中提高地震描述和预测的精度;针对中国陆上油气藏条件,开展包括高密度三维地震、多波多分量、四维地震、井地联合地震等在内的高端技术研发和现场试验。在考虑技术先进性和有效性的同时,还应考虑成本控制和效益的问题。

(3)以试验区项目运作带动技术系列、技术流程和技术规范的形成及推广,为开发阶段大面积应用地震技术奠定基础。借助开发项目运作,逐步建立开发地震工作流程和工作方法,规范开发阶段的工业图件,形成地震和油藏工程的有效衔接;从基础研究、软件研发到应用研究,兼顾地震和油藏融合的技术增长点,建立分层次的研究体系,逐步探索和建立适合于开发地震的组织方式。

6 结束语

地球物理勘探技术发展非常快,地球物理勘探与开发界和油藏工程师的联系日益紧密,具备了地球物理勘探向开发延伸的技术基础和工作条件,近几年中国石油大规模安排的二次开发地震,对开发地震技术的推进力度是前所未有的,树立了开发地震技术发展的信心,为加快推进开发地球物理工作创造了条件。通过高密度、叠前反演、烃类检测、多波、四维、井地联合等高端技术攻关,物探进入开发实现贯穿油田勘探开发整个生命周期目标是可能的,通过物探、地质、测井、钻井、采油等紧密结合,实现"315"目标(识别3m断层、1m储层、使采收率提高5%)是有希望的。

参 考 文 献

[1] 胡文瑞.论老油田实施二次开发工程的必要性与可行性.石油勘探与开发,2008,35(1):1-5.
[2] 刘振武,撒利明,董世泰,等.中国石油高密度地震技术的实践与未来.石油勘探与开发,2009,36(2):129-135.
[3] 刘振武,撒利明,张明,等.多波地震技术在中国部分气田的应用和进展.石油地球物理勘探,2008,43(6):

668－672.
[4] 刘振武,撒利明,张研,等.中国天然气勘探开发现状及物探技术需求.天然气工业,2009,29(1):1－7.
[5] 韩大匡.准确预测剩余油相对富集区提高油田注水采收率研究.石油学报,2007,28(2):73－78.
[6] Wood P, Pettersson S, Gibson D, et al. Seria high resolution 3D survey revives the fortunes of a mature oil field. SEG Expanded Abstracts, US:SEG,1999:1418－1421.
[7] Boelle J L, Hugonnet P, Navion S, et al. Wide－azimuth techniques for processing high density 3D OBC data. SEG Expanded Abstracts, US:SEG,2008:973－977.
[8] Harris B, Urosevie M, Kepic A. 3D seismic reflection and VSP for hydrogeology. SEG Expanded Abstracts, US: SEG,2008:3619－3620.
[9] Manukyan E, Maurer H, Marelli S, et al. Non－intrusive monitoring using seismic tomography at the Mont Terri rock laboratory. SEG Expanded Abstracts, US:SEG,2008:1268－1272.
[10] Ritzwoller M H, Levshin A L. Estimating shallow shear velocities with marine multicomponent seismic data. Geophysics,2002,67(6):1991－2004.
[11] Zou Xuefeng, Zhan Shifan, Deng Zhiwen, et al. 3C/3D seismic exploration technology and application results. SEG Expanded Abstracts, US:SEG, 2007:1059－1063.
[12] Lumley D E, Nunns A G, Delorme G, et al. Meren Field, Nigeria: A 4D seismic case study. SEG Expanded Abstracts, US,SEG,1999:1628－1631.
[13] El Ouair Y, Stranen L K. Value creation from 4D seismic at the Gullfaks Field:Achievements and new challenges. SEG Expanded Abstracts, US: SEG, 2006:3250－3254.

中国石油非常规油气微地震监测技术现状及发展方向

刘振武　撒利明　巫芙蓉　董世泰　李彦鹏

摘要　水力压裂、酸化压裂是致密储层改造的重要手段,在致密砂岩、碳酸盐岩、火山岩、页岩、煤层等储层连通性改造中广泛使用。对压裂效果的评估以及对裂隙的空间描述,是编制开发方案、提高产能的关键环节。微地震监测技术是目前比较有效、可靠性高的一种压裂裂缝监测及储集体空间描述技术,能够实时监测压裂裂缝的空间展布,被国内外广泛应用于压裂裂缝监测和油藏动态监测。本文分析了非常规油气微地震监测技术的需求、国内外(包括中国石油)微地震监测技术现状及微地震监测技术面临的挑战,指出了中国石油非常规领域微地震监测技术的发展方向。

1　引言

非常规油气藏勘探开发是全球油气资源领域的新热点,水平井、分支井、多段大型多级压裂等工程技术、微地震监测技术等新技术的发展和应用,加快了美国及世界其他地区致密气、页岩气、煤层气等非常规油气资源的勘探开发,非常规气成为美国主要的清洁能源。美国天然气探明储量从2002年的$4.96\times10^{12}\mathrm{m}^3$增加到2008年的$6.86\times10^{12}\mathrm{m}^3$,增幅超过38%[1]。

中国非常规油气资源十分丰富。据不完全统计,中国非常规气资源量约为$190\times10^{12}\mathrm{m}^3$,但中国非常规油气勘探开发还处于初级阶段,所涉及的新技术发展和应用也处在起步阶段,特别是对监测压裂效果的微地震技术的需求更加迫切[1]。

2　非常规油气勘探开发对微地震监测技术的需求

非常规油气指成藏机理、赋存状态、分布规律及勘探开发方式等不同于现今的常规油气藏的烃类资源。全球非常规油气资源十分丰富、种类也非常多,其中非常规石油资源主要包括致密油、页岩油、稠油、油砂、油页岩等,非常规天然气主要包括页岩气、煤层气、致密气、天然气水合物等[2]。其中资源潜力最大、分布最广,且在现有技术经济条件下最具有开发价值的是页岩气和致密油气等。中国已经在致密油气、页岩气等非常规资源勘探开发中见到良好效果,致密油气已成为中国石油增储上产的新亮点[3,4]。

中国致密油气层系多,涵盖古生界、中生界、新生界沉积岩;致密油气藏类型多,包括砂岩、碳酸盐岩、火山岩;致密油气分布区域十分广阔,东部有松辽、渤海湾、二连、海拉尔等盆地的致密砂岩油气藏,以及松辽盆地、渤海湾盆地的致密火山岩油气藏;中部有鄂尔多斯盆地、四川盆地的砂岩油气藏;西部有准噶尔盆地、柴达木盆地、塔里木盆地的致密油气藏等。上述致密油气储层具有低孔、低渗特点,极难形成自然产能。

---

* 首次发表于《石油地球物理勘探》,2013,48(5)。

中国页岩分布广泛,主要分布于南方、东部、西部以及华北地区,其地质成藏规律与美国页岩气的成藏特点有许多相似之处,勘探前景良好。据不完全统计,中国页岩气资源量约为 $134\times10^{12}\mathrm{m}^3$ [1]。但中国页岩气勘探刚刚起步,对页岩层的渗流机理尚不完全清楚。

要实现致密油气以及页岩气的规模勘探和开发,必须借鉴国外经验,实施水平井压裂、多级压裂改造,有效扩大渗流通道,并通过微地震监测技术求取裂缝的空间展布特征、提取岩石力学参数,为进一步储层改造及开发井位部署提供技术支撑。

3 微地震监测技术现状

无论是页岩气还是致密油气的压裂改造效果,以及压裂裂缝的空间展布,均需用有效的方法来评估和确定。

早期一般采用示踪剂压裂评估、温度测井、大地电位、测斜仪等方法进行压裂评估,由于监测距离有限、精度较低等原因,较少用来进行压裂监测。示踪剂压裂评估方法只能对井筒附近压裂情况进行观测,不能对压裂效果进行充分评估;温度测井压裂评估方法只能对压裂裂缝的高度进行估算,而且由于不同岩层的热传导性质不同,所以其监测精度不高;大地电位可以对裂缝方位、裂缝长度的趋势进行识别,但对压裂改造体积、裂缝高度计算束手无策。

微地震监测技术能够对压裂裂缝方位、倾角、长度、高度、宽度、储层改造体积进行定量计算[5],近年被大规模应用于非常规油气储层改造压裂监测。主要有以下作用:(1)与压裂作业同步,快速监测压裂裂缝的产生,方便现场应用;(2)实时确定微地震事件发生的位置;(3)确定裂缝的高度、长度、倾角及方位;(4)直接鉴别超出储层、产层的裂缝过度扩展造成的裂缝网络;(5)监测压裂裂缝网络的覆盖范围;(6)实时动态显示裂缝的三维空间展布;(7)计算储层改造体积;(8)评价压裂作业效果;(9)优化压裂方案。

3.1 微地震监测技术概念

微地震监测技术是通过观测、分析由压裂、注水等石油工程作业时导致岩石破裂或错断所产生的微地震信号,监测地下岩石破裂、裂缝空间展布的地球物理技术。微地震监测技术能够实时监测压裂裂缝的长度、高度、宽度、方位、倾角、储层改造体积等,是目前比较有效、可靠性最高的一种压裂裂缝监测技术[6,7]。

根据微地震监测仪的布设方式,微地震监测方法可以分为井中监测和地面监测两类(图1)。

微地震井中监测指监测仪器布设在井中,对微地震事件进行监测。依据监测井的特点,微地震井中监测又可以分为邻井监测和同井监测。邻井监测指监测仪器放置在与压裂井邻近的井中进行监测。邻井监测又包括深井监测和浅井监测。深井监测指观测井中的监测仪器距离压裂层段相近深度的监测。浅井监测指放置在观测井中的监测仪器距离压裂井压裂层段的垂向距离超过1km以上的监测。同井监测指监测仪器放置在同一口压裂井中的监测。

微地震地面监测指监测仪器布设在地面,对微地震事件进行监测。依据监测仪器的布设方式,地面监测又可以分为地面排列观测和地面埋置观测。

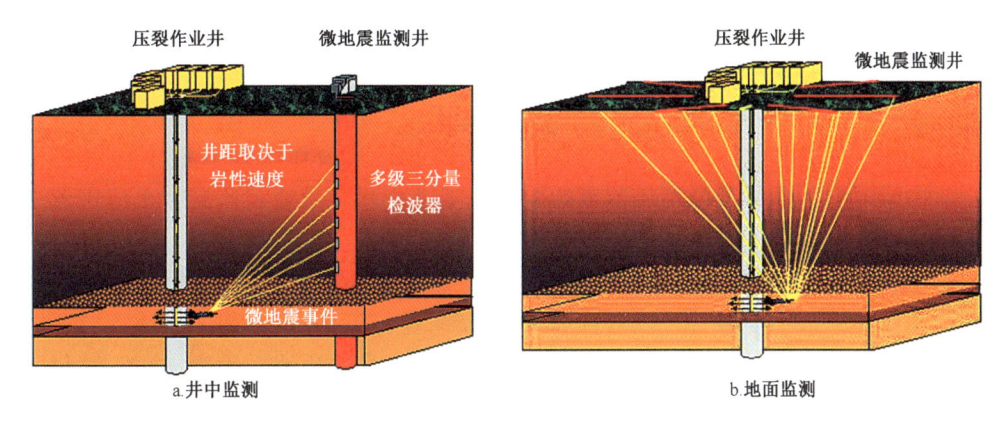

图1 微地震监测布设方式

3.2 国外微地震监测技术发展现状

1962年,微地震监测技术的概念被提出[8]。1973年,微地震监测技术开始应用于地热开发行业。之后,微地震地面和井中监测开始试验研究。美国橡树岭国家实验室和桑地亚国家实验室分别在1976年和1978年尝试用地面地震观测方式记录水力压裂诱发微震[9],由于信噪比、处理方法的限制,微地震地面监测试验失败。与此同时,美国洛斯阿拉莫斯国家实验室开始了井下微震观测研究的现场工作,在Fenten山热干岩中进行了3年现场试验,获得大量资料[7]。1978年,Hardy等[9]成功运用声发射技术进行了地下水压裂裂缝的定位。1997年,在CottonValley进行了一次大规模综合微地震监测试验,本次试验对将微地震监测引入商业化轨道起了重要作用。2000年,微地震监测开始商业化,在美国得克萨斯州Fort Worth市的Barnett油田进行了一次成功的水力压裂微地震监测,并对Barnett页岩层内裂缝进行了成像。2003年,微地震监测技术全面进入商业化运作阶段,直接推动了美国等国家的页岩气、致密气的勘探开发进程。

通过几十年的发展,国外微地震压裂监测服务公司发展迅速,已经具备了专有技术、软件、设备等一体化的服务能力,并在全球范围进行服务,垄断了高端微地震监测技术服务市场。目前国外微地震监测服务公司主要有:(1)法国Magnitude公司,现属于VSFusion公司(BAKER与CGV联合控股),在全球范围内提供综合微地震监测,监测服务包括测网设计、短时施工和永久性管理,开发的SmartMonitoring软件包具有远程处理和网络报告的功能;(2)美国Pinnacle公司,现属于哈利伯顿公司,能提供现场实时的裂缝和储层、裂缝检测和油藏监测服务;(3)加拿大ESG公司,主要为石油、矿产和工程地质行业的客户提供无源微地震监测服务;(4)美国威德福(Weatherford)公司,主要提供微地震监测永久性井下设备制造、安装和数据采集、实时监测等服务;(5)斯伦贝谢公司,能够从事井中微地震监测采集、实时监测服务;(6)美国ApexHipiont公司,能够从事浅井和井中微地震监测服务;(7)美国MicroSeismic公司,主要从事地面微地震监测服务。

3.3 中国石油的微地震监测技术现状

以往中国石油的微地震监测技术服务主要依赖与国外公司合作,开展试验性微地震监测项目。直到2002年,刘建中等[10]在华北油田京11断块用地面台站布设方式进行了微地震注水监测试验。之后,又相继在朝阳沟油田、牙哈气田、鄯善油田、哈得油田、高尚堡油田进行了微地震地面监测试验。2004年10月初,与国外公司合作在长庆油田庄19井区首次实施了3口井的微地震压裂井中监测。随后,相继在长庆油田西峰油田、姬塬油田、苏里格气田,大庆油田西斜坡致密油藏,吉林油田致密油藏,沁水煤层气藏等地区合作实施了超过50口井的井下微地震监测技术服务,积累了微地震监测的采集施工经验和对微地震监测技术应用效果的感性认识。

2010年,中国石油加大微地震监测技术的研究力度,针对微地震信号能量弱、微震破裂机制类型多样、微地震波型复杂、微地震震源高精度实时定位等挑战,开展了微地震监测采集处理解释技术攻关[11],形成了6项微地震监测关键技术,提升了微地震采集、处理、解释一体化技术服务能力。

3.3.1 中国石油微地震监测关键技术

(1)微地震监测采集技术。

微地震波场特征、资料品质、定位精度与合理的微地震观测系统密切相关。微地震观测系统优化涉及震源产生机理、信号接收方式、压裂施工环境等多种因素。为此,研制了微地震监测可探测距离分析技术、微地震井中监测正演技术、微地震监测地面正演技术、微地震监测观测系统设计技术。通过应用上述技术,可以根据地质特征、物性参数、压裂参数、检波器灵敏度等数据,设计合理的微地震监测方式、采集参数、监测距离、观测系统等,从而保障微地震监测记录的品质。

微地震监测可探测距离分析技术通过分析震级与监测距离的变化关系、分析不同探测距离能够监测到的震级大小(图2)。

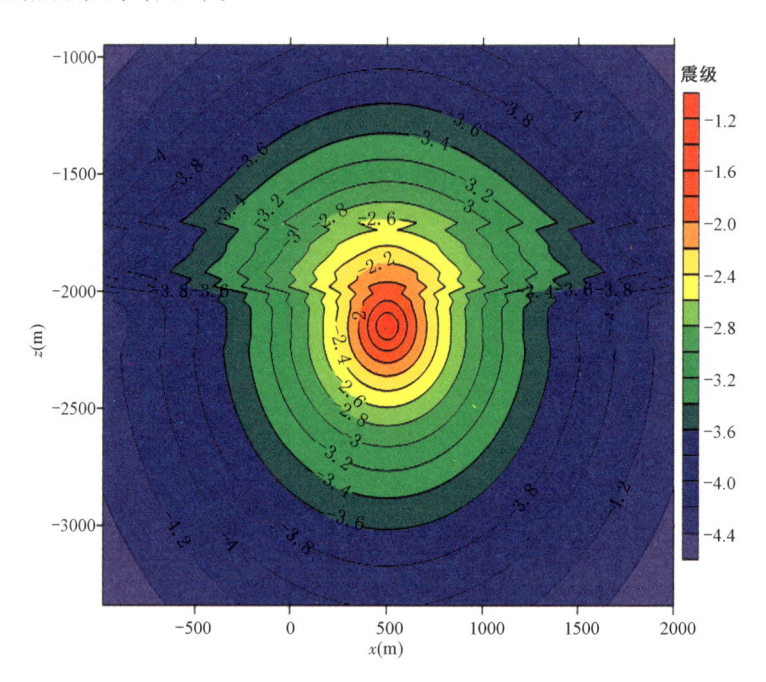

图2 可探测震级与距离的关系

微地震井中监测正演技术通过建立井中监测观测系统模拟井中三分量检波器接收的微地震记录,分析微地震井中监测观测系统的合理性(图3)。

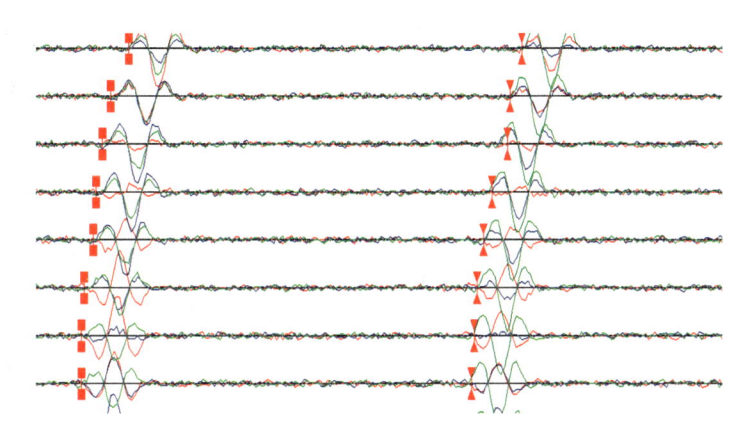

图3 微地震井中监测三分量正演记录

微地震地面监测正演技术通过建立地面监测观测系统(图4)模拟地面检波接收的微地震记录,分析微地震地面监测观测系统的合理性。

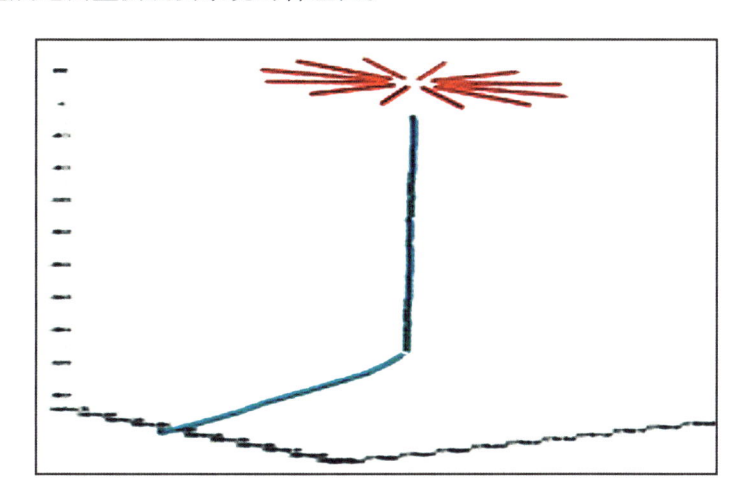

图4 微地震地面监测观测系统

(2)微地震资料去噪技术。

微地震事件能量弱震级一般小于0级,易于被噪声掩盖,因而去噪技术尤为重要。根据微地震信号与噪声单道与多道特征(如振幅、统计特征、速度特征、相关性等)的差异,研发的微地震资料去噪技术能够实现增强微地震信号能量的目的(图5)。

(3)微地震事件识别技术。

面对压裂监测需要较长时间(大于24h)不间断监测,有效微地震件又需要快速识别和拾取等问题,笔者结合微地震直达波与其他噪声在能量、偏振特性、走时等存在区别的特点,研发的多窗能量比法、基于AIC(赤池信息准则)理论的初至自动拾取方法,能够快速对微地震事件进行有效识别(图6)。

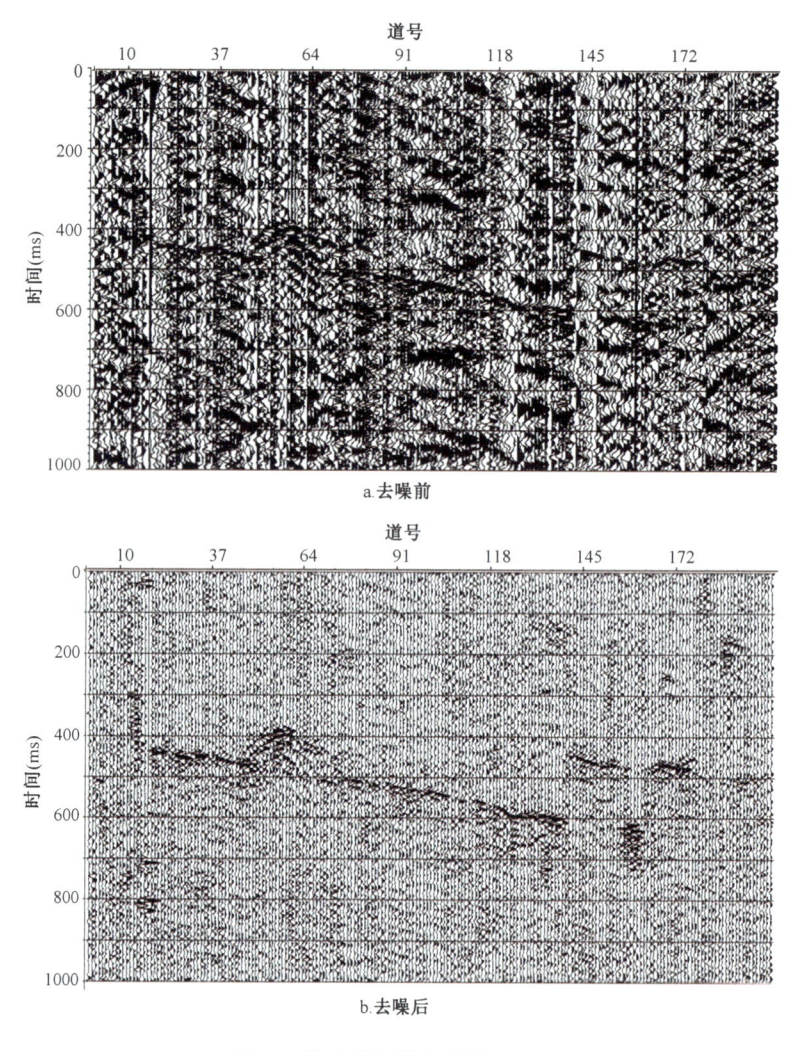

图 5 微地震资料去噪前后对比

（4）微地震震源定位技术。

现已研制成功纵横波时差法、震源速度联合反演法、四维聚焦定位方法等 4 种。通过模型正演和射孔定位的验证，上述方法定位的精度一般小于 10m（图 7）。

（5）微地震监测裂缝解释技术。

计算压裂裂缝长度、高度、宽度、方位、倾角以及 SRV（增产处理储集体）等参数，评估压裂效果，为压裂方案设计提供参考。

（6）基于微震信息的井旁裂缝模型建立技术。

依据微地震监测结果提供的井中裂缝分布等信息，建立井旁裂缝模型（图 8），并融入油藏模型，为油藏数值模拟提供更为合理的三维油藏模型。

3.3.2 中国石油微地震监测软件系统功能

软件性能是衡量微地震监测能力和水平的标尺。中国石油于 2012 年成功推出了基于 GeoEast 平台和基于 GeoMountain 平台、具有自主知识产权、具备工业化生产能力的微地震实

a. 常规方法

b. AIC自动拾取方法

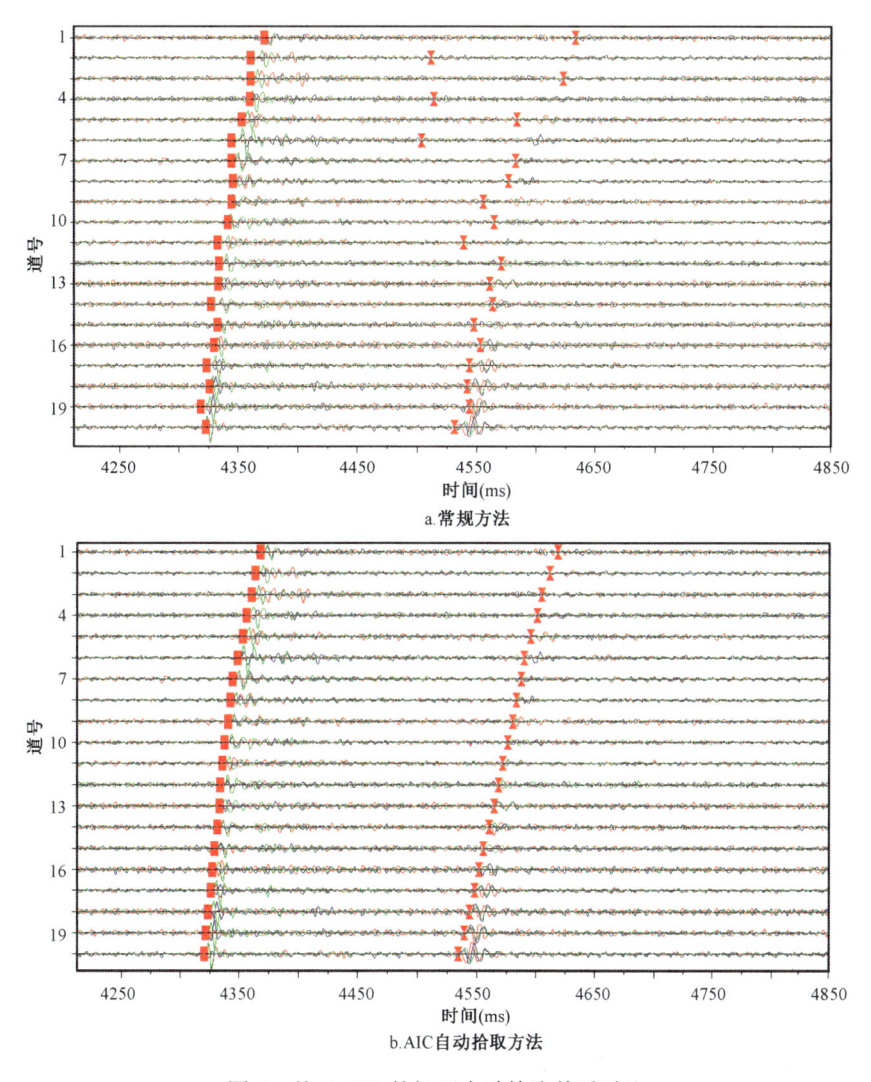

图 6　基于 AIC 的初至自动拾取前后对比

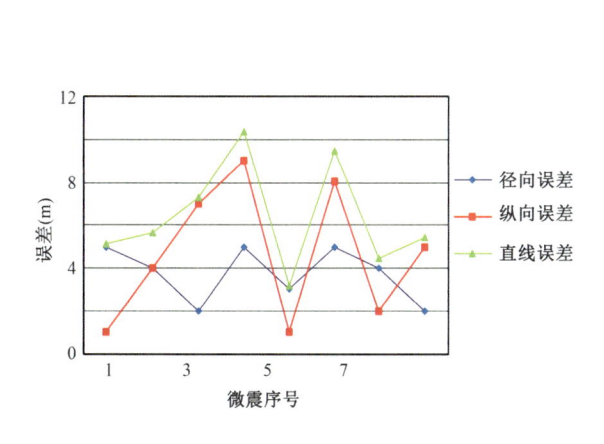

图 7　微地震震源定位误差

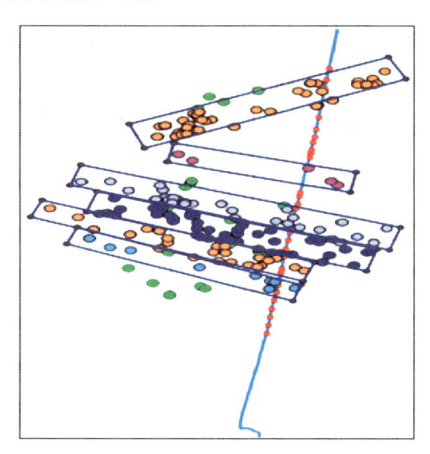

图 8　利用微地震监测结果建立井旁裂缝模型

时监测软件系统,拥有采集设计、处理、解释、油藏建模等一体化服务功能,实现了中国石油微地震监测软件从无到有的跨越。目前该系统拥有 50 个模块,主要包括微地震波动方程正演、采集设计、检波器三分量定位、速度校正、偏振分析、事件定位、裂缝解释等功能,涵盖了从采集评估到现场实时处理、裂缝解释、油藏模型分析的整套技术流程,软件界面友好,流程清晰,操作简便。主要体现在以下 6 个方面:

(1)采集设计功能。

根据地质特征、压裂参数、物性参数等设计不同采集参数,利用模型正演进行微地震三分量波场模拟,以便分析设计合理的微地震监测方式、采集参数、监测距离、观测系统等。该软件系统能够同时针对微地震地面监测和微地震井中监测进行采集设计。

(2)检波器定向功能。

为了对微地震井中监测数据精确定位,需要利用射孔记录或者震源激发确定井中检波器的三分量定位。该软件系统支持井中检波器三分量定位,能够提供直方图法、偏振分析法、极值法等方法对直井、斜井的检波器三分量定向。

(3)速度校正功能。

速度模型的精确与否直接影响微地震的定位精度。结合射孔记录,该软件系统可提供速度校正功能,以保证后续压裂微地震事件定位所需的速度模型。

(4)微地震处理功能。

该软件系统能够提供实时处理和后期处理两种功能。前者具备实时接收野外仪器传输的数据,并自动寻找和拾取有效微地震事件的初至,自动进行震源定位,其定位精度与国外同类产品相当(图9)。随着后期对地质参数、速度模型的精确了解,软件系统可以选择不同方法提供后期精细处理功能。

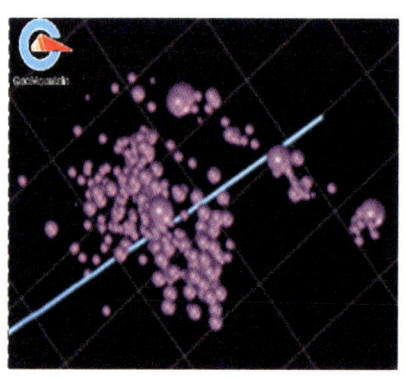

a.自主研发软件处理结果　　　　b.国外同类产品处理结果

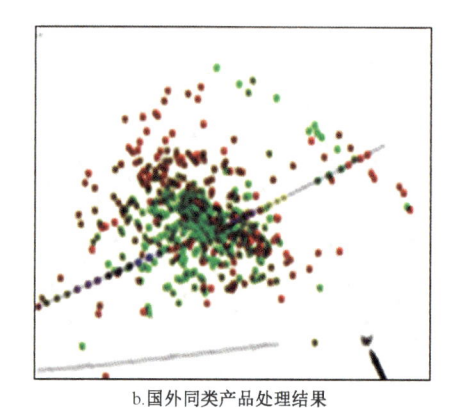

图9　自主研发软件与国外同类产品微地震处理结果对比

(5)微地震解释功能。

能够依据微地震震源分布计算震级大小、压裂裂缝长度、高度、宽度、倾角、倾向、SRV 等参数,分析压裂缝与天然断层、地应力方向关系和井轨迹合理性,评估压裂效果。

(6)油藏模型分析功能。

为了扩展微地震技术的应用范围,该软件系统还具有油藏模型分析功能,提供压裂后产量预测、压裂后裂缝模型、渗透率模型,为后期油藏建模提供合理模型。

综上所述,该软件系统具有一体化、整体性、灵活性、实时性、交互性等 5 个主要特点:

一体化。该软件系统具备采集、实时处理、后期处理、裂缝解释、油藏模型分析等一体化的微地震监测服务功能,能够提供采集设计、实时处理、实时解释、裂缝成像、压裂效果评估、油藏建模等一体化解决方案。

整体性。该软件系统采用了一体化架构,能够同时兼容常规地震资料采集、处理、解释以及三维可视化等功能,便于将微地震事件与三维地震数据进行有机结合(图10),发挥微地震的整体服务功能。

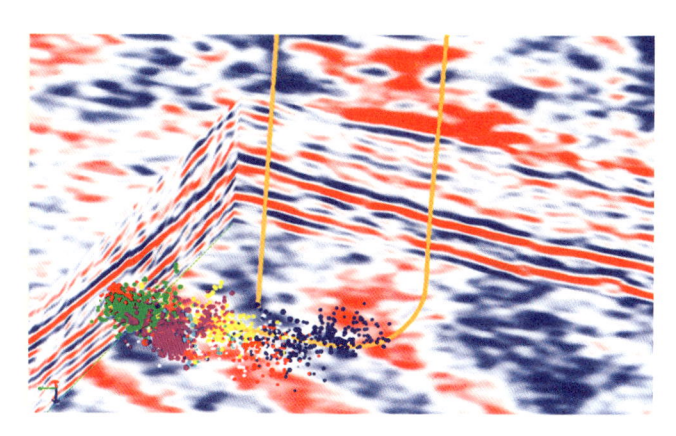

图10 微地震监测结果与三维数据融合

灵活性。该软件系统具有高度的灵活性,可针对不同地区、不同观测系统、不同信噪比资料,灵活选择处理模块进行组合,定制合理的处理流程。

实时性。该软件系统能够完成与野外仪器车的实时传输对接,自动接收微地震记录,实时、自动拾取有效微地震事件,实时完成微地震震源的反演定位,自动对微地震震源进行三维可视化显示。

交互性。该软件系统具备交互操作、QC控制,界面友好,可进行人工干预,有效地保证每个处理环节的质控。

目前,中国石油利用自主研发的微震监测软件已完成了页岩气、致密气、致密油、煤层气等领域100多口井的非常规油气水力压裂井中及地面微地震监测项目。

3.3.3 中国石油微地震监测技术服务能力

目前,中国石油已拥有180级井中三分量检波器,记录主频可达1000Hz以上,耐温150℃,承压70MPa。随着微地震监测装备实力的增强,中国石油井中微地震监测技术服务能力,已能实现从采集设计到数据处理的地面监测技术流程,所积累的丰富数据采集、处理、裂缝解释经验,为推动水力压裂现场实时指导和压裂效果评价,推动非常规油气储层改造技术应用奠定了基础[12]。

中国石油将继续完善井中监测,发展地面监测,探索油藏动态监测,从单一的井中监测、地面监测发展到井地联合立体监测、浅井监测、深浅井联合监测等多种方式,扩大微地震监测技术服务的能力和范围。

(1)地面微地震监测。

针对地面噪声发育的特点,目前中国石油研制了微地震地面监测的去噪方法、地面监测定位方法,能够克服因有效信号被噪声干扰而不能清晰分辨微地震事件等难题,形成了有效的微地震地面监测观测方式。通过理论、模型正演、实际资料的分析与应用,此微地震地面监测方法是可信的。随着快速定位方法的研发成功,微地震地面监测方法会大规模推广应用。

(2)微地震井中监测。

微地震井中监测包括同井监测和邻井监测。同井监测只能对停泵后产生的裂缝进行监测,这是因为检波器布设在压裂井里,压裂液注入时流体流动的噪声、泵的噪声太强,此时的微震记录信噪比极低,常常不能用于后续的数据处理和解释,故同井监测应用较少[10]。邻井监测包括深井监测和浅井监测。目前,中国石油广泛应用深井监测,该方法微地震事件清晰,计算结果可靠、稳定。在勘探阶段,压裂井周围很难有一口距离适中的观测井,如果单独钻探一口观测井,费用太高,限制了深井监测的规模化应用。目前中国石油广泛应用拉链式压裂作业方式,深井监测的应用将得到进一步拓展。

(3)微地震深、浅井联合监测。

为了扩大微地震监测技术的应用,结合深井监测和地面监测的优缺点,应用深浅井同时监测方法,即在压裂井附近钻探几百米的浅井作为观测井,与相邻的深井同时监测。监测结果表明,浅井监测能够监测到微地震事件,监测的压裂裂缝展布与深井监测结果趋势一致,裂缝长度、高度、宽度、SRV等参数基本一致。

(4)微地震多井联合监测。

鉴于油田开发阶段的井网密度加大,此时微地震监测可以采用多井联合监测,即在压裂井周围选择合适距离的两口或多口井中布设检波器观测,每口井中布置多级三分量地震检波器。通常利用三口井以上进行监测,即可扩大微地震观测在水平方向的张角,提高计算精度,以便全面描述压裂裂缝的空间图像。

3.3.4 应用实例

3.3.4.1 页岩气微地震压裂监测

M井是一口页岩气水平井,水平段长度约为1000m。为了让页岩层产生足够的渗流通道,采用9级分段压裂,利用微地震实时监测压裂效果。利用105级三分量微地震监测系统,采用1口深井Y井(直井)和3口浅井(X1井、X2井、X3井)同时监测(图11)。Y井与压裂井M井井口地面距离约6m,在深井监测Y井下放40级检波器,级距15m,位置为1800~2385m;在3口浅井观测井分别下放19级检波器,级距15m。

利用自主研发的微地震监测软件系统,进行射孔速度校正、去噪、检波器方位校正、震源定位等处理,获得M井9段压裂裂缝空间展布。同时此数据还委托国外A公司、B公司、C公司分别进行了处理。从处理结果看,微地震压裂裂缝展布规律、延伸方位趋势一致(图12)。从定量分析来看,4家公司获得的微地震事件个数、压裂裂缝长度、宽度、高度、SRV等参数不完全相同,但均在一个数量级别之内,对压裂效果的评估并未产生本质差异。A公司获得的有效微地震事件个数与C公司基本一致,数量最多,可能存在对噪声信号的误定位;B公司处理结果与中国石油处理结果基本一致,虽然微地震事件个数少,但多级分段压裂的特征相对比较清楚。

3.3.4.2 致密油气微地震压裂监测

直井Q3井目的层段钻探油气显示不佳。从地震预测剖面看,远离Q3井400m之外,井两侧油气层发育(图13)。为了证实地震预测的油气层,在Q3井采用大型压裂改造,使其目的层产生足够长裂缝,沟通远处油气层。为了监测压裂改造产生的裂缝是否波及地震预测的油气层段,采用微地震监测压裂效果。

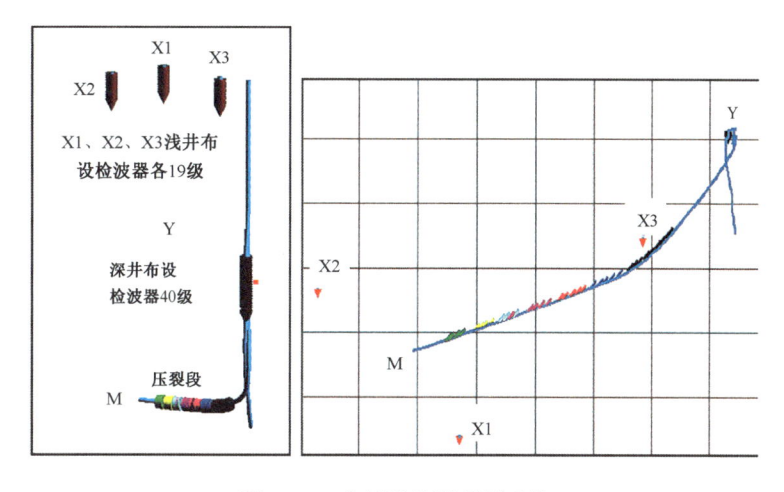

图11 M井压裂监测观测系统

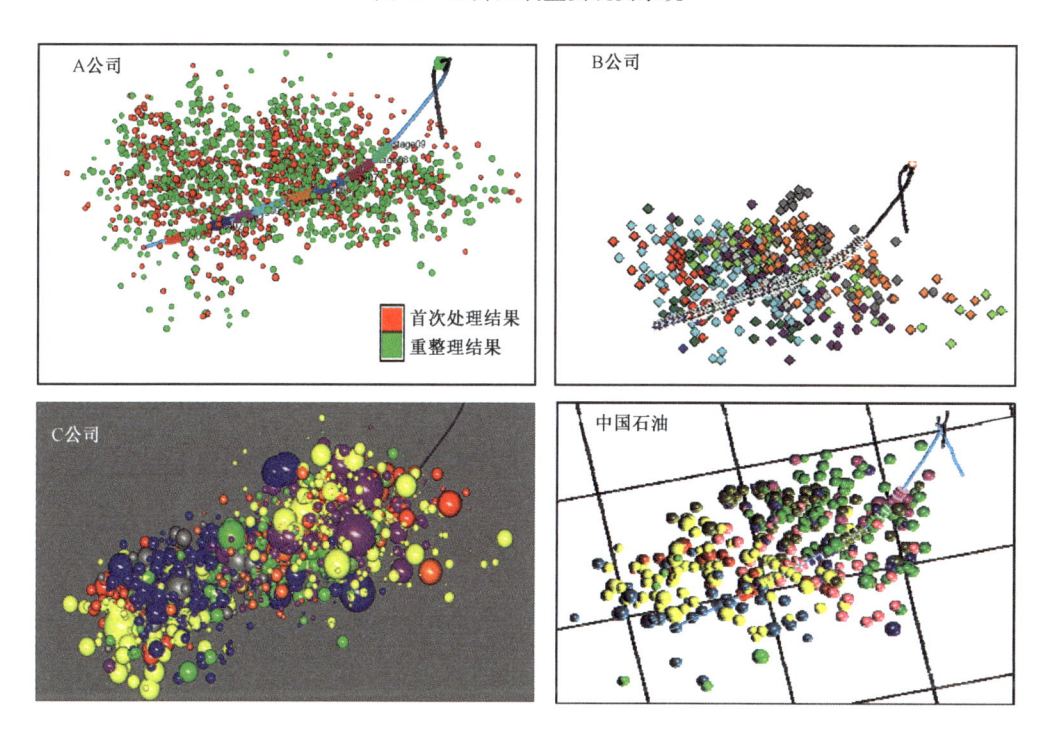

图12 M井微地震监测4家公司处理结果

为了降低干扰,施工前协停了Q3井周围1km范围内的生产井、注水井。监测时间为压裂、射孔前2h至压裂施工结束后6h。图14为压裂监测结果,压裂裂缝方位北偏东70°,与成像测井解释成果吻合。裂缝带长度为846m,宽度为265m,高度为21m。

如图13所示,压裂产生的裂缝波及了Q3井周围的气层,该井最终获得了工业气流。该井高产工业油气流的成功获得,一方面说明了地震资料油气预测的准确性,另一方面也证实微地震监测的可靠性。

微地震监测技术在致密油储层改造中也取得了良好应用。图15是松辽盆地某致密油井水力压裂微地震井中监测的结果,两口井同时压裂,产生了良好的裂隙性储集体。

· 139 ·

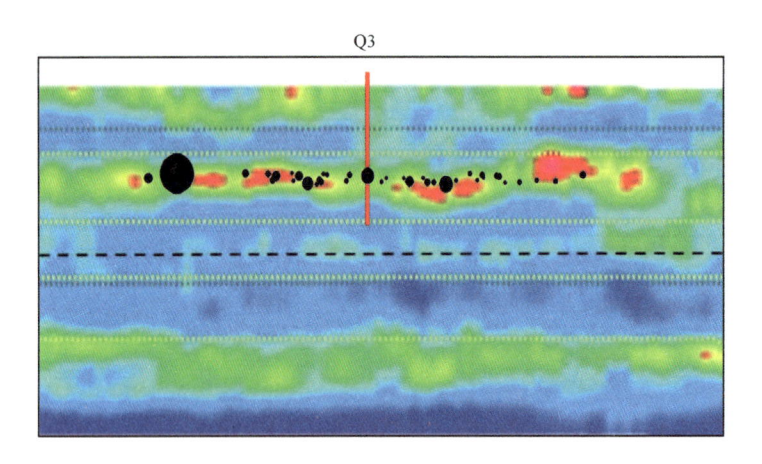

图 13 微地震监测结果与地震油气显示剖面融合

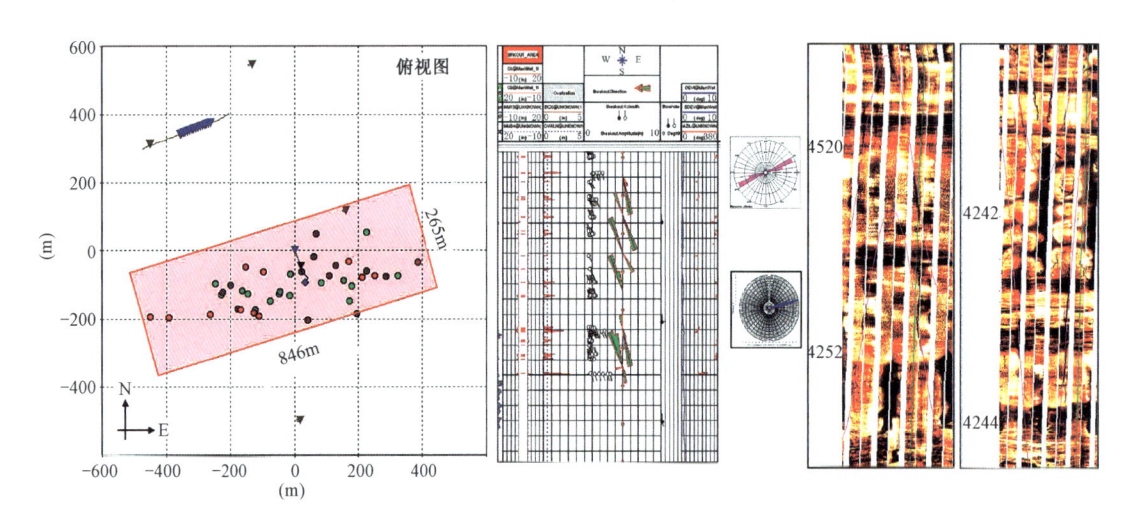

图 14 微地震监测结果与成像测井对比

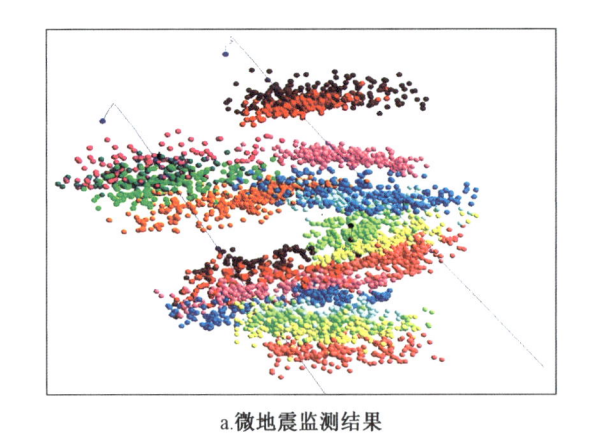

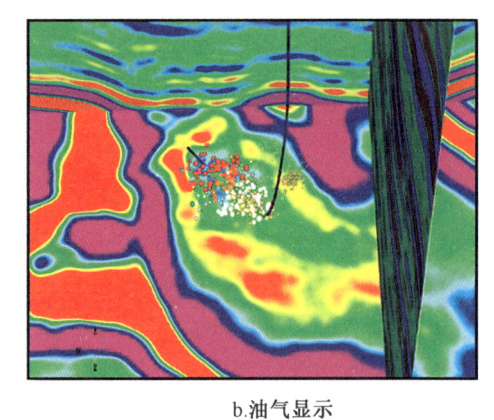

a.微地震监测结果　　　　　　　　b.油气显示

图 15 松辽某油井微地震监测结果及与地震油气显示融合

4 中国石油微地震监测技术未来发展方向

随着我国非常规油气勘探开发程度的不断深入,对微地震监测技术提出了更高的需求,微地震监测技术将面临从勘探到开发过程中各个环节不同应用目的的挑战。勘探阶段的水力压裂监测需要求取裂缝空间展布和岩石物性参数;开发阶段的水力压裂监测需要提高裂缝监测的精度,为编制开发方案提供依据;开采阶段需要利用微地震技术监测油藏驱动、水驱及气驱前缘、油藏动态变化。由此可见,探查对象不同,微地震监测技术面临的挑战也不同。

4.1 地面微地震是勘探阶段水力压裂监测发展的主要方向

在勘探阶段,微地震监测技术能够在水力压裂监测中发挥重要作用。但由于成本、稀疏的井网间距、地面强噪声、微地震监测方法发展不平衡等因素,勘探阶段的每口井进行有效的微地震压裂监测受到限制,迫切需要发展多种观测方式的微地震监测方法和软件系统。

国外广泛应用的是微地震深井监测和微地震地面监测。微地震深井监测可以观测到明显的微地震信号,但常常因为无合适距离的监测井以及专门钻探深井监测井成本高等原因,微地震深井监测的规模化应用受到限制。微地震地面监测施工方便,监测的方位角度大,但监测的微地震信号常常被噪声湮没,利用常规处理解释方法难以见到明显微地震事件,另外震源定位的实时性也难以做到。

近年来,通过微地震地面监测技术的攻关研究,证明地面监测可以得到可信的数据,监测到较大震级的事件,而这些事件也基本上满足裂缝刻画的需求。更为重要的是,地面监测可以对较大范围的水平井压裂进行监测或对区域内的油田开发或注水过程进行监测,其中的较大事件还可以用来反演震源机制。如今各大服务公司都在加紧研发地面微地震监测技术,形成了利用 RT2 实时连续无线遥测地面地震采集仪器和地面微地震事件监测处理的技术热潮,从而导致地面微地震监测业务量迅速在世界各地大幅度增长。大量事实表明,地面微地震监测的效果和信息量要优于井中微地震监测的效果(图16)。可以预见,近几年地面监测技术将有一个飞跃式的发展,成为非常规油气勘探阶段的关键技术。

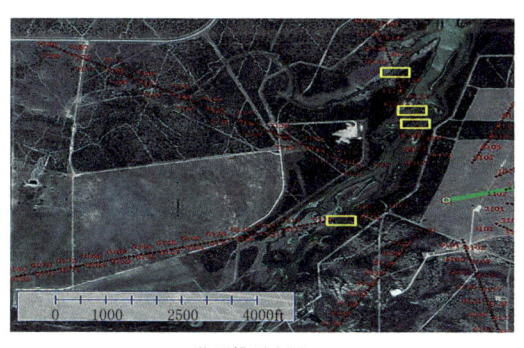

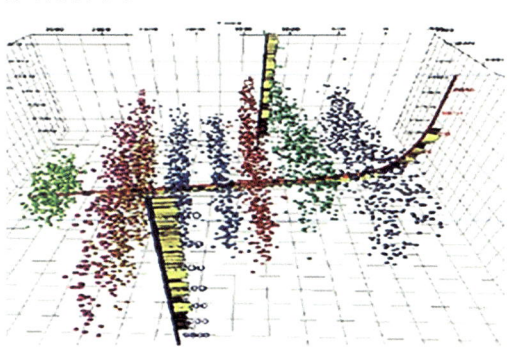

a.监测排列布设   b.监测结果

图16 利用 RT2 无线系统地面监测排列布设和监测结果

国内非常规油气勘探处于起步阶段,野外可供井下观测的井较少,地面微地震监测需求量大,发展经济有效、适应不同环境方式的地面微地震监测观测方法和技术,是中国石油下一步努力的方向。

4.2　井中微地震监测走向精细化

在开发阶段,微地震监测除了能够监测压裂裂缝的空间展布、实时评判压裂效果、指导优化下一步压裂方案外,还能够支撑非常规油气藏提高采收率。开发阶段的压裂微地震监测结果较多,可以将微地震监测结果延伸为开发服务,例如:(1)可以改进压裂作业后三维油藏模拟模型,如渗透率模型等,为油藏数值模拟提供合理三维油藏模拟模型;(2)提高三维压裂设计的准确性;(3)针对特定的区块形成校正后的压裂模型;(4)提高压裂后净压力拟合的准确性;(5)在现场提高压裂再设计的针对性;(6)改进油藏产量预测和经济优化的准确性。

井中微震监测目前虽然已经实现实时处理,但其精度还有很大的提高空间。随着仪器数据传输能力的提高,更多的检波器级数会应用到井中监测,多井监测也将成为一种选择。在这种情况下,应用井下微地震检测数据可以反演破裂的震源机制,得到更为精细可靠的、更多的震源参数。另外,偏振方向分析和初至拾取等关系到震源定位精度的关键信息,其计算和拾取精度将通过交互分析和迭代求解得到更进一步的提高。

4.3　油藏长期动态监测及永久监测技术将逐步发展起来

随着油田开发的深入,仪表化油田正进入人们的视野,而安置永久检波器对地下流体诱发微震进行监测则是仪表化油田的重要组成部分。当然,这需要永久埋置检波器的性价比有一个大的提升,即实时数据回收、自动检测事件、免维护、花费低。

在非常规油气开采阶段,油藏驱动是实现油气田稳产高产的重要措施,油藏驱动包括注水、注气等措施,微地震水驱监测和气驱监测是生产动态监测、评估驱替效果的重要技术手段。我国非常规油气田需要靠注气、注水来保持稳产。在注水、注气的过程中,引起流体压力前缘的移动和孔隙流体压力的变化,从而诱发微地震事件。因此开采阶段的油藏驱动监测,也可以通过微地震监测,实现岩石内部流体前缘实时三维成像,提供水动力和地质力学过程的图像。通过对裂缝成像和驱动前缘波及状况的分析,油藏工程师可以调整和优化开采方案,提高油气采收率和油田整体开发效果。

4.4　井中地面联合监测、主动被动微地震联合观测成为研究热点

联合监测方案永远有它的优势。目前已有公司通过井中地面联合监测来分析区域内地面监测的可行性。在新的工区,该技术对于选择最佳观测方式、评估地面监测可行性很有帮助。另外,主动与被动地震也有其结合点,尤其对于原生裂缝和压裂裂缝的解释将发挥重要作用。

4.5　微地震震源机制研究将成为必然选择

如今人们已经认识到微地震事件定位的点云对了解破裂过程远远不够,而要在适当观测条件下利用 P 波和 S 波的波形信息反演才能得到更丰富的震源参数,甚至得到震源机制解,这将为揭开破裂的性质提供更为直接的信息。

微地震资料含有丰富的震源机制信息。利用微地震资料可以分析岩石的破裂过程以及破裂产生的力学类型,求取震源断裂面走向、倾角、倾向等。对于微地震事件的性质,也需要从震

源机制入手,开展破裂力学和应变力学研究,对不同表现形式的事件进行解释。传统的矩张量反演方法复杂、耗时,随着研究程度的深入,需要发展快速、准确的矩张量反演方法。

地震矩张量反演可以对产生微地震信号的震源区域如非弹性地层或裂缝进行描述。当从地下或地面的检波器组合中获得辐射状图形后,使用地震矩张量反演(MTI)处理分析地震振幅的辐射状图形,判定裂缝面和滑移度(图17),它们在压裂模型中表现为不同的剪切力缺口和张力缺口;图17b显示出微地震活动中某一阶段的震源机理。通过对油气储层中自然裂缝和诱导裂缝的详细认识,可以帮助客户提高完井设计方案的准确性。把这种服务应用到非常规油藏中时,它可以提供与水力压裂相关的信息,如裂缝的方向、体积、支撑剂的分布等,同时为建立和解释地质力学模型提供一个框架,也有助于提高完井设计方案的准确性,有利于实现增储上产。

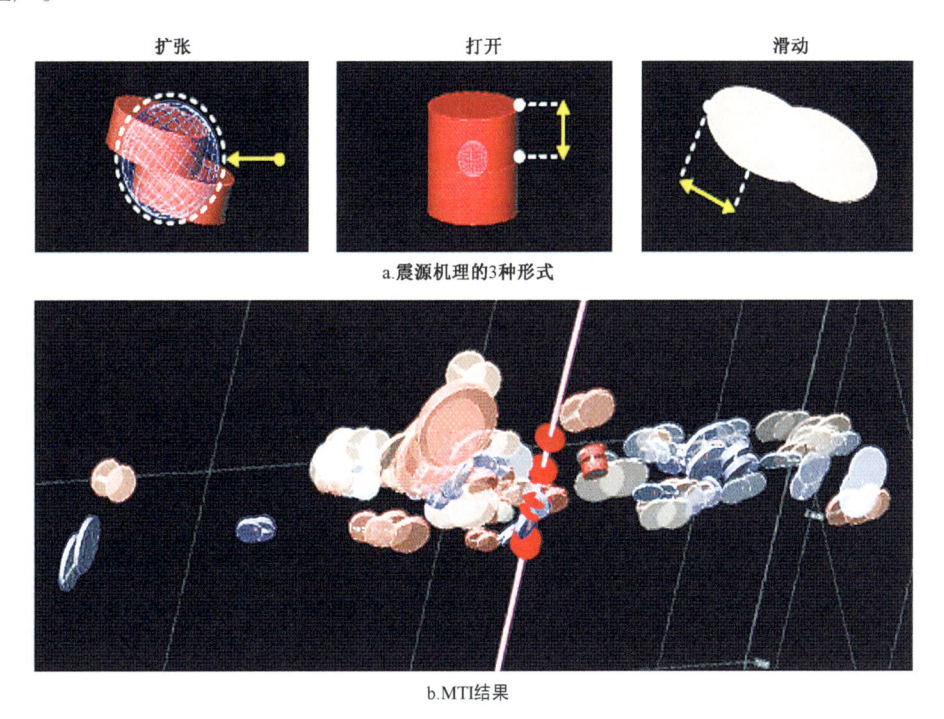

图17 微地震活动中震源机理的3种形式及地震矩张量反演结果(据斯伦贝谢公司)

4.6 微地震事件自动处理解释成为新的研究方向

理论上,多口深井联合监测可以提高定位精度,但如何提高多井联合监测定位精度、提高多深井联合监测效率、提高多深井震源机制反演精度等,是开发阶段微地震监测面临的挑战。

在开发阶段,微地震监测结果用途广泛:需要利用多井监测结果,建立压裂后裂缝模型、渗透率模型;需要利用微地震监测结果和开发动态资料,确定裂缝网络未覆盖区、储量未动用区,确定加密井方案。因此,如何自动对微地震事件进行识别、自动进行微地震事件的成像、自动对监测结果进行解释、自动产生裂缝模型、自动划分储量未动用区,自动确定加密井方案等是下步需要攻关的方向。在各向异性介质下,利用RTM逆时偏移成像技术,进行震源的自动智能聚焦成像,还原震源位置,是下步微地震事件成像技术研究的热点。

注水、注气产生的微地震事件与压裂作业产生的微地震事件相比,可能能量更小、信噪比更低,需要针对微地震水驱监测和微地震气驱监测进行专门的去噪、定位方法研究。微地震水驱监测和微地震气驱监测结果的解释也与压裂监测解释不同,需要分析注水、注气的推进方向、蒸汽移动情况、主力驱替方位、注入介质前缘波及范围等。

4.7 弹性波微地震实时监测技术是微地震技术的未来发展趋势

目前微地震监测资料处理方法大多基于基尔霍夫偏移方法,微地震观测采用三分量检波器,为弹性波处理方法的应用奠定了基础。应用弹性波处理方法,对黏弹性介质情况下震源机制研究、提高微地震事件的定位精度具有重要意义。

波动方程微地震实时监测就是建立理论与实际微地震事件关联的数据。以数据库为基础,应用互联网快速搜索技术,对微地震事件进行快速索引与排序,自动进行低信噪比微地震事件的识别与定位,在几秒钟内同时确定微地震位置、震级、震源机制,使微地震事件的精度达到米级,以快速指导压裂方案调整和井位部署,推动页岩气、致密砂岩气和煤层气等非常规油气勘探技术的进步。

5 结束语

国外微地震监测技术已经发展了几十年,取得了一系列先进的理念和方法。中国石油非常规油气微地震监测技术虽然起步较晚,但已经取得突破性进展,形成了自主知识产权的微地震监测技术和微地震实时监测软件系统,具备工业化应用能力。随着非常规油气勘探开发进程的推进,需要持续不断地研究微地震监测技术新方法、新技术,完善升级微地震监测软件系统,力求实现非常规油气勘探技术和效益双提高。

从前面分析不难看出,微地震监测技术应用贯穿非常规油气勘探、开发、生产的全过程。不同的阶段均需要微地震监测技术提供支撑。中国石油微地震监测技术应持续不断地向前发展:

一是丰富微地震监测观测方式,需要深入研究微地震浅井监测、微地震深浅井联合监测、微地震地面埋置监测、微地震地面浅井综合监测、微地震永久监测等方法;

二是微地震震源高效定位方法,主要包括微地震地面监测高效实时定位、微地震浅井监测高效定位、多井联合监测定位、深度偏移震源定位、各向异性震源定位等方法;

三是微地震监测前缘技术,包括微地震震源机制反演、瞬时张量反演、基于微震信息的油藏模拟技术、基于微震信息的产量预测技术、基于微震信息的压裂设计技术、油藏驱动微地震监测技术;

四是微地震监测软件系统,主要内容包括微地震浅井监测软件系统、微地震地面监测软件系统、微地震深浅井监测综合软件系统、微地震多井联合监测系统、微地震与油藏建模融合软件系统等。

通过以上方法和软件的持续研究,逐步实现微地震监测技术应用和服务方式等3个方面的延伸:

一是微地震监测方法从单一观测方式向多方法、多观测方式延伸,满足各种条件的经济、高效、高精度微地震监测;

二是微地震压裂监测从评判压裂效果向油藏开发、开采服务延伸,提供改进油藏模型、井网未控制面积、储量未动用范围、油藏加密井方案等;

三是微地震监测从储层压裂服务向油藏驱动监测延伸服务,提供注水、注气过程图像,提高油气采收率和油田整体开发效果。

参 考 文 献

[1] 孙龙德,撒利明,董世泰.中国未来油气新领域与物探技术对策.石油地球物理勘探,2013,48(2):317－324.

[2] 白琰.我国非常规油气资源及其开发前景展望.内蒙古石油化工,2012,22(18):35－38.

[3] 贾承造,郑民,张永峰.中国非常规油气资源与勘探开发前景.石油勘探与开发,2012,39(2):129－136.

[4] 刘振武,撒利明,杨晓,等.页岩气勘探开发对地球物理技术的需求.石油地球物理勘探,2011,46(6):810－818.

[5] 刘振武,撒利明,董世泰,等.中国石油集团物探技术现状及发展方向.石油勘探与开发,2010,37(1):1－10.

[6] 张宏录,刘海蓉.中国页岩气排采工艺的技术现状及效果分析.天然气工业,2012,32(12):49－51.

[7] 宋维琪,陈泽东,毛中华.水力压裂裂缝微地震监测技术.东营:中国石油大学出版社,2008.

[8] Milkereit B,Adam E,Banerjee D,et al. Continuous 3D Seismic Reservoir Monitoring——A Modeling Study. CESG Geophysics,2002.

[9] H R Hardy Frederick,W Leighton. Acoustic emission－microseismic activity in geologic structures and materials. Proceedings of the Fourth Conference Held at the Pennsylvania State University, University Park,Pennsylvania,1985.

[10] 刘建中,王春耘.用微地震法监测油田生产动态.石油勘探与开发,2004,31(2):71－73.

[11] 撒利明,董世泰,李向阳.中国石油集团物探新技术研究及展望.石油地球物理勘探,2012,47(6):1014－1023.

[12] 巫芙蓉,李亚林,王玉雪,等.储层裂缝发育带的地震综合预测.天然气工业,2006,26(11):49－51.

中国石油油藏地球物理技术现状与发展方向

撒利明　甘利灯　黄旭日　陈小宏　李凌高

摘要　在回顾油藏地球物理技术发展历程、技术内涵变迁的基础上,从油藏类型和开采方式出发分析了国内油藏地球物理技术的任务与需求,对照当今世界油藏地球物理技术最新进展,结合国内油藏地球物理技术的发展历程,从岩石物理分析、高精度地震资料处理、地震资料定量解释、井筒地震、多波多分量地震、时移地震、井震藏联合动态分析、微地震监测和应力场模拟等9个方面分析了中国石油的技术现状与面临的挑战,指出了未来技术的发展方向。

1　引言

在过去一个多世纪的油气勘探和开发历程中,地球物理技术经历了构造油气藏勘探、地层岩性油气藏勘探和油藏地球物理3个发展阶段,其研究任务由构造成像与岩性预测发展为储层孔渗特征描述、油藏流体场的静态描述和动态监测等。当前,油藏地球物理技术正不断向油气田开发和工程领域延伸,已成为发现剩余油气和提高采收率的重要技术手段。

油藏地球物理技术因油气田开发与开采的需求而兴起。1977年,受美国能源部的资助,Nur在斯坦福大学成立了岩石物理研究小组,开展提高采收率(EOR)过程地震监测的岩石物理基础研究,后来向井筒地球物理拓展,并于1986年创立了SRB(斯坦福岩石物理和井筒地球物理)研究组,为将地球物理信息与油藏参数相联系做出了巨大贡献,也为油藏地球物理技术奠定了基础。1982年麻省理工学院的Toksöz成立了地球资源实验室,随后分别设立了由Arthur领导的全波形声波测井研究小组和由Roger领导的油藏描述小组,从事井筒地球物理技术评价、研究和开发。同年8月Geophysics杂志首次报道了法国CGG公司用于增加石油产量的油藏地球物理技术。1984年SEG成立了开发和开采委员会,负责加强地球物理学家、开发地质学家和油藏工程师们之间的联系。1985年Tom在科罗拉多矿业学院组建了油藏描述项目(RCP)组,研究多分量和时移地震技术及其在油藏动静态描述中的应用。1986年SEG年会首次召开了以油藏地球物理为主题的专题研讨会;1987年,SEG和SPE联合举办了油藏地球物理的研讨会,White和Sengbush合著出版了《开采地球物理学》(Production Seismology)。此后,油藏地球物理一直是地球物理研究的热点,SEG每年至少都要举行两次专题讨论会,世界各大石油公司、院校和研究机构也不断加大研究力度。1992年以后,《The Leading Edge》杂志每年刊发1～2期专辑以发表SEG油藏地球物理专题讨论会的论文,到了2004年,该专题因文章太多而转为更细分的专题。伴随计算机特别是高速工作站的飞速发展,油藏地球物理技术得到了长足进步,特别是在地震属性分析、储层预测、油藏表征、油藏监测、裂缝性储层描述等方面,已在世界范围内得到广泛应用并不断带来巨大经济效益。进入21世纪,随着叠前地

---

* 首次发表于《石油地球物理勘探》,2014,49(3)。

震反演、多波多分量、时移地震技术的进步,地震技术已贯穿油气勘探开发全过程,如今以地震技术为主导的油藏多学科一体化技术已成为一种发展趋势。2010年SEG出版了Johnston[1]主编的《油藏地球物理方法和应用》(Methods and Applications in Reservoir Geophysics)论文集,从支撑技术、油藏管理、勘探评价、开发地球物理、生产地球物理和未来发展方向6个方面进行了系统回顾与总结,基本反映了当今油藏地球物理的最新进展。

油藏地球物理技术的概念与内涵也随着技术的发展与应用不断趋于完善。孟尔盛等[2]指出,"油藏地球物理也称开发与开采地球物理,其内涵包括油藏描述与油藏管理"。刘雯林给出了具体定义:开发地震是在勘探地震的基础上,充分利用针对油藏的观测方法和信息处理技术,紧密结合钻井、测井、岩石物理、油田地质和油藏工程等多学科资料,在油气田开发和开采过程中,对油藏特征进行横向预测,做出完整描述和进行动态监测的一门新兴学科[2]。Sheriff[3]将它定义为"利用地球物理方法帮助油藏圈定和描述,或在油藏开采过程中监测油藏变化"。Pennington[4]提出,"油藏地球物理可以定义为地球物理技术在已知油藏中的应用,依据应用顺序,进一步将油藏地球物理分为'开发'和'开采'地球物理,前者用于油气田的初次有效开发,后者用于油田开采过程的理解"。王喜双等[5]在总结前人定义的基础上,将油藏地球物理技术定义为:"在充分利用已知油藏构造、储层和流体等信息的基础上,开展有针对性的地震资料采集、处理和解释研究,全面提高油藏构造成像、储层预测和油气水判识的精度,为油藏三维精细建模、调整井位部署、剩余油分布预测服务,最终实现油气田高效开发目标的地球物理技术"。可以预见,随着勘探开发的目标从常规油气藏到非常规油气藏的延伸,油藏地球物理技术的内涵也将更加丰富,如烃源岩特性、脆性、各向异性和地应力的预测,以及压裂过程的监测等。可见,尽管不同学者对油藏地球物理技术概念的表述有所不同,但其本质相似,即为油藏评价和生产服务的地球物理技术的总称,主要包括油藏静态描述、油藏动态监测和油藏工程支持技术,以及为这些技术提供支撑的地球物理技术,如测井油藏描述技术、井筒地震技术、岩石物理技术和地震资料处理技术等。

2 油藏地球物理任务与技术需求

2.1 油藏地球物理主要任务

油气勘探开发可以划分为预探、评价与生产3个工作阶段。不同阶段的工作任务和目标各不相同,但可以顺序衔接,形成一个整体。评价阶段油藏地球物理工作的主要任务是建立油藏三维概念模型与静态模型,其核心是精细油藏描述,包括描述油藏构造形态、表征储层横向变化、预测油气分布范围,为评价井位优选、探明储量和开发方案编制提供依据。生产阶段油藏地球物理工作的主要任务是:紧密结合开发生产动态和新井资料进行地质地球物理综合研究,开展动态油藏描述研究,不断深化对油藏的认识,为调整井位优选和开发方案优化提供地质依据;应用针对性的前缘技术(井筒地震、多波、四维),监测油藏动态变化,发现剩余油气资源。随着开发过程中水平井、分段压裂的广泛应用,利用地震资料指导水平井部署,开展水压裂监测也将成为油藏地球物理技术的主要任务之一。

2.2 油藏地球物理技术需求

按照油藏分类管理原则,中国现今发现的油藏主要可以分为多层砂岩油藏、复杂断块油藏、低渗透砂岩油藏、砾岩油藏、稠油油藏和特殊岩性油藏六大类。除了稠油油藏采用蒸汽驱，少量低渗透油藏进行过 CO_2 驱试验外，绝大多数油藏采用水驱开采方式。韩大匡[6,7]在系统总结中国东部老油区水驱开采现状时指出：当老油田含水超过 80% 以后，地下剩余油分布格局已发生重大变化，由含水 60%～80% 时在中低渗透层还存在着大片连续的剩余油转变为"整体上高度分散，局部还存在着相对富集的部位"的格局，提出了"在分散中找富集，结合井网系统的重组，对剩余油富集区和分散区分别治理"的二次开发基本理念。韩大匡指出深化油藏描述是量化剩余油分布的基础，其主要研究工作可以归结为油藏静态描述、油藏动态监测和油藏工程支持 3 大方面。

油藏静态描述主要包括油藏形态描述、范围圈定、储层描述和流体识别 4 方面内容。当然，不同油藏类型，油藏静态描述的重点有所不同，如在中国大庆、青海、玉门等油田普遍发育的多层砂岩油藏，该类油藏具有陆相多层砂岩多期叠置沉积、内部结构复杂、构造样式多的特点，开发过程主要矛盾是注水的低效、无效循环，急需发展不同类型单砂体及内部结构表征技术，对地震纵向分辨率的需求更加迫切。对于在大港、辽河、华北、冀东等油田发育的复杂断块油藏，由于具有断层多、断块小、储层变化快的特点，对构造、储层边界的识别更加重要，因此要进一步提高横向分辨率。在长庆油田、吉林油田发育的低渗透砂岩油藏主要地质问题是储层物性差、非均质性强，微裂缝较发育，因此要发展基于岩石物理的叠前与多分量地震技术，以及基于各向异性的裂缝方向与密度预测技术。砾岩油藏主要发育冲积扇类型储层，具有岩相复杂多变，孔隙结构多样，储层构型规模、连通性及渗透性等分布不均的特点，应在井震结合精细处理解释、单砂体构型、水淹层解释、三维地质建模及单砂体剩余油评价等方面加强针对性研究。稠油油藏普遍采用蒸汽驱，地震隔层识别与蒸汽腔前沿识别是剩余油分布预测的关键。特殊岩性油藏主要包括碳酸盐岩、火山岩、变质岩等，主要分布于辽河、塔里木、华北等油田，这些类型油气藏埋深大、非均质性强、内幕构造复杂、储集空间多样、油水关系复杂等，其重点是应用地震技术识别外形、内部非均质性预测和油气检测。静态油藏描述技术主要包括两大类：一是基于纵波资料的地震解释技术，如井地联合构造解释、地震属性分析和地震反演等；二是多波多分量地震技术，由于增加了横波波场信息，不但可以提高孔隙型储层预测和流体识别的精度，而且可以提高裂缝型储层预测的潜力，因为横波分裂与裂缝发育密切相关，其主要技术包括纵横波匹配、纵横波联合属性分析与反演和基于各向异性的裂缝识别技术等。二者共同的基础是测井油藏描述技术、井筒地震技术、岩石物理分析技术，以及高精度地震成像处理与保幅、高分辨率、全方位资料处理技术。

油藏动态监测的目的是寻找剩余油分布区，其技术包括井震藏联合动态分析技术和时移地震技术。前者以单次采集的地震资料为基础，通过地震、地质、测井和油藏多学科资料和技术的整合实现剩余油分布预测，如时移测井、3.5 维地震勘探技术和地震油藏一体化技术等。后者以两次或两次以上采集的地震资料为基础，通过一致性处理消除不同时间采集资料中的非油藏因素引起的差异，最后利用反映油藏变化的地震差异刻画油藏的变化，预测剩余油分布。

油藏工程支持主要面向致密油气和非常规油气，目的是优化水平井部署和压裂方案，最终实现优化开采，主要技术包括应力场模拟技术和微地震技术。

油藏地球物理技术与任务之间的关系如图 1。

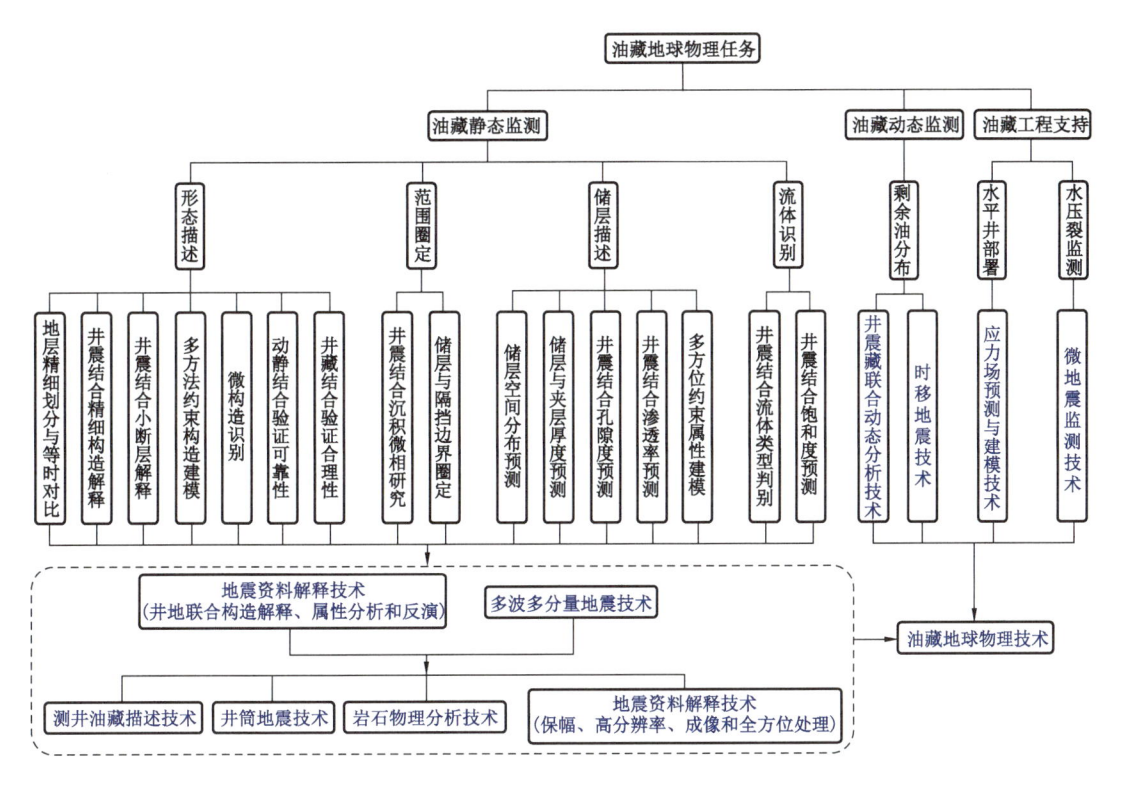

图 1　油藏地球物理技术与任务

3　中国石油油藏地球物理技术现状

早在20世纪60年代末,中国曾出现过"开发地震"术语。当时的所谓开发地震只不过是用地震细测及手工三维地震查明复杂断裂构造油田的小断层、小断块,为油田开发提供一张准确的构造图,并在作图过程中,已开始注意到应用油气水关系及油层压力测试资料帮助地震划分小断块。70年代末曾用合成声波测井圈定了纯化镇—梁家楼油田的浊积岩储层的分布。到80年代,地震技术取得了长足进步,为开发地震准备了技术基础。1988年中国石油学会物探专业委员会(SPG)与SEG联合召开了"开发地震研讨会"。1989年原石油工业部在勘探开发科学研究院成立了地震横向预测研究中心,致力于储层预测技术研究,形成了以叠后地震反演、AVO、地震属性分析等为主要技术手段,以地震、地质、钻井、油藏工程等多学科综合研究为特色的储层地球物理技术系列,并在90年代开展了大量油藏实际应用研究,取得了显著的社会与经济效益。1996年,刘雯林[8]在系统总结研究成果的基础上,出版了国内第一部系统论述油藏地球物理方法的专著《油气田开发地震技术》。

20世纪后期,面对日益复杂储层结构,波阻抗反演技术在大多情况下无法区分储层,促进了叠后地震反演技术的发展。1997年,撒利明等[9,10]提出一种新的多信息多参数反演方法,该反演方法基于场论和信息优化预测理论,采用非线性反演技术把地震数据反演成波阻抗和各类测井参数数据体,可适用于勘探、开发及老油田挖潜等各个阶段[11],为日后时移测井和地震信息融合提供了基础;同年,甘利灯等[12]提出了储层特征重构反演,解决了复杂储层的地震预测难题。1999年,在孟尔盛的倡导下,SPG聘请多位地球物理专家编写了《开发地震》培训教材,开始了开发地震技术的推广应用[2]。此后,"开发地震"、"储层地球物理"和"油藏地球物理"也成为国内各种学术会议和技术培训的主题之一。

进入21世纪,人们意识到地震不仅可以描述静态油藏参数,也有监测油藏动态变化的能力,而二次采集地震资料的增加,为实现这种能力提供了可能,因此,基于二次二维和二次三维采集的时移地震技术研究成为热点,先后在新疆、大庆和冀东等蒸汽驱油藏和水驱油藏进行了试验研究,见到了比较明显的技术效果[5]。同期也开展了基于双相介质的油藏流体检测方法研究[13]和大量叠前地震反演与多波多分量地震技术试验[14-16],大幅提高了地震油藏描述可靠性。

2008年,在韩大匡的提议下,中国石油提出了"二次开发"重大工程,借此在大庆长垣和新疆克拉玛依油田开展了大面积高密度三维地震采集,开启了油藏地球物理技术研究与应用的新篇章。同年,中国石油勘探开发研究院物探技术研究所油藏地球物理研究室以大庆油田长垣喇嘛甸油田的四维三分量区块为研究对象,通过5年研究,初步构建了开发后期密井网条件下地震油藏多学科一体化技术体系[17]。从2009年开始,中国石油东方地球物理公司油藏地球物理研究中心开展了地震、测井、地质和油藏的多学科综合研究和大量各种油藏类型的应用研究,积累了丰富的静态油藏描述与动态油藏监测的经验,并在此基础上提出了3.5维地震的理念[18]和井地联合一体化采集、处理与解释的理念[19]。2009年中国石油开始了真正意义的时移地震采集,次年中国石油科技管理部设立了"时移地震与时移电磁技术现场试验"重大现场试验项目,在辽河油田稠油蒸汽热采和大庆油田水驱油藏中开展了时移地震和地震油藏一体化技术攻关,建立了相对完整的技术系列,并在剩余油挖潜中见到明显效果。

总之,近30年来,中国油藏地球物理技术研究取得了长足的进步。首先,以高精度三维为基础,以地震属性、地震反演为核心手段,结合解释性处理,形成了针对不同油气藏类型的精细油藏描述配套技术,并取得了明显成效。其次,在高密度宽方位地震、多波多分量地震、井筒地震和时移地震等方面也开展了大量试验研究,推动了地震采集装备、采集技术、处理技术、解释技术和前沿地震技术的进步,初步形成了一些技术系列,为今后油藏地球物理技术的进一步推广应用奠定了良好的基础。

3.1 岩石物理分析技术

岩石物理分析是建立岩石物理性质和油藏基本参数之间关系的主要途径,可有效提高地震岩性识别、储层预测与流体检测的精度和可靠性,是促进常规地震勘探从定性走向半定量乃至定量的最重要工具[20]。中国石油勘探开发研究院早在2002年就开始岩石物理分析技术的探索和研究,已在岩石物理实验、理论和应用方面取得许多重要进展。在实验研究方面,通过与国际知名机构合作,建成了具有国际领先水平的岩石物理实验室,具备了超声、低频、流体测量、微观孔隙结构表征等方面的试验能力。在理论研究方面,提出了可变临界孔隙度模型[21]和双孔介质模型[22],提高了岩石物理建模的精度,为井震融合提供了理论依据。在应用研究方面,从面向储层预测的测井资料处理解释到岩石物理量板建立进行了系统的研究,制定了LPF法敏感参数分析流程[23],有效地指导了储层敏感参数的优选;提出了"二分法",解决了复杂火山岩储层岩石物理建模和岩石物理量板建立的难题,为首次实现火山岩储层的叠前储层预测奠定了基础[24];提出了时间、空间和井震一致性校正的方法,解决油藏开发后期井震联合储层描述的瓶颈问题,将岩石物理研究从勘探阶段延伸到开发阶段,拓展了应用领域[17]。当前,岩石物理研究热潮不减,许多大学和科研机构、油公司和服务公司仍在开展深入研究,其应用广度也从常规油气领域发展到非常规油气领域。比较而言,国内整体研究水平仍然较低,无论是试验分析、理论模型研究,还是实际应用还有许多问题有待解决,这些问题主要为:一是复杂孔隙结构描述与岩石物理建模;二是孔隙流体分布描述与岩石物理测试;三是非均匀饱和双重孔隙介质理论研究;四是开发和开采过程岩石物理机理和模拟;五是岩石物理分析技术的工业化应用[20]。

3.2 高精度地震资料处理技术

伴随着计算机和信息处理技术的进步,地震资料处理技术在经历了20世纪60年代的水平叠加、70年代的叠后偏移、80年代的叠前时间偏移和90年代叠前深度偏移4个发展阶段后,正朝着深度域、各向异性、全方位/宽方位、高密度、宽频带、混叠源、多分量、弹性波的方向发展。伴随软、硬件条件的不断改善,中国石油地震资料规模处理能力得到进一步提升,已在高陡构造叠前偏移成像、全方位/宽方位处理和井控高分辨率保幅处理等方面取得重要进展[25~28]。

井控高分辨率保幅处理是油藏地球物理的基础。井控地震资料处理理念是20世纪末西方地球物理公司提出的,其主要做法是从VSP资料中提取球面扩散补偿因子、Q、反褶积算子、各向异性参数和偏移速度场等参数,用于地面地震资料处理或参数标定,目的是提高地面地震资料处理参数选取的可靠性和准确性,使处理结果与井资料达到最佳匹配。从现今的应用情况看,井控地震资料处理的内涵不断扩大,井控处理可以利用井中观测的各种数据,对地面地震处理参数进行标定,对处理结果进行质量控制[17]。保幅一般都是指相对振幅保持,通常包括以下3个方面:(1)垂向振幅保持,指通过球面扩散补偿、Q补偿等,消除地震波在垂直方向上由于球面扩散、地层吸收衰减等原因造成的振幅损失。处理方法主要包括球面扩散补偿、Q补偿、透射补偿等。(2)水平方向振幅保持,指消除地表及近地表结构、采集参数(震源类型、检波器类型、药量、激发井深、设备等)等因素的横向变化造成的地震波在水平方向上的振幅变化,包括炮间能量差异、道间能量差异、叠加剖面的横向能量异常等(即这些振幅变化仅与地表观测条件有关,而与地下地质构造和储层及油藏性质无关)。处理方法主要包括子波整形、地表一致性振幅补偿、叠前数据规则化、剩余振幅补偿等。(3)炮检距方向的振幅保持,主要指保持反射振幅随炮检距的变化关系,即AVO关系,这是AVO分析和叠前地震反演的基础。主要处理方法是道集优化处理,包括噪声衰减、道集拉平、剩余振幅补偿、角道集生成、部分叠加分析等。实现保幅处理的关键是质量控制,除了常规的处理质量控制,还要进行保AVO的质量控制。传统的做法是将井点处最终处理结果道集AVO特征与合成道集AVO特征对比来判断道集是否保幅,属于结果的质量控制、点的质量控制、定性的质量控制。中国石油勘探开发研究院提出了基于AVO属性质量控制方法,即提取每步处理前后的AVO属性,分析AVO属性变化情况,以此判断道集是否保幅,实现了全过程的、面的、定量的质量控制,为AVO分析和叠前反演奠定了数据基础。提高分辨率处理是在保幅的前提下适当拓宽频带,提高高频有效信号的信噪比,使高频段有效信息相对增强,达到分辨更薄储层的目的。主要方法有:地表一致性反褶积技术、井控反褶积技术、空变反 Q 补偿技术,以及拓频处理技术等。

3.3 地震资料定量解释技术

在油气田开发和开采阶段,地震资料解释的重点是将各种地球物理信息综合转化为岩性、物性和含油气性以及岩石力学性质等信息,这对地震解释的精度提出了更高的要求,定量化解释成为趋势,而且更强调多学科结合,尤其是与测井和油藏动态资料的结合。

地震资料定量解释技术除了精细构造解释之外,主要包括地震属性分析、地震反演和油藏综合描述等技术。地震属性技术的发展呈如下趋势:一是几何属性被越来越多地用于碳酸盐岩、致密砂岩、页岩气储层的裂缝检测;二是将传统的 AVO 属性与岩石物理和正演模拟相结合形成地震解释模板技术,指导储层和流体定量预测[29];三是以波传播导致孔隙流体流动机理为基础,利用频散与衰减属性进行流体检测逐渐流行[30];四是基于全方位/宽方位叠前地震资料的裂缝方位和裂缝密度预测技术得到广泛应用[31]。地震反演正向叠前、全方位、多波反演等方向发展。由于叠前反演充分利用了梯度信息,降低了储层和流体预测中多解性,可以提高岩性、物性和含油气性的预测精度,已成为当前储层预测的核心技术之一。随着"两宽一高"地震采集资料的不断增多,全方位叠前地震反演成为可能[32]。从反演算法角度看,非线性和随机反演是未来发展方向,尤其是基于贝叶斯框架的地震反演方法。

面对小尺度勘探目标,储层非均质性严重,应以地质模式为指导,开展以油藏模型为核心的多学科资料综合、多种方法结合的综合油藏描述。如在碳酸盐岩储层描述中,形成了以古地貌、沉积模式和成岩作用为指导,利用岩石物理分析、AVO 分析、叠前反演进行储层预测,利用叠后属性、叠前各向异性分析和应力场分析进行裂缝预测,最后结合钻井和试油资料进行综合评价和水平井部署设计的技术系列,大幅提高了缝洞型储层描述和预测的精度[25]。

3.4 井筒地震技术

井筒地震是油藏地球物理技术的重要组成部分,井筒地震是将地震接收系统或激发系统放到井中进行地震数据采集的技术。从采集方式来看,井筒地震可分为 VSP、井间地震、随钻地震等。由于激发系统或接收系统可以尽可能接近地质目标体,同时可以避免地面干扰和近地表低降速带的影响,因此井筒地震可得到高信噪比和高分辨率的地震数据,如井间地震的分辨率比地面地震高一个数量级,能够精细刻画两井之间的储层变化,这是井间地震技术普遍得到开发界认可的重要原因。目前,作为一类特色技术,各种 VSP 和井间地震技术在国外都已进入商业化应用阶段;随钻地震经过近 30 年的发展,演变成地震导向钻井技术,提高了钻头前方地层的预测精度[33],正处于应用发展阶段。

中国石油从 1980 年开始调研 VSP 技术,1984 年通过引进国外技术和设备迅速形成生产力。目前,拥有自主产权的 KLSeis – VSP 采集系统和 GeoEast – VSP 处理软件,常规 VSP 技术形成了完善配套的服务能力。其作用也从早期简单的区域速度研究和层位标定,发展为井地联合的、处理与解释一体化的油藏精细描述工具,为复杂油藏评价和开发提供了有效手段[19]。中国石油在 1993 年就开始了井间地震技术的系统调研[34],随后通过引进、合作等方式,先后在胜利、辽河、克拉玛依、吉林、大庆等油田开展了大量井间地震试验研究。目前具备初步技术服务能力,但还没有形成商业化软件,井下震源研究还处于跟踪阶段。井间地震主要利用层析成像和反射成像进行井间薄储层空间展布与连通性分析,研究井间物性变化,监测井间油藏变化,通过与地面地震资料的结合,井间地震可以对主力砂体的走向和空间展布进行更准确的预测,可以辅助水平井轨迹设计,提高水平井钻探效果[5,35]。目前,国内随钻地震仍处于前期探索研究阶段,基于钻头信号的随钻资料处理方法已形成初步工作流程,成像结果可靠,地震剖面分辨能力有明显的提升,信息更加丰富。

总之,由于井筒地震观测范围小,要发挥井筒地震的作用,必须与地面地震相结合,形成井地联合的处理和解释一体化技术,主要包括基于 VSP 参数(大地球面发散与吸收衰减参数、反褶积参数、速度参数、各向异性参数)的井驱动地面地震处理,基于 VSP 储层物性标定与精细岩性(AVO、叠前反演)解释驱动的地面地震解释,以及针对特定油藏目标的井间地震与地面地震联合解释等,这也是未来井筒地震的发展趋势。

3.5 多波多分量地震技术

多波多分量地震技术在油气勘探中的应用经历了横波、转换波和多波多分量地震勘探 3 个发展阶段。20 世纪 70 年代,人们企图利用横波速度低的特点来获得比纵波更高的地震分辨率,从而兴起了横波勘探的热潮,但由于横波频率低、能量衰减快,在实际应用中未能得到预期的效果。80 年代中后期,海上多波地震采集设备的出现和纵波激发横波接收技术的应用,使转换波勘探进入了发展高潮,并开始了工业化应用。2000 年,SEG 和 EAGE 联合举办了多波多分量技术研讨会,对多波多分量技术的作用、存在的问题和技术发展趋势进行了详细的总结,指出了下一步研究和发展的方向[36]。进入 21 世纪后,数字检波器的出现推动了多波多分量地震技术由海上到陆上的发展,全面开启了多波多分量研究的新局面。2005 年,EAGE 和 SEG 再次联合召开了多波多分量技术研讨会,在讨论了数据采集、处理和解释技术的基础上,指出了可能的应用领域[37]。目前,多波多分量采集技术已经基本成熟;处理技术基本过关,建立了比较系统的基于偏移成像的处理流程,拥有商业化处理软件系统;解释技术相对比较薄弱,但近年进展很快,初步建立了三分量资料用于储层描述的流程,商业化解释软件平台日趋成熟,如 ProMC、VectorVista、RockTrace 等。总之,多波多分量地震技术经过近 40 年的发展,已从纯粹的理论研究走向了工业化的实验应用阶段,除了在复杂构造成像、致密砂岩气藏识别和高孔油藏精细描述外,多波多分量地震技术在油藏监测,特别是稠油油藏蒸汽驱、低渗透油藏 CO_2 驱,以及页岩气开采中的应用不断增加,四维三分量地震学逐渐成为现实。

中国石油多波多分量地震勘探始于 20 世纪 80 年代初,也大致经历了 80 年代初期横波勘探、80 年代末至 90 年代末的转换波勘探和 21 世纪的多波多分量勘探 3 个阶段。2002 年以来,中国石油在鄂尔多斯盆地苏里格气田、四川盆地广安气田、松辽盆地大庆油田、柴达木盆地三湖地区开展了数字二维三分量和三维三分量的工业化试验[35]。目前,苏里格气田已成为中国数字多分量地震规模化应用最广的地区,经过多年攻关研究,资料品质得到明显提高,形成了以叠前 AVO 分析与交会、叠前弹性参数反演与交会、多波属性及多波联合反演等关键技术的多波有效储层预测和含气性检测技术系列,大幅度提高了有效储层的钻井成功率[38]。此外,在广安和徐深气田,以及三湖地区应用中,同时利用纵波与转换波提高了构造成像效果,圈定了含气范围,更清晰刻画火山岩喷发旋回和火山岩的各向异性[15]。2013 年中国石油西南油气田分公司在四川盆地磨溪—龙女寺地区采集了陆上最大面积数字三维三分量地震资料。

尽管如此,至今多波多分量地震技术在大多数地区的应用仍没有充分体现该技术的价值,其主要原因如下:一是目前资料处理和解释周期过长,难以满足生产需求,没有充分体现多分量地震的潜力;二是处理和解释技术不能满足各种复杂地表和地下条件的需求,如纵波和转换波分别处理,处理效果不稳定,一套处理参数难以兼顾浅、中、深层,处理结果信噪比低、分辨率低;此外因纵波和转换波频率和相位的差异大,导致纵横波匹配难等;三是没有做好采集、处理和解释规划及可行性研究,导致其应用效果不能令人满意。因此,要用好多波多分量地震技术,必须从地质问题出发,在可行性研究的基础上,统筹制定采集、处理和解释对策,强化基于模型的处理和解释技术研究,实现采集、处理和解释一体化。

3.6 时移地震技术

时移地震是在油藏开采过程中,通过对同一油气田在不同的时间重复进行三维地震测量,用地震响应随时间的变化表征油藏性质的变化,应用特殊的时移地震处理技术、差异分析技术、差异成像技术和计算机可视化技术,结合岩石物理学、地质学、油藏工程等资料来描述油藏内部物性参数(孔隙度、渗透率、饱和度、压力、温度)的变化,追踪流体前缘[38]。时移地震试验工作最早可追溯到20世纪80年代初期,但与时移地震相关的成功案例直到90年代初期才见诸文献[40]。为了监测热采的效果,ARCO公司于1982—1983年在美国得克萨斯州北部Holt储层上首次实施了时移地震试验,在火驱采油前、后和火驱过程中各进行了一次地震采集,不同时期地震图像之间的差异非常醒目,显示了时移地震监测火驱的潜力[41]。1987年King等通过野外试验证实了地面地震监测注水的可行性。在80年代中后期和90年代初期,Nur等[42]做了大量岩石物理学实验研究,为时移地震的发展奠定了坚实的岩石物理基础。1992—1995年间在印度尼西亚Duri油田取得的巨大成功表明了时移地震可以在油田开发中发挥重要的作用,促进了世界范围内时移地震研究的开展[43]。进入21世纪,人们提出e-field的概念[44],即在油田开发的每个阶段,在油藏表面、井筒内(如套管上)均安装检波器,然后,选择不同时间进行地震激发,并迅速进行数据处理和分析,以及时跟踪油藏动态并调整开发方案,最终获得最佳的采收率。目前,时移地震技术已成为油藏监测的一项核心技术被广泛地应用于海上油气田的开发和生产过程中。

中国石油时移地震研究起步较晚,2000年以前属于文献调研和时移地震资料处理和解释方法探索阶段[45-47]。2000年以后开始进行一些现场实验研究,主要是以二次二维和二次三维采集的地震资料为基础进行互均化处理和时移地震解释研究,取得了一些初步成果。2001年凌云等[18]提出了特殊的处理方法和流程,在不采用互均化处理条件下获得时移地震储层的差异信息。2000—2001年开展了一些稠油热采的时移地震监测试验[49,50]。随后向水驱油藏监测延伸,2002—2003年,云美厚等[51]、易维启等[52]从时移地震可行性分析出发,对大庆油田T30井区两次采集的二维地震资料进行了归一化处理,利用时移地震资料差异属性变化研究了该区剩余油分布规律。2003年,甘利灯等[53-55]、胡英等[56]在深入剖析长期水驱过程引起的各种油藏参数变化规律以及这些参数变化对地震响应影响的基础上,结合冀东油田二次三维地震采集资料,从可行性研究、叠前和叠后互均化处理以及动态油藏描述等方面对水驱时移地震技术进行了系统的研究,初步形成了配套技术,并在应用中利用振幅差异和时移弹性阻抗反演差异预测了水驱前缘,圈定剩余油分布范围。2007年,凌云等[57]基于准噶尔盆地某油田二次三维采集资料,消除了采集因素差异造成的影响,改善了时移地震的可重复性,获得了反映蒸汽驱油藏的变化,指导了油田进一步开发。2009年后,中国石油开始了真正意义的时移地震采集,于2009年2月和2011年2月在辽河曙光油田完成了7km^{2}的时移地震资料采集和2口时移VSP资料采集,通过时移地震处理和解释联合攻关,很好地刻画了蒸汽腔的几何形态和演变过程[58]。

目前,国内时移地震技术已具备工业化应用的基础,但推广应用面临巨大障碍,主要原因有两点:(1)大多数老油田都在陆上,与海上油田相比,地震采集费用高,钻井费用低,加上井网密,大大降低了时移地震技术的经济可行性;(2)大多数油田属于陆相沉积,储层薄、纵横向变化剧烈,加上水驱为主的开发方式,短时间内油藏变化造成的地震差异小,加上开采过程复杂,开采过程的岩石物理机理研究薄弱,大大降低了时移地震技术可行性。因此,国内时移地震,尤其是水驱时移地震应用研究任重道远。未来发展的方向应该是地震油藏多学科一体化技术(图2),这样既避免了分辨率的问题,又避免了水驱油藏造成地震差异小的问题。

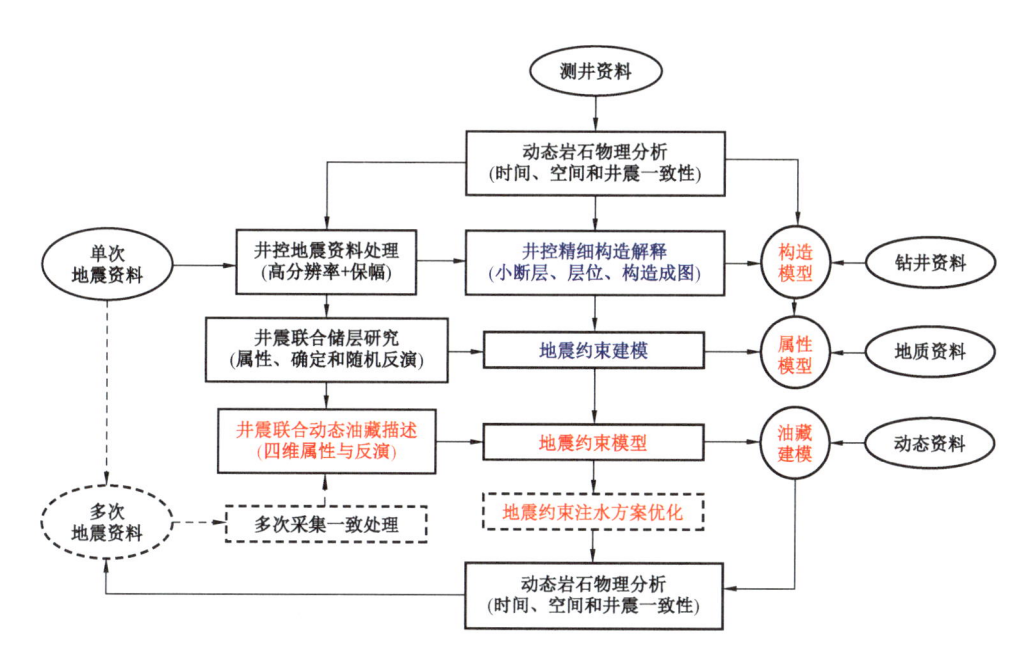

图2 开发后期密井网条件下地震油藏多学科一体化技术流程

3.7 井震藏联合油藏动态分析技术

油气藏开发阶段最大的特点是资料丰富,既有地质、测井和地震资料,又有丰富的油藏动态资料。不同学科的资料都是油藏特征不同侧面的反映,具有不同的特点,可以相互印证,相互补充。例如测井资料具有纵向分辨率高的优势,而地震资料具有横向连续分布的优势。因此,在油藏静态描述中应用井震结合可以最大限度发挥地震和测井资料的优势。同样,油藏动态资料蕴含了丰富的油藏静态和动态信息,与地震资料结合,可以更好地进行油藏静态描述和动态分析。国际上,Huang等[59]最早将时移地震技术与油藏数值模拟相结合,提出了利用时移地震数据约束历史拟合的概念,提高了历史拟合的精度。随后,又提出利用生产动态数据约束时移地震资料分析[60],最终形成了从地震到油藏,再回到地震的技术思路和流程,为地震与油藏融合提供了一种有效途径[61]。当前,从地震到油藏,井震藏结合已成为油藏地球物理技术发展的一个重要趋势。

20世纪末,撒利明等[10]就尝试利用基础和加密井网测井资料和三维地震资料,结合油藏动态数据,通过"地震约束时移测井非线性反演技术",建立开发初期和开发中后期油藏模型,最后通过油藏模型的差异分析,结合动态资料综合预测剩余油分布[11]。凌云等[18]针对中国广泛开展二次或三次高精度三维地震勘探这一背景,将地震与油藏动态资料相结合,提出了3.5维地震勘探方法。其研究成果认为:油田开发中、晚期采集的静态高精度三维地震数据经过严格的相对保持振幅、频率、相位和波形的提高分辨率和高精度成像处理,通过精细三维构造演化解释、沉积相解释以及结合油田开发动态信息的综合解释,可以较有效地解决油田开发中的问题,预测剩余油气的分布范围。3.5维地震勘探较好地回避了时移地震勘探中存在的非重复性噪声问题,解决了某些油田没有早期三维地震或早期三维地震数据质量差的问题,因此可以减少油田开发阶段地震勘探的投入。甘利灯等[17]以大庆长垣喇嘛甸油田"二次开发"实验区采集的、观测系统相近的拟四维三分量资料(炮点和检波点95%以上重合)为基础,从资料处理、岩石物理、油藏静态描述和动态描述,到油藏建模和数值模拟开展了系统研究,提出了以油藏静态和动态模型为核心,通过动态岩石物理分析和井控保幅处理实现井震融合,通过不对油藏模型进行粗化、地震约束油藏建模和数值模拟实现地震油藏融合,最终实现从地震到油藏,再回到油藏的技术思路。初步构建了以8大技术系列为核心的开发后期密井网条件下地震油藏多学科一体化技术体系,建立了基于一次和多次采集地震资料的剩余油分布预测技术流程(图2)。此项研究成果有效地指导了油田剩余油挖潜方案设计和措施实施,采取措施后15口井平均单井日增油89t,含水率下降了97%。

3.8 微地震监测技术

微地震监测技术是通过接收地下岩石破裂产生的声发射事件,定位分析地下破裂产生的几何形态和震源机制,揭示地下岩石破裂性质的技术。观测方式包括井中、地面和井地联合等;资料处理包括速度模型优化、微地震事件筛选、初至拾取、偏振分析、事件快速定位等技术;解释技术包括裂缝网络几何形态分析、地应力估计、储层改造体积(SRV)计算等。通过微地震监测能够对非常规油气开发的水力压裂进行实时指导和评估压裂效果,为压裂施工和油气开发方案提供依据。

微地震监测技术始于地热开发行业,20世纪80年代水力压裂地面监测微地震试验由于信号信噪比太低而宣告失败,随后转入水力压裂井下地震监测试验,并获得成功,使井下观测方式得以快速商业化。2000年左右,随着检波器性能的提高和信号处理技术的发展,地面监测方式重新受到关注,并加大了研究力度,2003年水压裂地面微地震监测在国外开始走向商业化[62]。目前,井中微地震监测技术日渐成熟,斯伦贝谢、ESG、MSI、Magnitude、Pinnacle等公司均有井中监测实时处理能力。展望未来,井中监测的检波器级数不断增加、井地联合微震监测、多井监测是微地震采集的主要发展趋势。在处理和解释上,人们已经不再满足于微震事件的定位,如何利用微地震记录波形反演得到描述破裂性质的震源参数成为竞相研究的热点,如裂缝网络连通性分析及有效 SRV 估计等。在应用上,水力压裂的微地震监测也将逐步向油藏动态监测发展。

中国石油微地震监测技术研究起步较晚。东方地球物理公司自 2006 年开始技术调研,2009 年进行了压裂微震监测先导性研究,2010 年起,开展了专题技术研究,并在微地震震源机理、资料采集、资料处理、定位方法等方面取得重要进展,建立了技术流程。2013 年东方地球物理公司与中国石油勘探开发研究院廊坊分院成功研发了井中微地震裂缝监测配套软件,通过引进法国 Sercel 公司井下三分量数字检波器,形成了较为成熟的井下微地震监测服务能力,已在国内 14 个油气田进行了 80 多口井的微地震监测,整体技术水平与国际同步。川庆物探公司依托中国石油项目"微地震监测技术研究与应用",形成了成熟的地面微地震监测技术,建立了野外施工流程。在蜀南、威远、长宁和昭通地区页岩气区带评价和开发应用中,优选了页岩气有利勘探区域,提供了直井和水平井井位部署意见和支撑服务。

3.9 应力场模拟技术

在地壳的不同部位,不同深度地层中的地应力的大小和方向随空间和时间的变化而变化构成地应力场[63]。它无所不在,无时不在,而且直接影响着固体介质及其蕴含的各种流体的力学行为,是地学研究的重要领域之一。研究表明,古应力场影响和控制油气运移与聚集。现今应力场影响和控制着油气田开发过程中油、气、水的动态变化,它对注采井网部署、调整及开发方案设计;对井壁稳定性研究、套管设计、油层改造和水力压裂设计方案优化;对采油过程引起的地层出砂,注水诱发地震与地层蠕动,以及由此导致的大面积套管损坏具有重要意义。因此,地应力研究在油气勘探开发中有着十分重要的应用价值。

获取地应力场信息最直接的方法就是原地测量,最早的地应力测量可以追溯到 1932 年,美国垦务局利用解除法对哈佛大坝泄水隧道表面应力进行测量。20 世纪 50 年代初,瑞典科学家 Hast 博士发明了测试地应力的仪器,此后开展了大规模浅地层应力测量。随着水压致裂法技术的逐步成熟,70 年代地应力测量的深度不断加大,可达 5000～6000m。其后,地应力测量与测井技术结合使得测量深度进一步加大,测量方法日趋多样化。目前地应力测量大致可以分为 4 大类[64],主要包括构造行迹、裂缝行迹分析法,实验室岩心分析法,测井资料计算法和矿场应力测量法。虽然现场实测地应力是提供地应力场最直接的途径,但是在工程现场,由于测试费用昂贵、测试所需时间长和现场试验条件艰苦等原因,不可能进行大量的测量;而且地应力场原因复杂,影响因素众多,各测点的测量成果受到测量误差的影响,使得地应力测量成果有一定程度的离散性。地应力模拟则可以弥补地应力测量的不足,可以获得更为准确的、范围更大的三维地应力场。目前,模拟方法主要有物理和数学模拟两类:物理模拟是以相似理论为依据,在人工条件下,用适当的材料模拟某些构造变形在自然界的形成过程;数学模拟是用数学力学的方法进行构造应力场模拟计算,最常用的是有限元法。地下应力场主要与 3 个因素有关:一是地层结构,如地层形态和结构,断层的位置与方向等;二是介质的性质,如介质的弹性、强度和密度等;三是外部应力,如构造应力和孔隙压力等。这些信息可以从地质、测井和地震资料中获取。因此在数学模拟中,以岩心和测井地应力分析资料为基础,以实际地应力测量数据为约束,充分发挥地震资料面上采集连续的优势,采用多学科一体化的模拟流程和技术是未来的发展方向,图3为斯伦贝谢公司地应力模拟流程与数据来源。

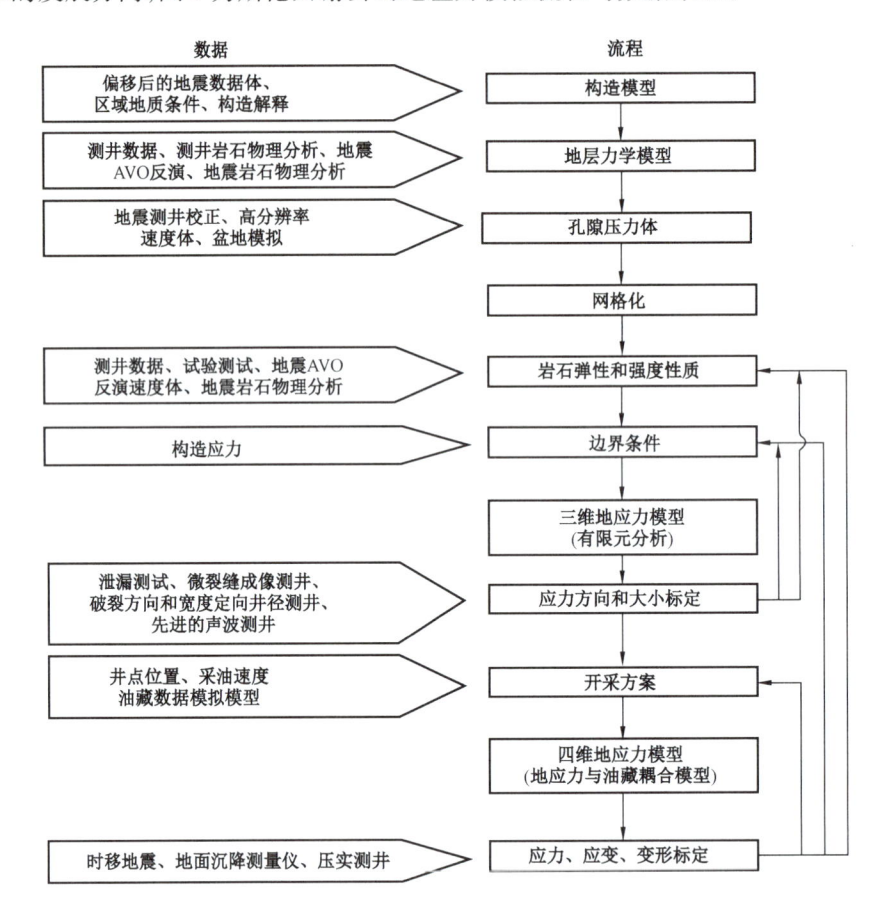

图3 地应力模拟流程与数据来源(据斯伦贝谢公司)

中国地应力测量和研究工作起步较晚,始于20世纪50年代末期,80年代中期成功研制出了YG-81型压磁应力计。1980年10月在河北易县首次成功进行了水力压裂法地应力测量,目前中国的水力压裂地应力测量深度已突破6000m。1990年以来,以蔡美峰领衔的北京科技大学研究组不仅在地应力测试理论方面进行了系统的研究,而且还在实验研究和现场实测的基础上,提出了一系列考虑岩体非线性、不连续性、非均质性和各向异性,并正确进行温度补偿的应力解除法测量技术和措施,大幅度提高地应力的测量精度。在石油工业中,80年代以来,中国石油勘探开发研究院及廊坊分院,辽河、吉林、胜利、大庆和华北等油田都相继开展了地应力测量技术及应用的研究工作。1993年,中国石油天然气总公司组织了"地应力测量技术及其在油气勘探开发中的应用"的攻关项目,从应力测量、计算、模拟、解释和应用等方面进行系统研究,其研究成果已在中国石油行业得到推广和应用。但是,以储层为中心的地应力场理论研究还不够深入,地应力场测量和模拟方法还有待进一步提高,地应力场在油气勘探开发中应用研究还不广泛。虽然如今油气勘探开发中积累了大量的地质、物探、测井、钻井、采油、注水、压裂等资料可为地应力研究提供丰富的信息,但至今还没很好地开发和利用。随着勘探开发目标由常规油气富集区向致密和非常规油气区的转移,水平井分段压裂已逐渐成为增产的主要手段,油气勘探开发对地应力研究的需求定会越来越多,不仅需要宏观的、区域的地应力场,也需要局部的、微观的地应力场;不仅需要平面的地应力场,更需要空间的地应力场;不仅需要了解地应力强度的分布,还需要了解地应力的方向;不仅需要了解地层中地应力的现今状况,也需要了解地应力场的演化历史。

4 中国石油油藏地球物理技术展望

4.1 面临挑战

地球物理技术从面向勘探到面向开发目标的延伸是目前国际地球物理技术发展的趋势,但对于中国陆相薄互层油气藏,加上开发过程复杂,井网密度大,开发和开采阶段的地球物理技术面临着严峻的挑战,主要表现在以下几个方面:

第一,现有的技术效果与地质需求仍存在较大差距。油藏地球物理面临的研究对象具有如下两个特点:一是尺度小,如砂泥岩薄互层中单砂体、低级序断层、微幅度构造以及废弃河道等;二是精度要求高,需要准确识别砂体边界与泥质隔层,需要提高孔隙度、厚度等储层参数的预测精度,甚至需要进行孔隙流体检测。这些目标和需求使油藏地球物理技术面临严峻考验。

第二,动态岩石物理研究有待加强,开发和开采过程造成的地震响应变化的机理研究严重不足。油藏地球物理的核心任务就是建立共享油藏模型,包括静态模型和动态模型,需要通过岩石物理技术建立储层参数与地震参数之间的联系。由于开发和开采过程会造成油藏参数的变化,如油藏压力和饱和度的变化,如果长期水驱还会造成孔隙度与孔隙形态,以及泥质含量的变化,这些变化及其对地震响应的影响是监测油藏动态变化和建立油藏动态模型的基础。然而,目前这方面的研究几乎是一片空白,而且研究难度巨大,如长期水驱后孔隙度与孔隙结构如何变化,以及孔隙结构变化对渗流的影响;聚合物驱的弹性性质及其对地震响应的影响;黏土矿物在水驱过程中的化学变化以及这些变化对弹性性质的影响等,所有这些无一不是世界级难题。

第三,尽管面向"二次开发"的高精度地震采集技术初见成效,但处理、解释和油藏描述配套技术尚未完善,仍不能满足油藏开发与生产的需求。主要表现在:(1)高分辨率和保幅处理技术有待提高与完善,尤其是高精度静校正、保幅去噪、保幅偏移等;(2)地震油藏描述与油藏建模和数值模拟结合不够,直接影响地震在油藏开发中的应用,大大减低了地震资料的价值;(3)开发阶段井网密度大,由于没有适合的批处理软件,使得井震结合储层研究的工作量大幅增加,工作时效性降低,难以赶上生产节奏,影响了地震资料的使用率;(4)面向开发和开采阶段的地震新技术还不够成熟,如高密度、井地联合、多波和时移地震资料处理和解释等技术,使得采集的相关资料不能及时发挥作用,这都成为"地震无用"的证据。

第四,开发和开采阶段井网密集,拥有大量地质、测井和动态生产资料,但是,由于条块管理,阻碍了多学科之间的交流;由于缺乏地震、测井、油藏等多学科融合的技术与软件平台,降低了油藏地球物理技术应用的时效性;加上开发部门没有足够的地球物理人员,使得多学科资料融合成为一句空话,难以落到实处,制约了地震作用的发挥。

第五,高密度、多波多分量和时移地震野外采集成本较高,还面临经济可行性争论。

4.2 发展方向

油藏地球物理是勘探地球物理的延伸,勘探阶段由于井少,储层预测主要依赖地震资料,而开发与开采阶段由于井多,地震的作用逐渐减低,这种主次关系的转变,决定了油藏地球物理技术不是勘探地球物理技术简单重复与延伸,要更好地发展油藏地球物理技术需要转变思路。第一,从可分辨到可辨识的转变,前者属于时间域范畴,无论地震资料具有多高分辨率,都无法满足单砂层识别的需求,后者强调在反演结果上可辨识,由于同样分辨率的资料在波阻抗和密度反演结果上可辨识程度是不同的,这为识别薄储层提供了可能。第二,从确定性到统计性的转变,由于目标尺度小,不确定性强,利用统计性方法可以评估这种不确定性,提高预测结果的可靠性。第三,从时间分辨率到空间分辨的转变,目的是充分发挥地震在面上采集、具有较高横向分辨率的优势,以横向分辨率弥补纵向分辨率的不足。第四,从测井约束地震到地震约束测井,其目的是充分发挥高含水后期井网密,测井资料丰富的优势。第五,从单学科到多学科的转变,建立由地震到油藏再回地震的闭合循环技术流程,以充分挖掘动态资料中所蕴含的丰富油藏信息。通过以上转变思路,要形成以动静态油藏模型为目标,以井控资料处理、井控解释和井震联合储层研究实现井震融合,以油藏模型不粗化、地震约束建模和地震约束数值模拟实现地震油藏一体化为技术对策的技术系列,在此基础上建立基于一次采集地震资料和多次采集地震资料的剩余油分布预测技术流程,最大限度发挥地震资料的价值(图2)。为此必须做好以下几个方面的研究工作:

第一,要强化基础研究,做好动态岩石物理分析,为井震和震藏融合奠定基础。在开发与生产阶段,由于更加关注油藏的变化与流体在储层中的流动,即油藏的渗流特性,这与储层的微观结构、孔隙的形态与流体的可流动性密切相关。因此开发与开采阶段岩石物理研究要突出动态与微观两个特征,更加注重孔隙中流体的流动及其对地震响应的影响,这对岩石物理提出更高要求。此外,由于开发后期测井资料时间跨度大,使得地震、测井资料不匹配问题更加突出,还必须做好井震一致性处理与校正。

第二,要强化井控处理,做好井地联合采集与处理,充分发挥井筒地震的作用。井筒地震的分辨率介于测井与地面地震之间,是连接二者的最佳桥梁,可以在资料处理中发挥重要作用,其主要作用有两个方面:井控处理与保幅处理质量控制。此外,由于井筒资料分辨率较高,可以通过约束提高地面地震处理结果的分辨率,以更好满足开发阶段对分辨率的需求。通过井控地震资料处理进一步实现井震资料的一致性,为井震融合解释提供基础,未来井筒地震与地面地震联合采集、处理与解释将是油藏地球物理发展的一个方向。

第三,要发挥地震和测井资料各自优势,做好井震联合储层研究,提高井间储层描述可靠性。地震资料的优势在于横向分辨率,而测井资料的优势在于纵向分辨率,二者结合才能优势互补,满足开发阶段对构造解释和储层的预测高精度需求,全程井控的构造解释和储层预测是未来油藏地球物理解释技术发展的另一个趋势,主要内容包括井控小断层解释、井控层位追踪、井控构造成图、井控属性分析和随机地震反演等技术。

第四,要发挥叠前和多分量地震资料优势,提高储层与流体描述精度。由于增加了梯度信息,基于叠前地震资料的储层预测技术不但可以提高岩性和物性预测的精度,还可以提高流体检测精度,叠前反演与时移地震技术结合,还可以区分不同因素引起的油藏变化,如区分油藏压力与饱和度变化,减低时移地震剩余油分布预测的多解性。同样,多分量地震技术由于增加了横波的信息,可以弥补纵波成像的不足,提高储层预测精度,增强流体识别能力,突破裂缝预测瓶颈。近年来问世的四维三分量地震技术已展示良好的发展前景,可应用于各种复杂油藏,如碳酸盐岩油藏和致密 CO_2 驱油藏的监测。

第五,要探索时移地震和微地震监测技术,提高动态油藏描述的可靠性。时移地震油藏监测是预测剩余油分布最直接的手段,由于中国东部老油区大部分地区都开展过二次三维采集,充分利用已采集的资料开展时移地震研究具有重要经济价值,当然由于不是真正意义的时移采集,资料的可重复性差,需要研发新的互均化处理技术,以消除采集参数差异造成的影响。更需要研发快速有效的四维资料解释技术,这种技术能够将互均化处理后不同时间的地震资料与动态资料关联,从中找出一些敏感的地震参数反映油藏的变化,达到预测剩余油分布的目的。微地震监测能够对非常规油气开发的水力压裂进行实时指导和压裂效果评估,为压裂施工和油气开发方案提供帮助,是未来地震向油藏工程延伸的重要技术。

第六,要提倡在不进行油藏模型粗化的基础上开展油藏数值模拟,做好地震约束油藏建模和数值模拟,实现多学科一体化,提高剩余油分布预测精度。地震约束油藏地质建模是以地质统计学理论为核心,结合常规地震解释、反演、属性分析等成果以及井间地震、VSP 等资料,建立油藏地质模型的一项综合技术。在高含水后期,地震资料对油藏地质模型的约束作用主要体现为控制构造空间形态、表征储层非均质性以及降低模型不确定性上。地震约束油藏数值模拟技术的核心是在历史拟合过程中引入了地震信息,不但可以实现井点模拟结果和实际动态数据匹配,还保证了油藏模型对应的地震合成资料与实际资料匹配,从而提高了油藏数值模拟的精度和剩余油分布预测的可靠性。值得指出的是,传统数值模拟是在粗化的模型上进行的,由于粗化使得数值模拟结果的纵向采样率减低,油藏数值模拟结果对应的合成记录与实际记录差异巨大,无法实现与实际地震记录的对比分析,阻碍了多学科一体化。

此外,为实现地震在油藏工程中的支撑作用,指导水平井和压裂部署和现场跟踪,要加强地应力场模拟研究,充分发挥地震资料空间连续分布的优势,提供完整、准确的三维地应力分布。

5 结束语

现今地球物理师与油藏工程师的联系日益紧密,具备了地球物理向开发延伸的技术基础;近几年中国石油面向"二次开发"的地震技术取得的成效树立了油藏地球物理技术发展的信心;通过叠前反演、烃类检测、高密度、宽方位、多波、四维、井地联合等高端技术攻关,地震技术进入开发实现贯穿油田勘探开发整个生命周期目标是可能的。为此,在组织上,要强调地震采集、处理和解释的一体化,地震、地质和油藏工程的一体化以及开发部、研究院和采油厂等参加单位组织协调一体化。在技术上,要集成成熟技术,研发地震油藏一体化平台,推动地震技术向油藏工程领域延伸;要攻关瓶颈技术,提高多学科一体化时效性,全面提升地震在油藏工程中的作用;要试验和研究宽方位、多分量和时移地震等高端技术,增加井间地震信息采样密度和信息量,提高井间油藏变化的刻画精度;要探索前沿技术,突出面向开发过程的岩石物理基础研究,如孔隙结构和渗流特性的地震响应特征研究,从物理机理上实现地震油藏一体化。在措施上,要建立相对稳定的研究团队,推动地震—油藏一体化平台建设以及人员和软件平台的整合;要以典型实验区研究为目标,带动技术系列、技术流程和技术规范的形成及推广,为油藏地球物理技术大面积推广应用奠定基础;要做好技术培训,充分发挥采油厂的作用,尽快将技术转化为生产力,力争在"二次开发"的实践中发挥主力军作用。

感谢中国石油勘探开发研究院油气地球物理研究所张研所长、谢占安副所长对论文编写的大力支持,感谢董世泰主任和王春明高工提供了部分素材。论文引用了大量公开发表的油藏地球物理研究成果和结论,其中许多作者是中国油藏地球物理界的老前辈、老领导,对他们的贡献特表敬意!

参 考 文 献

[1] Johnston D. Methods and Applications in Reservoir Geophysics(Investigations in Geophysics Series:No15). SEG,2010.

[2] 孟尔盛,等. 开发地震. 中国石油学会物探专业委员会培训班教材,1999.

[3] Sheriff R E. Encyclopedic Dictionary of Applied Geophysics. SEG,2002.

[4] Pennington W D. The rapid rise of reservoir geophysics. The Leading Edge,2005,24(S):86–91.

[5] 王喜双,甘利灯,易维启,等. 油藏地球物理技术进展. 石油地球物理勘探,2006,41(5):606–613.

[6] 韩大匡. 准确预测剩余油相对富集区提高油田注水采收率研究. 石油学报,2007,28(2):73–78.

[7] 韩大匡. 关于高含水油田二次开发理念、对策和技术路线的探讨. 石油勘探与开发,2010,37(5):583–591.

[8] 刘雯林. 油气田开发地震技术. 北京:石油工业出版社,1996.

[9] 撒利明,梁秀文,张志让. 一种新的多信息多参数反演技术研究:SEIMPAR//1997东部地区第九次石油物探技术研讨会论文摘要汇编,1997:364–367.

[10] 撒利明,师永民. 大庆太190区块地震多信息反演剩余油预测(研究报告). 中国石油集团西北地质研究所内部资料,1999.

[11] 崔生旺,管叶君. 大庆油气地球物理技术发展史. 北京:石油工业出版社,2003:494–499.

[12] 甘利灯,殷积峰,李永根,等. 利用储层特征重构技术进行泥岩裂缝储层预测//1997年东部地区第九次石油物探技术研讨会论文摘要汇编,1997:446–456.

[13] 撒利明,梁秀文,刘全新. 一种基于多相介质理论的油气检测方法. 勘探地球物理进展,2002,25(6):32–35.

[14] 杜金虎,赵邦六,王喜双,等. 中国石油物探技术攻关成效及成功做法. 中国石油勘探,2011,16(5-6):1–7.

[15] 刘振武,撒利明,张明,等. 多波地震技术在中国部分气田的应用和进展. 石油地球物理勘探,2008,43(6):668–672.

[16] 刘振武,撒利明,董世泰,等. 中国石油物探技术现状及发展方向. 石油勘探与开发,2010,37(1):1–10.

[17] 甘利灯,戴晓峰,张昕,等. 高含水后期地震油藏描述技术. 石油勘探与开发,2012,39(3):365–377.

[18] 凌云,黄旭日,孙德胜,等. 3.5D地震勘探实例研究. 石油物探,2007,46(4):339–352.

[19] 郭向宇,凌云,高军,等. 井地联合地震勘探技术研究. 石油物探,2010,49(5):438–450.

[20] 撒利明,董世泰,李向阳. 中国石油物探新技术研究及展望. 石油地球物理勘探,2012,47(6):1014–1023.

[21] 张佳佳,李宏兵,姚逢昌. 可变临界孔隙度模型及横波预测//中国地球物理2010——中国地球物理学会第二十六届年会、中国地震学会第十三次学术大会论文集,2010.

[22] Ba J,Cao H,Yao F C. Velocity dispersion of P waves in sandstone and carbonate:Double – porosity and local fluid flow theory. SEG Technical Program Expanded Abstracts,2010,29:2557 – 2563.

[23] 李凌高,甘利灯,杜文辉,等. 面向叠前储层预测和油气检测的岩石物理分析新方法. 内蒙古石油化工,2008,33(18):116 – 119.

[24] Gan L,Dai X,Li L. Application of petrophysics – based prestack inversion to volcanic gas reservoir prediction in Songliao Basin. CPS/SEG Beijing 2009 International Geophysical Conference & Exposition,2009.

[25] 王喜双,曾忠,易维启,等. 中国石油集团地球物理技术的应用现状及前景. 石油地球物理勘探,2010(5):768 – 777.

[26] 杜金虎,王招明,杨平,等. 碳酸盐岩岩溶储层描述关键技术. 北京:石油工业出版社,2013.

[27] 王喜双,曾忠,张研,等. 中油股份公司物探技术现状及发展趋势. 中国石油勘探,2006,11(3):35 – 49.

[28] 赵邦六,陈树民,等. 低渗透薄储层地震勘探关键技术. 北京:石油工业出版社,2013.

[29] 杨志芳,曹宏,姚逢昌,等. 致密碳酸盐岩气藏地震定量描述//中国地球物理第二十九届年会论文集,2013:731 – 732.

[30] Li Xiangyang,Wu Xiaoyang,Mark Chapman. Quantitative estimation of gas saturation by frequency dependent AVO:Numerical,physical modeling and field studies. IPTC,2013,No16671.

[31] Roure B,Downton J,Doyen P M,et al. Azimuthal seismic inversion for shale gas reservoir characterization. IPTC,2013,No17034.

[32] Zong Z,Yin X,Wu G. AVAZ inversion and stress evaluation in heterogeneous media. SEG Technical Program Expanded Abstracts,2013,32:428 – 432.

[33] Chuck Peng,John Dai,Sherman Yang. Seismic guided drilling:Near real time 3D updating of subsurface images and pore pressure model. IPTC,2013,No16575.

[34] 甘利灯. 地震层析成像现状与展望. 石油地球物理勘探,1993,28(3):362 – 373.

[35] 刘振武,撒利明,张昕,等. 中国石油开发地震技术应用现状和未来发展建议. 石油学报,2009,30(5):711 – 721.

[36] James Gaiser,Nick Moldoveanu,Colin Macbeth,et al. Multicomponent technology:the players,problems,applications,and trends:Summary of the workshop sessions. The Leading Edge,2001,20(9):974 – 977.

[37] Heloise Lynn,Simon Spitz. Pau 2005. The Leading Edge,2006,25(8):950 – 953.

[38] 杨华,王喜双,王大兴,等. 苏里格气田多波地震勘探关键技术. 北京:石油工业出版社,2013.

[39] 甘利灯,邹才能,姚逢昌,等. 实用四维地震监测技术. 北京:石油工业出版社,2010.

[40] 赵改善. 油藏动态监测技术的发展现状与展望:时延地震. 勘探地球物理进展,2005,28(3):157 – 168.

[41] Greaves R J,Fulp T J,Head P I. Three – dimensional seismic monitoring of an enhanced oil recovery project. SEG Technical Program Expanded Abstracts,1998,17:476 – 478.

[42] Nur A M,Wang Z. Seismic and Acoustic Velocities in Reservoir Rocks:Volume 1,Experimental Studies. SEG,1989.

[43] Jenkins S,Waite M and Bee M. Time lapse monitoring of the Duri steam flood:A pilot and case study. The Leading Edge,1997,16(9):1267 – 1274.

[44] Lumley D E. The next wave in reservoir monitoring:The instrumented oil field. The Leading Edge,2001,20(6):640 – 648.

[45] 庄东海,肖春燕,许云,等. 四维地震资料处理及其关键. 地球物理学进展,1999,14(2):33 – 43.

[46] 陈小宏,牟永光. 四维地震油藏监测技术及其应用. 石油地球物理勘探,1998,33(6):707 – 715.

[47] 庄东海,肖春燕,许云,等. 四维地震资料解释. 勘探家,2000,5(1):22-25.
[48] 凌云,高军,张汝杰,等. 随时间推移(TL)地震勘探处理方法研究. 石油地球物理勘探,2001,36(2):173-179.
[49] 于世焕,宋玉龙. 四维地震技术在草20块蒸汽驱试验区的应用. 复式油气田,2000,21(3):48-51.
[50] 霍进,张新国. 四维地震技术在稠油开采中的应用. 石油勘探与开发,2001,28(3):80-82.
[51] 云美厚,张国才,李清仁,等. 大庆T30井区注水时移地震监测可行性研究. 石油物探,2002,41(4):410-415.
[52] 易维启,李清仁,张国才,等. 大庆TN油田时移地震研究与剩余油分布规律预测. 勘探地球物理进展,2003,26(1):61-65.
[53] 甘利灯,姚逢昌,邹才能,等. 水驱四维地震技术——可行性研究及其盲区. 勘探地球物理进展,2003,26(1):24-29.
[54] 甘利灯,姚逢昌,邹才能,等. 水驱四维地震技术——叠后互均化处理. 勘探地球物理进展,2003,26(1):54-60.
[55] 甘利灯,姚逢昌,杜文辉,等. 水驱油藏四维地震技术. 石油勘探与开发,2006,34(4):437-444.
[56] 胡英,刘宇,甘利灯,等. 水驱四维地震技术——叠前互均化处理. 勘探地球物理进展,2003,26(1):49-53.
[57] 凌云,黄旭日,高军,等. 非重复性采集随时间推移地震勘探实例研究. 石油物探,2007,46(3):231-248.
[58] 凌云,郭向宇,蔡银涛,等. 无基础地震观测的时移地震油藏监测技术. 石油地球物理勘探,2013,48(6):938-947.
[59] Huang Xuri, Laurent Meister, Rick Workman. Production history matching with time lapse seismic data. SEG Technical Program Expanded Abstracts,1997,16:862-865.
[60] Huang Xuri, Robert Will. Constraining time-lapse seismic analysis with production data. SEG Technical Program Expanded Abstracts,2000,19:1472-1476.
[61] Huang Xuri. Integrating time-lapse seismic with production data: A tool for reservoir engineering. The Leading Edge,2001,20(10):1148-1153.
[62] 尹陈,刘鸿,李亚林,等. 微地震监测定位精度分析. 地球物理学进展,2013,28(2):800-807.
[63] 李志明,张金珠. 地应力与油气勘探开发. 北京:石油工业出版社,1997.
[64] 周文,闫长辉,王世泽,等. 油气藏现今地应力场评价方法及应用. 北京:地质出版社,2007.

中国石油高密度地震技术的实践与未来*

刘振武　撒利明　董世泰　唐东磊

摘要　中国石油自2003年开始在中国西部、东部开展了高密度二维地震试验,2006年以后,以满足空间采样"充分、均匀、对称、连续"为原则,开展三维高密度试验应用,在塔中、准噶尔西北缘、吐哈丘陵、大庆长垣、辽河欢喜岭、冀东等重点地区取得了良好应用效果,特别是准噶尔西北缘高密度空间采样地震勘探现场试验,横向分辨率得到大幅度提高,信噪比改善明显。高密度地震技术先导试验,指导并推动了该技术在中国的发展,2010年以后,高密度技术向"两宽一高"发展,即宽频带、宽方位、高密度,在柴达木盆地英雄岭、新疆环玛湖、塔北、塔中、库车、川中、松辽、渤海湾等探区开展规模化应用,已成为中国石油地震勘探的主体技术。随着全频可控震源激发(1.5~96Hz)、单点宽频接收(数字检波器、4.5Hz低频检波器)、多道地震数据记录(大于20万道)等技术的发展,单点激发、单点接收、宽频宽方位高密度是未来中国石油高密度地震技术发展方向,强化全频高密度地震资料处理解释是未来主要工作。

1　问题的提出

随着油气勘探开发的不断深入,地质目标变得越来越复杂,需要采用更高精度的地震技术来准确落实油气圈闭。高密度地震技术是近年来国外发展较快的物探技术之一,采用该方法获得的地震资料较好地解决了压制噪声、提高分辨率和保真度等难题。为加快高密度地震技术在中国石油的发展应用,中国石油科技管理部组织相关专家和单位进行了高密度地震技术的专题研讨,部署实施了先导试验。

当前中国石油油气勘探开发的重点是前陆盆地、岩性地层油气藏、深层碳酸盐岩和火山岩油气藏、老区等,它们具有以下4个方面的共性:一是储层薄。东部地区储层厚度为1~5m,中西部地区储层厚度为5~10m,已经超过了常规地震技术分辨率极限。二是储层非均质性强,陆相沉积相变快,砂泥互层错迭发育。碳酸盐岩储层类型多,储集层控制因素复杂。火山岩储层发育机制各不相同,物性差异较大。常规地震技术已不能满足横向分辨较小目标和开展各向异性研究的要求。三是复杂地表条件下的地下构造、断块非常复杂。表层和地下构造复杂导致地震成像困难,低幅度构造、复杂断块导致地震成像精度低,常规地震技术不能满足提高成像精度和纵向、横向分辨率的要求。四是富油气凹陷(区带)油气藏精细评价、剩余油监测、寻找新层系和开发动态监测等成为物探工作重点。因此,提高地震资料的信噪比以提高成像精度、提高地震频带宽度以提高分辨率、提高保真度以提高储层和流体预测精度成为油气勘探开发对地震技术的迫切需求。针对各类复杂油气藏勘探开发所面临的问题,在重点难点勘探目标和富油气凹陷油藏精细评价与开发过程中,在准噶尔盆地西北缘等地区开展了高密度地震技术先导试

---

* 首次发表于《石油勘探与开发》,2009,36(2)。此次结集出版时,做了部分补充和修订。

验和研究，形成了一套能在中国石油推广应用的高密度地震技术，该技术能够提高构造成像精度、岩性预测和烃类检测精度，为进一步提高中国石油勘探开发成效提供了技术保障。

2 高密度地震技术发展现状

高密度地震技术指道间距小于常规道间距或单点不组合的地震采集、提高分辨率处理和油藏建模一体化的技术，是近几年来国外迅速发展的一项新技术，它通过提高地震资料的信噪比、分辨率和保真度，进而提高了构造成像精度、薄储层识别精度和岩性预测精度。

野外检波器组合可以滤除相干噪声，但实际操作时理论组合比较难适应野外噪音的变化，地面耦合的不一致性和组内静校正的误差污染了各检波器的采集数据，使每个检波器均产生叠加误差，组合形式越复杂，波场的采样误差就越大[1]。地震勘探的对象是各向异性的，因此最佳的野外采集方式应该是检波器组合形式在探区内也应有一定的变化。

1972 年 Newman 和 Mahoney 首次提出了单点接收的思路；1973 年 Newman 和 Mahoney 提出检波器组合误差问题[2]；1987 年 Ongkiehong 和 Huizer 提出信号中的噪声问题[3]；1988 年 Burger 提出单点接收通过处理改善数据的思路[4,5]；1988 年 Ongkiehong 和 Haskin 提出采集足迹问题[6]；1995 年 Paquette 提出仪器位数问题；2000 年西方地球物理公司和 CGG 分别推出单站单道的万道 Q 系统、SN408 系统，Blacquiere 再次推动单检波器记录，开启了工业化高密度地震勘探试验和生产[7]。

高密度地震提高地震资料品质的优势明显。首先是波数响应优势。高密度对噪音波场充分采样，使得时间域常规采样和去假频滤波，在使用高密度接收以后，可以将基本采样定律扩展到空间域，数据按不同组合模式输出，消除假频噪声。从图 1 可以看出，在 FK 频谱上，大组合大道间距产生了大量次生干扰，如果不组合，频谱十分干净。第二是混响优势。高密度接收能够校正由于虚假振幅变化和沿组合方向的静校正误差[8,9]。第三是采样密度优势。高密度接收室内组合可以考虑噪声压制满足平面两维的需要。第四是高分辨率和高保真度。从不同道间距数据的频谱分析看，小道间距数据的高频振幅衰减慢，在提高分辨率方面优势明显[10,11]。第五是消除了采集足迹。引起采集足迹的一个主要原因就是空间采样率不足，而空间采样率不足是由于野外地震道数受限制、野外线距和道间距过大所引起的，高密度接收提高了空间采样率，有效消除了采集足迹现象[10]。

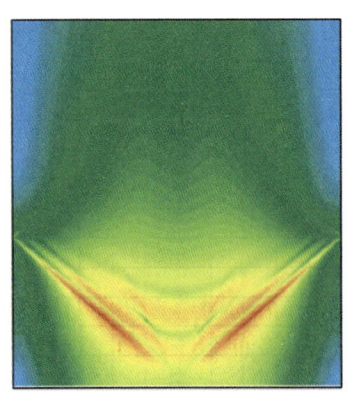

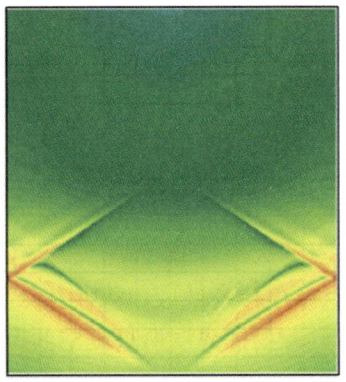

a.充分采样，采样间隔10m　　b.无污染采样，采样间隔20m　　c.采样不足，采样间隔40m

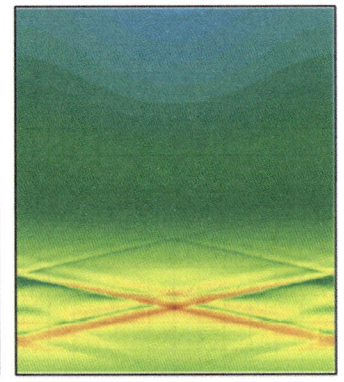

图 1 组合与不组合 FK 频谱对比

在叠前偏移成像处理中,成像道密度是一个重要的参数,是代表每平方千米中有多少地震道参与成像,它与道间距、炮距、接收线距、炮线距、接收片的大小及排列长度等都有关系。根据 Norm Cooper 提出的道密度计算公式如下:

$$道密度 = 覆盖次数 \times 10^6 / 面元面积$$

2.1 国外高密度地震技术发展现状

高密度地震技术起源于国外,根据野外实施方法不同形成了 2 种类别:一是小道间距高成像道密度,其核心思想是增加接收点和炮密度,达到提高空间采样率和分辨率目的。野外采用模拟检波器组合、小面元、小道间距、较宽方位角采集,室内精细处理和反演解释,代表技术有 HD3D、Eye-D 一体化技术和近几年发展起来的 UniQ 技术;二是单点接收室内数字组合高密度,其核心思想是单点接收室内数字组合,达到提高信噪比、分辨率和保真度目的。野外采用数字检波器单点、子线观测系统采集,室内数字组合压噪及静校正等特殊处理和油藏建模,代表技术为 Q-land 技术。高密度地震勘探技术有利于提高静校正精度、压制干扰、进行各向异性分析、提高地震资料的信噪比和空间分辨率。

国外三大代表技术 HD3D、Eye-D 和 Q-land 近几年来得到大力应用,近年来发展起来的单点 UniQ 技术逐步替代了 Q-land 技术,成为高密度地震代表技术(表1),在提高空间采样密度的同时,加大横纵比,实现宽方位采集,道密度较以前普遍提高 4~6 倍,横纵比从 0.3 左右提高到 0.6 以上,在叠前偏移处理基础上开展弹性反演解释。应用实例表明,高密度地震技术是提高资料信噪比和纵、横向分辨率的有效技术。

表 1 国外高密度地震技术应用现状

技术类别	服务公司	代表技术	应用范围	主要参数
小道间距高成像道密度	PGS	HD3D	陆地、海洋	面元大小:海上 3.125m×6.25m;陆上 12.5m×12.5m;成像道密度:40×10^4 道以上;处理:宽方位、各向异性;解释:叠前弹性反演
	CGG	Eye-D	陆地、海洋	
	西方	UniQ	陆地	面元大小:陆上 5m×5m;数字单点,20 为 10^4 道仪器;成像道密度:大于 200×10^4 道/km²;处理:宽方位、分方位、各向异性;解释:叠前弹性反演
单点接收室内数字组合高密度	WEI	Q-land	陆地、海洋、油藏	面元大小:陆上 5m×5m;数字单点,3×10^4 道仪器;处理:DGF、宽方位、各向异性;解释:叠前弹性反演

PGS 公司在欧洲、美洲、东南亚等地区开展了大量 HD3D 试验与生产。在落基山前陆地区采用 16.7m×16.7m 面元,覆盖次数 48 次,道密度为每平方千米 17.1×10^4 道(图 2a),与本区老常规三维 33.5m×33.5m 面元,48 次覆盖,道密度每平方千米 2.8×10^4 道相比,面元缩小了 4 倍,道密度提高了 4 倍,纵向、横向分辨率均有大幅度提高(图 2b)。

CGG 公司将 Eye-D 技术广泛应用于海洋和陆地地震勘探中也取得了很好的效果。在陆地应用中,采用了 HPVA 高效可控震源技术和 Eye-D 一体化技术,采用 HPVA 小炮距提高空间采样密度后地震资料横向分辨率提高明显。西方地球物理公司将其 Q-land 技术广泛推广应用到陆地、海洋、油藏等勘探领域中,在科威特 Minagish 油田、阿尔及利亚 Hassi Messaoud 油田、沙特

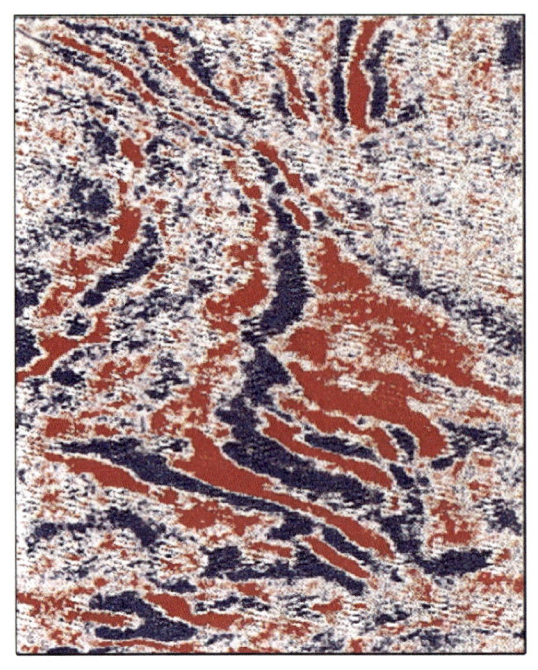

a.面元大小16.7m×16.7m、170 808道/km², 48次覆盖　　　b.面元大小33.5m×33.5m、28 468道/km², 48次覆盖

图 2　HD3D 在落基山陆地高密度地震剖面

阿拉伯等开展了 Q-land 地震勘探。在科威特采用 20160 道,5m 点距,4 子接收线,可控震源作业,72 次覆盖,共采集了 24km², 地震资料频带从 8～40Hz 提高到了 8～80Hz,信噪比得到显著改善,在井控资料处理基础上,准确圈定了有利砂体储层的范围,提高了产量[11,12]。

2.2　中国石油高密度地震技术发展现状

中国石油开展了大量高密度地震勘探技术试验和方法研究,在采集方面开展了连续空间采样,基于 CRP(共反射点道集)与减弱采集脚印等优化观测系统方法,道密度、炮密度、覆盖次数与成像效果关系等方面的研究;在处理方面,开展了适合去噪、偏移等处理算法的最小数据集重构,三维数据体叠前噪音分析,衰减方法及高保真处理方法等研究,并在试验生产中初步见效。自 2003 年以来,先后在苏里格等多个地区(表 2)开展了小面元、高覆盖次数的小道间距高密度地震试验和生产。中国石油逐步将高密度地震技术从东部推向西部,从常规勘探推向高精度油藏描述的工业化应用,如在苏里格地区开展了道间距 10m,覆盖次数 350 次的二维高密度地震和三维三分量数字高密度地震试验与生产,在准噶尔盆地开展了道间距 5m 的二维高密度地震和面元 12.5m×12.5m 的三维高密度地震生产。近几年来的复杂山地攻关也采用了高密度的二维观测系统。2005 年中国石油还与 CGG 公司合作在辽河油田开展了 200km² 的高密度地震采集处理解释一体化作业,成像道密度增加,横向地震分辨率明显提高。2012—2013 年,与西方地球物理公司合作,分别在四川等探区开展了 UniQ 高密度地震采集先导试验。由于单点高密度技术在野外实行单点高密度接收、点源自适应激发,对信号和噪声实行"宽进宽出",拓宽激发和接收频带,避免采集过程中因对付噪声而使反射信息受到污染,保持反射信号保真度,使得单点高密度地震技术在中国石油大规模推广应用。

表2 中国石油代表性高密度地震技术应用

工区	道数（道）	道密度（道/km²）	面元（m×m）	道距（m）	线距（m）	炮点距（m）	炮线距（m）	覆盖次数	工作量（km²）
苏里格沙漠区2D	2800			5		20		350	3500
姬塬黄土区2D	2160			10	5	60		180	
准噶尔石南沙漠区2D	1500			5		50		75	
准噶尔车排子2D	960			5		30		80	
华北同口2D	3480			5	5	25		348	
准噶尔红18井区3D	3680	460000	12.5×12.5	25	150	25	200	72	46
塔中85井区3D	6336	460800	12.5×12.5	25	300	25	550	72	65
冀东高南3D	4080	1066666	7.5×7.5	15	255	15	255	60	20
大港孔南3D	5600	1280000	12.5×12.5	25	175	25	175	200	40
吐哈丘陵3D	2560	320000	15×15	30	180	30	300	72	210
辽河油田欢喜岭3D	7680	614400	12.5×12.5	25	300	25	500	96	200
大庆西斜坡3D	3400		10×10	20	160	20	160	25	33
大庆长垣喇嘛甸3D	2688	280000	20×20	40	240	40	240	112	100
哈13井3D	33440	12288000	6.25×6.25	12.5	200	12.5	200	480	101
新疆霍尔果斯3D	28800	14400000	5×5	10	200	10	200	360	40
四川公山庙3D	25920	12960000	5×5	10	200	10	200	324	51
辽河雷家-高升3D	11264	2560000	10×10	20	110	20	110	256	210
新疆迪南83D	8192	1840000	25×25	50	150	50	150	1152	600
玛湖1313D	15120	8060000	12.5×12.5	25	150	25	150	1260	300
塔里木东秋83D	19152	880000	10×30	20	180	60	360	266	345
大庆永乐3D	6144	960000	10×20	20	160	40	160	196	100

准噶尔盆地西北缘红18井区采用6.25m×6.25m面元（细分），单深井潜水面下2m激发，均匀采样，应用基于多属性的微测井资料解释、模型法、折射法静校正、3DFK叠前去噪、叠前时间偏移成像等技术，单炮记录分频扫描显示地震数据的频带可达到125Hz，剖面浅层主频大于75Hz、中深层主频大于60Hz，比老资料提高了20Hz，新资料揭示小断层等地质现象的能力明显增强（图3）。

在吐哈丘陵三维项目中，开展了高密度地震三维采集，面元大小15m×15m、大吨位可控震源激发，处理中采用叠前多域去噪、几何扩散、地表一致性补偿、叠前时间偏移成像等技术，解释中采用了模型正演、谱分解、可视化、地震反演及储集层预测等技术，重新构建了丘陵油田的地下地质格架（图4）。图4显示新资料刻画的三间房组油藏顶面构造更精确，同时解决了一系列开发井动态分析不清的难题，在陵3区块发现西山窑组油藏，为丘陵油田二次开发和滚动扩边奠定了基础，找到了丘陵油田进一步主攻周边圈闭和深层下侏罗统、三叠系的勘探方向。

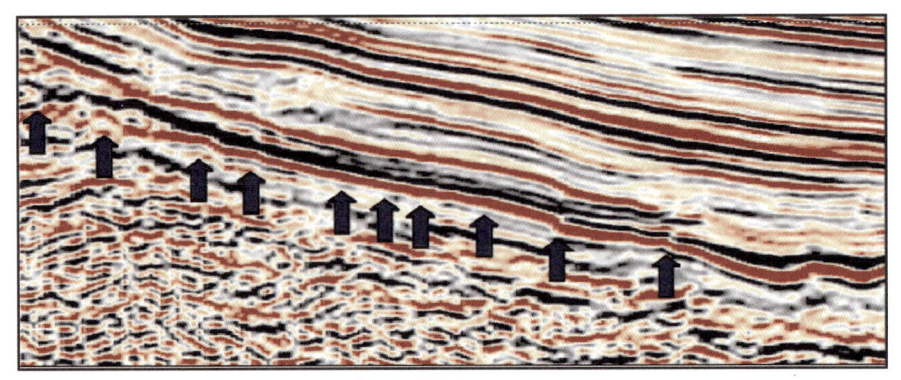

a. 常规地震剖面(25m×25m)

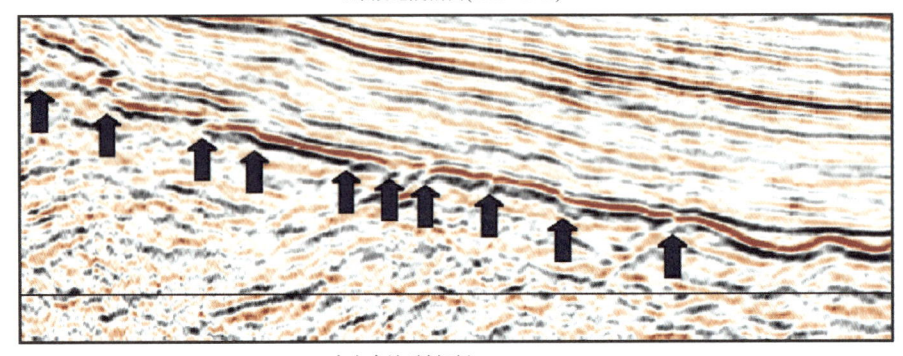

b. 高密度地震剖面(6.25m×6.25m)

图 3　准噶尔盆地红 18 井高密度地震剖面与常规地震剖面对比

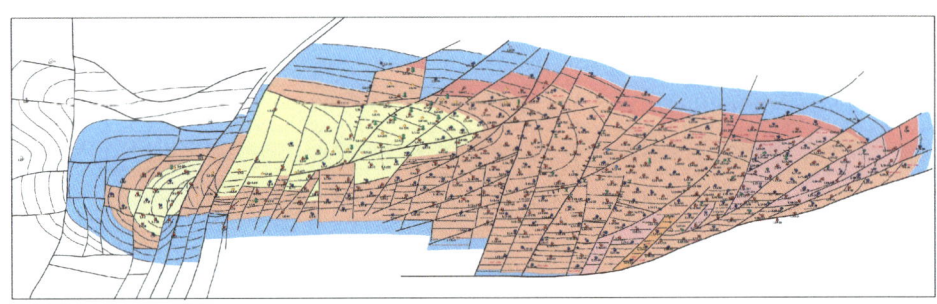

a. 新资料应用前

b. 新资料应用后

图 4　吐哈丘陵油田三间房组油藏顶面构造新老对比

在辽河油田欢喜岭地区中国石油与 CGG 公司开展了三维高密度地震勘探国际合作,应用 Eye-D 技术,核心技术有两点,一是多道数(7680 道)、小面元(12.5m×15.2m)、宽方位(0.9)的提高分辨率采集。采用 96 次覆盖、宽方位角观测、逐井设计激发深度、实时质量控制等措施,获得了高品质的原始地震记录。二是采集处理解释一体化的解决方案,包括叠前时间和深度偏移、分方位角处理、叠前弹性反演等。原始单炮频带宽度达到 5~80Hz(2s 以上地层);分辨率提高 10~15Hz(图 5);弹性反演时,Qi108 井把 1850ms 反演时窗内的层位细分为 176 个小层,平均每层厚度 5~10m,比传统反演方法提高近 1 倍;在未知流体特性情况下,纵横波速度比参数反演反映的流体分布与井完全吻合。

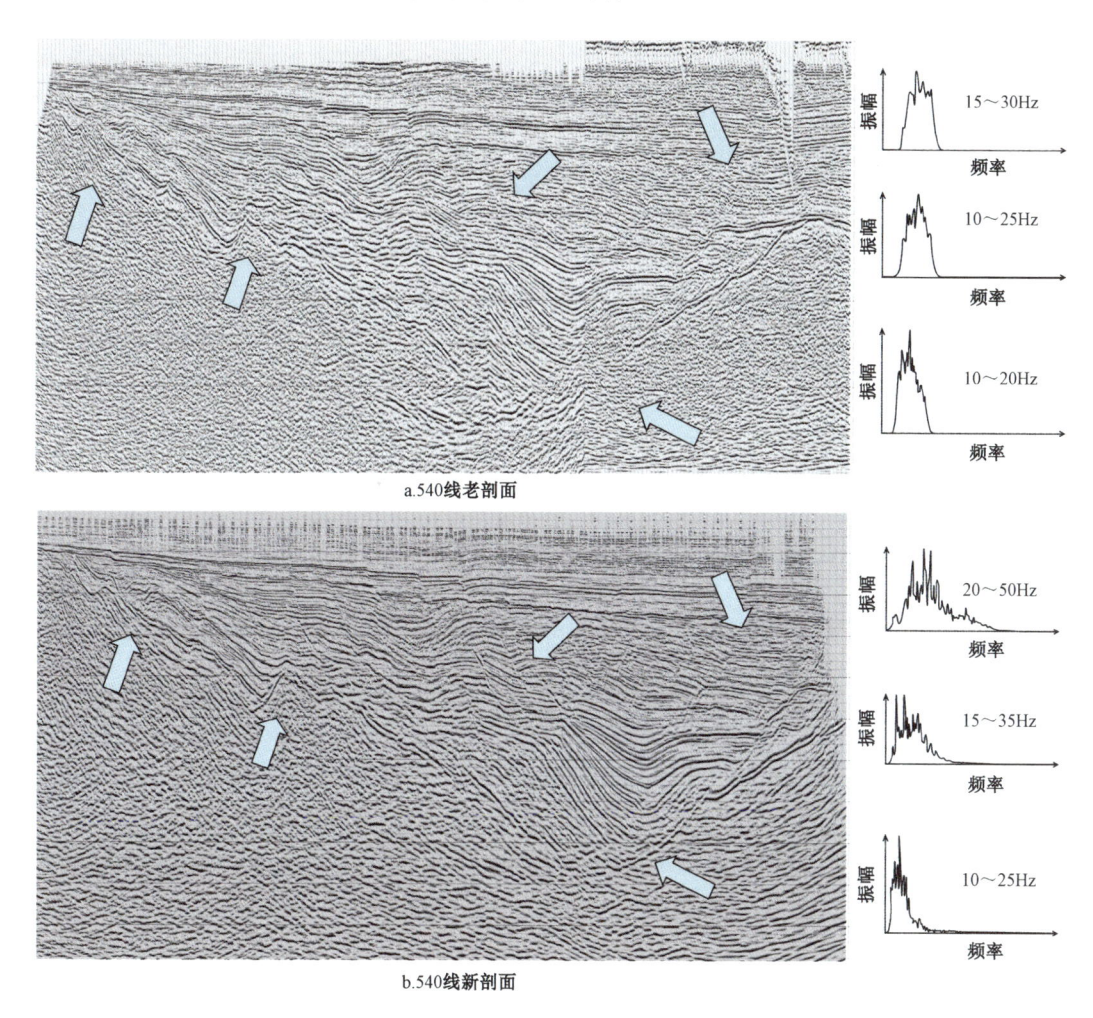

图 5 辽河油田欢喜岭地区高密度地震剖面与老剖面对比

2008 年中国石油在大庆油田长垣萨尔图、准噶尔盆地克拉玛依等富油气区带油藏评价和二次开发中,开始大面积应用高密度地震技术。

2010 年以后"两宽一高"地震技术得到大力发展和应用。以具有自主知识产权的核心软件、装备,以及适用新技术为基础,以高效采集和数字化地震队管理、采集设计、量化质控软件等手段为依托,创新集成了陆上高密度地震采集技术,具备 10 万道排列、日采集万炮的高效采集、日处理大于 6TB 数据现场质控的生产能力。在复杂山前带、碳酸盐岩、低渗透、地层岩性、潜山、非常规等各个领域近 50 个地震项目中得到应用,平均覆盖密度 210 万道/km²,取得了显著地质成效。如在柴达木盆地英雄岭地区,地形高差大、海拔高、表层干燥疏松,逆掩推覆构造复杂、断裂十分发育,地震资料信噪比极低,构造落实极难,油气勘探"六上五下"没有突破。应用高密度高覆盖三维地震采集技术,小面元(15m×15m)、高覆盖(468 次)、宽方位(0.66),加强表层调查和激发接收,地震资料有了质的飞跃(图 6),查明了英雄岭地区地质结构和断裂系统,为亿吨级规模储量提交和日产千吨井位部署奠定了扎实基础。

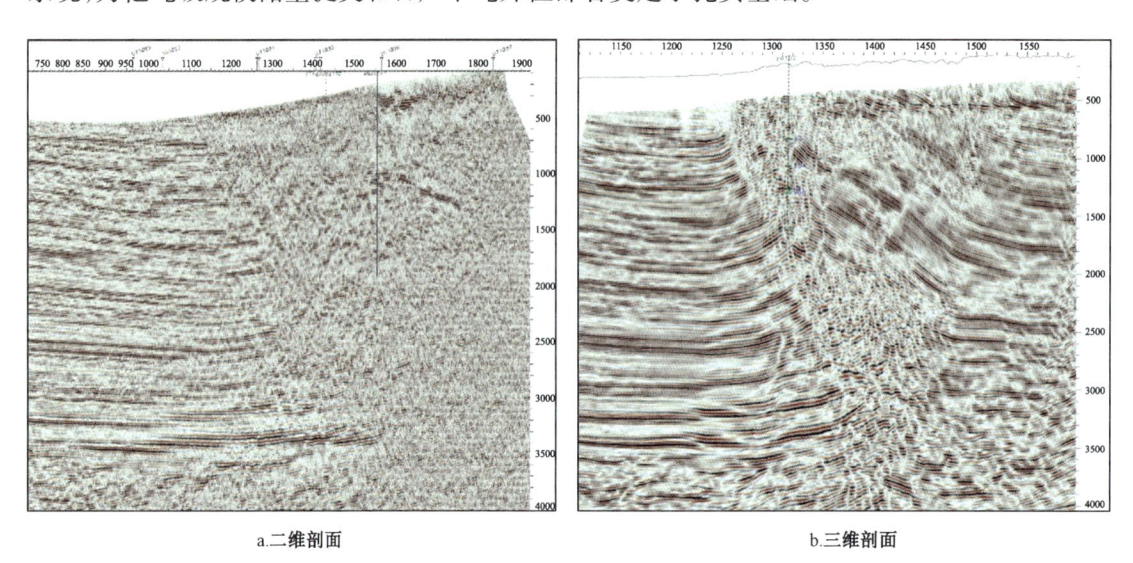

a.二维剖面　　　　　　　　　　　　　　　　　b.三维剖面

图 6　英雄岭地区高密度二维剖面与高密度三维剖面对比

3　中国石油高密度地震技术面临的挑战

高密度地震技术优势明显,应用后见到的效果较好,经过近 10 年的不断完善和发展,中国石油的高密度地震技术有了长足进步,解决了技术路线问题、应用条件问题和技术发展策略问题,利用自主研发的大道数地震仪器(大于 20 万道)、低频可控震源(1.5~96Hz)、数字化地震队管理技术和高效采集技术,形成了以"充分、均匀、对称、连续"为原则的高密度地震技术,突破了地表类型和低降速带条件限制和勘探深度的限制,满足复杂山地、沙漠、工业城镇区、滩涂和浅海等不同地表类型。但高密度地震技术应用还面临着以下 2 个方面挑战:

一是技术经济性问题。随着装备技术和处理技术的进步,小道间距高成像道密度(HD3D、Eye-D、UniQ)技术适合各类地表条件,高覆盖、高成像道密度对成像贡献突出,有利于压制噪声,具有提高信噪比和弱信号的能力,同时,由于提高了空间采样率,横向地震分辨率得到大幅度提高。由于道密度和炮密度的增加,使得地震成本明显提高,与 2006 年比,2016 年三维地震采集成本上涨 42%。因此,在低油价背景下,高密度地震技术应用时需进一步分析地质目标与经济投入的匹配关系,优化观测系统参数,加强组织管理,合理控制成本,达到降本增效的目的。

二是配套处理解释技术发展问题。中国石油高密度地震三维压噪、高精度静校正、分方位角资料处理、各向异性处理、井控处理等技术还不完善,须要制定全面详细技术发展策略,加大适用技术的研究开发力度,以充分挖掘高密度地震资料提高分辨率的潜力。

4 高密度地震技术发展思路

2009 年,笔者提出力争在 2011 年前初步形成适合于试验区的、经济可行的高密度地震技术,并向同类地区推广,在 2016 年前形成一套有效可行的勘探开发一体化技术解决方案,今天已经实现。随着油气勘探程度不断深入,中国石油陆上油气勘探面临更多挑战,勘探开发领域不断向"低、深、海、非"延伸,目标隐蔽性增强,研究对象日趋复杂。一是地表条件更加复杂,山地、城区、海域等探区比例增加到 50% 以上;二是岩性地层向湖盆中心超薄储层延伸,海相碳酸盐岩向深层白云岩拓展,构造向超深层前陆复杂构造拓展,勘探深度已延伸至 6000m 至 8000 多米;三是储层品质向低渗透、超低渗透、低丰度、低产量延伸,特低渗占油气探明储量比例增大;四是油气目标越来越复杂,常规油气剩余资源分布在复杂推覆构造、盐下和盐间构造、复杂断块、复杂岩性等区带,非常规油气占比逐步增大。薄储层识别、复杂构造成像、复杂油气藏预测、深层目标评价等地质需求对物探技术提出了更高要求。

实践证明,"两宽一高"的高密度地震技术是破解复杂地质难题的关键技术,仍需要进一步发展,以提高分辨率为抓手,开展提高分辨率采集、处理、解释技术应用研究。

在技术应用方面,应加大技术经济有效性研究,在勘探、评价、开发等项目中,全面推广应用高密度地震技术。根据不同的地震地质条件和地质任务,优化观测系统参数和实施方案,优选激发方式和接收方式,提高空间分辨率,进而提高薄层、小断层识别能力,提高储层预测精度,建立精细油藏模型,为油藏评价与开发提供技术支持。

在技术发展方向方面,要从叠前处理解释角度出发,充分论证制定适合叠前深度域处理和解释的采集技术方案,针对提高资料信噪比矛盾突出的重点难点地区,开展野外压噪、高效可控震源激发、海量数据管理等技术研究。处理上,开展三维压噪、高精度静校正、分方位角资料处理、各向异性处理、井控处理、Q 补偿和 Q 偏移处理等技术研究,提高薄储层识别精度和非均质储层描述精度,进而提高油藏描述精度;解释上,转变思路,以油藏工程师为核心,融合物探、测井、开发地质、钻井工程等相关专业,形成面向油气藏的一体化集成技术。

5 结语

高密度空间采样是面对复杂地质目标、进行精细勘探和油藏精细描述所必需的一种手段,也是一种必然的趋势,中国复杂多变的近地表条件,正需要高密度地震技术来避免近地表对检波器组合带来的影响,克服近地表高差、速度的影响,获得较高信噪比的数据。中国石油陆上油气勘探开发目标复杂,高密度地震技术是精细勘探、效益勘探的现实之路,只有不断发展完善、优化高密度地震技术,不断提高技术应用水平,才能为上游业务可持续发展做出贡献。

参 考 文 献

[1] 李庆忠,魏继东. 高密度地震采集中组合效应对高频截止频率的影响. 石油地球物理勘探,2007,42(4):363-369.

[2] Newman P,Mahoney J T. Patterns with a pinch of salt. Geophysical Prospecting,1973,21,197-219.

[3] Ongkiehong L,Huizer W. Dynamic range of the seismic system. First Break,1987,12(5):435-439.

[4] Burger P. Comparison between single and multi-channel cable telemetry systems in harsh terrains. First Break, 2000,25(2):53-59.
[5] Jack I. Land seismic technology:Where do we go from here TM. First Break,2003,28(5):41-44.
[6] Ongkiehong L,Askin H J. Towards the universal seismic acquisition technique. First Break,1988,13(2):46-63.
[7] Heath R G. Impacting low-impact seismic. Hart's ECTP,2003,40:60-64.
[8] Blacquiere G,Ongkiehong L. Single sensor recording:Antialias filtering,perturbations and dynamic range. Tulsa:SEG 70th Annual International Meeting,2000.
[9] Heath R G. Land seismic:needs and answers. First Break,2004,29(6):65-72.
[10] 张广娟. 高密度采集及低信噪比地区的室内组合分析. 石油物探西部技术交流会,2004.
[11] 王喜双,董世泰,王梅生. 全数字地震勘探技术在中国石油的应用. 中国石油勘探,2007,12(6):32-36.
[12] 贾爱林,郭建林,何东博. 精细油藏描述技术与发展方向. 石油勘探与开发,2007,34(6):691-695.

多波地震技术在中国部分气田的应用和进展

刘振武　撒利明　张　明　董世泰　甘利灯

摘要　多波地震技术可同时采集地下地质体反射的纵、横波信息,通过处理提取反射纵、横波各项物性参数,并利用其在不同地质体中的反射特征差异,进行综合对比和解释,以预测储层的横向变化和含油气性。自2002年以来,中国石油在鄂尔多斯苏里格气田、四川广安气田、柴达木三湖地区、松辽徐深气田开展了二维、三维多波地震勘探试验,积累了宝贵经验。这些经验为多波技术在中国石油的推广应用奠定了基础,2012年以后,在川中地区,开展了超过3840km²的三维多波勘探。本文结合近年来国内外多波地震勘探技术的发展,分析了当前国内多波地震勘探应用中仍然存在的问题,提出了加速推进国内多波地震技术应用的设想。

1　引言

多波地震是一项综合利用纵波、横波、转换波等多种信息进行精细勘探、直接预测油气的有效方法。虽然这项技术的应用历史不长,但在国内外的应用中已经获得许多令人鼓舞的成果[1-4]。

针对我国新发现的油气田大多呈"低、深、稠、贫、散"的特点,如何在这些低孔低渗储层中找到"甜点"及定量描述裂缝性储层,预测含油气性,是我国油气勘探要解决的一项重要任务。鉴于我国的一些老油气田大多进入开发后期,剩余油分布高度分散,有效识别薄互层、小断层、低幅度构造,准确预测储层边界和储层物性、监测流体,均成为老油田稳产的重要因素。

上述两方面地质任务展示的地球物理问题,均需要利用各向异性分析方法解决裂缝性储层预测问题,通过提高空间分辨率和对小尺度地质体的识别,利用纵横波联合解释提高储层预测精度,达到储层流体判识和监测的目的。也就是说,利用多波地震技术解决以上问题具有重要作用。为了进一步提高我国的多波地震勘探技术水平,有必要结合近年来国外多波地震勘探技术的最新发展及国内的应用经验,加速推动我国多波地震技术应用。

2　多波地震勘探技术在中国部分气田的应用效果

中国石油自2002年以来,在鄂尔多斯盆地苏里格气田,四川盆地广安气田、龙王庙气田,松辽盆地徐深气田,柴达木盆地三湖地区先后开展了针对岩性气藏的二维、三维多波地震勘探试验和推广应用,在多波地震采集、处理及解释方面取得了良好进展和宝贵经验。

---

* 首次发表于《石油地球物理勘探》,2008,43(6)。此次结集出版时,做了部分修改与补充。

2.1 鄂尔多斯盆地苏里格气田

苏里格气田二叠系下石盒子组盒 8 段气层是一种典型的薄互层砂泥岩组合,这种薄互层砂泥岩剖面中的单砂体厚度一般小于地震垂向分辨率,识别单砂体难度大[2]。由于薄层地震干涉产生的综合效应,使得砂岩储层厚度预测存在多解性。

从井资料分析,在现有地震分辨率条件下识别出的盒 8 砂岩段的砂体厚度只是一个多旋回的叠加,而有效的含气储层与整个砂岩厚度并没有必然联系。在气田开发的井位优选中,对于有效储层的预测更具有现实意义。但由于储层埋藏深、成岩作用强烈,使得储层和围岩、一般储层和优质储层的地球物理响应特征差异很小,这是苏里格气田含气性预测的主要问题。

针对这些问题,苏里格气田先后部署了二维三分量先导试验与三维三分量生产。在三维三分量中采用 10 线 ×24 炮 ×280 道非正交观测系统,5980—20—40—20—5980 的纵向排列方式,面元 20m×20m。

在处理过程中,以提高资料信噪比和拓宽有效频带并重为原则,加强对关键处理参数的分析和选取,为后续储层预测提供了可靠的基础数据。转换波和纵波剖面在纵向上分辨的地层单元基本相当,通过归一化匹配处理,将转换波标定到与纵波同样的时间刻度上,进行对比解释(图 1)。

通过对 23 口井井旁纵波与转换横波地震剖面分析,得出 TP8 以下目的层段多波资料在研究区有 3 种反射特征:当转换横波为中—强振幅(振幅为 1.0~1.7)、纵波为中—中强振幅(振幅为 1.0~1.7),反映砂体厚、储层物性较好,与盒 8 段 I 类储层相对应;当转换横波为中—强振幅(振幅为 1.0~1.7)、纵波为较弱振幅(振幅小于 1.0),反映砂体较厚,储层物性一般,与盒 8 段 II 类储层相对应。当转换横波为弱振幅(振幅小于 0.5)、纵波为弱—中强振幅(振幅为 0.5~1.5),反映砂体较薄、储层物性相对较差,与盒 8 段 III 类储层相对应。根据实测的纵横波测井资料,对目标层段进行纵横波速度比计算,3 种储层的纵横波速度比

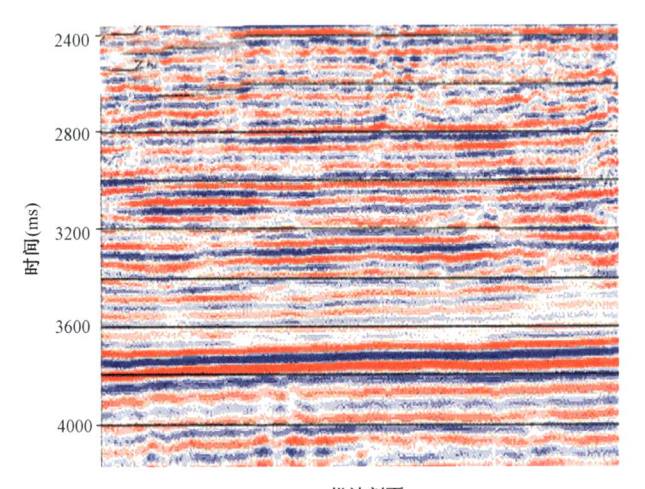

图 1 纵波与转换波剖面对比

主要分布在 1.5~1.75,而非储层的纵横波速度比主要分布在 1.7 以上,储层主要表现为较低的纵横波速度比。

2004—2006 年,中国石油长庆油田公司运用多波地震预测的成果共实施完钻了开发评价井 9 口,其中 6 口为 I 类优质储层井,预测精度较常规方法提高了 25% 左右。通过对苏 31 - 13 井区三维纵波、横波资料联合解释,预测研究区 I 类、II 类含气有利及较有利区块 9 个,面积 96.4km², 优选建议井位 18 口(图 2)。

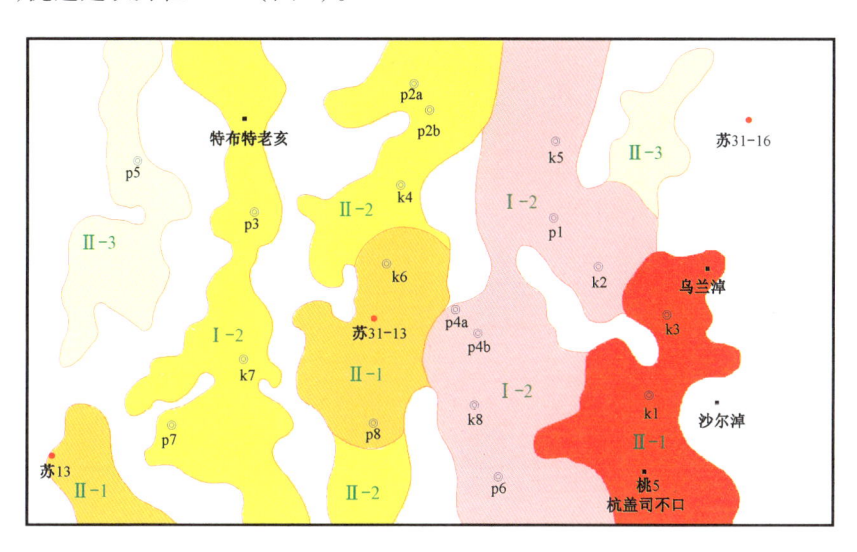

图 2　苏 31 - 13 井区综合评价图

经过多波勘探试验,苏里格气田已初步形成了以纵波叠前弹性阻抗反演、叠前弹性参数反演、大角度的叠前 AVO 分析、瞬时子波衰减分析及纵横波剖面的波形解释、纵横波振幅比属性分析、纵横波速度比分析等技术为主的多波地震叠前预测低孔低渗气藏的工业化流程。

2.2　四川盆地广安气田

广安气田须家河组气藏为典型的受构造控制的岩性气藏,其勘探难点是储层物性纵横向变化大,厚度变化不一,而且储层为致密砂岩,储层物性是决定其含气性的关键因素,即在致密砂岩中找到相对高孔砂岩才有可能找到高产有利储层,这是须家河组气藏勘探的主要难点。

2005 年在广安气田共布设了 5 条三分量测线,采用双边对称排列,800 道接收,道距 10m,最小偏移距 5m,最大偏移距 3995m。

处理中横波近地表校正采用微 VSP 数据求得的横波静校正量,静校正后,浅、中、深层的成像效果均得到了很大改善,但是仍然残留有较大的横波剩余静校正量,珍顶、阳顶等平缓的标准层依然无法很好地成像。为进一步改善转换波成像效果,在共接收点叠加剖面上拾取同一反射同相轴,根据构造形态拟合一条平滑的同相轴曲线,进而求取检波点横波剩余静校正量。实施剩余静校正后,剖面成像得到改善。针对转换波动校正同相轴明显上翘,不能实现同相叠加的难点,进行了转换波各向异性动校正,处理结果能够很好地反映构造特征和反射波组特征(图3)。

通过属性分析发现,纵波剖面上,须六段内部存在较强的储层底界反射,而在转换波剖面上,储层底界反射微弱,依据储层模型正演结果和广安2井须六产层段在纵波剖面和转换波剖面上显现的不同特征[3],通过5条多波剖面分析,确定含气储层段流体分布范围约90km²(图4)。

2.3 四川盆地龙王庙气田

川中高石梯—磨溪地区,龙王庙组沉积特征差异较大,储层横向非均质性较强,波组特征变化大。龙王庙组和灯影组碳酸盐岩中存在硅质时,低速的硅质在纵波剖面上的反射特征与储层反射特征一致,受硅质影响,纵波储层预测会存在多解性,给气层检测带来极大困难。而横波不受硅质影响,更易将硅质和储层两种岩性分开,横波与储层孔隙度具有更好的线性关系,高孔储层具有更强的反射振幅,转换波剖面横向上的变化反映了储层物性的变化。

为此,自2012年开始,在该地区开展了满覆盖面积累计达3840km²

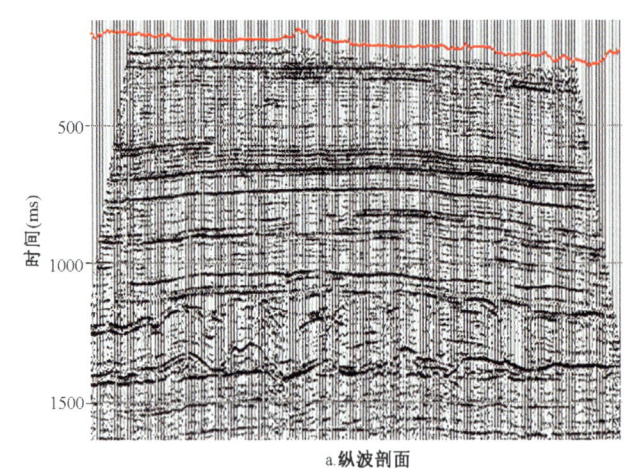

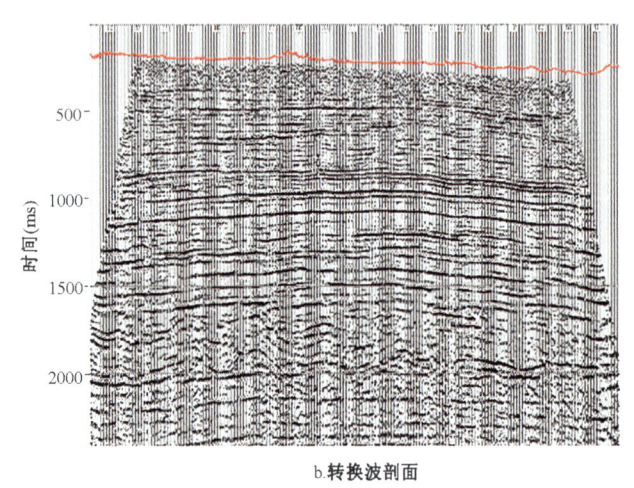

图3 GA3C01线纵波与转换波叠后时间偏移剖面

的数字三维多波采集,开展了多波处理解释攻关。转换波剖面上龙王庙组储层的横向变化比纵波剖面上更稳定,能更好地指示储层,可更精细地描述储层并提高储层预测精度(图5)。

多波岩石物理分析表明,含气时,纵波速度降低,横波速度不变;含水时,纵波速度增加,横波速度降低。利用纵横波速度差异,可识别含气性。联合利用纵波、转换波,实现了纵波、转换波振幅、层位全方位高精度匹配(图6),将含气性预测精度提高了10%。

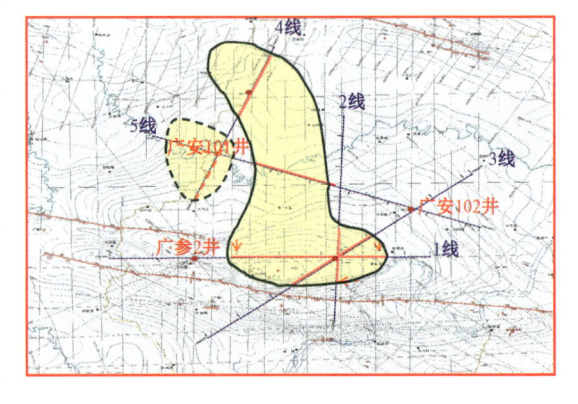

图4 用三分量资料预测的须六段含气平面图
黄色区域,虚线部分表示可靠性较低

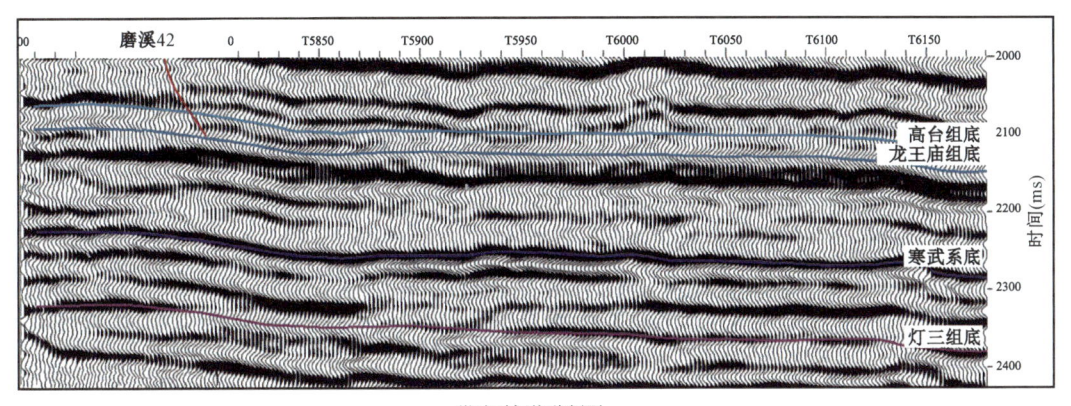

a.纵波时间偏移剖面

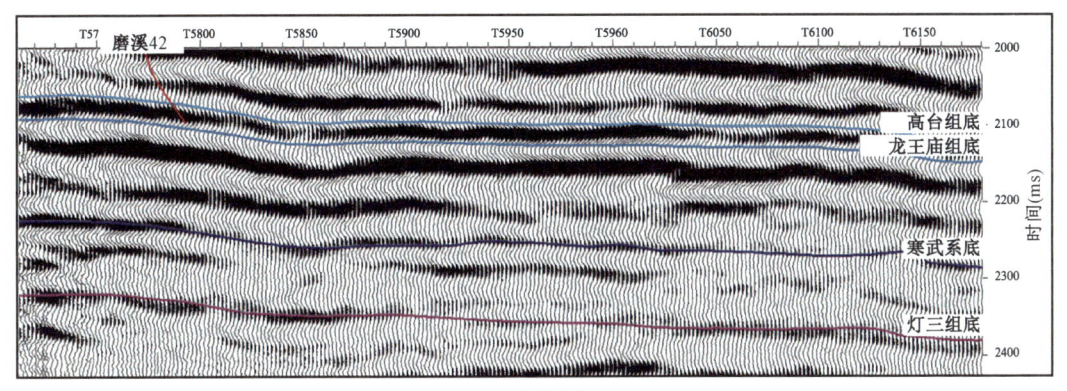

b.转换波时间偏移剖面

图5　过磨溪42井纵波和转换波时间偏移剖面对比

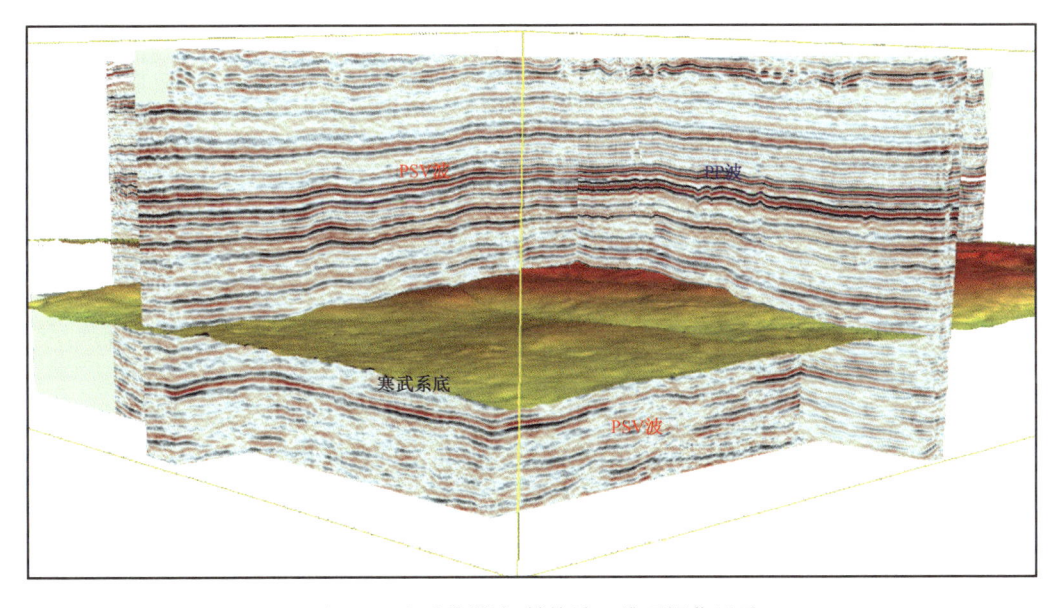

图6　匹配后的纵波、转换波三维可视化显示

2.4 柴达木盆地三湖地区

由于气藏气、表层气、浅表低降速带异常等因素的影响,三湖地区地震资料普遍存在地震异常现象。如何正确识别地震异常与含气关系的地质意义是本区一大难题。针对三湖地区天然气勘探的难题,为破解真假含气地震异常,探索三湖地区天然气有效认识的新途径,该地区开展了三分量二维地震现场试验。观测系统为:4800—10—10—10—4800,道距10m,炮间距40m,覆盖次数120次;接收道数960道;采样率1ms。

试验表明,涩北二号气田的纵波、横波资料品质有明显差异,受气云现象影响,Z分量纵波成像质量差,无法进行构造解释,而相应的转换波叠加剖面获得了良好的反射,证明在气云区进行转换波勘探优势突出。另外,转换波是由下行纵波和转换后的上行横波组成,所以转换波仍然受地层含气的影响。柴东涩北富含气的地区,转换波叠加剖面的同相轴仍然有明显的下拉现象,这种现象可通过纯横波成像技术来消除[4](图7)。

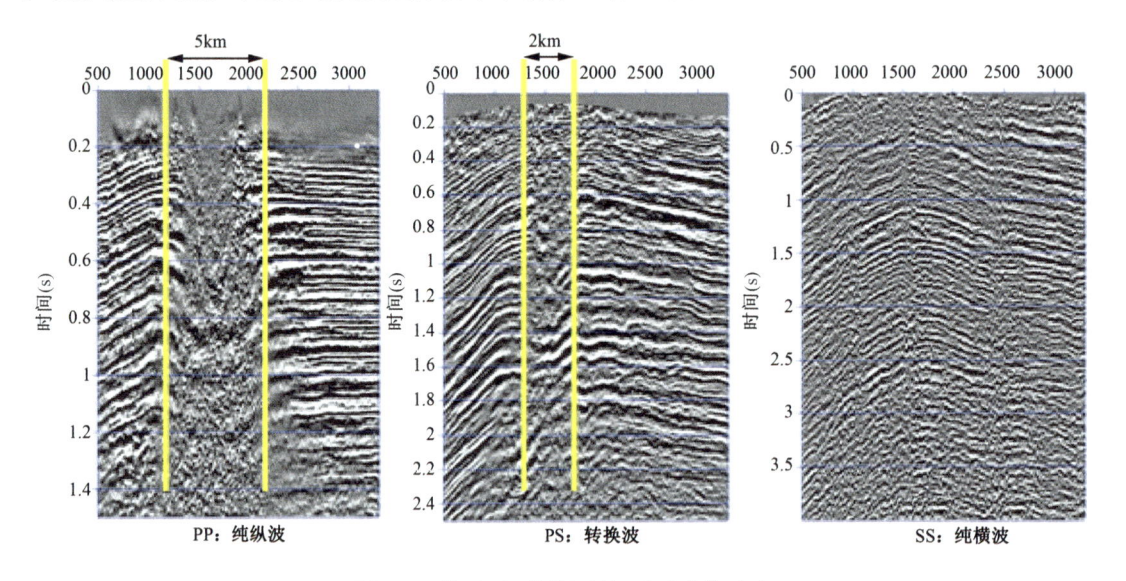

图7 三湖地区不同波型气云区成像对比

2.5 松辽盆地徐深气田

松辽盆地北部徐家围子断陷兴城地区,由于火山岩多次喷发,造成火山岩储层横向变化大、非均质性强,单一纵波资料难以描述气层横向变化。为进一步精细刻画火山岩体的内部结构,精细描述火山岩储层的横向变化,提高天然气评价井的钻探效果,在徐深气田开展了二维三分量地震试验。

多波地震采集采用炸药震源激发,接收道数为1218道,观测系统为5605－15－10－15－6605,道距10m,炮距20m,覆盖次数305次。采集获得了高质量的转换波资料,特别是主力气层段营城组反射清晰。

处理中采用多波微测井静校正、转换波精细速度分析等关键技术,获得了较好的兴城地区转换波剖面。纵波偏移剖面与转换波偏移剖面在层位上和层间反射特征方面都有很好的对比性,深层3600ms得到了很好的转换波反射,高角度地层部位成像良好(图8)。

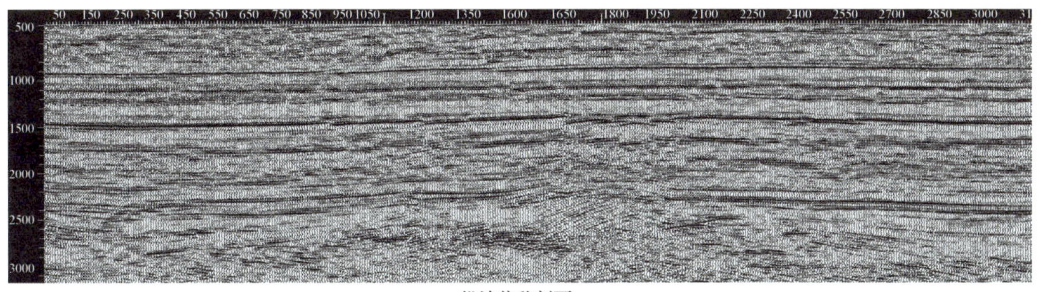

a. 纵波偏移剖面

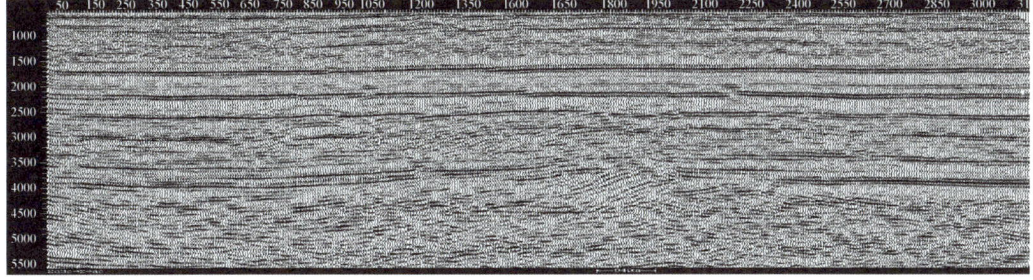

b. 转换波偏移剖面

图 8　兴城地区纵波偏移剖面与转换波偏移剖面对比

联合应用转换波和纵波资料,对深层含气火山岩体进行描述[5],转换波剖面中火山岩喷发旋回比纵波更清楚;利用含气储层与非含气储层的转换波和纵波的差异,可以更准确地预测气藏边界;在储层响应整体差异较小的情况下,利用转换波与纵波的振幅比,可以较为准确地预测储层与非储层;应用分频技术,结合纵横波分频属性的差异,预测含气储层;利用 PS 波分离出的快慢横波对火山岩的各向异性进行分析等,较好地进行了含气识别与描述(图 9)。

3　面临的挑战

尽管中国石油已累计实施多波二维地震 5364km、三维地震 4399km^2,在长庆、大庆、青海、四川等探区见到一定效果,但仍存在着不少问题。

(1)多波地震采集中,横波表层调查,转换波能量弱等问题依然突出,陆上横波激发面临巨大挑战,不能形成有效的激发能量,一般情况下,横波或转换波的信噪比比较低。这为转换波或横波资料处理带来挑战,使得该技术的适用性和在特定地区解决地质问题的针对性还不明晰,制约了多波技术的推广应用。

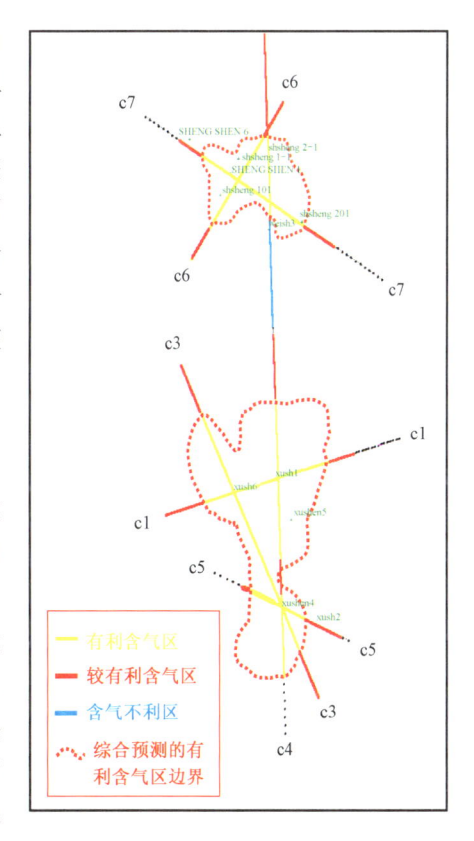

图 9　多波综合预测火山岩含气范围结果

（2）虽然中国石油研发了 GeoEast－MC 多波处理解释软件，但多波处理解释仍然面临巨大挑战，包括转换波共转换点的精确确定面临困难，转换波/横波静校正问题突出，转换波/横波保幅处理、纵横波层位追踪对比等仍然精度有待提高，转换波/横波速度建模与成像精度有待提高，多波处理解释软件系统的适应性还需提高。

（3）多波储层预测反演解释技术仍需要攻关，致使多波地震技术的地质成效作用没有发挥出来，转换波最终成果剖面在振幅、相位、分辨率，同相轴连续性等波组特征方面与纵波相比，在有些探区优势还不明显，影响了纵波、转换波资料联合反演、联合属性分析解释。加大地质综合研究，推动多波勘探技术地震地质一体化是现阶段需要解决的问题。

4 加速推广应用多波地震技术的设想

现今我国陆上多波地震勘探技术仍处于发展阶段，仍需要进一步研究技术有效性，优选领域，开展多波采集、处理、解释技术应用研究，开展多波可行性研究和先导试验。要力争在"十三五"末攻克关键采集、处理技术瓶颈，建立多波地震地质一体化解释技术流程，形成适合于试验区的多波地震采集处理解释技术，并可向同类地区推广应用。

（1）依托重点勘探开发工程，瞄准上游业务中亟待解决的一些具体目标和问题，开展多波地震采集、处理、地质解释技术试验和研究，重点放在天然气藏含气性和含气饱和度预测评价，为油气增储上产服务。

（2）集中精力，主攻气层识别、低孔低渗储层、裂缝型储层的非均质性问题，开展提高成像和流体识别精度的技术攻关。试验区要选在地表与储层结构相对简单，储层埋深较浅，储层非均质性强的地区，目标应该是提高储层预测精度和烃类检测精度，为岩性气藏勘探和气藏开发提供技术支持。

（3）要加强地质解释横向合作，重点开展转换波层位对比、纵横波联合反演、属性描述等方面的研究，整合研究人员和资源，尽快突出多波地震的地质应用效果。

（4）加快技术研究和开发进度，建立多波地震采集、处理及解释流程，形成适用于我国地质情况的多波地震配套技术。技术发展内容包括：

采集技术：针对重点探区，继续完善多波地震观测系统设计方法，开展转换波表层结构调查研究。

处理技术：开展转换波去噪、转换波静校正、方位各向异性处理、各向异性叠前偏移及保幅处理研究。

解释技术：加强纵横波匹配与对比，叠前属性分析和叠前反演技术，强调纵横波信息的融合。

5 结束语

经过十几年的发展，特别是近年来数字检波器技术的出现，多波技术不管在国外还是国内都有了一个快速的发展，而且基本上从纯粹的理论研究走向了工业化的试验阶段，并取得了一定的效果。目前我国通过合作和自我研究，在多波的理论研究、技术研发、软件研制等方面基本跟上了发展的形势，看到了这项技术的发展潜力，也坚定了发展的决心。尽管多波勘探仍存在着一些问题，但多波技术在不断的完善，研究队伍在不断的扩大，特别是中国石油应用需求在不断的增长，这些对进一步推动多波勘探都具有非常重要的意义。

参 考 文 献

[1] 赵镨. 欧美应用地球物理现状. 中国煤田地质,2004,16(6):47-49.
[2] 侯爱源,李彦鹏,谷跃民. 苏里格二维转换波勘探应用研究与效果. 勘探地球物理进展,2005,28(3):195-199.
[3] 李忠,李亚林,王鸿燕,等. 四川盆地多波多分量地震勘探技术研究与进展. 天然气工业,2007,27(增刊A):491-494.
[4] 孙鹏远,侯爱源. 多波地震勘探采集、处理技术研究进展//东方公司多波技术研讨会论文集,2008.
[5] 王建民,付雷,张向君,等. 多分量地震勘探技术在大庆探区的应用. 石油地球物理勘探,2006,41(4):426-430.

地球物理技术在深层油气勘探中的创新与展望

孙龙德　方朝亮　撒利明　杨　平　孙赞东

摘要　系统研究全球深层油气分布、储量、产量等勘探开发现状,总结中国陆上深层地球物理勘探技术研究进展及勘探成效,并指出面临的技术挑战与攻关方向。针对中国陆上深层油气勘探,分析了现阶段深层碎屑岩、碳酸盐岩及火山岩勘探所面临的低信噪比、低分辨率、低成像精度及低保真度等主要地球物理问题,明确了相应的宽线大组合二维及宽方位高密度三维采集、各向异性叠前深度偏移及逆时偏移、复杂构造建模及储集层定量预测等关键技术对策。在此基础上,从深层复杂构造成像与复杂储集层预测两个方面分析得出,宽频、保幅、高精度及信息综合是陆上深层地球物理勘探的技术挑战与攻关方向,并提出宽频地震采集、复杂储集层岩石物理建模、高精度叠前保幅成像、复杂储集层综合评价、非地震物探以及钻井地震导向等技术的研究与应用是未来深层地球物理技术发展的重点。

1　引言

"深层"一般指埋深为 4500～6000m 的地层,埋深大于 6000m 为超深层[1-3]。由于深层油气勘探开发具有高风险、高难度、高投入的特点[4,5],对深层目标的位置、规模及储层物性等进行钻前预测至关重要,因而对地球物理技术的精度要求及依赖程度更为突出。2000 年以来深层油气勘探取得的各项重大突破与成果,绝大多数与地震勘探技术的进步密切相关[5,6]。本文在回顾、总结深层油气勘探开发技术及成果的基础上,深入分析深层油气勘探开发所面临的地球物理勘探技术挑战,指出了未来深层地球物理勘探技术发展的方向和目标。

2　深层油气勘探开发现状

2.1　全球深层油气勘探开发现状

深层油气勘探可追溯至 20 世纪 50 年代[7]。1956 年,在美国阿纳达科盆地 Carter－Knox 气田中奥陶统 Simpson 群碳酸盐岩(埋深 4663m)内发现了世界上第一个深层气藏[8]。之后,伴随着深层钻井和完井等技术的突破,油气勘探向超深层、特超深层(埋深超过 9000m)领域迈进[3,11]。目前全球已发现的最深的海上砂岩油气田是美国墨西哥湾的 Kaskida 油气田:从海平面算起,目的层埋深达 9146m,可采储量(油当量)近 1×10^8t[2,9]。

全球深层油气勘探已经取得许多重要成果[2,5-7,9]。白国平等以全球深层油气藏的最新资料为基础,系统统计分析了全球深层油气分布特征[7]。在全球(不包括美国 48 州)349 个含

---

* 首次发表于《石油勘探与开发》,2015,42(4)。

油气盆地中,有87个盆地发现了1595个埋深大于4500m的深层油气藏[7]。石油、天然气和凝析油探明和控制(2P)可采储量分别为 5755×10^6 t、10.08×10^{12} m³ 和 1383×10^6 t,合计 152.38×10^8 t 油当量,分别占深层油气2P总可采储量的37.8%、53.1%和9.1%[7]。这些深层油气储量的分布特征是:从地域上看,北美地区发现最多,中东地区和中—南美洲次之,2P可采油气储量分别占全球的25.1%、22.4%和19.9%[7],其中北美地区是深层石油最富集的地区,中东地区是深层天然气和凝析油发现最多的地区[7];从盆地类型上看,被动陆缘盆地和前陆盆地是深层油气最富集的盆地,其深层油气储量分别占全球总量的47.7%和46.4%[7];从圈闭类型看,构造圈闭富集了全球深层油气储量的73.7%,是深层油气最重要的圈闭类型[7];从储层岩性上看,全球深层油气储量的63.3%分布于碎屑岩储层,35.0%储于碳酸盐岩,其余的1.7%储于岩浆岩和变质岩[7];从深度上看,全球深层油气2P可采储量的86.6%分布于埋深4500~6000m的储层中,已发现埋深大于7500m的油气2P可采储量仅占全球总量的3.3%[7];从层系上看,深层油气主要富集于5套储集层系:新近系(占全球总量的22.3%)、上古生界(22.2%)、白垩系(18.3%)、古近系(12.8%)和侏罗系(12.8%),与中、浅层油气类似[7]。目前全球在4000m以深发现了30多个大油气田(大油田标准:石油可采储量大于 6850×10^4 t;大气田标准:天然气可采储量大于 850×10^8 m³),其中,在6000m以深发现75个工业油气藏(截至2002年)[9]。2008年以来,在中国塔里木、四川、渤海湾等盆地发现了5个埋深大于6000m的工业油气藏/区(库车、塔北、塔中、元坝和牛东)。

在深层油气开发方面,目前全球已开发了1000多个埋深在4500~8103m的油气田[2]。2010年深层石油产量为 121×10^8 t,天然气产量为 1054×10^8 m³ [10]。其中,美国湾岸盆地Augur油田是世界上(不包括中国)已开发的最深油藏(埋深6511~6540m)[2]。美国西内盆地阿纳达科凹陷 Mills Ranch 气田是世界上已开发的最深气藏(埋深7663~8103m)[2]。

理论与技术进步是推动深层油气勘探开发不断发展的重要动力。根据Wood Mackenzie[10]提供的数据统计,深层油气发现呈现出明显的阶段性(图1):1975年之前仅有零星发现,1975—2000年每年均有少量发现,2000年之后每年则有较多发现。这种阶段性与理论及技术的发展期相对应。以地震技术为例:1975年以前主要以二维地震为主,1975—2000年主要利用常规三维地震进行勘探,而在2000年之后,则主要采用高精度三维地震。地震技术的每一次变革,都促进了深层油气勘探的突破,而且对超深层油气勘探的支撑作用更为突出。据IHS(Information Handling Services)统计,1972—2008年全球共发现埋深大于6000m的油气藏156个,其中2000—2008年发现105个,占总发现数的66.5%[11],与2000年以来宽方位地震、高密度三维地震等技术的飞速发展密不可分[1,2]。

2.2 中国陆上深层油气勘探开发现状

中国国内目前普遍采用4500m和6000m作为深层和超深层的界定标准[2,7]。东部深层一般指4500m以深,而西部深层一般指6000m以深。相对于国外已发现的深层油气田,中国的深层油气田往往具有更加复杂的地表条件、构造特征及储层特征,勘探开发难度更大[9]。中国深层石油与天然气地质资源量分别是 304×10^8 t 与 2912×10^{12} m³,探明率分别为89%和86%[12],剩余资源量巨大、勘探前景广阔。同时,由于中国特殊的地质条件,深层油气,特别是深层天然气在总资源量中所占的比重更大(油、气分别占28%和52%),资源地位更加突出[12]。

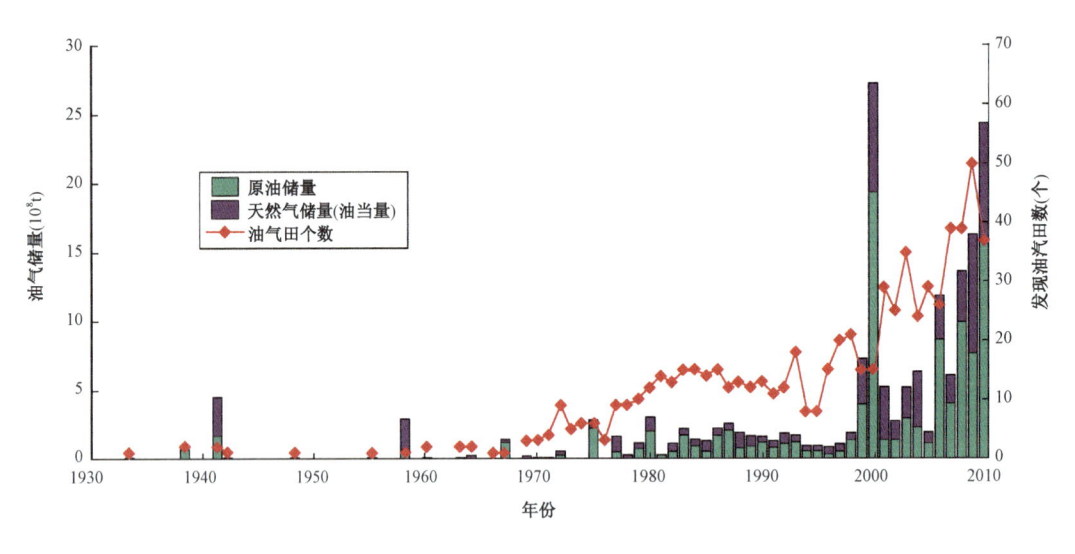

图 1　深层油气勘探成果统计

从钻探情况看,塔里木油田勘探平均井深已连续 5 年(2008—2013 年)超过 6000m,且在 2011 年突破了 8000m 深度关口(克深 7 井,井深 8023m)[2]。东部盆地勘探井深也在 2011 年突破 6000m(牛东 1 井,井深 6027m)[12]。据统计,中国近 10 年来完钻井深大于 7000m 的井有 22 口,其中 2006 年以来完钻 19 口,占 86%[2]。目前国内钻探最深的井是塔深 1 井(2006 年),完钻井深 8408m,地层温度为 175~180℃,在 8000m 左右发现可动油,产微量气,取心证实深层发育溶蚀孔洞,储层物性较好[2]。最深的工业气流井是塔里木盆地库车坳陷的博孜 1 井,在 7014~7084m 井段用 5mm 油嘴试油,在 64MPa 油压条件下获得日产 $251\times10^4m^3$ 的高产气流,属于典型的碎屑岩凝析气藏。最深的工业油流井是塔里木盆地的托普 39 井,6950~7110m 井段日产油 95t、气 $12\times10^4m^{3[2]}$,属岩溶型碳酸盐岩油气藏。相较 20 世纪,中国陆上油气勘探深度整体下延 1500~2000m,可见深层已成为中国陆上油气勘探的重大接替领域[2]。

与国外相比,中国陆上深层油气勘探难度更大[13]。以四川盆地中部(川中)深层白云岩勘探为例,1964 年 10 月,威基 1 井发现了震旦系灯影组气层,并由此发现威远大气田[13]。此后经过 50 多年的探索,一直未能突破。直到近年,在地质认识不断深化、地震资料品质不断提高、钻井等工程技术不断进步的基础上[14],才取得 2011 年高石 1 井(井深 5841m)、2012 年磨溪 8 井(井深 5920m)等的连续突破,发现川中震旦系—寒武系超万亿立方米的大型整装气田[14]。其他如塔里木盆地库车前陆冲断带碎屑岩[15]、台盆区碳酸盐岩[16,17]、松辽盆地深层火山岩[18]等油气田的发现与其类似。由此可见,理论与技术进步是陆上深层油气业务快速发展的关键,尤其地球物理技术关系深层油气勘探开发的成败[19],在深层目标的发现与评价过程中具有不可替代的作用。

3　中国陆上深层油气地球物理勘探技术进展及勘探成效

从碎屑岩、碳酸盐岩、火山岩三大领域对中国陆上深层地球物理勘探的主要技术进展进行总结分析。

3.1 深层碎屑岩储层

深层碎屑岩储层的重点勘探区域主要包括塔里木、准噶尔、渤海湾及松辽等盆地。塔里木盆地库车盐下构造发育于天山山前冲断带,主要勘探难点表现在:(1)地表起伏大,激发接收条件差,干扰波发育;(2)地下断裂发育、断块众多,地层产状变化大且高陡地层发育,地震波场极其复杂。由此可见,资料信噪比低、成像精度低、圈闭落实难是库车盐下构造勘探的主要问题[15,20]。针对性的关键技术对策为:(1)采用宽线大组合及山地宽方位三维采集技术提高原始资料信噪比;(2)采用基于起伏地表的各向异性叠前深度偏移提高偏移精度;(3)采用复杂构造综合建模技术及变速成图技术提高构造解释精度。

通过上述采集、处理技术攻关,深层复杂构造的成像精度、资料信噪比明显提高,可解释性大幅改善(图2),平均深度误差也降低到2%以内(2008年以前为5%),为高效、快速推动库车地区油气勘探提供了强有力的地球物理勘探技术支持[15]。

准噶尔盆地及东部碎屑岩探区的地表条件都相对较好,资料信噪比相对较高,地震勘探的重点是提高资料分辨率和保真度,以增强对地层—岩性圈闭的识别、预测能力。对于断块油气藏,还要注重提高断块成像精度。以渤海湾盆地歧口凹陷斜坡区致密砂岩油为例,目的层古近系沙河街组沙一下亚段—沙三段埋深在4000m以上,储层为泥岩背景下的多套薄层砂体[21,22]。主要勘探难点表现在:(1)砂体厚度较薄、物性偏差,且纵向、横向快速变化,保幅处理、砂体识别及物性预测困难;(2)张性断裂发育,地层破碎严重,断块准确成像及解释难度大;(3)裂缝预测及含油气性检测困难。针对性的关键技术对策为:(1)以提高分辨率和保真处理为核心,采用保真去噪、井控反褶积、叠前各向异性深度偏移等技术提高资料品质;(2)通过相控薄层预测、各向异性检测、叠前反演等技术进行储层识别、裂缝预测及油气检测;(3)通过精细地层对比、精细构造解释、精细沉积储层研究、精细油藏分析[22],以满足富油气凹陷精细勘探需求。应用上述技术,先后在歧北斜坡、埕海断坡、滨海断鼻及斜坡发现3个亿吨级油气规模储量区。

3.2 深层碳酸盐岩储层

深层碳酸盐岩储层的重点勘探区域包括塔里木盆地、鄂尔多斯盆地、四川盆地及渤海湾盆地等,本文以塔里木盆地和四川盆地为例进行分析。

塔里木盆地奥陶系、寒武系岩溶型碳酸盐岩的主要勘探难点表现在:(1)缝洞储集体埋藏深、尺度小(单个缝洞体面积一般小于$0.02km^2$)、非均质性强,对成像精度及保幅性要求极高;(2)缝洞型储层是大油气区形成与富集的关键,是制约油气产能的主控因素[23],需要高精度储集层、裂缝及油气预测才能落实高效井。据此提出了以全方位高密度地震采集、叠前保幅深度偏移以及缝洞储层量化描述为核心的一体化地震勘探技术对策。基于高品质地震资料(图3),通过落实缝洞体储集空间的大小、缝洞体连通关系以及缝洞体的含油气性等关键问题,划分并优选含油气规模较大的缝洞单元作为钻探目标。通过应用这套技术,哈拉哈塘地区的高效井比例成功提高了10%以上[23]。

四川盆地川中地区震旦系—寒武系白云岩储层在历经50多年的探索后,近年来获得了重大突破[14]。以寒武系龙王庙组勘探为例,该套储层主要为颗粒滩相孔隙型储层,局部叠加了加里东期岩溶作用形成的孔洞型储层,储层分布对气藏具有重要的控制作[14,24]。其勘探难点

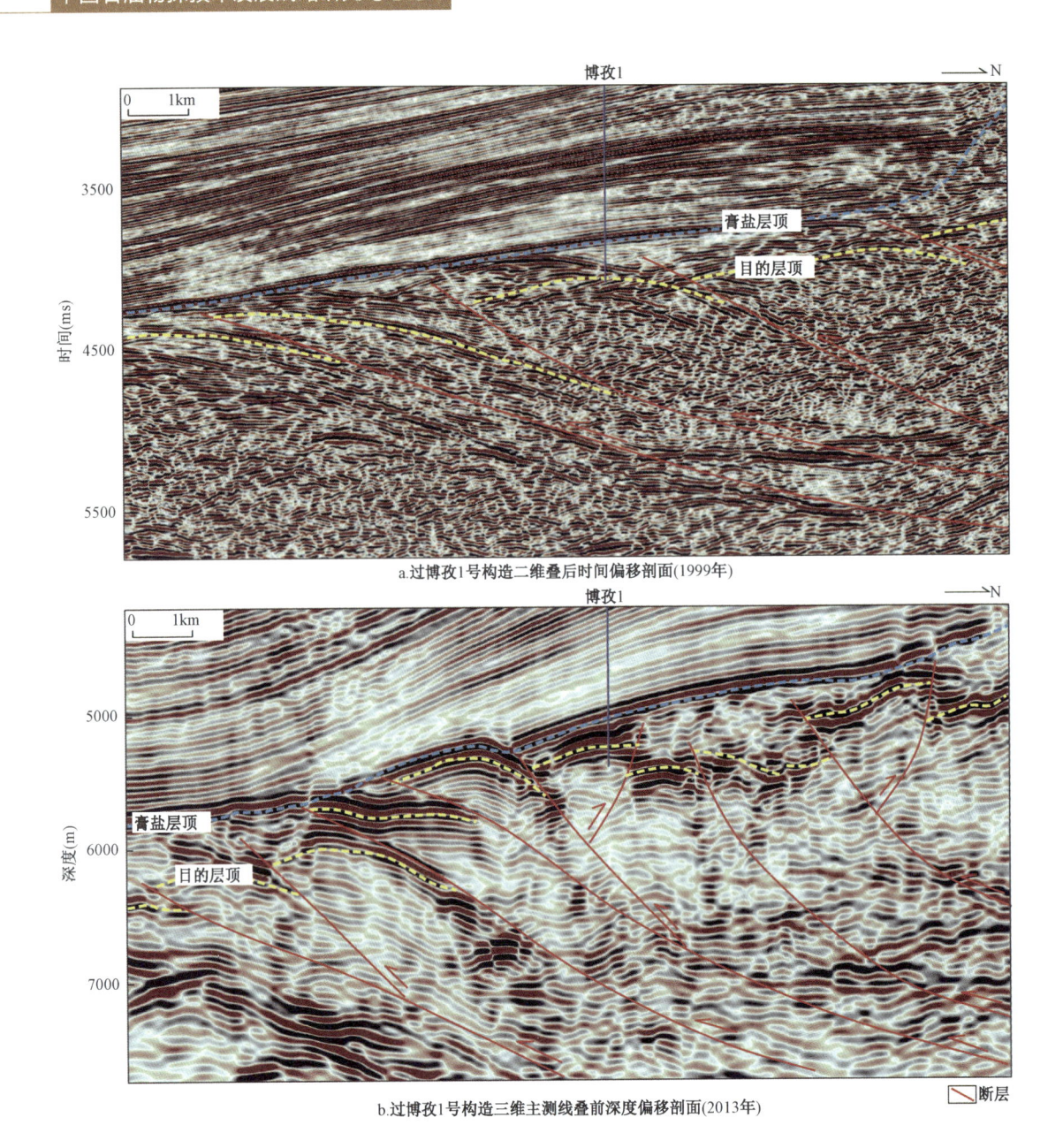

a. 过博孜1号构造二维叠后时间偏移剖面(1999年)

b. 过博孜1号构造三维主测线叠前深度偏移剖面(2013年)

图2 塔里木盆地过博孜1井新老地震剖面对比

主要表现在:(1)地层埋藏深、地震反射波能量弱,保幅成像难度大;(2)储层与非储层的反射特征差异小、台缘斜坡反射特征不明显,造成储层识别与预测困难、台缘礁滩相地貌刻画困难。在地质分析的基础上,形成了"占滩相、叠岩溶、找亮点、套圈闭"的综合预测思路[25],并取得以下技术创新[14]:(1)形成超深层低幅度碳酸盐岩"两宽一小"(宽方位、宽频、小面元)数字地震采集技术,使资料优势频带增至10~70Hz,信噪比明显提高;(2)形成超深层碳酸盐岩地震保幅处理技术系列,使构造图解释精度大幅提高,相对误差小于1%;(3)形成深层碳酸盐岩高分辨率地震储层定量预测技术,使储层厚度、孔隙度及含气性预测的总体符合率达85%。

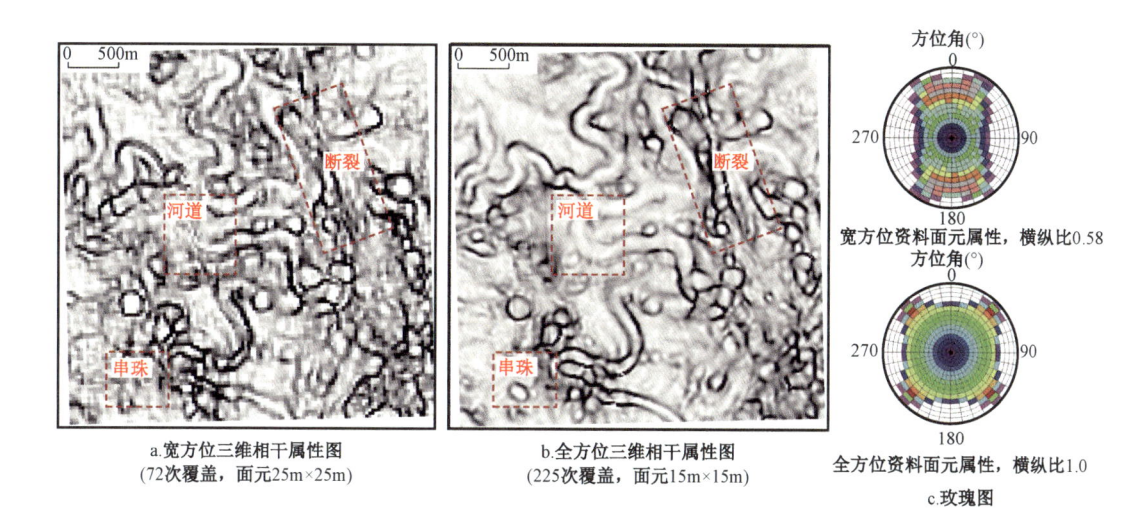

图3 塔里木盆地哈6井区宽方位与全方位三维相干属性图对比
横纵比为地震排列横向宽度与纵向长度之比

3.3 深层火山岩储层

深层火山岩储层的重点勘探区域包括准噶尔盆地及三塘湖盆地石炭系—二叠系火山岩、松辽盆地侏罗系—白垩系火山岩以及渤海湾盆地侏罗系—古近系火山岩等。

当前深层火山岩勘探难点主要表现在:(1)火山岩地质成因和储层形成机制复杂,不同岩性、速度的地层相互穿插,导致波场复杂,信噪比极低;(2)火山机构形态复杂多样,储层物性横向变化大,导致勘探目标识别与储层预测难,制约了对火山岩裂缝、孔洞等储集空间的预测[1,26]。针对上述问题,通过优化采集参数,形成以"小道距、长排列、高覆盖、宽线"为特征的高精度火山岩储层地震采集技术,有效提高了深层反射信号能量与信噪比;通过强化叠前保幅处理,应用火山岩速度建模和各向异性叠前深度偏移等技术,改善地震成像质量,清晰揭示了地层结构和断裂特征(图4);解释方面则形成了"四步法"储层预测技术[26,27],提高了预测精度,推动了火山岩勘探。目前,松辽盆地徐深气田和长深气田、准噶尔盆地克拉美丽气田、三塘湖盆地牛东油田等火山岩油气田已顺利投产,火山岩油气藏已成为我国油气增储上产的重要领域。

3.4 中国陆上深层油气勘探成效

2005年以来,中国石油在深层碎屑岩、碳酸盐岩、火山岩3大领域获得10个规模发现[1],包括塔里木盆地塔北、塔中等海相碳酸盐岩大油气区,塔里木盆地库车盐下大北、克深等陆相碎屑岩大气田,四川盆地龙岗、磨溪—高石梯等碳酸盐岩大气田,以及鄂尔多斯、渤海湾、松辽等盆地发现的深层油气田。形成了2个储量规模超5×10^8t的油区、4个储量规模超$1000\times10^8m^3$的天然气区,共探明石油地质储量133×10^8t,天然气地质储量为$198\times10^{12}m^3$[1]。以塔里木盆地库车盐下构造与川中地区白云岩为例,简述中国陆上深层油气勘探开发成效。

塔里木盆地库车地区在发现克拉2气田(1998年)、迪那2气田(2001年)之后,深层复杂

a. 2003年叠后时间偏移剖面

b. 2011年叠前深度偏移转时间域剖面

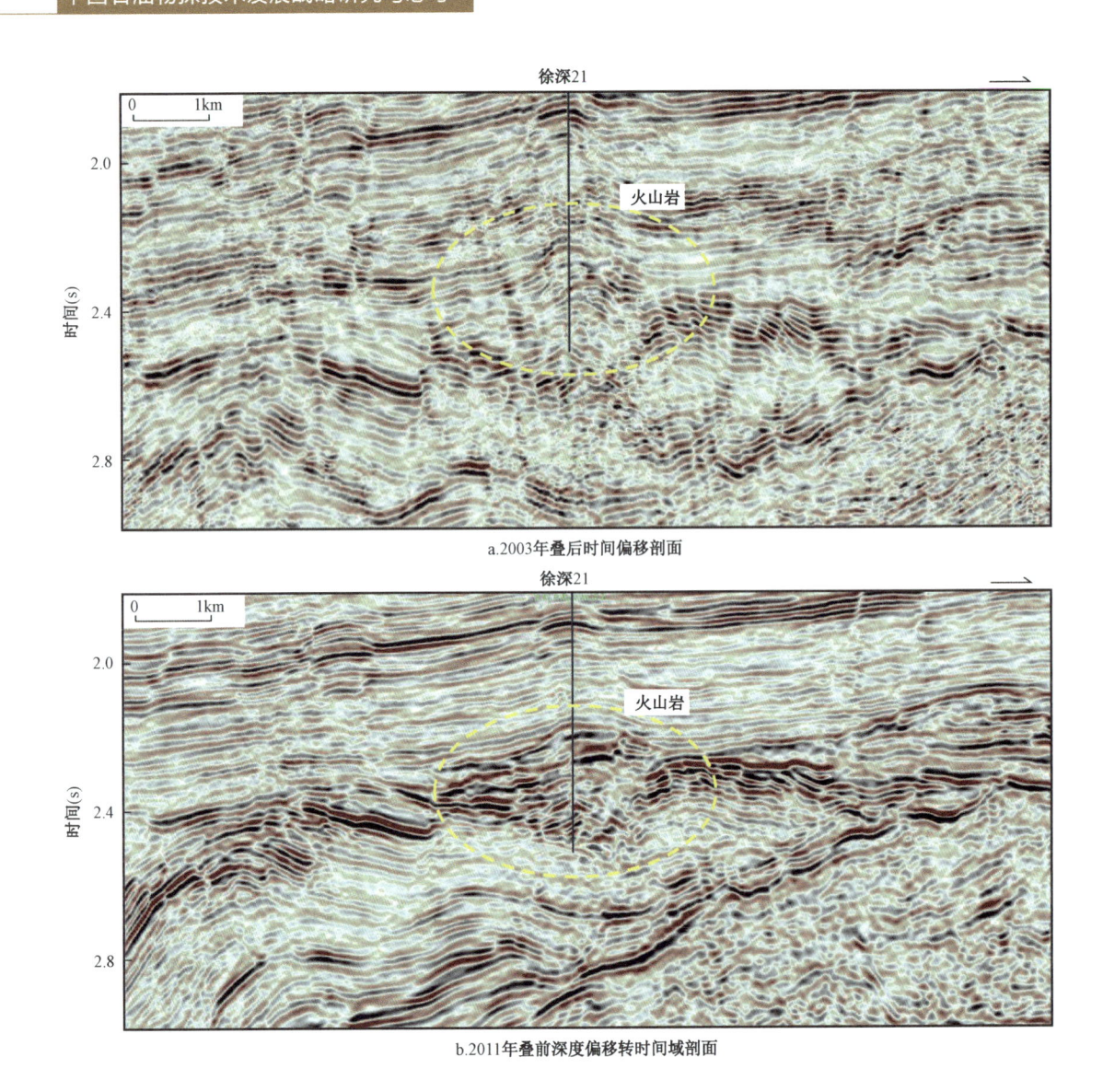

图4 松辽盆地过徐深1井叠后时间偏移与叠前深度偏移转时间域剖面对比

构造勘探进入了低谷。面临地质认识不清、圈闭落实困难(图5a)、技术储备不足等困境,先后有近10口井失利或未见大突破[15]。2005年起,库车地区开始新一轮地震技术攻关,通过宽线大组合二维以及山地宽方位三维勘探,资料品质得到明显提升。2006年,通过宽线大组合技术落实克深2号构造。2008年,克深2井获日产天然气 $46 \times 10^4 m^3$,为库车盐下深层油气的首个重大突破。通过上述新技术的应用,相继发现和落实了克深5、博孜1、阿瓦3等多个圈闭,均获得油气突破。大北气田、克深气田的评价开发工作也顺利展开。基于上述成果,库车地区盐下深层"南北成带、东西分段"的构造分布格局基本明确,即库车盐下构造从东到西连续分布,南北向上以区域大断层为界分为4~9个构造条带,东西向上按照构造样式分为5个区段(图5b)。截至2013年,库车盐下深层共发现圈闭53个,落实资源量 $481 \times 10^8 t$ 油当量,其中33个圈闭和 $364 \times 10^8 t$ 资源量发现并落实于2010年以来,与地震技术发展同步。

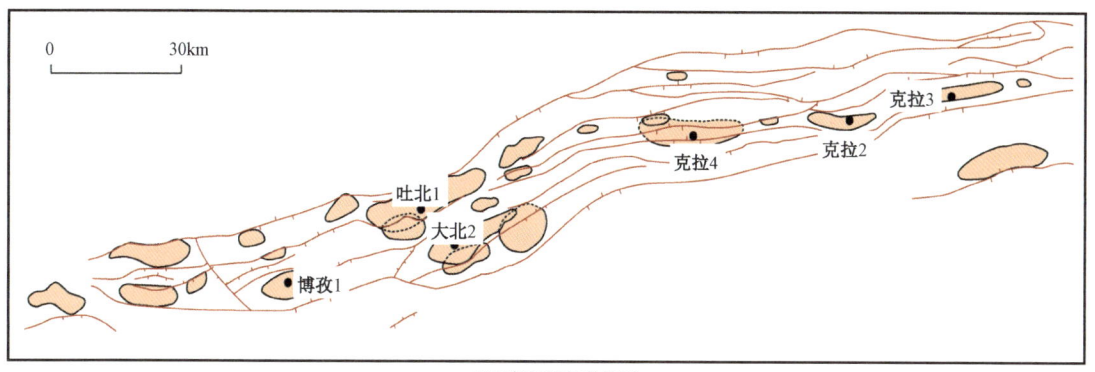

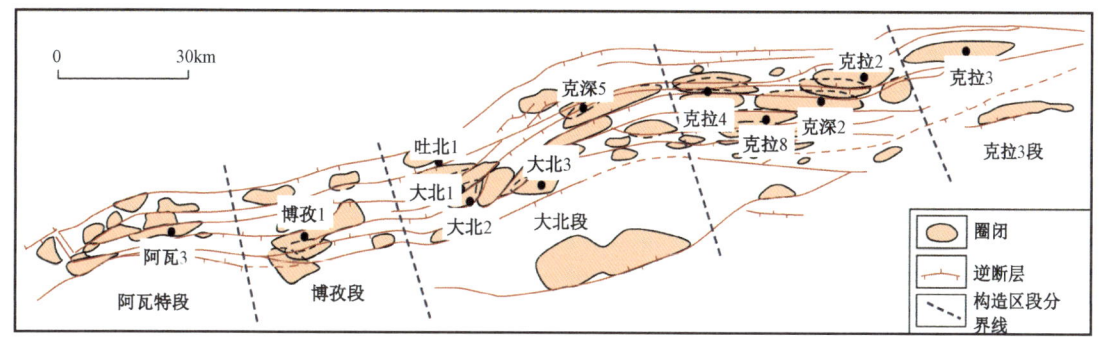

图5 塔里木盆地库车地区盐下深层圈闭储备简图对比

川中地区震旦系—寒武系白云岩的勘探同样充满艰辛[14]。高石1井是在2006年地震处理解释技术攻关基础上确定的风险探井,是1964年发现威远气田之后,四川盆地深层白云岩47年来的首个突破井。2011年7月,高石1井在震旦系灯影组获日产天然气$10214 \times 10^4 m^3$,发现磨溪—高石梯特大型整装天然气田,成为目前中国深层碳酸盐岩勘探的最重大突破。高石1井突破之后,在磨溪—高石梯地区先后部署实施了$2540 km^2$的三维地震[14],开展地震采集、处理及解释技术一体化攻关。通过"两宽一小"高精度三维采集,叠前波动方程深度偏移等技术的应用,资料品质大幅提高,为地层研究、构造描述及储层和流体预测奠定了坚实基础(图6)。

基于老地震资料,灯影组顶面与灯三段底面之间是近等厚沉积(图6a),在新地震资料解释剖面上,灯影组顶与灯三段底之间存在明显的陡倾角反射(图6b),这正是台地相到盆地相之间的斜坡相地层反射。按照该认识,地震解释重点由落实构造变为落实台缘相带,与储集层、裂缝、油气预测相结合,圈定台缘礁滩相有利区和靶点。后续的地质研究和钻井(高石17井)证实,磨溪—高石梯构造与威远—资阳隆起之间存在"德阳—安岳"克拉通内裂陷。裂陷内部沉积了较厚的寒武系麦地坪组和筇竹寺组,两侧为镶边台地,发育灯四段优质滩相储层[14]。该认识提升了灯影组勘探潜力,拓展了灯影组的勘探范围。

截至2014年6月,磨溪—高石梯地区共实施探井48口,其中完试井27口,获工业气井23口,探井综合成功率85%。目前整体控制古隆起东段震旦系含气面积$7500km^2$,初步预测震旦系—寒武系天然气资源量总量约达$5 \times 10^{12} m^3$,已探明天然气储量近$4404 \times 10^8 m^3$[14]。

a.2005年二维地震资料解释方案

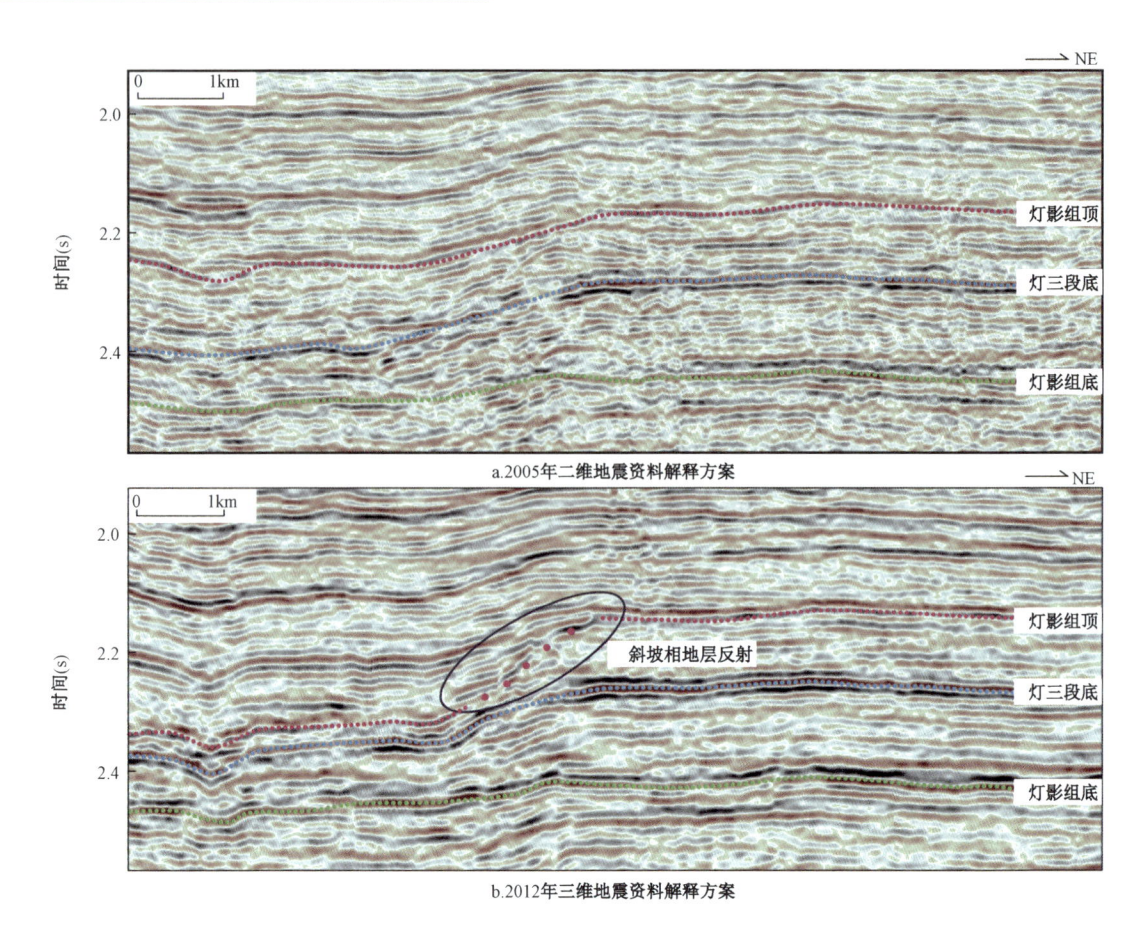

b.2012年三维地震资料解释方案

图6 四川盆地磨溪—高石梯地区新老地震资料及解释方案对比

4 陆上深层油气地球物理勘探技术挑战与攻关方向

4.1 深层复杂构造成像

深层复杂构造成像问题指以落实深层目标的构造形态及分布规律、描述断裂展布特征及不同断块的组合关系等为首要目标的问题。前陆冲断带复杂构造，碳酸盐岩、碎屑岩及火山岩等各类潜山，以及台地边缘的礁滩相地层勘探等均面临此类问题。这些目标的储集层条件一般相对较好，圈闭的完整性是控制油气聚集的主要因素，因此"构造成像清晰，偏移归位准确"成为深层复杂构造勘探最基本也是最重要的要求。

地震勘探所面临的主要问题如下：

（1）"弱信号+强干扰"导致的地震资料低信噪比问题。对于所有深层目标而言，由于地震波在长距离传播过程中的扩散、吸收、衰减作用，有效信号的能量总体来说很弱，而深层复杂构造目标往往具有恶劣的地表条件和/或复杂的地下地质结构（盐丘、断块等），导致各种干扰波发育且能量较强。在这种"弱信号+强干扰"的双重影响下，目的层地震资料信噪比往往非常低，甚至难以正确识别层位。库车地区克拉4井经3次加深未能钻遇目的层就是典型实例[15]，川中磨溪—高石梯地区台缘斜坡的解释[14]，渤海湾盆地牛东1井超深潜山高温油气藏的发现[28]均经历过类似困难。

采集技术的创新从根本上解决了地震资料低信噪比的问题,大吨位低频可控震源是增强深层反射能量的有效手段,对提高速度建模及全波形反演(Full Waveform Inversion,简写为FWI)精度也具有重要意义[29,30]。低频数字检波器可最大限度地记录全低频信号,采用长排列甚至超长排列进行资料采集,可避开浅层速度异常体的屏蔽作用,有利于提高目的层有效信号能量。

(2)速度横向剧烈变化引起的地震资料成像不准确问题。无论是起伏地表还是复杂盖层,对目的层成像精度的影响均源于其速度的横向变化。以库车地区为例:其地表相对高差超过1000m,地震波传播速度为350~4200m/s。由于地表的剧烈起伏和高速地层的出露,远远偏离了常规偏移技术的"地表一致性"假设条件,造成反射记录严重畸变且偏离双曲线,静校正量因为反射波非垂直出射而不"静"(同一点的静校正量不固定),最终导致基于"基准面静校正"的传统偏移技术精度大幅降低[20]。同时,其目的层上覆盖层为岩性、厚度均横向剧烈变化的膏盐岩,膏盐岩之上为局部剧烈抬升的高陡碎屑岩地层,远远偏离了"层状水平介质"假设,导致常规偏移技术失效。成像不准导致早期勘探中常见的"高点带弹簧,圈闭带轱辘"现象[15]出现,严重制约了深层油气勘探。

尽管随着起伏地表偏移、各向异性偏移、逆时偏移(RTM)乃至全波形反演(FWI)技术的出现,上述问题都得到了一定程度的改善[31],使构造形态、断面反射、盐丘边界、潜山地貌等刻画更加清晰,信噪比也有一定程度的提高。但事实上,这些高精度算法对原始地震资料的频段及信噪比、速度模型的精度及运算效率等方面的要求极高,从而制约了其优势的发挥。库车地区勘探实践表明,通过物探与地质的结合、地震与重磁电技术的结合,可提高速度模型精度。

4.2 深层复杂储层预测

深层复杂储层预测指深层储层的形态刻画、物性及含油气性预测以及封堵条件分析。中国陆上绝大多数石灰岩及白云岩油气藏、碎屑岩地层及岩性圈闭油气藏、火山岩及变质岩油气藏等都属于此类目标,虽然其一般具有较好的油气源及盖层条件,但储层非均质性强、油气水关系复杂制约了其勘探进程与开发效益。深层复杂储层研究要求做到"储层表征准确,流体预测可靠,风险评估充分"。

地震勘探所面临的主要问题如下:

(1)各种采集处理因素导致的地震资料不保幅问题。"保幅"包括偏移剖面的相对振幅保持、偏移距道集的AVO关系保持以及方位角道集的各向异性关系(AVOZ)保持。对储集层、流体及裂缝研究而言,"保幅"是对资料最基本和最迫切的需求[32,33]。然而,在资料采集和处理过程中,由于观测方式、噪声压制、振幅补偿等因素的影响,很难实现全面的真振幅恢复[33]。

要解决上述问题,采集上需尽可能实现连续、均匀、对称、无假频采样,为后期叠前偏移提供更好的基础资料。"两宽一高"采集、宽频数字检波器接收等均有利于实现保幅处理[34]。处理上除了要避免采用改变振幅相对关系的流程外,还需发展全波形反演、局部角度域偏移等前沿技术,通过高精度的算法实现保幅处理。

(2)深埋及高频吸收带来的地震资料低分辨率问题。除了薄储层预测需要不断提高地震资料的纵向分辨率外,小尺度储集体(如塔里木盆地岩溶缝洞体)、岩性异常体、地层尖灭线等描述也需要地震资料具有更高的横向分辨率,因此必须从信号激发、接收以及资料处理入手提高分辨率。宽频震源、全频段数字检波器、宽频带逆时偏移等采集、处理技术是近期较为现实的攻关方向。其他如井间地震、横波勘探等技术也是提高分辨率的有效手段,可作为中长期目标进行实用性攻关。

(3)复杂油藏环境引起的综合评价问题。复杂储层综合评价的重点是发现优质储层,与非常规油气勘探中发现"甜点"的工作类似。但与页岩等非常规油气储层不同的是,这些深埋储层的油藏环境更为复杂,油气富集条件更为苛刻,因而获得高产稳产油气流的难度更大。

以塔里木盆地碳酸盐岩岩溶储层为例,为了获得高产稳产井,不仅要发现和准确定位"串珠"反射,更需落实其上部的盖层条件、底部与含水层的连通情况、周缘的裂缝发育情况及与其他缝洞体的连通关系,以及自身的位置、体积、物性、含油气性等问题。因此在资料解释过程中,从宏观的构造运动及沉积环境分析,到局部的断裂系统、古地貌、古水系、风化淋滤、热液溶蚀等作用的研究,再具体到储层位置、规模、物性、泥质充填程度、相互连通性,以及裂缝、含油气性等方面的评价,都缺一不可,且必须保证其精细度与可靠性[23]。然后需要在上述精细研究的基础上进行多维信息融合分析,最终优选出最有利的井点和最佳的井型,并在钻井过程中根据最新钻井信息对构造、储层的预测结果进行修正,实时调整钻井方案[35],以确保准确命中靶点。

因此,深层复杂储层综合评价要向"叠前、多维、融合、一体化"方向发展。"叠前"既包括AVO,也包括AVOZ;"多维"除了包括时移地震(四维),还包括三维数据体发展为五维数据体(X、Y、Z、方位角与偏移距,其中X、Y、Z为三维坐标);"融合"是不同地震属性的深度结合,一般需要通过三维可视化、图像处理等技术实现;"一体化"则是指多学科的结合,包括地震地质一体化、地震非地震一体化、地震与生产动态一体化等。微地震技术目前已经在多个领域取得了成功的应用实例[36]。微地震与常规地震的结合可以对裂缝、溶洞等进行更加准确的标定,有望成为精细储层研究的重要手段之一。

通过上述技术攻关,有望实现陆上深层地球物理勘探技术的进一步跨越。在中国力争实现:(1)拓宽原始资料频带,东部地区拓宽12Hz左右,西部地区拓宽8Hz左右;(2)提高复杂构造成像精度,构造深度预测误差小于2%,钻井成功率提高到65%以上;(3)提高储层预测精度,使碎屑岩岩性圈闭落实成功率提高到85%以上,碳酸盐岩缝洞储层及火山岩储层的钻遇率达90%以上,含油气性预测吻合率达85%以上;(4)提高薄层及小断块的识别能力,东部可识别厚度为2m以上的砂体,西部在5m以上,断块油气藏发育区能够识别断距在5m以上的断层。在国外陆上深层探区,力争实现各项指标提高10%以上。

5 结论

中国深层油气资源在油气总资源量中占较大比例,勘探开发潜力巨大,目前已进入发展的关键时期。深层油气资源勘探的重要性与复杂性促进了相关技术的不断发展,提高了中国深层油气地球物理技术的先进性。2005年以来,中国深层油气地球物理技术攻关取得了丰硕成果,有效解决了中国陆上深层油气勘探的关键问题,推动了油气勘探的大发现与开发生产的顺利进行。

面对更高的精度要求,深层地球物理技术应重点发展以下6方面的技术:

(1)宽频数字化地震采集技术。具体包括低畸变、宽频高精度可控震源,全频段数字检波器,50万道以上全数字地震仪,开放式采集软件系统等。

(2)复杂储集层岩石物理建模技术。需建立碳酸盐岩、火山岩以及致密砂岩等复杂储层的岩石物理模型,结合频散分析,形成高精度建模软件。

(3)高精度保幅成像技术。重点发展RTM、FWI、LAD(Local Angle Domain)偏移等高精度叠前偏移技术,以及与之配套的去噪技术、真振幅恢复技术、高精度速度建模技术等。

(4)复杂储层综合解释技术。重点发展叠前反演、高分辨率反演、物性参数反演、流体检测、各向异性裂缝预测、储集层综合评价、油藏动静态建模等技术,同时深化山前复杂构造综合建模技术。

(5)以重磁电为主的其他物探技术。重点发展高精度三维电磁相关的装备及软件、非地震信息约束下的速度建模及构造解释技术、研发地震—非地震联合反演软件,完善压裂微地震监测、油藏动态检测等工程地震技术。

(6)动态钻井地震导向技术。重点发展快速高效的动态地震预测技术,在钻井过程中结合最新钻井信息,对早期的构造、储层预测成果进行修正,指导钻井轨迹调整,确保深层钻井成功率。

参 考 文 献

[1] 孙龙德,撒利明,董世泰. 中国未来油气新领域与物探技术对策. 石油地球物理勘探,2013,48(2):317-324.

[2] 孙龙德,邹才能,朱如凯,等. 中国深层油气形成、分布与潜力分析. 石油勘探与开发,2013,40(6):641-649.

[3] Dyman T S, Crovelli R A, Bartberger C E, et al. Worldwide estimates of deep natural gas resources based on the US Geological Survey World Petroleum Assessment 2000. Natural Resources Research, 2002, 11(6):207-218.

[4] 杜小弟,姚超. 深层油气勘探势在必行. 海相油气地质,2001,6(1):1-5.

[5] 赵文智,胡素云,李建忠,等. 我国陆上油气勘探领域变化与启示——过去10余年的亲历与感悟. 中国石油勘探,2013,18(4):1-10.

[6] 翟光明,王世洪,何文渊. 近10年全球油气勘探热点趋向与启示. 石油学报,2012,33(增刊I):14-19.

[7] 白国平,曹斌风. 全球深层油气藏及其分布规律. 石油与天然气地质,2014,35(1):19-25.

[8] Reedy H J. Carter - Knox gas field, Oklahoma, in natural gases of North America: Part 3, Natural gases in rocks of Paleozoic age. AAPG Memoir 9 Tulsa: AAPG, 1968:1467-1491.

[9] 妥进才. 深层油气研究现状及进展. 地球科学进展,2002,17(4):565-571.

[10] Wood Mackenzie. Woodmac PathFinder[DB/OL] [2015-01-20]. http://portalwoodmaccom/web/woodmac/home-page.

[11] 胡文瑞,鲍敬伟,胡滨. 全球油气勘探进展与趋势. 石油勘探与开发,2013,40(4):409-413.

[12] 贾承造,赵文智,胡素云,等. 全国新一轮常规油气资源评价. 北京:中国石油勘探开发研究院,2007.

[13] 罗志立,孙玮,代寒松,等. 四川盆地基准井勘探历程回顾及地质效果分析. 天然气工业,2012,32(4):9-12.

[14] 杜金虎,邹才能,徐春春,等. 川中古隆起龙王庙组特大型气田战略发现与理论技术创新. 石油勘探与开发,2014,41(3):268-277).

[15] 王招明,谢会文,李勇,等. 库车前陆冲断带深层盐下大气田的勘探和发现. 中国石油勘探,2013,18

[16] 王招明,于红枫,吉云刚,等.塔中地区海相碳酸盐岩特大型油气田发现的关键技术.新疆石油地质,2011,32(3):218－223.

[17] 杨海军,韩剑发,等.中国海相油气田勘探实例之十二:塔里木盆地轮南奥陶系油气田的勘探与发现.海相油气地质,2009,14(4):67－77.

[18] 钟启刚,梅江,严世才,等.庆北深层天然气勘探开发工程技术进展及今后攻关方向.石油科技论坛,2010(6):23－27.

[19] 何文渊,郝美英.油气勘探新技术与应用研究.地质学报,2011,85(11):1823－1833.

[20] 符力耘,肖又军,孙伟家,等.库车坳陷复杂高陡构造地震成像研究.地球物理学报,2013,56(6):1985－2001.

[21] 韩国猛,周素彦,唐鹿鹿,等.歧口凹陷歧北斜坡沙一下亚段致密砂岩油形成条件.中国石油勘探,2014,19(6):89－96.

[22] 刘国全,刘子藏,吴雪松,等.歧口凹陷斜坡区岩性油气藏勘探实践与认识.中国石油勘探,2012,17(3):12－18.

[23] 杨平,孙赞东,梁向豪,等.缝洞型碳酸盐岩储集层高效井预测地震技术.石油勘探与开发,2013,40(4):502－506.

[24] 徐春春,沈平,杨跃明,等.乐山—龙女寺古隆起震旦系—下寒武统龙王庙组天然气成藏条件与富集规律.天然气工业,2014,34(3):1－7.

[25] 李亚林,巫芙蓉,刘定锦,等.乐山—龙女寺古隆起龙王庙组储集层分布规律及勘探前景.天然气工业,2014,34(3):61－66.

[26] 杜金虎,赵邦六,王喜双,等.中国石油物探技术攻关成效及成功做法.中国石油勘探,2011,16(增刊1):1－7.

[27] 徐礼贵,夏义平,刘万辉.综合利用地球物理资料解释叠合盆地深层火山岩.石油地球物理勘探,2009,44(1):70－74.

[28] 赵贤正,金凤鸣,王权,等.渤海湾盆地牛东1超深潜山高温油气藏的发现及其意义.石油学报,2011,32(6):915－927.

[29] Plessix R E, Baeten G, de Maag J W, et al. Application of acoustic full waveform inversion to a low-frequency large-offset land data set[BF]. Denver:SEG Extend Abstract,2010.

[30] 陶知非,赵永林,马磊.低频地震勘探与低频可控震源.物探装备,2011,21(2):71－76.

[31] 李振春.地震偏移成像技术研究现状与发展趋势.石油地球物理勘探,2014,49(1):1－21.

[32] 尚新民.地震资料处理保幅性评价方法综述与探讨.石油物探,2014,53(2):188－195.

[33] 陈宝书,汪小将,李松康,等.海上地震数据高分辨率相对保幅处理关键技术研究与应用.中国海上油气,2008,20(3):162－166.

[34] 刘振武,撒利明,董世泰,等.地震数据采集核心装备现状及发展方向.石油地球物理勘探,2013,48(4):663－676.

[35] 刘振武,撒利明,杨晓,等.地震导向水平井方法与应用.石油地球物理勘探,2013,48(6):932－937.

[36] 刘振武,撒利明,巫芙蓉,等.中国石油集团非常规油气微地震监测技术现状及发展方向.石油地球物理勘探,2013,48(5):843－853.

中国石油地震数据采集核心装备现状及发展方向

刘振武 撒利明 董世泰 韩晓泉

摘要 地震数据采集核心装备是推动地震勘探技术和方法发展的原动力。高密度、宽方位、全波采集等地震勘探技术已成为解决复杂地质问题的关键技术,超万道地震仪器、高保真宽频数字检波器、高效激发震源等是这些技术推广应用的基础。本文系统地介绍了当今世界地震数据采集核心装备技术进展,剖析了中国石油地震数据采集核心装备的发展现状。根据物探技术发展需求,提出了发展有线无线相结合的地震仪器、数字检波器和宽频高效采集可控震源的方向。

1 引言

地震数据采集核心装备包括地震(记录)仪器、地震检波器、激发震源3个主要部分,其中地震仪器是关键装备。纵观地震勘探技术的几个发展阶段,从光点地震、模拟地震、数字地震、三维地震,一直到现在的高密度、全波乃至未来的矢量地震,无不受地震仪器技术发展的驱动而发展。电子管仪器时代以模拟光点地震为主;晶体管和模拟磁带记录时代是模拟地震;晶体管和集成电路开始了数字地震,使野外记录道数大幅度提升,覆盖开关技术的应用,使得高覆盖二维地震技术、小规模三维地震技术成为可能;16位、24位模数转换技术大幅度提高了勘探仪器的分辨率,大规模集成电路的应用又促进了千道以上地震仪器的诞生,使三维地震技术得到普遍推广应用;超大规模集成电路促使万道地震仪器诞生,使高密度、全波等地震技术得到迅猛发展;2002年Sercel公司和ION公司相继推出的基于MEMS传感器的全数字地震仪被业界认为是第六代地震仪;2003年英国Vibtech公司推出的蜂窝地震系统、2009年美国Wireless公司推出的实时无线系统,代表了地震数据系统发展的新趋势;Shell等公司现致力于发展的百万道地震仪器,代表未来超高密度地震技术应用的发展方向。

如今,石油勘探开发目标多为复杂地质体,对分辨率要求更高。为了使深层目标能更好地成像、能够准确检测油气,覆盖次数增加、观测密度不断提高、观测方位不断增加,高密度、宽方位、多波等技术已成为主流技术。为了适应这些需求,在大规模集成电路基础上,人们将现代有线和无线通信、计算机技术、网络技术、微电子学及软件技术、遥控技术、海量数据管理技术等纳入地震仪器,使地震仪器在信号质量、采集能力、海量数据处理、传输方式、交互管理、施工效率及HSE等方面都有了质的飞跃。这些技术的发展已经真正成为地震勘探技术发展的驱动力。

2 对地震勘探核心装备的需求

地震仪器是真实记录返回地面地震信号的核心装备,既要求不丢失有用的地震信号,又要

---

* 首次发表于《石油地球物理勘探》,2013,48(4)。

求对干扰信号充分采样,以利于在野外或室内进行压制。

不同的应用对象对地震仪器的需求不同。油公司要求地震仪器采用高位数(大于 24 位)模数转换器,高动态范围(不小于 120dB),低系统噪声和低道间串音,线性宽频响应(几赫兹至几百赫兹),各地震道电路的振幅特性和相位特性保持一致,高保真度,大道数(100000 道)控制,适宜大道数、高密度、单道接收、高精度和宽方位采集、现场质量控制,野外实施道距灵活,对野外环境造成的伤害最低,使用低成本技术。物探公司则要求仪器在满足油公司需求的同时,具有便携、稳定、可靠、灵活、便于维修和维护、工业标准器件、更灵活的多功能操作系统和人性化的操作界面,简化野外施工、适应各种复杂的野外环境、超低功耗、高效采集、低 HSE 风险、利用成熟的新技术、有线无线混合等性能特点,以减少野外施工人员、提高工作效率、降低综合使用成本、提高生产效益。

不同的地质目标和技术需求对地震仪器也提出了不同的配置要求。一方面,以提高分辨率为目的的地震采集要求高密度、超高密度观测;以提高储层预测精度为目标的地震采集需要宽方位、宽频接收,要求仪器的实时作业能力达到几万道甚至几十万道;另一方面,为了同时记录强信号和受大地吸收衰减影响的高频弱小信号,要求仪器系统的动态范围达到或接近 120dB,并具有高频补偿功能,以进一步推动小断层、小幅度构造、小尺度潜山、薄储层、小砂体勘探精细油藏描述技术的进步。

复杂环境大道数作业则需要地震仪器具有良好的环境适应性,能够适应平原、森林、水网、城区、山地等不同地表类型,具有野外实时监控功能,体积小、重量轻、操作简单、易于复杂地形布设。

对于深层地震勘探,则需要长排列、宽排列片,除要求仪器带道能力达到万道以上外,还要求单线带道能力足够大,以尽量减少野外设备量,改善震源设备的通行能力。另外,具有良好的网络冗余功能,在大排列工作当中,任何点的传输故障都可通过网络冗余功能自动解决。

对于致密储层油气、页岩油气、煤层气等非常规领域的资源勘探[1],地面地震对记录仪器的要求与常规地震相同,但增产改造过程监测的微地震监测技术应用,则需要地震仪器具备实时不间断连续时间记录的能力。地面监测时,除满足不间断连续记录能力外,必须尽量少占用井场,无连接大线,不影响车辆通行和压裂施工。

对于海洋地震勘探,要求仪器具备压制"鬼波"的能力和较宽的频带响应范围,能够适应大于 1000m 水深作业,海底电缆具有多分量并配备精确的定位系统。

综上所述,对于低渗透层、深层、深海、非常规等勘探目标,要求地震勘探的核心装备具有大道数、大动态范围、频率响应宽、数据采集效率高等特点,因此需要地震仪器具有灵活、适应和管理万道以上、海量数据作业的能力,检波器具有高保真、大动态范围、宽频响应的性能,激发设备能够环保且适应高效采集、宽频激发的要求[2]。

3 地震勘探核心装备新进展

3.1 地震仪器新进展

地震仪器一直伴随着基础电子工业的发展在不断地发展,经历了光点、模拟、数字、初期遥测、后期遥测、全数字记录、节点到实时无线万道网络遥测等 7 代发展历程。

第一代是模拟光点记录地震仪器。以 51 型仪器为代表,以光点感光照相纸记录作为地震勘探的原始资料,信号的动态范围小,频带窄,接收道数少。

第二代为模拟磁带记录地震仪器。以 CGG59 为代表,以磁带为介质。上述第一阶段、第二阶段代表了模拟地震阶段。

第三代是数字磁带记录地震仪器。以 DFS－V、SN338 为代表,采用了前置放大、瞬时浮点放大和 A/D 转换技术,实现了由模拟记录到数字记录的变革,其记录的动态范围、有效频带与接收道数均有大幅提高。这一阶段代表了数字阶段。

第四代是遥测数字地震仪器。以 SN368、OPSEIS5586 等为代表,实现了以数字信号形式在电缆上串行传输地震道信息,主机充分地简化,系统的采集能力、抗干扰能力得到了显著提高,带道能力达到 1000 道。这一阶段促进了三维地震的到来。

第五代是多道遥测数字地震仪器。以 SN388、ARIES、BOX、SYSTEM Ⅱ 等为代表,采用集成的 24 位 A/D 转换器取代了先前的瞬时浮点放大器和 16 位 A/D 转换器,系统的瞬时动态范围、记录频带又有大幅提升,带道能力达到 5000 道。

第六代是全数字地震仪器。以原 I/O 公司的 VectorSeis 和 Sercel 的 DSU 系列为代表,以 MEMS 技术为核心的加速度数字检波器,使整个接收系统的动态范围达 90dB 以上,实现了全数字化万道以上实时采集[8]。

第七代地震仪器野外作业方式更加灵活,适宜十万道以上的大道数作业。以有线 G 系统、实时无线仪器 RT2、节点仪器 UNITE、HWAK 等为代表。野外布设灵活,具有强大的网络化数据管理能力,促进了"两宽一高"地震采集技术、高效采集技术的推广应用。

目前各制造商推出的第七代地震仪器具有不同技术特点和适用能力,大体有 3 类系统,即有线传输系统、节点系统、实时无线传输系统。

历代地震仪器主要性能见表 1。

表 1 历代地震仪器主要性能指标对比

代序	第一代	第二代	第三代	第四代	第五代	第六代	第六代	第七代
代表仪器	苏制 51	CGG59 AS626X	DFS－V SN338 GS2000 MD2－20	SN348 SN368 OPSEIS SYSTEM Ⅰ TELSEIS	SN388 ARIES BOX SYSTEM Ⅱ	SYSTEM Ⅳ SN408/SN428 Q－Land	GSR UNITE Z－LNAD HWAK	G 系统 G3i RT2
记录方式	光点照相	模拟磁带	数字磁带	数字介质	数字介质	数字介质	数字介质	数字介质
动态范围(dB)	≤20	≤20	≥70	≥70	≥70	≥90	≥70	≥70
记录频宽(Hz)	0~20	0~100	0~250	0~250	0~300	0~500	0~300	0~300
带道能力(道)	≤24	≤48	240	1000	5000	≥10000	≥100000	≥100000
模数转换(位)			15+1	15+1	15+1	23+1	23+1	23+1
检波器类型	模拟	模拟	模拟	模拟	模拟	数字	模拟	模拟/数字
数传方式	模拟电缆	模拟电缆	电缆	电缆/无线	电缆/无线	电缆/无线	电缆/无线	电缆/实时无线
支持观测方式	2D	2D	2D/3D	2D/3D	2D/3D	全数字/高密度	高密度	超高密度

3.1.1 有线传输系统

有线仪器就是从采集站到交叉站再到主机的数据传输采用电缆来实现,其数据传输的速率及可靠性较高。

有线仪器发展的重点是扩展实时带道能力、满足高效施工要求、提高野外适应性。把先进的网络遥测技术、数据压缩技术、光纤通信技术、数据存储技术、源同步控制技术融入地震仪器当中,使仪器的稳定性、可靠性、数传速度、存储速度、源同步控制能力、带道能力大幅度提高。具备高密度采集、海量地震数据管理、多组移动激发源同步控制等能力。操作系统软件功能不断完善和强大,可进行排列监控和野外设备测试,可以进行现场数据质量控制,几十万道仪器同步采集时差精度大幅度提高。交叉线数据传输速率达 GB 级。数据存储和显示能力大幅度提高,系统的实时记录能力达到每秒几百兆字节[9]。

为适应可控震源高效采集(HPVA)、高保真采集(HFVS),以及由激发源自动驱动仪器采集的需求,有线仪器开发了多组移动激发源同步控制技术,包括数据分离、连续采集、GPS 授时、导航定位、TDMA 通信、自动触发控制、移动源的振动信号采集等技术。HFVS 施工方法和几十台震源共同作业的 HPVA(包括 ISS、DSSS、VI 等)施工方法等得到实现。

目前,有线仪器的杰出代表是 428XL–G 系统和 G3i 系统。

428XL–G 系统是原 428XL 系统的升级扩展版,其技术突破主要体现在排列管理能力、源同步控制能力、交叉线的光缆传输速度、实时采集能力和记录能力等方面。G 系统的光纤传输率达 GB 级,单交叉线的最大管理能力达 100000 道,目前受主控制计算机能力和速度制约,系统能管理的排列在 200000 道左右。由于采集链的传输率维持 16MB,所以 2ms 采样间隔条件下,带数据压缩时的二维实时采集能力仍为 2000 道。为适应快速存储海量数据,G 系统选择为其特别开发了专用 NAS 盘,存储速率大于 200MB,能满足实时 50000 道数据流的记录[6]。

G3i 的主要技术指标与 428XL–G 系统相近,带数据压缩时的单交叉线最大管理能力达 96000 道,系统采用 eSATA3.0 接口标准,极限存取速度达 400MB,可满足实时 100000 道数据流的记录[9]。

有线系统由于采集站之间有电缆,使得野外布设不太灵活方便,且电缆保养维修、存储运输增加了使用成本。道数的增加带来插头节点的增加,也使系统的稳定性降低,如果一个接头或大线出现问题,那么其后的排列将无法工作。

3.1.2 节点传输系统

节点仪器是一种设有实时信息交换能力、以站为单位独立工作、按精确时序连续采集、存储式地震数据采集系统。

节点仪器站单元采用分布式供电,检波器有内置和外接两种方式。节点系统由于不采用实时数据回传,避开了传输系统的限制,道数可随意扩展。采集站采用 GPS 定位和精确计时,数据连续采集并保存在大容量的存储设备中,每天收工以后或一个阶段后,一般采用手持设备或遥控回收数据。有些仪器虽不能回传数据,但可及时监视野外采集站的工作状态,避免数据的大量丢失。典型的仪器如 OYO 公司的 GSR 节点式采集系统,该系统无大线传输、无电台传输、无主机记录、连续记录时间可长达 30 天;INOVA 公司的 HAWK 系统,该系统有部分现场监控能力;Sercel 公司的 UNITE 系统,该系统采用存储式或蜂窝式数据回收;Fairfield 公司的 Z–LAND 系统,有部分现场监控能力;东方地球物理公司的 GPS 授时系统等。节点系统也可和现有的有线系统混合使用,弥补有线仪器野外布设不方便,增强野外使用的灵活性等[10,11]。

节点系统的不足是不能及时根据地震监视记录来指导下一步的生产,后期回收需要庞大辅助设备,而且大道数接收仪器数据回收工作量大,数据编排烦琐,存在数据错误和丢失的风险。

3.1.3 无线传输系统

无线仪器的优势在于依靠无线电波实现信息的传递和交换,采集站与采集站,或者采集站与主机之间没有电缆,提高了系统的灵活性。无线仪器的通信频带一般选择微波域甚高频段,核心技术在于通信协议,不同协议下的信道个数和带宽也不同。近几年,无线仪器在编码技术、调制技术、抗干扰技术、同步技术、授时技术等方面都有大的突破,地震道管理能力和通信速率都得到显著提高,能够实现万道以上地震数据实时回传采集。

常规无线传输系统地震仪器大多使用甚高频波段,其传播方式接近于光波,可在视距范围内有效通信。如 Fairfield 公司的 BOX 系统,工作频率在 214～234MHz 的通带范围内,每个频道带宽 20kHz,可提供多达 1000 个无线通道,如果单采集站为 8 道,最大扩展道数理论上为 8000 道。主机发射功率可达 40W,采集站的发射功率可在 0～2W 内自动调整,通视控制范围可达 10km 左右,最大传输速率 60kB。由于传输距离较大,容易受到电视台及其他空间电磁干扰,数据安全和完整性受到影响,功耗、传输速率也不尽人意。射频带宽和传输速率也限制了带道能力的扩展。

随着无线网络技术的发展,地震勘探仪器将这一成熟技术纳入其中。开放的 2.4GHz ISM 波段局域网无线传输速率高,小区域使用遭遇的干扰少,射频频带可重复利用,以及低功耗的优势,促进了无线传输地震仪器的发展。美国 Wireless Seismic 公司巧妙地利用这一技术,并研发了 5 项专利技术,克服了无线网络传输协议的局限性,提高了原有的传输速率,开发了 RT2 无线实时遥测系统。该系统工作方式类似于有线传输系统的结构,同时具备了节点系统的轻便布设和扩道随意的优点。主要特点是:实时无线传输地震数据,轻便和简单快速的布设带来更高的生产效率,减少了运输和电缆维修成本,具有超低功耗。

RT2 无线实时传输地震仪器主要由记录中心单元、无线遥测单元和回程单元 3 个部分组成。记录中心单元类似于有线系统,采用开放式主从结构,适应不同震源控制器。系统可实时回收地震数据,监视排列信息。可实现被动地震的长时间连续数据采集,如微地震监测,连续实时数据采集,也可实现可控震源和其他脉冲震源的按需传输采集方式,放炮可连续进行零等待间隔。系统可分别监视排列动态、放炮序列、地震数据、排列背景噪声、实时 QC 状态和地面布设状态等,系统带道能力达 100000 道以上,与有线仪器相近。其无线遥测单元执行自测,联系它的邻居自动组建排列,中继上一个站的信息和数据以无线方式传输到上游。采集站自动调节发射功率适应不同道距和射频环境。数据采用采集站和采集站之间短距离无线传输,有效避免了以往大距离面积无线传输带来的抗干扰能力差和无线射频传输不稳定的弊病。每个采集站既是采集站也是中继站,以逐个接力方式回传到线接口单元,实现一个排列的数据传输。线接口单元,类似于有线系统的交叉站,可有线、无线或混合连接到主机或其他排列。接口单元负责上传数据和信息,下传主机的命令,发送高精度 GPS 同步计时时钟(误差微秒级)。一旦采集站布设后,该系统将自动寻找左右邻居联系,无须地面人工干预,自动建立排列。如排列某个中间采集站出现问题,信号可以越过一个站继续传输。传输路径也可以迂回进行,在特殊情况如某个排列点不能越过障碍,可在其附近放置一个或多个采集站作为中继站,引导改变传输路径达到迂回传输。野外系统布设如图 1 所示。该系统采用短距离的无线传输,提高了越障能力,可适用于城市、山地等多种复杂的地表环境。实时的数据回传避免了数据丢失。野外操作简单轻便,减少了人力和运输设备,野外的综合使用成本降低[8]。该系统堪称目前最先进的无线遥测地震系统,有望成为地震勘探仪器的换代产品。

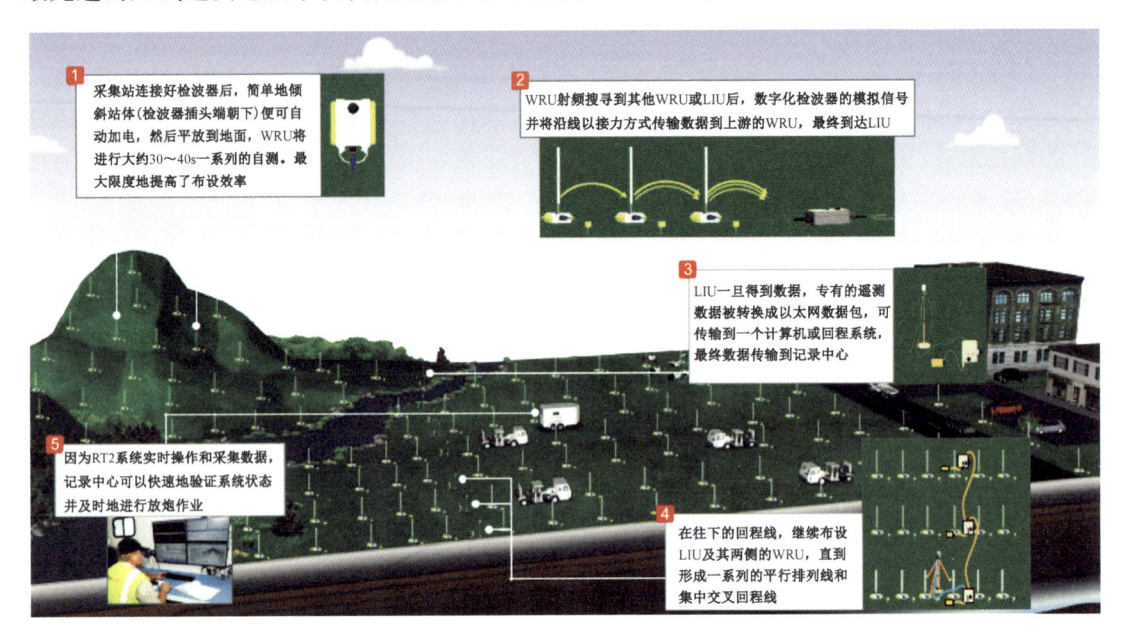

图 1　RT2 系统野外布设示意图
WRU—无线遥测单元;LIU—线接口单元

3.2　地震检波器技术新进展

常规油气勘探中大多使用模拟动圈式速度型或加速度型检波器。主要供应商有 Sercel 公司、ION 公司和 Geospace 公司。为适应 24 位地震仪器和提高勘探精度及信号保真要求,Sercel 公司、ION 公司分别推出了模拟超级检波器和数字检波器,Geospace 公司也推出了模拟超级检波器。表 2 列出现今 5 家公司的数字检波器技术指标对比。

表 2　主要厂商检波器对比

	厂家	Sercel	ION/INOVA	Geospace	BGP	双丰
超级检波器	型号	GS10	SM-24	GS-32CT	SN7C	PS-10ES
	自然频率(Hz)	10	10	10	10	10
	频响(Hz)	>240	>240	>250	>300	>240
	失真度(%)	<0.07	<0.03	<0.03	<0.1	<0.1
	倾斜角度(°)	0~15	0~15	0~15	0~15	0~15
	灵敏度(V/m·s)	22.8	28.8	27.5	28.8	28.8
	开路阻尼	0.68	0.6	0.316	0.1	0.68
	精度(%)	±2.5	±2.5	±2.5	±2.5	±2.5
	温度范围(℃)	-40~90	-40~100	-45~100	-40~100	-40~100

续表

厂家		Sercel	ION/INOVA	Geospace	BGP	双丰
数字检波器	型号	DSU3	Vectorseis			
	倾斜角度(°)	±180	±180			
	噪声($\mu m/s/Hz^{0.5}$)	0.4	0.44			
	失真(dB)	<0.003	<0.003			
	精度(%)	±0.25	±0.5			
	频率响应(Hz)	0~800	0~800			
	采样率(ms)	0.25,0.5,1,2,4	0.5,1,2,4			
	动态范围(dB)	120	124			

1993年,荷兰Sensor公司推出了与24位遥测地震仪相配套的超级检波器SM-4SH,失真度由0.2%降低为0.1%以下。1994年,Sensor公司又推出了低失真度SM-24超级地震检波器,失真度小于0.1%,是国际上最早推向物探市场的真正满足24位数字地震仪的超级检波器。20世纪90年代末,日本OYO公司推出了GS-30CT超级检波器,失真度小于0.12%,随后又推出了GS-32CT超级检波器。美国MAHK公司为满足国际物探市场需要,也积极开发超级检波器,1995年推出了一种低失真的MARK2超级检波器,失真度小于0.05%,代表了现今国际上最新一代超级检波器。

数字检波器是相对于常规检波器的输出信号而言的。数字检波器输出的是直接数字化的信号,主要由MEMS传感器、ASIC电路(专用集成电路)和DSP(数字信号处理器)及其他辅助电路组成。具有动态范围大、噪声水平低、频率响应范围大、失真小等特点。代表产品有Sercel公司的DSU1、DSU3、DSUGPS和ION(Sensor)公司的Vectorseis。

另外,为适应深层勘探需要,各厂家在积极研究宽频检波器,其显著特点是自然频率降至4.5Hz及5Hz,提高了对低频信号的记录能力。代表产品有Sercel公司的G5、威海双丰物探设备股份有限公司(简称双丰公司)的PS-4.5等产品。

3.3 可控震源技术新进展

在地震勘探中,地震信号的激发源分为爆炸震源和非爆炸震源两种。其中非爆炸震源包括电火花震源、重锤震源、电磁驱动可控震源、液压式可控震源以及精密可控主动震源等。陆地石油勘探中主要采用大吨位液压式可控震源。

液压可控震源采用液压伺服系统、液压传动、自动控制、电子控制等技术,由电控箱体产生线性或非线性的正弦调频信号,经过液压伺服系统放大,控制伺服阀开启,高压液压油驱动震动锤体做往复运动,驱动与之相连接的落在地面上的平板做往复震动,产生连续地震波。

现代可控震源技术起源于1952年。历经Conoco等石油公司和装备制造厂的发展,可控震源从早期的20000lbf(9tf左右)出力已经发展到目前80000lbf(近40tf)的出力;从纵波激发发展到了纵波、横波激发。目前,法国Sercel公司生产的P23/LRS351、P28M28、SM26HD/623B、NOMAND65、NOMAND90等系列可控震源车,具有更好的性能和适应各种地形的需要,最大出力达到40tf。美国IVI公司生产的低频、高频震源、横波及小型高频可控震源,具有轻便、灵活及多种功能的特点；中美合资的 INOVA 公司生产的 LRS315、LRS321、AHVIV623 等系列震源，具有先进的降低震源振动产生的谐波畸变功能和野外攀爬功能。另外，Mertz 公司还推出了 M10/601、M12/602、M18/612、M18/615、M27/623、M26HD/623B、M26HD/SF-60 等系列震源，丰富了 Sercel 公司的产品系列（Mertz 公司已被 Sercel 公司收购）。东方地球物理公司自主研发推出了 KZ 系列震源，具有低畸变输出信号的特点，其主要技术指标与国外产品技术水平相当。表3是几家主要设备制造厂商28t可控震源性能对比。可以看出，各厂家产品的技术指标处于同一水平。

表3 28t 可控震源性能对比（指标为蓝色型号）

厂家	Sercel	INOVA	IVI	BGP
代表产品	NOMAND65 NOMAND90	LRS315 LRS321 AHV IV623	T-15000 HEMI-50 HEMI-60	KZ28 KZ34
最大理论出力峰值(kN)	276	275	274	275
扫描频率(Hz)	7~250	5~250	10~300	6~250
液压驱动平衡法	空气气囊	空气气囊	空气气囊	空气气囊
液压驱动隔离法	空气气囊	空气气囊	空气气囊	空气气囊
伺服阀滤芯精度(μm)	3	3	3	3
温度范围(℃)	-12~53	-50~50	-20~45	-30~50
轮胎	轮胎	轮胎/履带	轮胎	轮胎
地表适应性	相对平坦	相对平坦半丘陵	相对平坦	相对平坦
作业方式	常规/滑动/交替	常规/滑动/交替	常规/滑动/交替	常规/滑动/交替

4 中国石油地震数据采集核心装备研发现状

4.1 地震仪器研发现状

由于以往我国电子制造业落后，我国地震仪器发展经历了漫长的引进、消化吸收、合作生产、自主研发的过程。

20世纪50—60年代，从国外引进模拟光点地震仪生产线，在西安石油仪器厂进行生产，简称51型地震仪，采用电子管电路。该仪器的记录是模拟波形光电感光记录，动态范围只有20dB，作业能力为26道，频宽仅30Hz。60年代初，自行研制了轻便型 DZ-611 电子管地震仪。

1966年，西安石油仪器厂成功研制了脉冲调宽式 DZ-661 型地震仪器，并不断改进，升级成 DZ-663 型、DZ-701 型地震仪。采用模拟磁带记录数据、热敏纸模拟波形监视记录，可以实现多次覆盖，动态范围为 40~50dB，地震道数为48道，频宽 15~120Hz。

随着瞬时增益控制放大技术、模数转换技术、数字磁记录技术、通信技术的发展，1975年，西安石油仪器厂设计生产了48道的 SDZ-751A、SDZ-751B 仪器，物探局仪器厂设计生产了24道的 SCD-2 地震仪器。

随着三维地震技术的发展,对仪器道数需求不断提高,西安石油仪器厂对引进的DFS-V数字仪进行了革新改造,并设计生产了SDZ-240型地震仪器,带道能力为240道。同期,物探局仪器厂设计生产了SK8000、SK83地震仪器。到20世纪80年代末,国内所有地震队全部实现数字采集,淘汰了模拟磁带地震仪。

为适应三维地震、高分辨率勘探等技术需求,在20世纪80—90年代,又推出了分布式遥测地震仪。西安石油仪器厂先后自主研发了YKZ-480、YKZ-1000等千道地震仪,物探局仪器厂推出了SK-1004、SK-1005、SK-1006等千道地震仪。由于基础机械制造业比较薄弱,制造工艺较差,系统的稳定性和可靠性较低,难以适应野外复杂多变的自然环境。

在随后的十多年间,地震仪器主要依赖进口,并与国外仪器厂合作生产SN388、SN408/428、I/O 2等仪器,自主研发基本处于停顿状态。

2006年,为提升我国物探技术国际竞争力,中国石油科技管理部启动了"新型地震数据采集记录系统研制"项目,研制具有自主知识产权的地震仪器,实现地震数据采集系统设计制造技术的突破,打破地震仪长期依赖引进的局面。该项目研究推行"扁平化核心+网络化协作"的组织模式,提出了多项关键技术并行研发"优中选优"的工作思路,采用产学研结合方式与清华大学、中国科学院等国内知名大学和院所合作,进行数据传输等关键技术的开发。至2009年,成功研制出具有自主知识产权的、与同期国外主流地震采集仪器技术水平相当的ES109新型地震数据采集记录系统(图2)。其中地震仪器的标志性技术——高速数据传输率达到国际领先水平,比同期国际主流产品的数据传输能力提高2~5倍,达到40MB(法国Sercel公司的428XL仪器传输能力为16MB、原美国ION公司的SYSTEM IV仪器传输能力为8MB)。此外,该仪器嵌入式软件开发、时钟同步、通信底层设计,协议制定等其他关键技术均达到国际先进水平[4,6]。

图2 ES109地震数据采集记录系统

2009年2月,ES109仪器投入野外试验及试生产,采集数据质量达到国际同类系统水平(图3)。2010年,该仪器投入规模化生产,其带道能力达到15000道,并在新疆准东地区高密度地震项目中进行了生产性应用。实践表明,ES109仪器经过全面测试,其主机软件工作稳定,操作界面灵活、实用,野外工作稳定,标志着我国自主研发的地震仪器技术达到国际先进水平。

2010年,中国石油与美国ION公司合作成立了INOVA合资公司,集成了SCORPION、ARIES和ES109系统的优势技术,同时又针对当前地震勘探技术的发展需求开发了G3i地震数据采集系统,包括可控震源高效采集等其他独特技术,使得系统的综合采集能力达到国际领先水平。

a.ES109仪器　　　　　　　　　　　　　　b.ARIES仪器

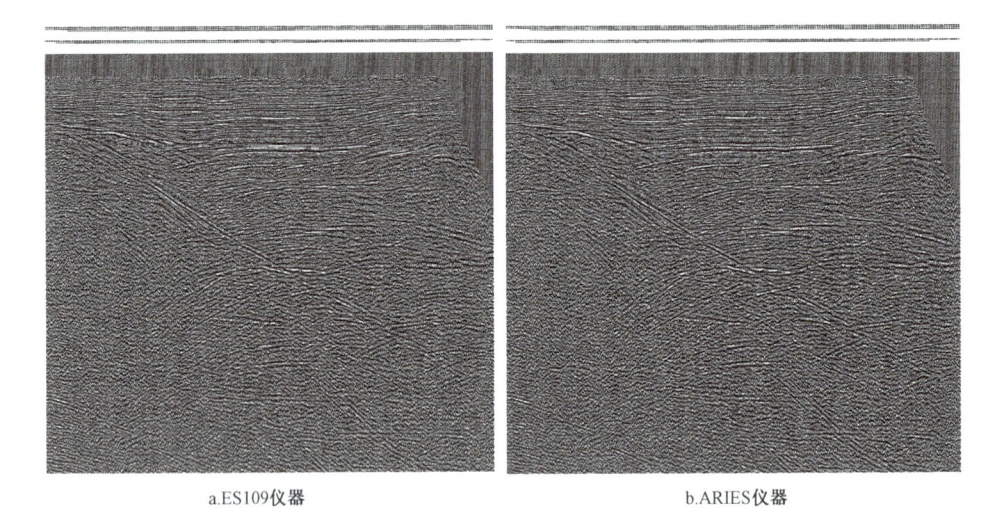

图3　ES109与ARIES仪器采集地震剖面对比

G3i系统单站4道,具有低失真振荡测试器,支持与SMT兼容的检波器测试,具有自动无错数据传输,LED指示灯能实时显示排列连接、供电和数传状态(图4)。该系统包含地震处理模块(SPM)的标准组件,支持脉冲式震源和高效可控震源(HPVS),支持多屏显示,支持多种输出设备(NAS、LTO、3592、HDM),具有冗余高容量内置硬盘驱动器,使用更少的互连集成地震采集数据接口板,支持集成的项目和数据质量控制模块,支持基于网络的远程监控,具有炸药、可控震源、HPVS、气枪、线缆和混合采集功能。

采集站　　　　　　　　　　交叉站　　　　　　　　　　电源站

图4　G3i系统地面电子设备

如前所述,G3i系统带数据压缩时的单交叉线的最大管理能力达96000道,理论上系统的最大管理能力达384000道。传输率随着道间距的变化自动调整,系统的数据传输电缆是多数据对(三对)结构,在50m道距情况下带数据压缩时的二维实时采集能力达2700道。在数据记录方面,系统采用eSATA3.0接口标准,极限存取速度达400MB,可满足单交叉线实时100000道数据流的记录。

G3i软件能够向操作员提供关键信息,从SPS、SEG-P1、Geo-Ti或用户定义表中导入关键信息,并在地图叠置中显示;能够跟踪车辆和人员位置,并监测速度、位置或安全性;能够参考实际勘探图,执行遥测质量控制并排除故障,管理与实际地面位置、通道和障碍相关的部署,操作员实时接收与环境相关的信息,并能够进行当前接收道的RMS值、噪声、信噪比以及相邻道的相关分析等实时采集质量控制[15]。

目前,G3i系统带道能力超过72000道,并在国内外超过20个地震采集项目中推广应用,效果良好。表4为中国石油系统的地震仪器研发历程。

表4 中国石油系统历代地震仪器研发历程

代序	引进仿制阶段			消化吸收阶段		自主创新阶段	合作创新阶段
	第一代	第二代	第三代	第四代	第五代	第六代	第七代
研究成果	DZ-611	DZ-661 DZ-663 DZ-701	SDZ-751 SCD-2 SDZ-240 SK8000	YKZ-480 YKZ-1000 SK-6		ES109	G3i
国外参照仪器	苏制51	CGG59 AS626X	DFS-V SN338 GS2000 MDS-20	SN348 SN368 SYSTEM Ⅰ	SN388 ARIES BOX SYSTEM Ⅱ	SYSTEM Ⅳ SN408/SN428 Q-LAND	GSR UNITE Z-LNAD HWAK	G系统 G3i RT2
研发方式	部分自主	部分自主	部分自主	消化吸收 部分自主		独立自主	国际合作
技术水平	相当 稳定性低	相当 稳定性低	相当 稳定性低	相当 稳定性低		国际水平 部分领先	世界领先
技术能力		覆盖开关	120~ 240道	1000道		数传能力比国际主流产品高2~5倍,达到40MB	100000道 有线、节点 网络技术 实时质控

INOVA公司研发的HAWK无线节点地震仪,采用了高精度GPS同步技术、可控震源高效采集技术、高精度采集及测试技术、低功耗设计技术、高端的机械设计技术等多项关键技术,整体达到了国际先进水平,适合于复杂山地及障碍区的采集施工,可节省大量的人力。该设备已在国内外项目中得到推广应用。

4.2 地震检波器研发现状

1978年前,西安石油仪器总厂生产了DJ-541型、DJ-58l型、DJ-591型、DJ-31型、DJ-641型和DJ-651型系列地震检波器,但频带窄(14~60Hz)、灵敏度低(30dB)。20世纪70年代末,我国开始自行研制生产数字级地震检波器,到80年代后期,先后引进荷兰Sensor公司的SM-4系列和美国Geospace的GS-20DX系列数字级地震检波器的技术和设备。经过消化吸收及改进,推出了SN4和JF-20DX系列检波器,促进了我国地震检波器的发展。至90年代,随着三维地震推广、四维地震、多波多分量及井间地震等新技术应用,与之相配备的地震检波器如三分量检波器、四分量检波器、涡流检波器等也得到了相应发展。进入2000年以来,西安石油仪器总厂研制了SN7C超级检波器,技术指标达到国际水平。

2004年,东方地球物理公司、河北俊峰公司、西安石油勘探仪器总厂与Sercel公司联合成立了河北俊峰赛舍尔股份公司,生产包括SG-10检波器、JF-20DX系列地震检波器芯体、JSF

沼泽检波器、JSX 水下检波器、JJX 井下检波器等类型,技术指标达到了国际同类产品水平。

此外,双丰公司还生产 5 大系列地震勘探检波器,包括超级检波器、陆用检波器、水下检波器、井下检波器等。

如今,我国已成为世界模拟地震检波器的主要生产和供应商。

INOVA 公司研制的 ML21 数字检波器,是全球最低噪声数字传感器,能够满足全波场、宽频采集的需求,支持连续采集,采样精度高(0.5ms),量程宽(335mGal),畸变低(0.002%),与 Sercel 公司的 DSU 系列数字检波器性能基本相当,总体性能达到国际先进水平。

4.3 可控震源研发现状

1978 年,原物探局与玉门油田机械厂和上海七机局合作先后试制了 KZ-7 可控震源。其后相继推出了 KZ-13、KZ-20、KZ-23/2000 等系列可控震源,在我国中西部油气勘探中发挥了重要作用。

2005 年,中国石油科技管理部部署,自主设计生产了 KZ-28(28t)大吨位可控震源,真正实现了自主创新设计和自主知识产权。该型震源在大激发能量水平下具有低畸变输出特征,激发信号信噪比高,在关键系统上首次应用了冗余结构设计,极大地提高了震源的可用性。整体结构简单,便于操作与维护,强化了复杂环境下的作业能力,可以实现连续、高效作业,已成为中国石油系统和国内外可控震源作业的主体设备[6]。

在此基础上,2007 年推出了具有自主知识产权的 KZ-34(34t)大吨位可控震源,进一步提升了深层地震勘探的能力。

2010 年,又推出了具有自主知识产权的 KZ-28LF 低频可控震源,低频扫描频率拓展至 3Hz,是全球技术先进的经过野外采集检验的 6×10^4lbF 级低频震源,引起了世界物探行业和壳牌等国际知名公司的极大关注,并进行了低频震源采集试验。该产品在塔里木盆地、吐哈盆地、准噶尔盆地山前带采集、高效采集、宽频采集、安全环保施工等方面发挥了重要作用,已成为我国中西部复杂地表条件下中深层油气勘探的主力震源。

图 5 是 KZ-28LF 低频可控震源在库车坳陷博兹山前带作业图片,86% 的地表使用 2 台 1 次交替可控震源低频扫描激发技术,扫描频率为 4～84Hz,并利用 DGPS(高精度差分定位系统)和导航系统提高震源炮点准确率,平均日效 1303 炮,仅用 64 天就完成了 804km^2 的采集任务。

图 5 KZ-28LF 低频可控震源在库车坳陷博兹山前带作业

5 地震勘探核心装备发展展望

现今中国石油的勘探区域中,复杂地表占 60%～90%;深层目标油气占 35% 以上;低渗透、低丰度油藏约占总探明储量的 65% 以上。深海勘探尚处于起步阶段,未来地震技术将向更高的空间采样密度、全方位、全弹性处理、综合一体化解释方向发展。地震仪器作为地震技术发展的驱动力和实现手段,必将迎来发展的高潮。

5.1 陆地地震仪器发展

如前所述,自2006年启动大型地震仪器研制以来,中国石油已跨入地震仪器国际先进行列。为适应复杂目标勘探需求,应发展新一代开放式一体化全数字地震仪,集有线、无线、节点等多项能力,以降低高密度、单点采集成本,促进物探新技术应用。新型地震仪应具备以下基本功能。

5.1.1 大道数

近年来,物探新技术的应用对地震仪器的带道能力提出了越来越高的要求。一是实现宽方位角采集,有利于提高成像精度及辨识定向断裂;二是便于高密度地震技术刻画小尺度地质体;三是发挥单点采集技术优势,利于提高分辨率、利于室内压制噪声和静校正处理。

5.1.2 无线遥测数据实时传输

随着地震勘探道数的不断增加和环保形势日趋严峻,越来越多的区域不允许大量设备进入,不可避免地带来了野外成本攀升、排列布放效率、装备质量和数量、队伍人数、运输及HSE等问题,而无线系统能比较有效地解决这些问题并具有野外使用灵活的特点。主要有:(1)任意密度、任意方位布设;(2)可无限扩展接收道数,连续采集;(3)各道独立,无接触故障,单点故障不影响生产进行;(4)没有传输电缆和接插件,减少了大量的排列检查工作量;(5)质量轻、体积小,大幅度降低运输、搬迁成本,提高施工效率;(6)施工痕迹少,环境影响小。图6为接力式无线数据传输示意图[16]。在确保数据传输安全、数传速度满足野外施工要求的情况下,无线仪器是未来大道数、高密度地震技术应用和地面微地震监测技术推广应用的最佳选择。

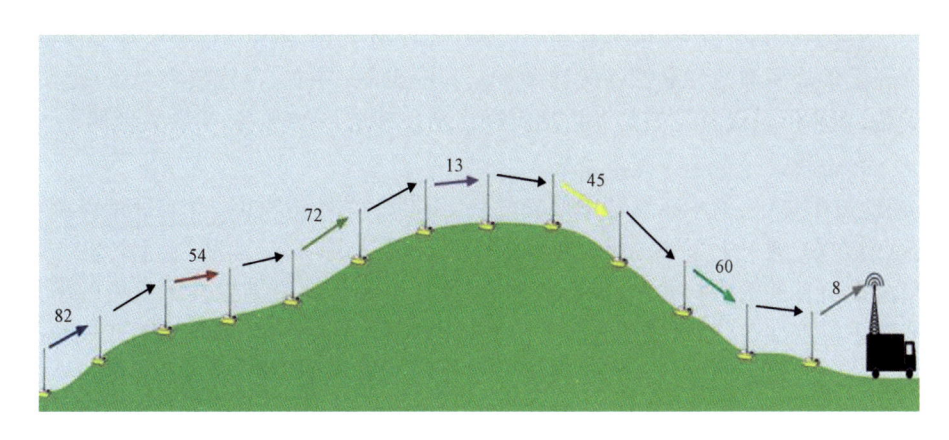

图6 新一代无线系统数传示意图(数字为自适应频点)

5.1.3 有线、无线、节点混装系统

无线地震仪器备受甲方和各物探公司的推崇,但在某些特别困难的地形区,以及无线数据传输受限的地区,应用有线、无线与节点仪器相结合,能够实现所有地表类型的全覆盖。

5.1.4 远程技术支持及实时质量控制

利用区域网络技术,将仪器车作为一个网络节点,扩展至远方基地,以便专家对远在千里之外的施工作业现场进行分析和指导,甚至可将采集数据通过卫星实时传回基地进行质量控制。在大道数作业情况下,地震仪器应具备实时QC分析和数据质量存在重大问题时的报警功能,以便野外及时采取相应的措施。

5.2 陆地地震检波器发展

陆上地震采集仪器发展的关键是检波器。对于一个完整的地震数据采集系统来说,传统地震检波器的指标和性能与采集仪器(主机与地面采集站)差距甚大,地震仪器的动态范围普遍大于120dB,分辨率达到几微伏,而传统检波器的动态范围只有70dB左右,分辨率远低于地震记录仪器。所以,提高地震采集系统精度的关键是提高检波器的动态范围和灵敏度,研究的重点是数字型检波器。

全数字系统就是数字检波器加先进的网络控制和数据传输技术。MEMS 数字检波器具有:(1)动态范围大(90dB)、信号畸变小、频带宽的特征,对高频、低频信息均具有较强的录制能力;(2)对层间弱反射的接收效果要优于模拟检波器,对中浅目的层勘探具有更为明显的优势;(3)由于抗电磁干扰能力较强,因此适合用于电磁干扰比较严重的地区;(4)可用于单点高密度采集、宽频接收,室内组合或进行三维去噪,是提高分辨率和保真度的有效途径;(5)矢量保真度高,对地震属性的研究具有明显优势[6,7]。

综上所述,数字传感器的应用将是大势所趋[11],是地震技术的发展方向。值得注意的是,目前的三分量检波器包括数字三分量检波器,仅是记录垂直分量和两个剪切分量,而不是矢量地震信号。应研究记录矢量地震信号的地震数据采集方法,推动矢量地震技术发展。

5.3 海洋地震仪器发展

海洋油气勘探关系到国民经济发展及国家战略安全。大多数海洋地质勘探都采用声学探测的方法。在声学探测中,产生强脉冲压力波的声源(电火花、水枪、气枪)、地震波记录仪器、导航、定位等设备是海洋油气勘探的关键设备。其中震源、导航、定位技术与工业技术紧密相关,比较成熟,地震记录设备发展是海洋地震勘探新技术应用的基础,主要表现如下。

5.3.1 大道数长排列多缆拖缆系统

在拖缆地震采集中,为了拓展地震低频成分、压制海洋环境噪声,目前采用震源和拖缆之间不同的排列方式,通过上下缆的组合填补虚反射陷频,扩展频带宽度,将上行波与下行波分离,压制与海平面有关的多次波。另外,多方位、宽方位海洋地震勘探技术获得的多方位角地震数据,增加了覆盖次数,同时还扩大了方位角覆盖范围,能够明显提高地震成像精度。尤其是盐底之下的区域,经过简单处理后清晰度和照射度都有了明显提高。宽方位角地震勘探是一艘配有一个震源的拖缆船和两艘震源船沿着3个方位角(30°、90°、150°)放炮完成采集作业,允许每一个爆破点至少可以重复3次地震勘探,能够消除更多的噪声假象,产生更清晰的盐底照射及盐下反射,甚至还能够确定盐层内的反射[12]。海上存在大量的高速层(火山岩丘等)覆盖于储层之上的现象,造成储层内部反射弱、信噪比低、多次波发育,此时利用广角反射地震技术,可以避开近炮检距上的各种干扰,提高高速覆盖层之下的资料品质。这些技术的应用,需要大道数、多缆记录设备的支持[13],所以在拖缆采集中,大道数、多缆、支持长排列的采集系统是未来发展方向。

5.3.2 多分量海底采集系统

固定的海底接收器被广泛用于海洋地震调查。设备本身包括记录单元,通过缆线或者回收船回收数据。海底地震仪(OBS)和海底电缆(OBC)具有更多的优势,它们能放置的范围超过声呐浮标无线传输的最大距离,因而可以用来进行长偏移地震,探测深至几十千米和海底下更深的部分；固定的海底接收器降低了因地形不平坦和构造水平变化造成地震走时解释的不确定性；来自浅部构造的纵波被OBS设备记录为首波，这提供了更精确的速度—深度曲线，对于深海研究尤为重要；深水中的海底接收器噪声水平通常很低，可很好地记录压缩波、剪切波和表面波，对物性和属性研究提供了可靠资料。针对这种需求，近年来发展了海洋节点地震仪、4C海底电缆等系统。为适应海洋三维地震勘探需求，网络冗余数传系统、多道（点）管理系统、长寿命供电系统等是未来海底接收系统发展方向。

5.4 陆地激发设备发展

地震激发包括炸药、可控震源、气枪、电火花、重锤等不同震源形式，其中气枪、电火花、重锤等震源由于能量弱，不适合陆地石油天然气勘探，故陆地勘探通常使用炸药震源及可控震源。

炸药震源应用的关键是如何选择激发井深、激发岩性、药量、药型、组合形式，通常是依据现场实际情况进行必要的理论分析，在此基础上根据野外试验结果确定。此外需要发展适应各种地表条件的钻机，这里不做进一步分析。本文认为当前激发设备发展主要是可控震源技术的发展。

可控震源因其采用地面激发，不污染地下水，比炸药更安全，激发频带宽度和主频可以控制，出力大小可调整，施工效率高、激发成本低等特点，被国内外地球物理公司广泛使用。据统计，全球主要地球物理公司完全使用可控震源的队伍占16%，可控震源与炸药震源结合使用的占33%，即使用可控震源施工的队伍达到49%。巨大的应用市场促进了可控震源技术的快速发展，特别是以提高作业效率为目标，形成了交替扫描、滑动扫描、滑动扫描同步激发、独立同步扫描等可控震源高效采集技术，大幅度降低了单炮费用和高炮点密度的野外施工成本，提高了高炮密度野外施工日效率，推动了高密度、宽方位地震技术的发展和推广应用。随着设备机械可靠性的提高，低频可控震源技术也得到快速发展，起振频率最低可达1.5Hz，可以有效增加地震资料低频信息，为全波场反演、能量屏蔽区域的勘探、深层勘探、高分辨率勘探等提供了有效手段。

中国石油陆地地震勘探地表类型复杂，山地、水网、人口商业密集区、大沙漠等不完全适应可控震源施工。据统计，中国石油系统国内适宜可控震源施工的勘探面积达$30 \times 10^4 km^2$，占中国石油陆上矿权面积的17%，可控震源在国内有很大应用空间。

经过20多年的发展，国产KZ系列震源已占总震源数的40%以上，已使用过可控震源的作业队伍26支，占施工队伍的13%；使用混合震源的队伍有23支，占施工队伍的11%。但是，中国石油在用的技术仍处于交替扫描、滑动扫描、单台点源激发、低频率扫描的初级阶段。当前要大力发展和推广多台同步及滑动、多台随机激发的可控震源高效采集技术，进一步挖掘可控震源的应用潜力。在我国东部平原区，开展单台次可控震源分散能量扫描、垂直能量叠加激发试验，探索东部平原区低成本环保型激发技术；研发通行能力强的、适应不同地表类型的可控震源装备，并不断提高可控震源的质量及稳定性；针对深层目标，发展大吨位低频可控震源，不断提高低频可控震源的稳定性和可靠性。

6 结束语

地震仪器及震源作为地震勘探的核心设备，其发展进程一直受到人们的持续关注，G3i地震仪、KZ系列可控震源的成功研发和规模应用,标志着中国石油跨入了地震勘探装备设计制造的国际先进行列。为推动高密度宽方位地震勘探,实现绿色物探、安全物探,中国石油将不断加大物探装备科技创新力度,研发新一代一体化的全数字地震仪和低畸变、宽频、高精度可控震源,为复杂油气藏勘探开发的物探新技术应用保驾护航。

参 考 文 献

[1] 孙龙德,撒利明,董世泰. 中国未来油气新领域与物探技术对策. 石油地球物理勘探,2013,48(2):317-324.

[2] 刘振武,撒利明,董世泰,等. 中国石油物探技术现状及发展. 石油勘探与开发,2010,37(1):1-10.

[3] 刘振武,撒利明,董世泰,等. 主要地球物理服务公司科技创新能力对标分析. 石油地球物理勘探,2011,46(1):155-162.

[4] 刘振武,撒利明,董世泰,等. 中国石油天然气集团公司物探科技创新能力分析. 石油地球物理勘探,2010,45(3):462-471.

[5] 刘振武,撒利明,董世泰,等. 中国石油高密度地震技术的实践与未来. 石油勘探与开发,2009,36(2):129-135.

[6] 撒利明,董世泰,李向阳. 中国石油物探新技术研究及展望. 石油地球物理勘探,2012,47(6):1014-1023.

[7] 王喜双,董世泰,王梅生. 全数字地震勘探技术应用效果及展望. 中国石油勘探,2007,33(6):32-36.

[8] 王铁军,郝会民,李国旗,等. 物探装备技术进展与发展方向. 中国工程科学,2010,12(5):78-83.

[9] 罗福龙. 地震仪器技术新进展. 石油仪器,2012,26(1):1-4.

[10] 罗福龙. 现代地震仪器采集因素及其对地震信号的作用. 石油地球物理勘探,2010,45(2):314-319.

[11] 韩晓泉,穆群英,易碧金. 地震勘探仪器的现状及发展趋势. 物探装备,2008,18(1):1-6.

[12] 王桂华. 海上地震数据采集主要参数选取方法. 海洋石油,2004,24(3):35-39.

[13] 王聪,韦成龙. 国内外中深层海洋地震勘探技术概述. 气象水文海洋仪器,2012,29(2):106-110.

[14] SN428地震数据采集系统简介. 法国Sercel公司.

[15] G3i地震数据采集系统简介. INOVA物探装备公司.

[16] RT2地震数据采集系统简介. 美国Wireless Seismic技术公司.

国际主要地球物理服务公司科技创新能力对标分析[*]

刘振武　撒利明　董世泰　刘　兵　方新宇

摘要　物探技术迅速发展,地震技术已有效地从勘探领域延伸到油田开发和生产管理领域,推动了油田勘探开发管理模式的巨大变化。国外主要物探服务公司不断加强特色技术发展,建立并完善业务框架和服务体系,通过科技创新提高竞争力,其快速发展影响和促进了全球物探技术的发展。本文在广泛调研国内外物探行业现状和主要地球物理服务公司整体实力、特色技术和主要产品基础上,对 CGGVeritas、WesternGeco、BGP、PGS、ION 等 5 个国际知名地球物理服务公司的整体规模实力、盈利能力、持续发展能力及技术创新能力进行了对标分析。

1　引言

未来几年全球油气勘探开发面对的地理和地质条件越趋复杂,常规规模化油气田的发现逐渐减少,而深水、两极及复杂油气藏产量的比例越来越高。在此情况下,各大石油公司非常注重创新技术研发的投入,力争掌控领先技术。在过去的一个多世纪,上游领域依靠新技术取得了显著的勘探开发成果,这种状况在未来不仅不会改变,而且依赖程度还将提高。随着勘探开发行业走向更加复杂的地区,科技进步也将成为各服务公司提高核心竞争力、降低成本、在激烈的国际市场竞争中求生存、谋发展的一个关键因素。其中工程技术服务是油气产业链的重要环节,发挥着重要的支撑作用,主要包括地球物理勘探(简称物探)、石油钻井完井、地球物理测录试井、采油工艺和油田工程建设 5 个板块。海外物探服务板块包含地震数据采集、数据供给(包括数据处理、软件和多客户数据库销售)及装备销售等,是油气勘探开发的基础环节。而物探技术创新可为提高复杂构造圈闭、低渗透薄岩性储层、碳酸盐岩缝洞储层圈闭等的落实程度与描述精度及油气检测精度奠定基础[1]。

从发展趋势分析,由于市场在资源配置中发挥着基础性的作用,因此影响物探技术服务市场的因素会越来越多,既包括油公司的勘探开发投资计划、油气生产能力、油气产品价格等,也包括市场进入资质、技术水平、服务质量、企业品牌、管理水平、投标价格和客户关系等,需要工程技术服务公司切实提高自身的硬实力和软实力,并将综合实力转化为企业竞争力。在市场影响因素越来越多的情况下,国际石油地球物理服务市场集中度更高,如今 WesternGeco、CGGVeritas、BGP 和 PGS 4 大公司占据全球 70% 以上的物探市场份额。

为了进一步了解当今全球知名地球物理服务公司综合实力、技术特色、主要产品和竞争力,笔者通过对全球各大地球物理服务公司年报分析、国外专家学者访谈和有关地球物理技术

---

[*]　首次发表于《石油地球物理勘探》,2011,46(1)。

调研及多种资料的梳理,对主要综合性地球物理服务公司的整体实力和科技创新能力进行了对标分析。

2 对标体系

国际竞争力是一个公司在世界市场上均衡地生产出比其他竞争对手更多财富的能力。主要包括5个方面:一是技术创新能力强,主业突出,拥有知名品牌和自主知识产权;二是市场开拓能力强,有健全的营销网络,拥有持续的市场占有率;三是经营管理能力强,有适应国际化经营的优秀管理人才队伍和现代化管理手段;四是劳动生产率、净资产收益率等主要经济指标达到国际同行业先进水平;五是规模经济效益好,具有持续的盈利能力和抗御风险能力等。

2.1 对标公司的选择

CGGVeritas、WesternGeco、BGP、PGS等大型物探服务公司控制着70%以上的全球物探市场,拥有世界上大部分的先进物探技术。全球物探市场的竞争主要表现在这些国际大物探公司之间的竞争。ION公司是重要的物探装备制造商,并以地震处理解释见长。为此,我们选择了CGGVeritas、WesternGeco、BGP、PGS、ION等5家世界排名处于前列的物探技术服务公司进行主要指标的对比分析。

2.2 对标指标选择

物探科技创新离不开物探企业的整体进行环境,综合考虑各方面因素,选择整体规划实力、盈利能力、技术创新能力和持续发展能力等5个方面的相关指标进行对标,分析各物探服务公司的国际竞争力,从而对比其科技创新能力。

3 整体规模实力比较分析

企业的综合整体规模实力表现在总资产、技术能力、服务能力、市场份额、总收入等方面。在市场上拥有的市场份额越大,其总收入越高,总资产越高,其综合服务能力越强。

3.1 总资产

对比上述5家公司的近几年资产,其中CGGVeritas、WesternGeco、PGS等3家公司有数量相对较大的海上作业队伍,使得总资产值比较大,BGP陆地队伍数量全球第一,设备数量、资产持续上升,到2009年资产排名位于第4位(图1)。

3.2 市场服务力量

市场服务力量主要体现在其拥有的技术能力水平。总体来说,上述5家物探服务公司的技术水平均相对较高,除常规技术外,各公司还掌握着一些专有技术。

WesternGeco公司不仅有许多常规地震技术处于全球领先地位,而且还掌握着一些特点鲜明的专有技术,如Q-Technology专用设备和专有技术,包括Q-Land、Q-Marine、Q-Seabed、Q-Borehole与井驱动地震技术、Q-Reservir等技术系列,确保了其在高密度市场的优势地位;Omega地震数据处理系统综合地震数据处理平台及软件系统和SuperVision系统远程数据传输与通信系统使其处理技术处于前列。

CGGVeritas公司涉及地震数据采集、处理、解释、油藏地球物理服务和设备研制等多个领

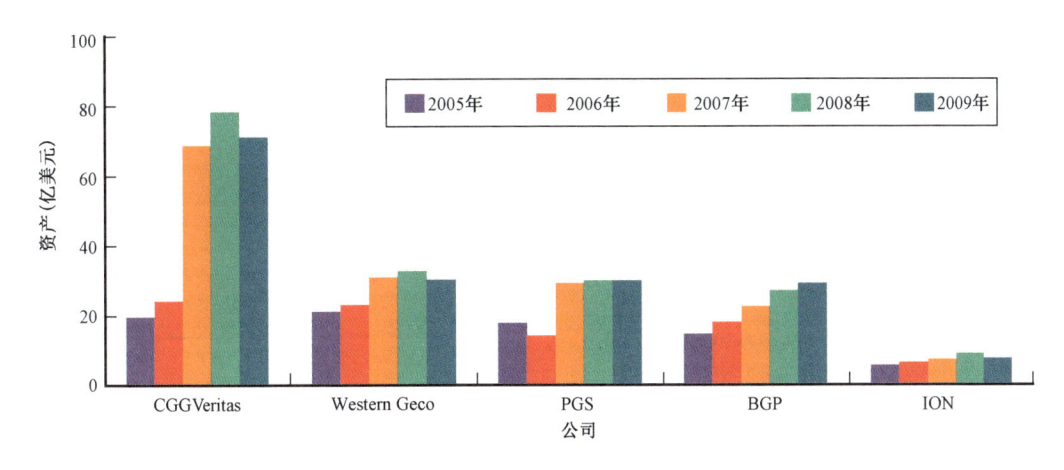

图1 主要地球物理服务公司资产总额对比

域,在向石油物探市场提供作业服务的同时,还向各物探公司提供设备和软件系统,它是目前石油物探市场上技术服务最完整的物探公司。该公司不仅拥有428UL/428ULS、UNIT、NOM-AD65、OBC200/Deep SeaLink等地震数据采集装备以及Geoland、SeisMovie等地震数据采集技术,还拥有GeovecteurPlus/Geocluster、GeoVista2、FracVista、VectorVista、WaveVista、StrataVista、ChronoVista、4Dlight和综合解决方案数据处理、油藏地球物理服务系统及软件,其中Eye–D技术可对任何环境下的油藏进行可视化(Eye)描述。

PGS公司拥有多项在业内处于领先地位的物探技术,如HD3D高密度陆上地震采集技术、Vertical Cable Seismic技术、Ranform海上地震作业船设备组合设计技术、CubeManager综合交互式地震数据处理软件系统和holoSeis可视化技术等。

BGP通过多年的技术积累已经形成品牌技术系列——PAI技术,它涵盖了数据采集、处理、解释一体化的技术服务领域。在陆上采集方面,已形成了比较成熟的高分辨率勘探技术、复杂山地地震勘探技术、沙漠地震勘探技术、黄土塬地震勘探技术、针对大深度低幅度隐蔽性油藏勘探技术、碳酸盐岩及火山岩油气藏勘探技术、综合物化探技术;在数据处理方面,拥有针对复杂地表和复杂构造数据处理的特色技术;在解释和地质综合研究方面,拥有利用地震、非地震、地质、测井、钻井等多种信息资料进行构造、地层、岩性、油气评价等综合解释评价能力。拥有自主知识产权的、符合国际工业标准的软件系列,如GeoEast地震数据处理解释一体化系统、KLSeis地震采集工程软件系统、GRISYS地震数据处理系统、KLInversion储层参数综合反演软件系统、GRIStation地震地质综合解释系统等。此外,BGP还拥有满足陆上物探需要的常规和特种勘探装备,形成了地震钻机、电缆、检波器、仪器、特种车辆5大系列产品,共100多个品种。

上述各公司根据自己的特色,建立了相应的采集队伍、数据处理解释中心、研发中心等机构,其中BGP陆地队伍最多,WesternGeco、CGGVeritas以海上业务为主,PGS在完成其12个陆地地震队出售以后,成为一家专门从事海上勘探的公司。有关各公司提供服务的实力如图2所示。

从事地球物理采集服务的公司拥有庞大的人员队伍,特别是陆地地震队占用人力资源较大,如BGP具有较强的人力资源优势。CGGVeritas、WesternGeco、PGS等公司处理解释能力较强。CGGVeritas、ION等公司采用集中研发管理模式,研发队伍相对精干,规模相对较小。WesternGeco、BGP等公司采用分散研发管理模式,研发队伍较大。有关各公司人员构成情况如图3所示。

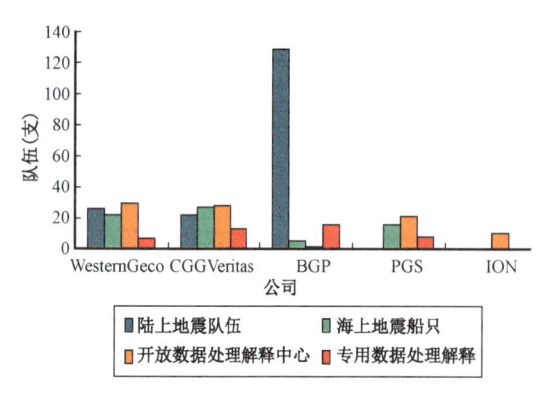

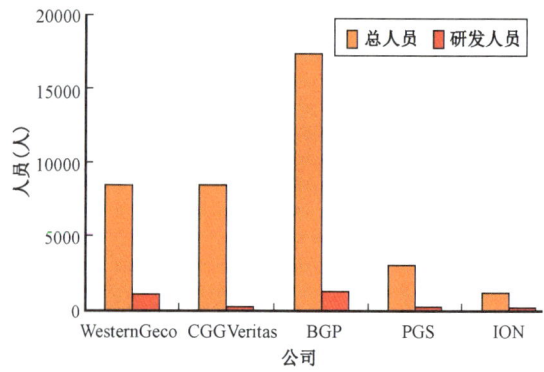

图2 2009年主要地球物理服务公司队伍构成

图3 2009年主要地球物理服务公司人员构成

3.3 装备制造市场占有率

陆上物探装备制造主要集中在CGGVeritas、ION两大公司;WesternGeco公司制造的仪器主要保障自己的地震队使用;BGP制造的装备以运载、钻井、激发等设备为主,保障自给;其他公司制造的装备相对比较单一,例如Fairfield公司制造的水中无线遥测设备、IVI公司制造的多波可控震源、SI公司制造的数字仪器等,所占市场份额比较小。各公司的陆地物探装备市场占有率如图4所示。海洋物探装备主要由CGGVeritas、ION等公司制造,其他一些公司提供气枪、导航、水鸟等专用设备。

3.4 物探市场占有率

分析各公司的产值,CGGVeritas公司、WesternGeco公司占有45%以上的市场份额,BGP占有约14%的市场份额,PGS公司占有10%的市场份额,如图5所示。BGP主要依托中国石油业务板块和一体化技术优势开拓市场,CGGVeritas公司以开放、合作、竞争领跑行业,通过整合扩大市场,与BGP由合作转变为竞争对手;WesternGeco公司依托斯伦贝谢公司的全球业务板块以及垄断性技术,采取封闭不与竞争对手合作的做法,具有强大市场竞争力。相比之下BGP处于市场弱势。

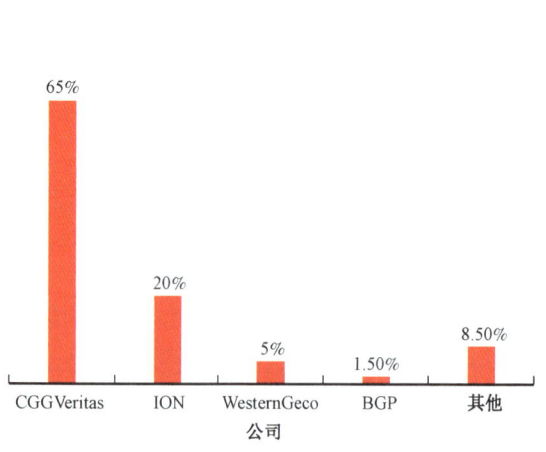

图4 主要地球物理服务公司陆地物探装备市场占有率

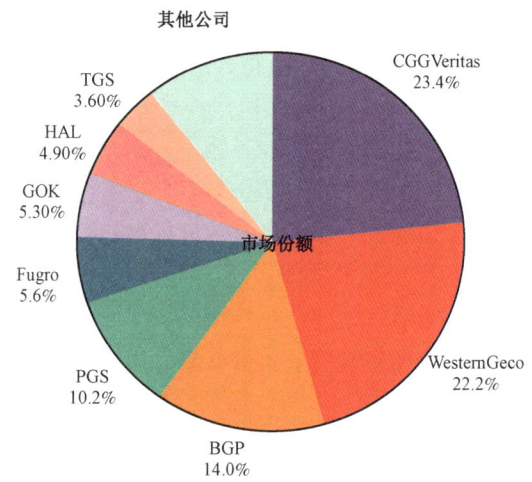

图5 主要地球物理服务公司全球市场占有率

3.5 产值对比

对比几家公司产值,从 2005 年到 2008 年一直持续上升,2009 年因受全球金融危机影响有较大幅度下降。从近 5 年的地震工作量变化可以看出,总工作量基本保持稳定小幅上升,陆地工作量下降,海上工作量上升,拉动了 CGGVeritas 公司、WesternGeco 公司、PGS 公司业务收入,使其增幅较大。

另一方面,近几年国外先进物探技术得到推广应用,WesternGeco 公司的 Q 技术,CGGVeritas 公司的 Eye-D 技术,PGS 公司的 HD3D 技术、叠前深度偏移技术和叠前储层预测技术等应用,使得地震投资大幅上升,物探投资平均占油公司勘探开发总投资的 10%~12%。2008 年勘探开发投资攀升到 3000 亿美元以上,三维地震投资相应上升,使得各物探公司 2008 年产值达到历史峰值(图6)。

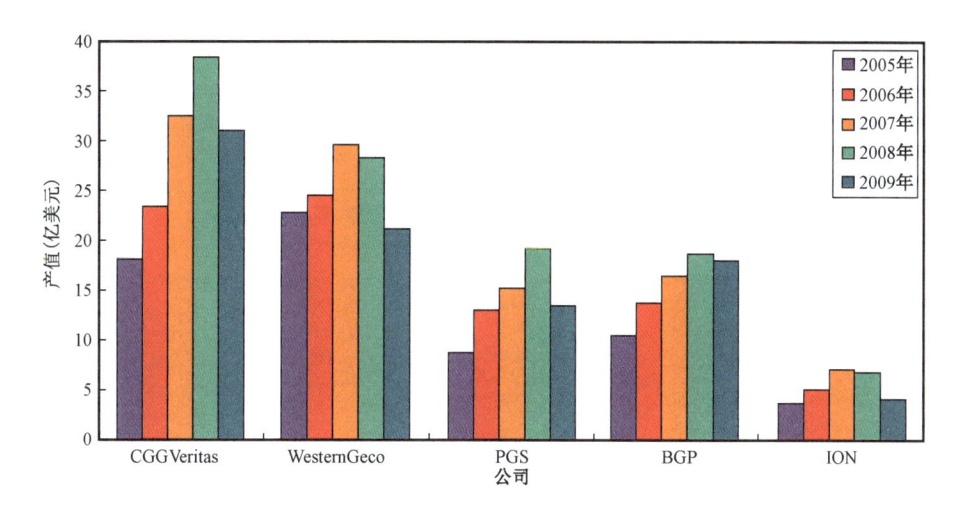

图6 主要地球物理服务公司年收入对比

4 市场盈利能力比较分析

从公司经营各板块收入分配方面看,地震采集、多用户数据库服务和装备制造是主要来源。其中海上地震采集、多用户数据业务占有较高比例。PGS 公司在重点经营领域的效益较高,CGGVeritas 公司和 WesternGeco 公司经营领域全面,抗风险能力较强,ION 公司经营领域单一,抗风险能力较弱。

2007—2008 年油价持续走高,刺激各种资源涌入油气勘探开发市场,促使各公司盈利水平普遍提高。2009 年因受全球金融危机影响,市场萎缩,各公司销售净利率水平大幅度下降,CGGVeritas 公司总体呈现亏损状态,PGS 公司盈利锐减至 10% 左右,可见市场对盈利能力的影响巨大。但是主要服务对象以高附加值为主的 WesternGeco 公司、PGS 公司却保持较高的盈利率。ION 公司自 2008 年以来出现较大亏损。各公司 2006—2009 年盈利情况见图7。

2009 年各主要公司的收入结构对比分析如下:CGGVeritas 公司经营范围广泛,包括陆上采集、海上采集、处理解释、多用户服务、装备造等,其中多用户业务收入占总收入的 16.6%;PGS 公司以海上业务、处理解释、多用户业务为主,其中多用户业务收入占总收入的 26.3%;

ION 公司以装备制造和处理解释为主;BGP 主要以陆地地震采集为主,占总收入的 77%,海上采集、处理解释、装备制造业务占份额较低,没有多用户服务业务。有关各公司的收入结构对比情况见图 8。

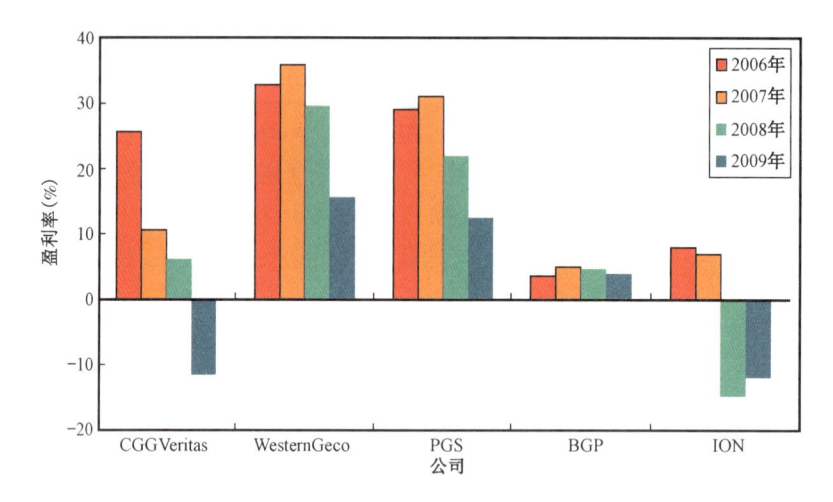

图 7 主要地球物理服务公司年盈利率对比

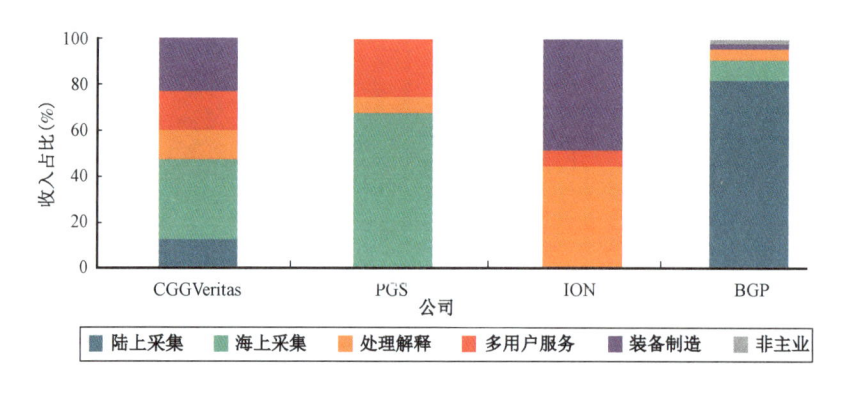

图 8 主要地球物理服务公司 2009 年收入结构对比

5 科技创新能力分析

科技创新能力包括以下 4 个方面:一是科技投入;二是创新基础;三是研发管理体系;四是研发能力。

5.1 科技投入

科技投入主要包括研发与设施投入。海外公司的研发投入来源主要有两种:一是具有一定市场潜力的新技术研发投入,主要来自融资和投资,由投资商和基金组织资助;二是来自企业经营收入研发投入,用于开发专有技术和具有核心竞争力的技术产品。

CGGVeritas 公司的研发经费主要有两个来源:一是公司 R&D(研究与开发)预算,约占年度营业额的 3% 左右,二是法国政府机构的资助;WesternGeco 公司的研发经费主要来自 R&D 预算,达到营业额的 4% 左右,是所有公司中科技投入力度最大的公司;PGS 公司研发投资主要来自 R&D 预算,占营业额的 1.3% 左右;BGP 的科研经费主要来自企业内部(中国石油),政府机构资助极少,每年科研费用约为企业经营额 2% 左右(中国石油总部投入和 BGP 自筹),2009 年总量达到 3%,在科技总投入中,用于生产性科研的投入较大,对前瞻性技术研究投入逐渐增加;ION 公司的 R&D 投入主要来自融资和企业 R&D 预算,达到营业额的 10% 左右。有关各公司科研投入规模见图 9。

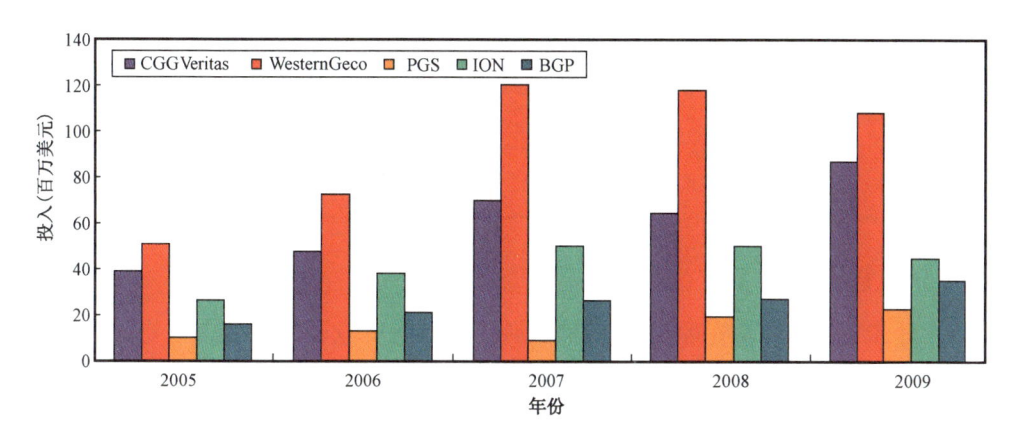

图 9 主要地球物理服务公司研发投入规模

5.2 创新基础

创新基础包括创新愿望、总体收益水平、市场竞争力、创新产品的收益等 4 个方面。CGG-Veritas 公司、WesternGeco 公司创新基础较强,分别发展了 Eye-D 和 Q 等专有技术,以及具有技术特色的硬件装备和软件系统,并通过创新产品带动了总体收益提高,又进一步刺激创新,使公司创新愿望高涨。有关各主要公司的创新情况见表 1。

表 1 主要地球物理服务公司创新基础对比

公司	创新愿望	总体收益水平	市场竞争能力	创新产品收益
CGGVeritas	1. 技术创新为巩固和扩大竞争优势的保障 2. 引领物探技术发展趋势,技术综合全面,在装备与处理解释方面保持领先	1. 公司总体收入逐年上升,2008 年起上升至全球第一位 2. 投入资金呈增长趋势	1. 市场份额第一位 2. 装备制造第一位 3. 海上采集第二位 4. 多客户服务第三位 5. 处理解释第二位 6. 陆上采集第三位	1. 新型陆上/海上/海底/井下装备 2. 新型软件系统
WesternGeco	1. 技术创新为巩固和扩大竞争优势的保障 2. 引领物探技术发展趋势,技术综合全面,独创技术优势明显,在全程应用方面保持领先	1. 板块收入呈下降趋势,2008 年起降至全球第二位 2. 投入资金严格随板块收入变化	1. 市场份额第二位 2. 海上采集第一位 3. 多客户服务第一位 4. 处理解释第一位 5. 陆上采集第二位	1. Q 技术系列 2. 全方位、新拖缆等采集技术 3. 处理解释技术 4. 全程服务
PGS	1. 技术创新为巩固和扩大竞争优势的保障 2. 在地震船设计和拖缆技术装备方面保持领先	1. 公司收入保持全球第四位 2. 投入资金呈增长趋势	1. 市场份额第四位 2. 海上采集第三位 3. 多客户服务第三位 4. 处理解释第三位	海上新技术推动海上服务

续表

公司	创新愿望	总体收益水平	市场竞争能力	创新产品收益
ION	1. 技术创新为巩固和扩大竞争优势的保障 2. 在检波器、陆上采集系统方面保持领先	1. 公司收入呈下降趋势 2. 投入资金保持增长	1. 市场份额第八位 2. 装备制造第二位	1. 陆上装备 2. 油藏服务
BGP	1. 技术创新是提高核心竞争力的保障 2. 在应用研究领域效果显著 3. 软件研发、硬件研发初见成效	1. 公司收入保持全球第三位 2. 投入资金呈增长趋势	1. 市场份额第三位 2. 陆上采集第一位	1. 陆上地震采集 2. 地震处理解释软件

5.3 研发管理体系

研发管理体系包括研发管理模式、研发团队建设和研发流程。海外多数物探服务公司的研发管理模式相似,均以总部专职研发机构为主、作业部门的一线研究机构为辅的双层管理结构。但是,CGGVeritas 公司和 ION 公司采用单一中心式双层管理模式,其特点是能够有效地整合资源,防止技术外溢,彰显规模和专业化带来的高效率,带来更低的研发成本和更短的开发时间,同时保持对市场变化和技术趋势走向的敏感性。WesternGeco 公司和 PGS 公司采用轴心式双层管理模式,其特点是核心研发中心开展高级研究与开发框架项目,协调分散化的研究开发项目,下属研发机构则专注于规定的研发领域,根据市场和技术动态发展特色技术,这种管理方式能迅速发现目标市场的需求,保持全球研究开发投入的一体化,提高整体创新能力。

在研发项目管理方面,海外物探服务公司有着近乎相同的研发工作机制和研发文化,其工作机制的核心是沟通信息、明确责任、协调进度,主要内容包括研发与市场把关、项目运作、项目回顾等会议和项目总结报告制度,研发文化则强调创新性、协同性、风险性和时间性。

研发流程则根据公司发展战略和市场需求各有不同,逻辑上划分为概念、计划、开发、测试和发布等 5 个阶段,并辅以不断完善和改进的措施。

BGP 整合了内部科技资源,集中研究力量,建立了"一个整体,三个层次"的技术创新体系。完善以科委会、各级总师、科技管理部门为主体科技管理体系;以地球物理研发中心、物探装备研究所为核心的技术研发体系;以采集技术支持部、资料处理解释及区域研究机构为主体的推广应用体系,实现研究开发新技术和推广应用新技术的有机结合,使公司科技实力和主营业务核心竞争力显著增强。

5.4 研发能力

研发能力包括研发设施和创新成果。CGGVeritas 公司的 Massy 研发中心负责陆上采集、海上采集、装备和数据处理与油藏服务等领域的技术研发,同时负责对外合作。各经营部门设置专门的一线研究机构,从事产品支持、技术援助和解决方案研究。主要创新成果是地震装备和数据处理解释技术。

WesternGeco 公司有 4 大研发中心分别开展物探方法研究。其中:剑桥研发中心负责地震勘探理论和应用技术研究,并开展对外合作;达兰碳酸盐岩研发中心负责陆上地震勘技术研究;莫斯科研发中心负责井下地震技术研究;斯塔万格研发中心负责地震地层解释、多分量地震和油藏地震监测等技术研究。另有3家技术与产品研发研制中心分别开展物探技术产品开发,26家地震数据处理中心和7家油藏地震服务中心负责现场解决方案研究。该公司主要创新成果是Q和Omega技术系列。

PGS公司直属的美国、英国和挪威3家研发中心分别开展海上地震数据采集、数据处理和OBC式与拖曳式EM等技术研发;公司分散在荷兰、瑞典、澳大利亚和新加坡等地的若干机动研究组主要开展项目解决方案研究工作。公司研发团队由研发中心、研究组和数据处理与油藏服务部门的人员组成。主要创新成果为GeoStreamer采集系统、Ramform地震船等。

ION公司直属研发中心负责成像系统和处理解释技术研发,GXT成像解决方案组和ISS组开展解决方案研究。公司研发团队由研发中心、GXT成像解决方案组、ISS组等部门人员组成。主要创新系统包括Scorpion全波采集系统、FireFly无缆采集系统、DigiSTREAMER拖缆采集系统、VSO系统。

BGP整合研发资源,加强休斯敦研发中心组织管理,引进高技术人才开展高端物探技术研究。成立装备制造事业部,加强物探核心装备的研制。成立油藏地球物理研究中心,加强面向油藏的物探技术研究与应用。具有较强的创新能力、引进吸收能力、对科技的支撑能力、对生产的支撑能力。主要创新系统包括GeoEast处理解释软件和ES109万道地震仪。

6 持续发展能力分析

企业的持续发展能力主要表现在营业增长率、总资产增长率、资本积累率、投资增长率等4个方面。市场波动对行业持续发展能力有较大影响,油公司的勘探开发投资规模直接影响物探服务商的经营状况,2009年全球金融危机对各物探公司影响较大,但各公司调整结构,增加技术投资以增强企业竞争后劲。如CGGVeritas公司,2008年和2009年营业增长率、总资产增长率、资本积累率、投资增长率持续走低,但2009年投资增长率却逆市上扬(图10)。主要用于积极发展极地、页岩气勘探技术,强化高端技术服务,增强陆上采集服务的国际市场竞争力;淘汰低端技术和装备,增加高端(>10缆)装备,提高海上采集服务的国际市场竞争力;扩大地震数据处理解释和油藏服务规模,推广高新技术应用,巩固和扩大竞争优势。

WesternGeco公司持续发展高端技术市场,借助Q技术系列,在全球推广Q技术,该技术已成为WesternGeco公司的业务增长点和盈利增长点。研发UniQ技术,野外采集道数达到上百万道,引领超高密度地震技术,扩大技术领先优势,引领油藏地球物理服务技术发展;扩大海洋业务、井中业务;扩大海洋可控源电磁等烃类直接检测业务。

PGS公司调整发展战略目标和市场定位,专注海上专业物探服务,打造海上高端物探品牌。调整产业结构,继续发展海上地震数据采集和多客户地震数据库服务业务;通过兼并重组,强化地震数据处理解释、油藏服务和EM测深服务能力,扩大业务范围;放弃陆上地震数据采集业务;转移战略市场,扩大南美和欧洲、非洲、中东市场,巩固亚太市场。

ION公司继续秉持油田勘探开发领域物探技术解决方案供应商的发展战略目标,调整产业结构,与BGP合作发展陆上地震装备制造业务,与石油公司合作扩展多客户数据库业务;重点发展成像系统和处理解释系统,提高解决方案服务能力,推动业务全球化发展;通过与BGP合作扩大中国市场,通过与石油公司合作扩大解决方案服务市场,加大国际市场开拓力度。

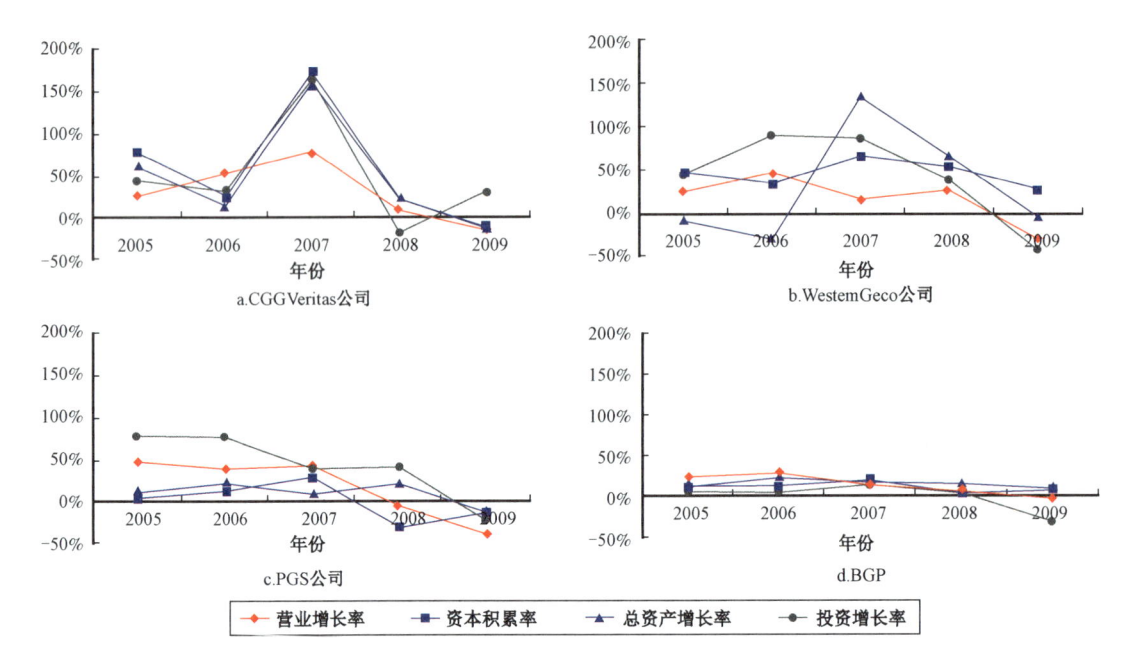

图10 主要地球物理服务公司持续发展能力综合指标对比

BGP以市场开发为中心,由开发项目向开发客户转变;进一步优化市场布局和客户结构,重视中长期市场和客户的开发;稳步发展深海业务,使深海业务成为公司盈利增长点;积极发展多用户业务,努力成为多用户数据提供商之一。

7　几点启示

(1)物探技术目前正在经历一个重要的发展时期,在未来的3~5年,物探技术在硬件和软件方面都将迎来快速发展。在硬件方面,海洋的钻探船、无线采集仪器、全数字检波器、电磁震源等都将快速发展;在软件方面,努力向客户提供一揽子服务,向软件一体化方向发展;随着计算机能力的大幅度提高,大物探公司计算能力达到10万个CPU以上;专有技术作为公司的核心技术,在开放平台上运行,以上各项技术都将成为物探技术进入快速发展时期的重要标志。

(2)健全的研发机构保证了全球化的物探技术创新能力,大公司不仅有全球化的研究机构和人才环境,而且注重顶层设计,短期研究与长期研究相结合、研究与应用相结合、自己研究与并购相结合。全球化的研究机构、高学位的研发队伍、有效的研发机制,使得管理强调顶层设计,产品规划有序,研究部门和人员只需按公司要求,在确定的方向进行方法研究与软件开发;公司负责整体协调软件产品的测试、市场战略研究与分析、培训、售后服务、推广应用等。

(3)服务公司竭尽全力增强自身的技术实力和创新能力。当今的工程技术服务市场是以最终服务的结果、效果和创新的理念吸引客户的,用特色的技术赢得市场。将技术研发和业务发展整合起来,以自己的技术为主,第三方的技术为辅,任何软件和技术都需要在应用中加以完善,大力推动应用自己的软件是技术完善和发展、成为行业领跑者的基础。

(4)公司兼并是实现跨越式发展的重要途径。Western公司与Geco公司的合并使它们具备了陆上与海上勘探、井中服务、油藏建模和数字油田能力,成为当时世界上最大的地球物理服务公司。CGG公司与Veritas公司的合并,用Veritas公司的处理和海上业务补强了CGG-Veritas公司,使CGGVeritas公司成为世界上最大的地球物理服务公司。

(5)加强开放与合作,重视基础与前沿技术研究。通过对大学与科研机构的赞助,缩短基础与前沿技术研究进程。通过赞助大学等方式与其他竞争对手力争在同一时间获得所感兴趣的领域的最新研究成果,可以选择性地进行二次开发,向实际应用转化。

参 考 文 献

[1] 刘振武,撒利明,董世泰,等. 中国石油天然气集团公司物探科技创新能力分析. 石油地球物理勘探,2010,45(3):462-471.
[2] www.CGGVeritas.com,CGGVeritas公司历年年报.
[3] www.slb.com,斯伦贝谢公司历年年报.
[4] www.pgs.com,PGS公司历年年报.
[5] www.ion.com,ION公司历年年报.
[6] 中国石油天然气集团公司科技管理部. 中国石油天然气集团公司物探科技情况调研报告,2009.

中国石油物探科技创新能力分析

刘振武　撒利明　董世泰　方新宇

摘要　截至2016年底,中国石油共有209支以地震作业为主的物探数据采集队伍,并有20家具有一定规模的物探技术应用与研发能力的机构,科技创新能力不断增强。如今已拥有复杂山地、沙漠、黄土塬、过渡带、大型城区、富油气区带、油藏地球物理及综合物化探等8项特色技术,高密度、多波、全数字、四维地震、井中地球物理等5项技术得到快速发展,自行研制成功KLSeis、GeoMountain、GeoEast等软件、大型地震数据采集记录系统、大吨位可控震源及地震钻机等硬件装备;2006—2010年申请专利261件,取得授权专利170件,2011—2016年,申请专利1485件,取得授权专利828件;拥有的强大物探技术实力已使其在国际油气勘探市场上占有举足轻重的地位。面对未来物探技术发展的趋势,确立了今后的科技发展方向和实施要点。

1　引言

中国石油一直以油气勘探开发为主营业务。当前的勘探对象主要是岩性地层、前陆、深层、老区和海洋等领域,物探技术作为圈定有利勘探目标的最有效手段,成为其开展上游业务的主导技术。随着中国石油天然气工业的不断发展,对物探技术的依赖性不断增加,中国石油的各类物探作业队伍及相应的研究机构也得到了较快的增加和扩充,为相继发现玉门、新疆、塔中、塔北、库车、松辽、冀东、鄂尔多斯、川中、龙岗、英雄岭、龙王庙、苏里格、环玛湖等油气田发挥了重要作用。近10年,中国石油更加重视物探科技发展,强化重大装备和核心软件研发、大力推广成熟的三维地震、叠前偏移和储层预测技术,攻克山地采集处理、复杂油气藏描述技术,加强高密度、全数字、多波、四维地震、井中地震等前沿技术研究和现场试验,推动物探技术应用水平持续提高。如今已具备物探数据采集、处理、解释、重大装备和软件研发生产、核心技术攻关的综合实力,科技创新能力不断提高,形成了具有较强竞争力的国际化物探技术服务队伍。为适应国内外物探行业激烈竞争局面,物探技术必须向精细、实时、综合方向发展,向油藏及高端市场延伸,中国石油提出在对现有物探科技人员、装备研发环境、技术储备等情况精准了解基础上,确定今后物探科技发展战略和项目规划。本文旨在介绍近10年来中国石油的物探活动现状及今后的一些设想。

2　中国石油物探行业基本情况

目前中国石油具有一定规模的物探技术应用与研发能力的机构有20家,其中专业公司3家、直属院所4家,另有1个物探重点实验室和13家油田公司的物探部室(其中浙江油田、南方石油勘探开发有限责任公司和煤层气有限责任公司3家的物探科研力量相对薄弱)。上述

---

* 首次发表于《石油地球物理勘探》,2010,45(3)。此次结集出版时,做了部分修订和补充。

专业公司是中国石油物探技术服务的中坚力量,是物探数据采集、处理、解释的主力军,也是物探重大装备和应用软件研制的主要承担者。直属院所是中国石油物探决策的主要参谋机构,并承担着行业内共性、疑难问题的技术研究,重点探区技术攻关及人才培养的任务;物探重点实验室是以应用基础研究、特色技术研发为主;油田公司的物探院所以地域性的数据处理、解释为主,直接为油田的勘探、生产服务。以上各物探单位之间既有合作,又有适度竞争,共同促进了中国石油物探技术的发展[1]。

2.1 物探采集队伍

截至2016年末,中国石油共有物探从业人员27000余人,其中有94.4%的人员分布在东方地球物理公司(简称东方公司)、大庆钻探集团物探公司(大庆物探)及川庆钻探集团物探公司(川庆物探)等3个专业公司。共拥有209支物探数据采集队伍,其中地震队176支,VSP队10支,非地震队21支(含重磁队13支、电法队7支、化探队1支),微地震队2支,常年在国内外勘探市场作业,其中以东方公司的实力最为雄厚[2]。物探作业队伍分布情况列于表1。

表1 中国石油物探采集队伍统计   单位:支

部门	国内地震队	国外地震队	VSP队	非地震队	微地震
东方公司	59	71	8	21	1
大庆物探	15	1	1		
川庆物探	30		1		1
小计	104	72	10	21	2
总计	176		10	21	2

2.2 物探装备

截至2016年末,中国石油拥有地震仪器178台套,1198960道,平均每台套约6660道,新度系数为0.33。其中东方公司拥有141套(1051340道),大庆物探拥有12套(53000道),川庆物探拥有25套(94620道)。VSP仪器11套(超过300级),非地震仪器378台。共拥有可控震源610台(其中,东方公司605台,大庆物探5台)。共拥有采集船6艘,总缆数23缆。目前地震仪器以SN428和G3i为主。共拥有处理CPU 45346个、处理软件636套,其中GeoEast处理软件445套。其中专业公司拥有处理CPU 19819个、处理软件522套,直属院所拥有处理CPU 7344个、处理软件26套,油田公司拥有处理CPU 18183个、处理软件88套。共拥有解释CPU5916个、解释软件1063套,其中GeoEast解释软件111套。其中专业公司拥有解释CPU3001个、解释软件343套,直属院所拥有解释CPU 224个、解释软件63套,油田公司拥有解释CPU 2691个、解释软件657套,见表2。

表2 中国石油物探装备统计

单位		地震仪器	道数	可控震源	数字检波器	采集船	CPU	处理软件	解释软件
专业公司	东方公司	141	1051340	605	24848	6	13764	489	200
	大庆物探	12	53000	5			2481	21	90
	川庆物探	25	94620				3574	12	33
	小计	178	1198960	610	24848	6	19819	522	343

续表

单位		地震仪器	道数	可控震源	数字检波器	采集船	CPU	处理软件	解释软件
直属①院所	北京院						2190	17	39
	西北分院						426	5	13
	杭州分院						4728	4	11
	小计						7344	26	63
油田公司	大庆						2126	4	61
	吉林						720	8	6
	辽河						3354	5	98
	长庆						824	10	19
	新疆						8012	51	306
	吐哈						1088		10
	西南						421	3	5
	华北						350	3	9
	冀东						632	3	6
	大港						0		134
	青海						224		
	玉门						432	1	3
	小计						18183	88	657
总计		178	1198960	610	24848	6	45346	636	1063

① 北京院、西北分院、杭州分院：分别为中国石油勘探开发研究院北京总院、西北分院、杭州分院。

2.3 近10年国内地震采集工作量

近10年来，中国石油在国内探区完成二维地震年平均工作量为45455km，三维地震年平均工作量为13474km²。三维地震均采用精细三维地震技术。二维地震工作量呈下降态势，受油价影响，近几年三维地震工作量有所下降。近10年历年三维工作量如下：2006年为14366km²，2007年为18010km²，2008年为17893km²，2009年为10900km²，2010年为12684km²，2011年为13427km²，2012年为15822km²，2013年为14061km²，2014年为11407km²，2015年为10454km²。

2.4 近10年地震投资与产出情况

近10年来，中国石油勘探投资从278亿元增长到302亿元，平均年增幅为0.8%。其中地震勘探投资从61.8亿元下降到55亿元，平均年降幅1.1%，地震占总勘探投资的比例从22.17%下降到18.21%。三维地震工作和先进物探技术的应用，对油气目标预测的成功率不断提高，为油气探明储量的上升奠定了坚实的资料基础。近10年来，中国石油探明石油天然气储量当量从10.49×10^8t上升到10.75×10^8t，平均年增长0.25%，确保了探明储量持续保持在10×10^8t以上。

2.5 近10年物探专业公司产值情况

近10年来，物探专业公司产值平均年增长率为1.4%，2006年总产值142亿元，2009年总产值达到 166 亿元，2013 年总产值 217 亿，2016 年总产值 163 亿，其中 2016 年东方公司为 137.2 亿元（占物探专业公司总产值的 84.2%）、大庆物探为 10.4 亿元（占 6.4%）、川庆物探为 15.4 亿元（占 9.4%）。近年来，随着油价持续走低，对专业公司产值影响较大。

3 中国石油物探科技创新能力

中国石油历来十分重视科学技术的发展，不断优化物探科研体制、机制，建设具有特色的、服务油田的科研团队和综合研究院所。为进一步提高物探自主创新能力和生产服务能力，先后成立或重组建立了物探重点实验室、软件开发中心、技术研发中心、装备研究中心、中国石油勘探开发研究院油气地球物理研究所（2017 年与原廊坊分院物探信息研究所合并组建）、西北分院地球物理研究所、杭州分院计算机技术研究所、吉林物探研究院、华北物探研究院、新疆物探研究所、塔里木勘探开发研究院物探研究中心、西南勘探开发研究院物探技术研究所等单位。现有科技人员占总从业人数的 20.5%，并拥有一支精干的研发队伍，占科技人员的 17%，较好地满足了当前物探技术快速发展和勘探开发业务发展的需要，为油气勘探开发提供了技术保障。

10 年来，中国石油对科技投入强度一直保持在 2% 以上，激发了物探技术持续发展的活力，促进了物探技术方法研究及装备研制工作，取得了一批具有自主知识产权的科研成果，形成了一批具有自主品牌的特色技术。

3.1 科研组织体系与管理机制

中国石油形成了总部和地区公司两个层面的，由科研管理、研发组织、条件平台和科技保障等 4 个体系构成的物探技术创新与科研管理体系。其中总部层面物探研发机构有直属院所和重点实验室，地区层面物探科研机构包括专业公司及油田公司物探研究室，共计 20 家。专业公司包括东方公司、大庆物探和川庆物探，直属院所包括中国石油勘探开发研究院（简称勘探院）及其下属二个分院（西北分院、杭州分院）下设的物探所，重点实验室即是以中国石油大学（北京）、中国石油大学（华东）为主体，东方公司、勘探院、长江大学等为成员单位的中国石油物探重点实验室，以勘探院（油气地球物理研究所、西北分院）为主体，部分院校作为合作单位的中国石油天然气股份有限公司地球物理重点实验室，油田公司物探部门包括吉林物探研究院、华北物探研究院、新疆物探研究所及其他各油田勘探开发研究院物探研究力量等。以上各物探研究机构的物探技术力量形成了国内外结合、优势互补、产学研一体化的研究团队。

为激发科研人员的积极性和创造性，提升科技创新能力，规范科研管理，不断健全科技政策和制度体系，根据中国石油重组整合后实情，制定和修订了科技发展计划、项目、经费、科技奖励、知识产权、重大科技专项、科技基础条件平台建设等管理办法；制定了鼓励科技自主创新的 10 项配套政策；建立了中国石油总部与专业公司科技项目"统一规划计划、统一项目设计、统一开题论证、统一检查验收"的管理模式；设立了科技经费核算板块，加强科技经费管理，对重点单位、重点项目开展了科技经费专项审计。

3.2 研发人员队伍

中国石油共有物探科技人员 5267 名。其中研发人员 856 名，应用研究（处理解释生产应用)人员2545名,技术支持(主要是服务公司靠前支持)人员1578名,科研管理及战略研究人员288名。研发人员占总科技人员的16.3%,占从业人员3.1%,其中方法研究441人,占总研发人员的51.5%;软件开发237人,占总研发人员的27.7%;装备研制178人,占总研发人员的20.8%。物探技术研发的主要力量在服务公司,共有581人,从事方法、软件、装备研制;研究院所共有研发人员81人,主要从事应用基础、方法、软件研制;油田公司共有研发人员114人,主要从事方法、软件研究;重点实验室共有研发人员80人,主要从事理论基础研究,见表3。

表3 中国石油物探研发人员统计

单位名称		方法研究	软件开发	装备研制
专业公司	东方公司	213	139	112
	大庆物探	16	2	15
	川庆物探	23	12	49
	小计	252	153	176
直属院所	北京院物探所	35	7	0
	西北分院	22	17	0
	杭州分院	0	0	0
	小计	57	24	0
物探重点实验室		76	2	2
油田公司		80	34	2
合计		441	237	178

3.3 科研经费与项目

近10年来,国家、中国石油、企业三级科技总投入从1.89亿元增长到4.21亿元,平均年增长率为8.3%。物探科技投入总强度从1.68上升到2.55(表4)。在科技总投入中,国家投资由5年前的8%提高到21%,中国石油天然气集团公司总部投资由5年前的26%提高到32%,中国石油天然气股份有限公司总部投资由5年前的15%压缩到11%,企业自筹由5年前的50%下降到24%。在专业公司中,国家和公司总部级以上科技项目的投入占76%;直属院所中,国家和公司总部级以上科技项目的投入占80%。2008年中国石油科技投入8796万元,占科技投入总量的28.9%,投入强度为0.55%,以装备和软件研发、现场试验投入为重点。2016年中国石油科技投入1727万,占科技投入总量的45.07%,投入强度为1.15%,以新技术和软件研发投入为重点。与前5年相比,中国石油科技投入强度加大,提高了0.6%。

近10年来,中国石油所属专业公司、直属院所、重点实验室和油田公司共承担国家和公司总部级以上项目500个,其中国家项目148项,中国石油天然气集团公司和中国石油天然气股份有限公司项目352项。这些项目由专业公司承担237项,直属院所承担252项,重点实验室承担180项,油田公司承担104项。

表4 中国石油 2005—2016 年物探科研投入统计

年份		2005	2006	2007	2008	2009	2010	2011	2012	2013	2014	2015	2016
科技投入（万元）		18980	24393	31979	32372	45697	55416	53978	62599	62302	56119	63311	42074
其中	专业公司（万元）	16500	20901	24984	24866	37549	47462	43280	50431	51680	48331	55675	32608
	直属院所（万元）	2480	3492	6995	7506	8148	7953	10698	12167	10622	7788	7635	9466
科技投入强度		1.68%	1.71%	1.89%	1.94%	2.98%	3.15%	2.97%	3.01%	2.84%	2.89%	3.94%	2.55%
其中	专业公司	1.47%	1.47%	1.48%	1.50%	2.50%	2.72%	2.41%	2.45%	2.38%	2.52%	3.50%	1.20%

3.4 国内外技术交流与合作

3.4.1 近10年物探领域国内外技术交流

近10年来，中国石油开展国内外物探领域的技术交流有以下3种主要渠道：

（1）由中国石油积极支持中国石油学会物探专业委员会（简称石油物探学会）定期举办国内外学术研讨会及各种类型的培训班。近10年来共举办国内研讨会20余次，参加人数达3800余人；在国内举办大型国际会议5次、中小型国际会议5次，国内参加人数达5560余人。近10年来共举办三类学习班45期，其中：专题学习班20期，授课内容为中国国内勘探中面临的热点问题，授课教师均为国内知名专家，参加学习人数达2570人；SEG（美国勘探地球物理家学会）和EAGE（欧洲地球科学与工程协会）高级课程教育培训班16期，授课内容由SEG继续教育委员会和EAGE教育委员会审定，均为地球物理学基础理论知识及前沿技术，授课教师均为国际知名专家，参加学习人数达1500余人；DISC（SEG继续工程教育课程）培训班10期，邀请国外著名学者进行授课，参加培训人数达860人。以上各类培训不仅满足了中国石油内部需求，还吸引了中国石化、中国海油等兄弟单位的积极参与，对我国地球物理技术的整体进步起到了积极推动作用。

（2）各专业公司和直属院所、重点实验室根据各自业务特点，积极主动搭建沟通平台，采取送出去或邀请国内外知名学者来华进行学术交流。据不完全统计，最近10年，先后邀请350多位来自美国、加拿大、俄罗斯、英国、澳大利亚、挪威、阿拉伯联合酋长国等国家的知名学者来华讲学、进行学术交流与项目合作，从而加强了国际间物探技术的沟通，对中国物探界了解国外、走向国外市场发挥了积极作用。

（3）随着中国石油技术的不断进步与竞争力的不断提升，中国石油的科技人员也踊跃参加定期的国际学术交流会议，如参加EAGE、SEG、中东地球物理学家年会等组织的国际学术交流活动，不仅及时了解、总结国际地球物理技术发展动态，也积极宣传自己的特色技术，对提升中国石油在国际上的声誉、促进物探技术的进步起到了积极的作用。

3.4.2 近10年物探领域国内外技术合作

为加快推进物探技术进步，提高国内技术应用水平，开展了4个层次的国内外物探技术合作：

（1）总部级对外科技合作项目。近10年来，设立的总部级对外合作项目总数达31个，总投资为9619万元，平均每个项目经费为310万元。通过这些合作项目的开展，不仅形成了相应的软件,而且形成了一批具有自主产权的创新技术,为我国的一些油气田勘探开发解决了许多难题,获得了明显的效益。

(2)企业与国内外一些知名厂商及研究机构的合作。中国石油下属各物探单位均开展了这类合作。其中东方公司与美国旭日奥油能源技术公司合作开展了油藏地球物理研究;东方公司在承担"新型地震数据采集记录系统研制"项目中,除了与国外一些公司开展合作外,还选择国内6家有实力的大学和公司,分别开展主机软件、高速数据传输、嵌入式软件等技术方面的合作研究。勘探院与英国帝国理工学院开展了数值模拟及成像新方法合作研究。

(3)企业与国内外高等院校的技术合作。中国石油所属各物探单位均与国内外的相关高校开展了不同程度的合作。如与中国石油大学(北京)、中国石油大学(华东)、长江大学、中国地质大学(北京)开展了有关地震波吸收衰减规律、静校正方法等项合作研究;与中国石油大学(北京)合作开展转换波关键技术应用、碳酸盐岩勘探技术研究等;与美国科罗拉多矿院波动现象研究中心(CWP)保持长期合作关系,跟踪前沿技术;与英国地质调查局爱丁堡各向异性研究组(EAP)保持长期合作关系,在多波处理、裂隙检测与各向异性等方面进行合作研究;与美国犹他大学电磁模拟和反演研究中心(CEMI)建立合作关系,开展三维模拟和反演方法、井中地球物理方法、地面、航空、海底可控源电磁法、MT正演和反演方法研究;与犹他大学层析建模与偏移协会(UATM)建立长期合作关系,开展地震数据叠前偏移处理技术合作研究。

(4)企业并购与合作。坚持资本运作国际化探索,把握金融危机带来的机遇,收购美国上市公司ION公司的股份,成功并购ION公司陆上装备制造业务,合资成立英诺瓦物探装备公司,并持有合资公司51%的股份,获得了高水平物探装备研发团队和248项专利、64项软件、11个注册商标。以ION公司陆上物探装备优势为基础,合作成功研发了G3i有线地震仪,带道能力达到20万道以上,成功研发HAWK无线节点地震仪,以及ML21数字检波器。此次并购是中国石油第一个工程技术国际并购项目,被国家发展和改革委员会认为是国企并购美国技术公司的首个成功案例,开创了中国能源领域技术并购先河。

3.4.3 物探领域国内外人才引进与利用

随着中国石油海外业务的增长及物探技术需求的不断提高,在加强国内人才培养,做好人才储备的同时,对高层次技术人才实行中国石油总部层面统一管理,强化技术交流与培训。

中国石油勘探开发研究院和物探重点实验室为中国石油培养了近200名博士生、1200多名硕士生、3000多名本科生人才(包括向中国石油总部输送的高级人才和科研骨干)和一批物探行业各岗位领军人物。重点实验室还利用实验室建设、科研机构改革、学校改革等机遇,从其他高校和研究机构引进具有国外研究经历的教授2名、博士5名。

东方公司的技术研发和创新的实体单位,每年引进硕士以上学历优秀人才10余名,同时依托"千人计划"和国家博士后工作站,每年引进5名以上信号分析处理、井中地球物理、综合物化探等专业领域的博士到公司进修;并引进了李向阳、黄旭日、戴南浔、梁兼栋、余刚等国际知名地球物理学家参与中国石油重大项目研究。

通过国际科技合作与交流,培养了30余名国际知名地球物理技术专家,分别在地震数据采集、处理、解释及软件、装备、油藏地球物理等方面具有较深造诣,成为技术进步的领军人物。每年选派中青年技术专家参加SEG年会、EAGE年会等国际性学术会议,发表的技术论文涵盖了中国石油物探主营业务发展的各个领域。还先后在苏丹喀土穆大学、巴基斯坦伊斯兰堡大学建立了培训基地。

在"走出去"的同时,加大了"请进来"的力度,大力实施全球化战略,以国际会议为平台,以项目为纽带,吸引海外人才,充分分享全球智力资源。近几年,邀请来华讲学和工作的国外专业人士达到200余人。

3.5 物探科技成果

通过强化科技创新管理、加大科技投入、整合国家、公司各级科研项目、加强中外合作和自主创新,科技创新能力不断提高,具备了攻关瓶颈技术、研发关键技术的能力,具备了研发大型地震软件和采集仪器系统的能力,涌现出了一大批科技成果,促进了中国石油物探科技良性循环发展,提升了物探的核心竞争能力。

3.5.1 主要科技成果

近10年来,共发表科技论文8106篇,其中国外发表1052篇,被引用2100篇;出版科技专著135部;申请专利1739件,其中申请发明专利1254件;取得授权专利995件,其中授权发明专利615件。此外,拥有有效发明专利256件;取得软件著作权869项;认定技术秘密412项。共获得国家级以上奖励15项,省部级奖励408项。

3.5.2 形成8项特色技术

围绕复杂山地、黄土塬等特殊地表和复杂陆相沉积地层等世界级难题,持续开展提高资料信噪比、成像精度、储层预测效果的一体化物探技术方法攻关,逐步形成了复杂山地、沙漠、黄土塬、过渡带、大型城区、富油气区带、油藏地球物理、综合物化探等8项特色技术系列[3]。

(1)复杂山地地震技术。针对复杂山地山体高大,高差在2000m以上、岩石出露,地下逆掩构造、盐下构造、断裂发育等世界级难题,发展形成了以宽线+大组合和高密度三维、叠前深度域成像、变速成图等6项关键技术为核心的复杂山地地震技术,深化了复杂构造带构造模式的认识,提高了复杂圈闭识别精度,落实了库车坳陷、英雄岭等中西部一批规模储量。

(2)沙漠地震技术。针对沙漠区地表沙层厚度大(300m)、沙丘高、疏松、无潜水面,地下为碳酸盐岩、火山岩、复杂断裂等难点,发展形成了以逐点设计激发井深、沙丘曲线静校正、高密度宽方位采集等7项关键技术为核心的沙漠地震技术,使塔里木盆地、准噶尔盆地等沙漠区深层弱反射信噪比提高,地质结构清楚。在塔北、塔中落实了2个10亿吨级规模储量区,在准噶尔盆地沙漠区的深层火山岩中获得天然气探明储量 $2000 \times 10^8 m^3$。

(3)黄土塬地震技术。针对世界上独一无二、厚度达300m、疏松无潜水面、速度极低的巨厚黄土塬和地下储层具有低孔、低渗、非均质性强的特点,发展形成了以弯线、沟塬连线、宽线、非纵观测等8项关键技术为核心的黄土塬地震技术,相继为长庆西峰、姬塬、苏里格南部、华庆、镇北、天环等亿吨级油、千亿立方米气储量探明奠定了资料基础。

(4)过渡带地震技术。针对过渡带地表烂泥滩、养殖业发达,地下断裂破碎等难点,以解决滩涂运载工具和提高信噪比问题为主,发展形成了综合导航定位、海陆过渡带联合激发接收等4项关键技术为主的过渡带地震技术,为渤海湾立体勘探奠定了基础。

(5)大型城区地震技术。针对城区地表高大建筑、人口稠密、障碍物多、施工难度大和地下断裂发育、目的层深等难点,发展形成了以井—震联合激发、非纵观测等6项关键技术为核心的大型城区地震技术,可取全取准城区浅、中、深目的层资料。

（6）富油气区带高精度地震技术。针对富油气区带地表油田设施密集、噪声干扰严重、浅、中、深目的层埋深跨度大等难点，发展形成了以二次三维采集、连片处理等6项关键技术为核心的富油气区带高精度地震技术，使富油气区带的地震主频提升5～10Hz，新层系不断获得新发现。

（7）油藏地球物理技术。针对中国陆相薄储层、储层非均质性强、纵横向预测难度大、油气水关系复杂、油藏动态监测难等问题，发展形成了以保真处理、薄储层沉积演化精确分析、3.5维综合地震解释等8项关键技术为核心的油藏地球物理技术，已在预测剩余油气分布方面见到良好效果。

（8）综合物化探技术。针对特殊地质问题，发展形成了以重磁电震联合反演等5项关键技术为核心的综合物化探技术，在预测火山岩等特殊储层、复杂构造建模、流体预测等方面发挥了重要作用。

3.5.3　高端前沿技术逐步实现规模化应用

为了进一步提高地震勘探的精度，推进勘探开发一体化，促进物探技术向油气开发延伸，中国石油十分重视以下高端前沿技术攻关和现场试验工作，助推高端前沿物探技术逐步实现工业化应用。

（1）高密度地震技术。自2003年开始在中国西部、东部开展了高密度二维地震试验，2006年以后，以满足空间采样"充分、均匀、对称、连续"为原则，开展三维高密度试验应用，开展高密度连续空间采样和三维数据体叠前噪声分析及衰减等处理方法研究。增加成像道密度，横向分辨率有明显提高，在塔中、准噶尔盆地西北缘、吐哈丘陵、大庆长垣、辽河欢喜岭、冀东等重点地区取得了良好应用效果。例如，在准噶尔盆地克拉玛依采用12.5m×12.5m面元，成像道密度达到108万道/km^2，剖面中浅层频带从以往的10～30Hz拓宽到8～80Hz，能刻画5～10m的小断层和识别5m以上的储层。2010年以后，高密度技术向"两宽一高"发展，即宽频带、宽方位、高密度，在柴达木盆地英雄岭、新疆环玛湖、塔北、塔中、库车、川中、松辽盆地、渤海湾盆地等探区开展规模化应用，已成为中国石油地震勘探的主体技术。

（2）多波地震技术。自2002年以来，在鄂尔多斯盆地苏里格气田、四川盆地广安气田、柴达木盆地三湖地区、松辽盆地徐深气田开展了二维、三维多波地震勘探试验，开展多波观测系统优化设计和各向异性处理、纵横波联合层位标定等处理解释方法研究，使得有效储层预测精度大幅度提高，积累了宝贵经验。这些经验为多波技术在中国石油的推广应用奠定了基础。2012年以后，在川中地区，开展了超过3840km^{2}的三维多波规模化勘探。例如，在苏里格气田，主力气层盒8段是薄互层砂泥岩组合，通过多波处理解释技术应用，有效储层预测符合率从原来的60%提高到了80%左右。在川中地区，利用多波技术，提高了含气储层预测精度，预测符合率提高10%。

（3）全数字地震技术。开展宽频带激发和保护弱信号等处理方法研究，使得地震分辨率得到较大幅度提高。例如，在准噶尔盆地车排子地区，实施了5m道距的全数字试验。定量分析表明，全数字地震资料的浅、中、深层频率比模拟地震资料相应层的频率分别提高了30Hz、20Hz、15Hz，使得小断层及岩性圈闭特征更加清楚[4]。目前，在川中开展的多波采集，全部使用三分量数字检波器。在塔里木盆地哈13井区、新疆霍尔果斯、四川盆地公山庙开展了全数字高密度三维勘探，分辨率有较大幅度提高。

(4)四维地震技术。在辽河油田开展新一轮四维地震攻关,部署了7km的两轮地震采集(面元6.25m×6.25m)和2口时移VSP,并开展一致性等采集和互均衡等处理方法,以及剩余油预测研究,已在热采蒸汽监测方面初见成效。

(5)井中地震技术。在松辽盆地北部火成岩裂缝发育地区首次联合应用ZVSP(零井源距VSP)、WVSP(变井源距VSP)、3D VSP(三维VSP)、FA VSP(全方位地面地震)等4种观测方法,对VTI介质、HTI介质以及剩余静校正等影响地震成像的精度进行了深入的、量化的分析研究,并提出了相应的校正方法,能够有效提高地震勘探的分辨能力和储层预测能力[5]。在塔里木、新疆、大港、辽河、冀东、长庆等探区开展了多井VSP、3D VSP以及光纤全井段观测VSP采集,井周成像精度大幅度提高。

3.5.4 地震软件、硬件研发进展

中国石油的物探工作是中国石油最早引进国外先进技术的领域。20世纪50年代由当时的苏联引进"51"型光点地震仪,60年代中期引进法国磁带地震仪,70年代引进数字地震仪及地震数据处理设备,80年代引进地震数据解释设备。从此,中国的物探技术在"引进、消化、吸收、创新"的方针指引下,得到了有力的提升,并在产、学、研合作模式下开始了中国地震软硬件国产化的进程。先后研制成功光点地震仪、模拟磁带地震仪、多种类型的数字地震仪,以及可控震源和多用途的地震钻机等硬设备;"150计算机数字处理系统(DJS-11)"、"银河计算机处理系统(YH-1)"、GRISYS现场地震数据处理系统等软设备[6]。近几年,地震软硬件研发的进展主要体现在以下方面:

(1)KLSeis地震采集工程软件系统。经不断完善,形成了采集设计、模型正演、静校正和质量控制4大模块,适用于纵波、多波、VSP、海洋拖缆等地震采集。研发了开放式软件开发平台,发展形成5大类13项功能,可控震源配套技术、实时监控软件RTQC等功能,为"两宽一高"采集提供了有力技术支撑。成果持续保持国际先进水平。在中国石油下属各物探部门KLSeisⅡ或KLSeis V6.0合计的推广应用率达到100%,在中国石化系统使用率达到80%以上。在中东、中亚、非洲等探区也得到广泛应用,取得了较好的经济效益和社会效益,为树立中国石油技术品牌起到了重要作用。推广安装536套,创造效益2.66亿元。

(2)GeoMountain复杂山地地震勘探特色软件。主要包括复杂山地采集、处理、解释、多波等4方面内容,采集子系统和处理子系统已在国内地震采集项目中广泛应用于采集设计和现场处理。处理子系统和解释子系统也已在川庆物探内部进行大规模推广应用,在西南石油大学等高校安装了部分模块供学习研究。在库车、四川、新疆、长庆等复杂山地地震勘探中发挥了关键作用。

(3)GeoEast地震数据处理解释一体化系统。具有常规地震资料、海上、多波、VSP处理和叠前储层预测及反演功能,应用效果与国际同类处理系统水平相当,并具有自身特色。大型地震数据处理解释一体化软件系统功能和性能得到显著提升,国产物探软件进入了全面替代进口软件的阶段。GeoEast V3.0在叠前偏移成像、速度建模、触摸屏解释工具等关键技术获得重大进展,GeoEast-Lightning叠前偏移成像软件日趋齐全完整,效率领先于同类商业软件,实现了对商业软件的全面替代。GeoEast推广应用1514套,创造效益14.4亿元,在国内物探单位覆盖率已达到90%,并已通过雪佛龙等公司准入认证,成功进入委内瑞拉、沙特阿拉伯等南美和中东地区的多个海外地震勘探市场,为拓展中国石油在海外的油气勘探市场提供了技术

保障。

（4）iPreSeis 地震成像与储层定量预测软件系统。基于自主研发的开放式、多学科协同软件平台，集成复杂地表成像、复杂储层解释特色技术，形成以复杂速度场整体建模为核心的从地表出发的叠前深度域成像、以岩石物理测试分析为基础的储层与流体定量预测软件系统，为复杂圈闭识别、复杂油气藏勘探开发提供有效解决方案，为中国石油工程技术服务又添一件利器。在塔里木东秋 8、克深 5、西南川东北、川中、新疆齐古、前哨、辽河燕南潜山、雷家、青海三湖等地区应用，提高了复杂构造成像和储层半定量化预测。

（5）GeoFrac 叠前裂缝预测软件系统。形成以叠前裂缝预测为核心的 6 个技术系列、22 项技术，能够实现储层裂缝特征的多尺度精细刻画。GeoFrac 1.0 应用情况良好，商业化程度较高。近 3 年，GeoFrac 软件共计成功应用于 22 个油田区块，覆盖中国石油 10 个油田分公司，3 个海外油田；应用目标涉及碳酸盐岩、致密泥灰岩等 7 类储层、5 类构造断裂模式，其中 2016 年，GeoFrac 软件参与的项目工区面积达到 3347.6km^2。

（6）GeoSeisQC 地震野外采集质量监控软件系统。以满足地震高效采集技术发展需求，解决地震采集质量实时、定量监控难题为目标研发，软件包括现场实时监控版、监督版及远程监控版，全面实现了陆上、滩涂及其过渡带、井炮、可控震源采集质量的现场实时、自动监控、复杂地震地质条件多信息约束下的地震采集质量的综合监控以及定量远程监控。为现场采集施工队伍、油田监督、管理部门联合监控评价采集施工质量打造了统一采集质量监控平台。已在中国石油全面推广应用。

（7）陆上地震采集系统（有线/节点地震仪），处于国际主流仪器同等技术水平。G3i 有线地震仪带道能力提升到 10 万道，在玛 131 井三维成功完成 6 万道采集生产，标志着 G3i 能够满足超大道数宽方位高密度三维地震采集的需求，已通过沙特阿美公司准入认证。"十二五"共新增仪器 27.18 万道，其中 G3i 达到 18.9 万道，占新增的 69.5%。销售收入 5.7 亿元，节约引进资金近 1 亿元。HAWK 无线节点地震仪技术能力与国外同类仪器相当，满足各种地形、长时间采集要求，12000 道 HAWK 无线节点地震仪在长庆地区召 26 井区进行黄土塬三维勘探生产。HAWK 无线节点地震仪将进一步支撑复杂区宽方位高密度采集的发展，仪器销售 16.2 万道，销售收入 3.72 亿元。

（8）大吨位可控震源。近年来，相继研发了 KZ-28 型、KZ-30 型、KZ-34 型重型可控震源，产品已先后投入野外使用。低频可控震源 LFV3 引领行业低频勘探技术发展。LFV3 可控震源激发频宽由常规的 6~80Hz 提升到 3~120Hz，并稳定生产，受到国内外油公司高度关注，被国外同行赞为"开启低频勘探先河"。已经制造低频可控震源 82 台，销售收入 1.93 亿元，在国内新疆准噶尔、吐哈、柴达木、二连、辽河等盆地的 16 个生产项目应用，取得了显著勘探效果。

（9）山地地震钻机。研发了 SDZ80/40 标准系列山地钻机、滩浅海泥枪震源、350m 顶驱钻机等针对性的高效钻运生产辅助设备，提升了复杂地表的作业能力。SDZ80/40 标准系列山地钻机，质量降低了 20%，综合成本降低了 7%~10%，在西部山地项目应用 120 台套。滩浅海泥枪震源填补了地质资料空白和疑难区，实现了陆地与深海间地质资料的无缝衔接。拉动中国石油在国内外滩浅海勘探项目中标。微测井顶驱钻机钻井深度超过 350m，自动化高，劳动强度低，钻井风险小，实现了微测井顶驱钻机国产化。

3.5.5　主要物探单位拥有的特色技术

（1）东方公司。形成陆上高精度地震勘探一体化解决方案 PAI – Land、过渡带地震勘探一体化解决方案 PAI – TZ、油藏地球物理勘探一体化解决方案 PAI – RE、重磁电勘探一体化解决方案 PAI – GME3D，以及数字化地震队与可控震源高效采集技术 PAI – Vibroseis、海洋地震勘探技术 PAI – Marine、速度建模与成像技术 PAI – Imaging 等 8 项特色技术，成为油气勘探开发、开拓物探市场的主要载体。拥有大型地震软件系统 GeoEast 和 KLSeis，具有大型物探装备 G3i 和研发及配套设备制造能力，是集物探采集、处理、解释于一体的、具有软硬件研发与制造能力的、服务海陆的综合性地球物理服务公司。

（2）大庆物探。具备松辽盆地薄互层高分辨率地震勘探技术、松辽盆地深层火山岩天然气高精度地震勘探技术、海拉尔断陷盆地岩性地震勘探技术、复杂勘探目标高精度成像技术、岩性和隐蔽油气藏储层识别及油藏描述技术。

（3）川庆物探。具有适合高陡复杂构造区的三维地震采集技术、碳酸盐岩储层预测技术、地震资料连片处理解释技术、叠前深度域成像技术、山地广义变速成图技术、多波多分量地震勘探技术、页岩气勘探技术、微地震监测技术、山地特色的 GeoMoutain 地震采集处理解释一体化软件系统。

（4）勘探院油气地球物理研究所。拥有面向前陆冲断带复杂构造的以速度建模为核心的起伏地表叠前成像配套技术、以宽频保幅为核心的提高分辨率处理技术、面向特殊地质目标的复杂储层定量化预测配套技术、基于全频带岩石物理测试分析的复杂储层地震预测技术、油藏地球物理综合评价技术、天然气地震处理技术与气层综合检测技术。

（5）西北分院。通过地震资料处理、储层描述方法研究和生产实效验证，形成了技术领先、实用性强的 7 大核心技术，主要包括逆时偏移技术、高密度宽方位宽频地震成像技术、地质约束高精度速度建模与成像技术、天然气藏定量预测技术、裂缝型储层预测技术、致密砂岩预测技术、碳酸盐岩裂缝储层逐级预测及缝洞储集单元定量表征技术等 7 项特色技术。

（6）杭州分院。海相碳酸盐岩层序分析及储层评价与预测技术、海洋地震资料处理解释与综合评价技术、复杂潜山构造与薄储层成像技术。

（8）重点实验室。具有岩石地球物理模型模拟技术、复杂区油气地球物理勘探理论与技术、储层预测和地震资料叠前反演技术、同步阵列大地电磁观测方法与技术、长偏移距瞬变电磁阵列油气动态监测技术、井—地电磁勘探技术、复电阻率直接指示油气技术、多波地震技术等。

（9）大庆油田分公司。拥有 3 项理论基础：一是大型坳陷湖盆岩性油藏勘探理论的指导；二是深层火山岩气藏勘探理论的指导；三是海拉尔盆地复杂断陷盆地勘探理论的指导。拥有 7 项先进的实用技术：保持振幅、频率特征的高分辨率地震处理技术；基于表层模型数据库的连片静校正处理技术；复杂断块、深层火山岩三维地震叠前深度偏移技术；扶杨油层河道砂体地震识别技术；浅层油气藏地震"亮点"识别技术；深层火山岩储层地震预测技术；薄互层砂岩油藏地震建模反演技术。

（10）吉林油田分公司。隐蔽油气藏预测与描述技术、高分辨率处理、岩性储层地震识别配套技术。形成了水平井轨迹设计及水平井随钻导向技术，主要创新点有随钻动态速度校正，波形与岩性组合模式进行随钻导向。

（11）辽河油田分公司。深海资料处理技术、高密度、宽方位地震勘探技术、波动方程叠前偏移技术、复杂潜山综合评价技术、湖相碳酸盐岩致密油叠前地震反演预测技术。

（12）冀东油田分公司。大面积三维连片叠前时间偏移处理配套技术、复杂断块断陷盆地精细构造解释技术、潜山及火山岩目标评价技术。

（13）大港油田分公司。复杂滩海地震勘探技术、复杂城区地震勘探技术、井控处理与各向异性成像技术、基于BHW-DG模型的偏移方法与参数优化技术、井地联合近地表Q值测量与补偿技术、Q偏移技术、"零值法"薄储层逐步剥离技术、属性融合岩性甜点预测技术、基于井震融合低频模型的宽频反演技术、MVF沉积微相预测技术。

（14）华北油田分公司。精细构造解释技术、岩性油气藏反演及预测技术。从"构造、岩相定特征，适应性研究选方法，敏感性研究定参数，综合解释求客观"预测流程，到"成因指导，相控约束，过程监控，综合解释"预测理念，到"源控、相控、体控"及"低中找高，高中找低"预测思路，到加强采集、处理、解释、预测一体化应用，通过地震沉积学、孔构参数反演、拆分和融合、属性定量预测等技术研究，形成了从勘探向开发延伸，从宏观形态到微观结构、从圈闭落实到油藏描述的二次勘探技术。

（15）长庆油田分公司。全数字多波地震有效储层预测技术、黄土塬区非纵地震勘探技术、奥陶系碳酸盐储层地震预测技术、叠前反演及弹性参数交会预测技术、地震模式识别及层序分析技术。

（16）新疆油田分公司。复杂高陡构造地震勘探技术、地层岩性油气藏勘探技术、石炭系火山岩地震勘探技术。其中，低频可控震源技术全面推广应用，宽频高密度的采集技术为地震勘探的第一手资料的质量奠定了良好的基础；高密度海量数据高精度静校正技术是当前准噶尔盆地地震资料岩性油藏中低幅度和隐蔽性圈闭识别的基础；相位稳定的同态子波反褶积技术和近地表相对Q计算及补偿技术等提高分辨率技术，为准噶尔盆地薄互储层的分辨和识别、薄储层的反演发挥了重要作用；面向准噶尔盆地南缘复杂区深度域速度网格层析反演和TTI各向异性叠前偏移成像技术，在地质带帽、构造认识和钻井资料的约束下提高了深度域速度反演的精度，使得南缘复杂构造区叠前深度域地震成像精度大幅度提高。

（17）青海油田分公司。复杂山地地震采集处理解释一体化勘探配套技术、宽频地震勘探技术、疏松砂岩气藏地震预测技术、复杂岩性"甜点"预测技术。

（18）吐哈油田分公司。复杂构造精细成像技术、吐哈复杂砾石区地震勘探技术、低渗透、复杂孔隙结构储层综合评价技术。

（19）塔里木油田分公司。随钻地震处理技术、TTI各向异性叠前深度偏移成像技术、OVT域处理技术、复杂山地速度建场与变速成图方法配套技术、台盆区复杂低幅度构造速度建场与变速成图方法配套技术。

4 中国石油物探核心技术发展方向

4.1 物探市场发展趋势

2008年开始一场全球性金融危机，至2013年，石油价格在高位震荡，近3年，油价持续低迷，石油价格地位徘徊。但物探市场及物探技术发展趋于国际化、全球化的步伐并未中止，主要表现在以下 8 个方面。

(1)全球物探市场规模基本平稳。从 2005 年至 2008 年,物探投资由 67 亿美元增长到 130 亿美元,平均年增长率为 17.2%;近 3 年以来,受国际油价大幅度下跌影响,上游投资压缩 25% 左右,相应物探市场受到一定影响,海上业务影响较大,陆上业务规模降幅较小。

(2)国际物探市场依然呈现由大物探公司主导下的垄断竞争格局。东方公司(BGP)、WesternGeco、CGGVeritas、PGS 等几个大型国际物探公司控制着全球 80% 左右的物探市场,高端市场基本由这几家大公司垄断竞争。

(3)行业竞争激烈。据 IHS 资料统计,全球目前共有 80 家物探公司,队伍的闲置率基本保持在 20% 左右。近几年,俄罗斯、中东、非洲、印度等地区的物探公司数量上升,加入地震服务市场瓜分,使常规地震市场竞争更为剧烈。

(4)海洋勘探(包括滩海)是世界物探市场的主要业务增长点。高油价促使深海勘探地震业务迅速增长,在全球物探市场占到 41%~43%。油公司纷纷将海上作为未来油气发展的战略接替区,进一步刺激海上物探市场的繁荣,海上地震承包商纷纷增加海上作业能力。

(5)非洲、南美、中东及中亚地区将继续成为国际物探市场的热点地区。随着越来越多的国家实施石油工业对外开放政策,世界油气勘探活动将会更大规模地向未成熟的非洲、南美洲、中东及中亚等地区转移。非洲、中东和南美地区的勘探市场特别活跃,物探作业需求旺盛[7]。

(6)物探技术向精细、实时、综合化发展。物探技术已由单一的勘探手段向油藏评价及开发延伸,4D(四维)地震、4C(四分量)地震以及油藏可视化技术的开发与应用将成为行业增长的推动力。物探技术已由常规地质构造研究延伸到储层和油气藏研究,在油藏评价、油田开发与生产各阶段都得到了应用,是地球物理技术的发展趋势。

(7)一体化地球物理技术服务是行业发展的必然趋势。大型石油物探服务公司为了自身的生存和可持续发展,积极探索与油公司建立新型合作关系,并在制定技术发展规划时更注重发展风险低、效益高的技术及产品。在这个过程中,他们开始向全能化发展,向全面服务石油公司的勘探、开发和生产业务方向发展。这些公司开辟了综合油藏信息解决方案等新型服务项目,推出勘探、开发和生产一条龙服务的经营模式,承包石油公司产量目标并实施超产分成的合作方式。

(8)油公司对物探技术的要求越来越高。加大物探技术研发投入,加强特色专有成像、储层描述和目标评价技术研发,加强技术准入标准研究,投资高效低成本的采集仪器(实时无线仪器)研发。为了适应油公司降低勘探与开发成本,并将成本的投入向技术服务公司转移,实现低成本和技术、服务质量并重的策略,世界各大物探公司为了占领市场,提高竞争能力,纷纷降低成本和提高赢利能力,对技术创新越来越重视。

4.2 物探核心技术发展方向

针对中国油气勘探领域面临的技术问题,结合国际物探技术发展趋势,中国石油的物探核心技术发展方向是,在大力推广应用成熟配套技术的同时,加强跟踪国际先进的前沿物探技术,进一步发展和完善新软件、新装备、新方法,努力研发先进适用的集成配套技术,加大关键技术现场试验力度,促进成果转化,不断提高中国石油物探技术找油找气能力及核心竞争力。

(1)完善物探软件的开发。持续加强 GeoEast 地震数据处理解释一体化软件性能提升与功能扩展,开发完善叠前深度偏移功能并产业化,开发叠前反演软件。保持地震采集工程软件系统 KLSeis 先进性,完善零井源距、非零井源距及 3D VSP 采集设计和 OBC 采集设计功能,并以 KLSeis 为平台,集成可控震源 QC、测量等现有采集方法和应用软件。完善野外质量控制软件系统 SeisAC–QC,提高野外采集质量控制技术水平。发展深海拖缆综合导航定位技术,完善自主软件产品。完善综合物化探处理解释软件。完善 GeoMountain 复杂山地采集处理解释一体化软件系统,提高复杂山地勘探成功率。完善油藏地球物理综合一体化软件系统,为提高油藏描述精度、提高开发效益服务。发展完善复杂构造成像软件和储层定量化预测软件。

(2)加强物探装备研制。研制百万道大型地震仪器,并通过现场试验进行测试与完善。根据全数字勘探技术需求,结合地震仪研制开展数字检波器研究工作。针对山地山前带勘探、高密度勘探对采集激发提出的更高要求,研制性能稳定、宽频、通过性好的低频可控震源,并实现关键部件国产化。完善履带式可控震源、其他非炸药震源和深井山地钻机现场试验,为不断增长的物探技术需求做好技术储备。研制针对不同地表条件的高效、适应性强的非炸药震源和钻机设备。加大研制三维电磁仪的力度,满足三维电磁勘探需求。根据海洋勘探业务发展需要,加快深海勘探装备研制,提高深海地震勘探能力。

(3)强化前缘技术研究。加快发展海量数据处理、Q 偏移、全弹性波偏移、叠前弹性参数反演、自动化处理、智能化解释、多波、井中地震等技术,加快解决地震数据处理质控和相对保持处理的技术瓶颈问题,研究解决层序地层、沉积相和反演解释的技术瓶颈问题[8]。

(4)发展特色勘探技术。在前陆盆地,要完善和推广山地高密度三维地震勘探的技术,发展和完善三维速度建模和叠前深度偏移处理技术,着力研究解决各向异性叠前深度偏移的瓶颈技术,完善区带构造演化与叠前地质解释技术。在碳酸盐岩、火山岩地区,要持续研究碳酸盐岩、火山岩配套勘探技术,在加强高精度相干、裂缝检测、叠前 AVO 分析及叠前正、反演技术研究的同时,要特别加强各向异性介质的研究和流体预测技术研究。

(5)推广应用成熟的物探技术。在常规生产和海外地震勘探项目中,大力推广应用成熟的物探技术,为区带、目标快速评价提供依据。

(6)加强深海勘探、深化浅海过渡带高精度地震勘探配套技术研究。海洋勘探是世界各国勘探家共同关注的领域,加强海洋勘探是一种历史的必然。因此必须加紧研发深海及深化浅海过渡带的高精度地震勘探配套技术,开展拖缆地震采集设计、质量控制、综合导航定位技术研制,并进行深海装备的储备技术研究,加速推进海洋电磁技术的研究与应用。

(7)加强地震、重力、电磁相结合的综合物探工作。近年来,重磁电勘探方法继续沿两个方向发展,其一是面向高精度、高分辨率三维,其二是面向综合。在综合物探信息的获取与应用方面,为了利用更多地下岩性信息来解决复杂地区资料困难地区的油气勘探开发问题,必须加强地震、重力、电磁相结合的综合物探研究工作,尤其是不断完善以地震数据为主的重磁电震联合反演系统,以便获得更多的地球物理信息来研究地下地质问题。

4.3 物探科技发展建议

(1)紧密围绕油气勘探与开发需求,根据物探技术发展目标、研究内容,中国石油总部层面要先做好顶层设计、分阶段规划,明确"十三五"及今后各阶段新技术研究内容,做好研究资源的优化配置。

（2）加强新技术研究体系建设，整合研发资源，形成若干个优势互补的物探技术研发中心。

（3）坚持在自主的原则下开展对外合作与技术引进，加强对引进技术的消化、吸收，再创新，力求变成中国石油自主创新的技术。

（4）加强创新物探技术的激励机制，努力营造研发单位的创新企业文化，进一步激发和保护物探研发人员的创新积极性。

（5）稳定物探技术研究经费投入，保障科技项目的顺利运行。

本文引用的主要成果来源于中国石油科技管理部"物探技术发展战略研究"项目。该项目由科技管理部牵头，主要承担单位有中国石油勘探开发研究院、东方公司和中国石油大学（北京），在项目研究中得到了大庆、新疆等13家油田公司，川庆物探、大庆物探、西北分院等3家研究院所和物探重点实验室的大力支持和积极参与。在此对各参与单位和个人表示衷心感谢。

参 考 文 献

[1] 刘振武. 工程技术服务企业要走自主创新、技术发展之路. 石油科技论坛,2009,28(1):1-8.
[2] 刘振武,撒利明,董世泰,等. 中国石油物探技术现状及发展方向. 石油勘探与开发,2010,37(1):1-10.
[3] 刘振武,撒利明,张昕,等. 中国石油开发地震技术应用现状和未来发展建议. 石油学报,2009,30(5):711-716.
[4] 王喜双,董世泰,王梅生,等. 全数字地震勘探技术应用效果及展望. 中国石油勘探,2007,12(6):32-36.
[5] 凌云,等. 各向异性介质对地震成像精度的影响分析. 石油地球物理勘探,2010,45(4).
[6] 中国石油地球物理勘探局志编纂委员会. 石油物探局志(1961—1997). 北京:石油工业出版社,2002.
[7] 冯连勇,牛燕,孙梅,等. 世界石油物探行业及技术发展趋势. 石油地球物理勘探,2005,40(1):119-122,125.
[8] 张颖,刘雯林. 中国陆上石油地球物理核心技术发展战略研究. 中国石油勘探,2005,10(3):38-45.

中国石油物探技术现状及发展方向

刘振武　撒利明　董世泰　邓志文　徐光成

摘要　中国石油经过多年的发展,已形成了一支强大的物探力量,陆上综合实力位居世界前列,形成了8项特色物探技术,其中复杂山地、黄土塬等地震勘探技术处于国际领先水平。在高端技术研发方面,高密度地震、全数字地震、多波等技术在复杂油气藏描述方面初见实效,并建立了较完备的技术流程。中国石油物探技术的自主创新能力显著增强,在软件和装备研发方面,自主研发了物探一体化核心软件,大型地震仪器已通过2000道野外试生产,在不久的将来将规模生产。为适应新形势下勘探开发需求,中国石油将继续在未来几年技术发展蓝图指导下,开展物探核心装备与软件研制和物探新方法新技术等方面的研究,以迎接"四大工程"对物探技术提出的挑战。

1　引言

中国石油是以石油上游业务为优势的资源型企业,油气勘探开发是公司盈利的支柱。中国石油物探技术经过几十年的发展,已拥有了较强大的技术力量,在大庆等油气田增储上产和可持续发展中发挥了重要作用。然而,面对日益复杂的勘探开发对象,对物探技术的要求也不断提高,只有不断对关键瓶颈技术进行攻关,才能推进中国石油勘探开发效益的最大化。

2　中国石油物探技术现状

2.1　中国石油物探基本情况

截至2008年末,中国石油拥有东方地球物理公司等4家专业物探公司和中国石油勘探开发研究院等18家研究院所,现有物探从业人员30700名,其中科研人员5429名。地震采集队181支(其中国外59支)、VSP队9支、非地震队19支,拥有大型地震仪器185台/套,合计54万道,二维地震年采集能力125000km,三维地震年采集能力62000km^2。处理解释CPU 31700个,处理软件380套,解释软件517套。陆上物探综合实力居世界第一。

中国石油地震采集作业范围遍及国内外。目前,122支地震队在中国石油国内16个油气田和中国石油化工集团公司、中国海洋石油总公司、中联煤层气有限责任公司热点区块服务。近5年中国石油二维地震工作量年平均40000km,三维地震工作量年平均15000km^2。

在国外,中国石油派出59支地震队(其中陆地53支、浅海过渡带3支、深海地震船队3支)在4大洲22个国家,为90多个油公司提供地震采集处理服务。其中,石油输出国组织(OPEC)市场和国际大油公司份额占50%。

2.2　中国石油物探技术特色

针对复杂山地、黄土塬等特殊地表和复杂陆相沉积地层等世界级难题,中国石油开展了提

---

* 首次发表于《石油勘探与开发》,2010,37(1)。

高资料信噪比、成像精度及层位预测准确率的一体化物探技术攻关,逐步形成了复杂山地、沙漠、黄土塬、过渡带、大型城区、富油气区带地震技术和油藏地球物理、综合物化探技术等8项具有中国石油特色的技术系列。

2.2.1 复杂山地地震技术

复杂山地地表山体高大,高差最大可达2000m以上,岩石出露,地下逆掩构造、盐下构造、断裂等构造发育。针对特殊的地表条件,中国石油发展形成了以:(1)宽线+大组合和三维+大组合;(2)基于卫片的变观设计,优选炮点、检波点;(3)综合表层调查及建模;(4)配套静校正;(5)基于起伏地表的叠前深度偏移;(6)速度建模、构造建模与深度域解释等6项关键技术为核心的复杂山地地震技术,深化了对复杂构造带构造模式的认识。例如,在库车坳陷应用复杂山地地震技术,对该地区的构造认识从基地卷入型变为滑脱型(图1),提高了复杂圈闭识别精度,落实了库车坳陷等中西部一批油气田,为西气东输等重大能源项目建设奠定了基础[1]。

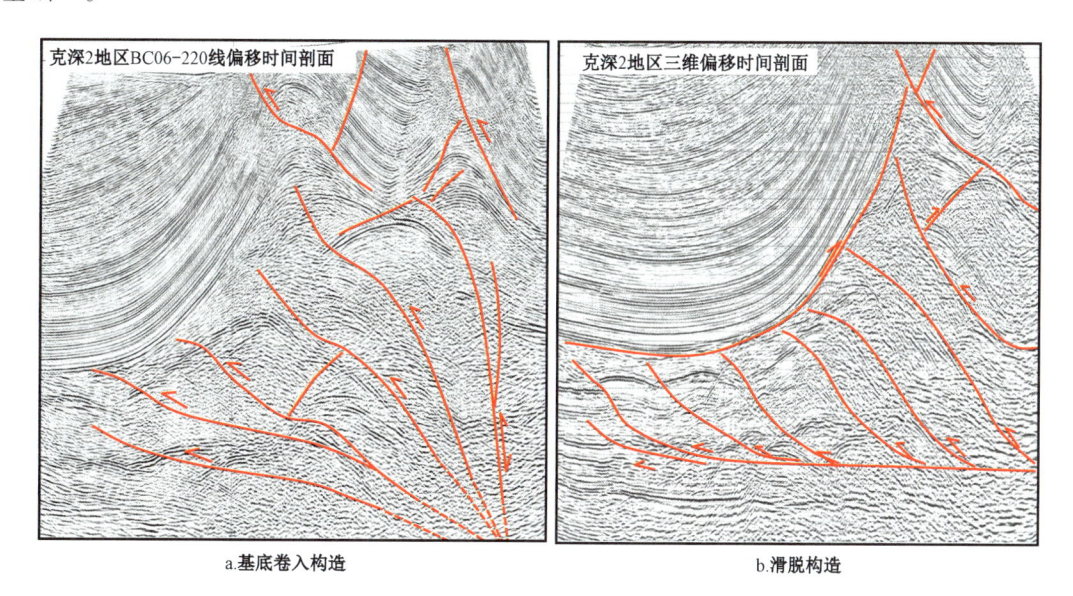

a.基底卷入构造　　b.滑脱构造

图1 库车坳陷克深2地区地震攻关前后构造模式解释结果

2.2.2 沙漠地震技术

针对沙漠区地表沙漠厚度大(最大可达300m以上)、沙丘大、疏松无潜水面(准噶尔盆地、柴达木盆地),地下为碳酸盐岩、火成岩、复杂断裂等难点,中国石油发展形成了以:(1)逐点设计井深;(2)灵活炮点检波点布设;(3)沙丘曲线静校正;(4)优选观测系统;(5)叠前偏移;(6)储层综合描述;(7)缝洞储层定性刻画等7项关键技术为核心的沙漠地震技术,使塔里木盆地、柴达木盆地、鄂尔多斯盆地等沙漠区深层弱反射能量增强,信噪比提高,地质结构清楚;使准噶尔盆地沙漠区下石炭统内幕结构描述清楚(图2),落实深层火山岩探明储量$2\times10^{11}m^3$。

2.2.3 黄土塬地震技术

针对世界上独一无二的黄土塬地表达300m的巨厚黄土、疏松无潜水面、低速度,以及地下储层低孔、低渗、非均质性强、厚度小的特点,中国石油发展形成了以:(1)弯线、沟塬连线、

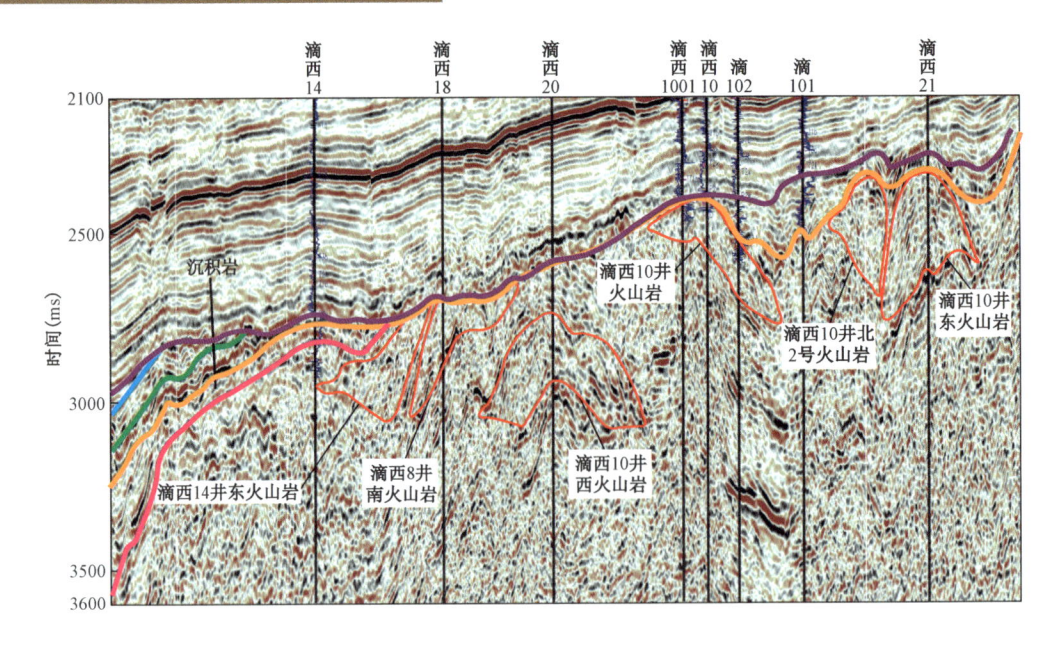

图2 准噶尔盆地陆东—五彩湾地区过滴西14井—滴101井连井地震剖面

多线、非纵观测；(2)多域去噪；(3)四域迭代法初至折射静校正；(4)共反射面元选排与均化；(5)叠前偏移处理；(6)古地貌形态刻画；(7)储层物性及含油气性预测；(8)"五图一表"井位优选等8项关键技术为核心的黄土塬地震技术，使地震资料信噪比和深层能量得到提高（图3），河道、前积反射等特征明显，相继为长庆西峰、姬塬、白豹、苏里格南部等亿吨油、千亿立方米天然气储量探明奠定了基础。

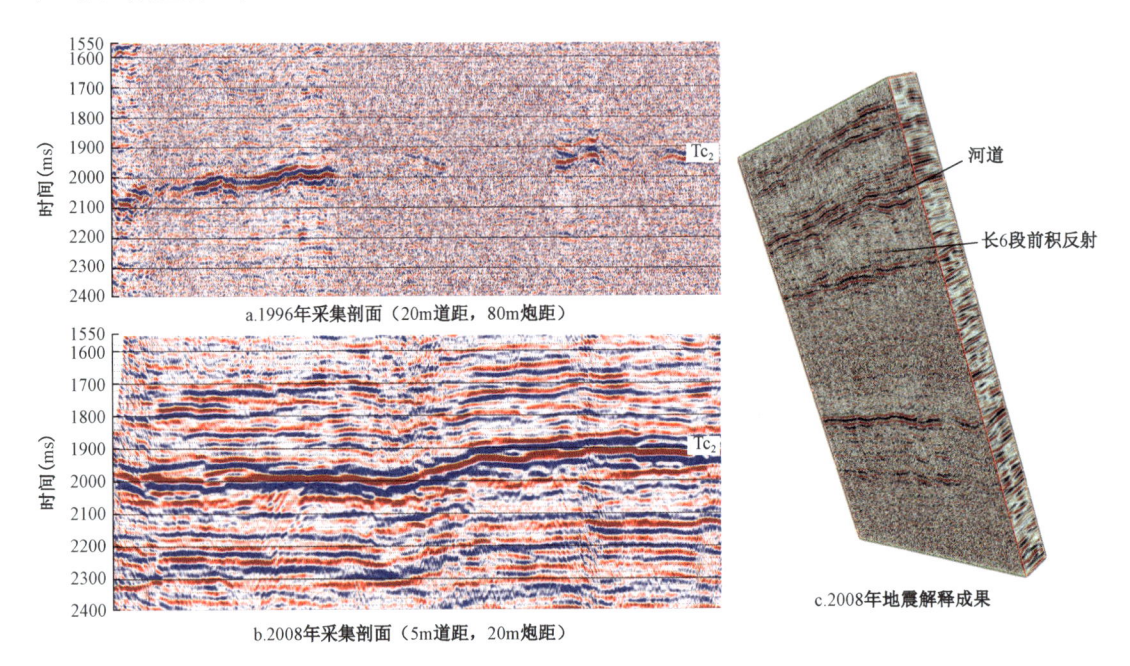

图3 长庆姬塬地区高密度地震实施前、后地震资料质量对比

2.2.4 过渡带地震技术

针对过渡带地表烂泥滩、养殖业发达、地下断裂破碎等难点，中国石油以解决滩涂运载难题和提高信噪比为主，发展形成了以：(1)综合导航定位；(2)检波点高精度定位；(3)气枪阵列设计；(4)浅海 OBC 采集等 4 项关键技术为主的过渡带地震技术，为渤海湾立体勘探奠定了基础。

2.2.5 大型城区地震技术

针对城区地表建筑高大、人口稠密、施工难度大和地下断裂发育、目的层深等难点，中国石油发展形成了以：(1)井震联合激发；(2)地理信息辅助布点；(3)动态变观；(4)地下管网调查；(5)非纵观测；(6)新、老资料联合处理等 6 项关键技术为核心的大型城区地震技术，确保了大型城区浅、中、深目的层资料的取全、取准，使老油区中的城区勘探程度进一步提高，促进了富油气区带的整体勘探。

2.2.6 富油气区带高精度地震技术

针对富油气区带地表油田设施密集、噪声严重，目的层浅、中、深埋深跨度大，断裂发育等难点，中国石油发展形成了以：(1)技术应用水平不断提高的二次三维地震数据采集；(2)精细的表层调查；(3)依岩性及动力学特征逐点设计井深；(4)高精度静校正；(5)连片处理；(6)叠前储层描述等 6 项关键技术为核心的富油气区带高精度地震技术，使富油气区带浅、中、深层地震信号频率提升了 5~10Hz，新层系不断获得发现。

2.2.7 油藏地球物理技术

针对中国陆相薄储层地震资料纵向分辨困难，储层非均质性强，横向预测难度大，油气水关系复杂，油藏动态监测难等问题，中国石油发展形成了以：(1)全(宽)方位角地震采集；(2)相对保持振幅、频率、相位和波形的高精度处理；(3)相对标定和构造演化解释；(4)薄储层沉积演化分析；(5)3.5 维综合地震；(6)四维地震；(7)井中地震；(8)物探、测井和钻井一体化解释等 8 项关键技术为核心的油藏地球物理技术，在预测剩余油气分布方面见到了良好效果(图4)。

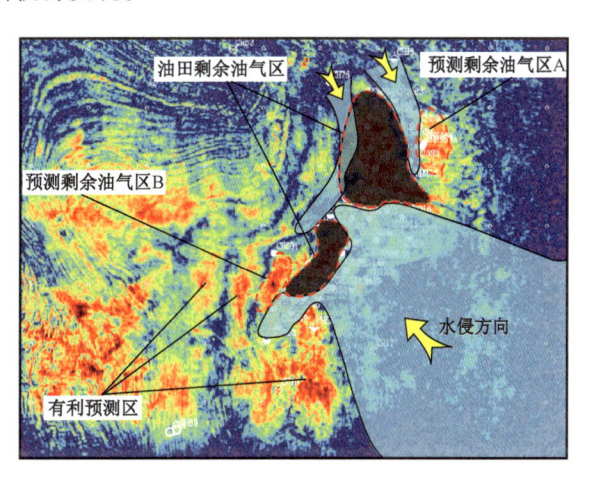

图4 准噶尔盆地西北缘 3.5 维地震剩余油预测

2.2.8 综合物化探技术

针对油气勘探中的特定地质问题，中国石油发展形成了以：(1)高密基点三维重磁采集；(2)大功率时频电磁三维地震数据采集；(3)高精度航磁；(4)三维油气藏电性异常模式下的 IPR 解释；(5)重震联合反演等 5 项关键技术为核心的综合物化探技术，在预测火山岩等特殊储集层方面发挥了重要作用。

2.3 物探技术在中国石油勘探开发中的作用

从 2000 年到 2008 年，中国石油三维地震数据采集工作量从 7841km² 上升到 17893km²，平均年增幅达 10.9%。地震工作量的增加,确保了探明石油天然气储量当量从 7.5×10^8t 上升到 11.7×10^8t,平均每年增长 5.7%;使生产石油天然气当量从 11817×10^4t 上升到 15730×10^4t,平均每年增长 3.6%。据此可见,物探投入与储量和产量成正比关系。

在塔中整体部署实施高精度三维地震 $4533km^2$,新资料带来了地质认识的转变。通过开展连片叠前时间偏移处理、叠前储层预测和碳酸盐岩缝洞储层三维立体空间雕刻,预测塔中 I 号坡折带台缘礁滩复合体整体连片,使塔中 I 号坡折带勘探获得巨大突破,探明石油地质储量规模超 2×10^8t,天然气近 $2000\times10^8m^3$。

在苏里格气田苏 5 区块、桃 7 区块开展了满覆盖 $985km^2$ 的高精度三维地震和 $100km^2$ 的多波三维地震,地震资料主频由原来的 20~35Hz 提高到 30~45Hz,对薄砂层的识别能力显著提高,砂体的空间展布得以准确刻画。在此基础上开展含气砂体分布预测、高产区带划分及油气富集规律研究,通过滚动评价及时指导井位部署和开发方案调整,使苏 5 区块、桃 7 区块开发井 I 类 + II 类井符合率由 2006 年前的 62% 提高到 2008 年的 88%,从而减少低产开发井和空井约 143 口,累计节约钻井投资约 11 亿元(按成功率 62% 折算需 488 口井,按成功率 88% 折算只打了 345 口,减少的 143 口井乘以单井平均成本 800 万元),而苏 5 区块、桃 7 区块近 3 年的物探投入仅为 2.75 亿元,总体节约勘探开发的工程投资 8.25 亿元。

3 高端技术攻关及其进展

中国石油非常重视高端技术攻关,在前沿技术、软件研发、硬件研制等方面均取得了重大进展,初步形成了具有中国石油特色的高密度地震等 4 项前沿技术,研发了具有自主知识产权的 3 套地震软件、大型地震仪器、可控震源及钻机等软硬件,并相继投入生产应用。

3.1 前沿物探技术攻关取得重大进展

3.1.1 高密度地震技术

中国石油自 2003 年开展了高密度生产试验,并开展了基于连续空间采样、CRP、减弱采集脚印技术的优化观测系统方法及道密度、炮密度、覆盖次数与成像效果关系的研究,以及适合去噪和偏移等处理算法的最小数据集重构、三维数据体叠前噪声分析及衰减方法、高保真等处理方法研究。成像道密度的增加,使地震横向分辨率明显提高,在油藏精细描述和油气田开发中见到良好效果。例如,在准噶尔盆地西北缘红 18 井区采用 6.25m×6.25m 面元,道密度达到 61×10^4 道/km^2,高密度剖面中深层主频大于 60Hz,比老资料提高了 20Hz,揭示小断层等地质现象的能力明显增强(图 5)[2]。

3.1.2 多波地震技术

中国石油自 2002 年开始开展多波地震试验生产,并开展了多波观测系统优化设计、三维转换波设计及施工、三分量微测井纵横波联合表层调查等采集方法研究,以及三维三分量数据旋转、转换波静校正、速度分析、各向异性处理、纵横波联合层位标定、振幅比分析和波形特征分析等处理解释方法研究,均取得了良好进展和宝贵经验。例如,苏里格气田主力气层盒 8 段是一种典型的薄互层砂泥岩组合,识别难度大,通过纵波叠前弹性参数反演、叠前 AVO 分析、瞬时子波衰减分析及纵横波剖面的波形解释、纵横波振幅比分析、纵横波速度比分析等多波配套技术的应用,有效储集层预测符合率从原来的 60% 提高到了 80%(图 6)[3]。

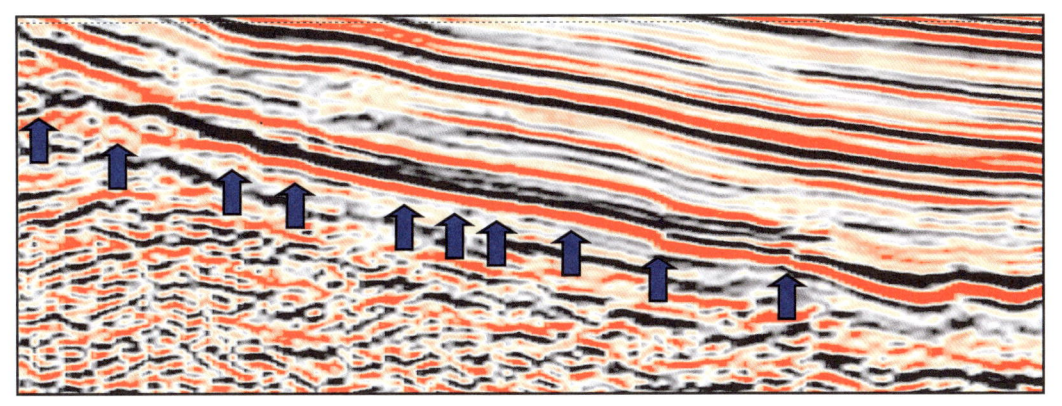

a.常规地震剖面（25m×50m）

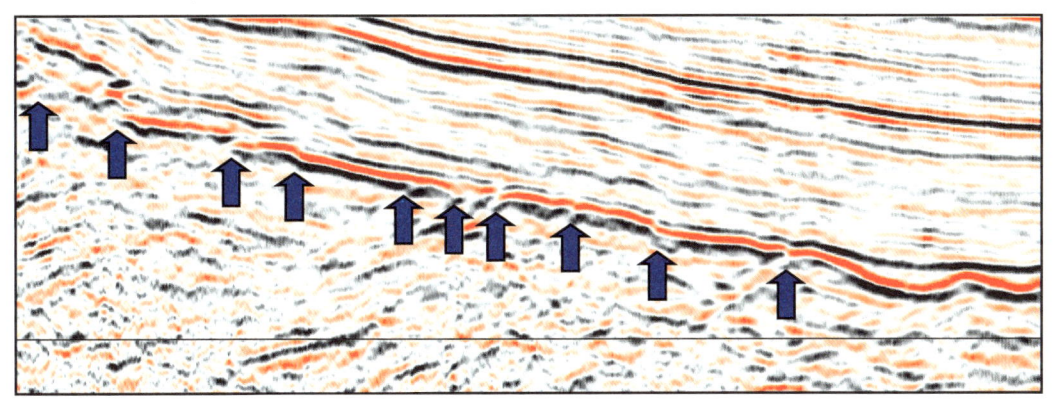

b.高密度地震剖面（6.25m×6.25m）

图 5　准噶尔盆地西北缘红 18 井区高密度地震剖面与常规地震剖面对比

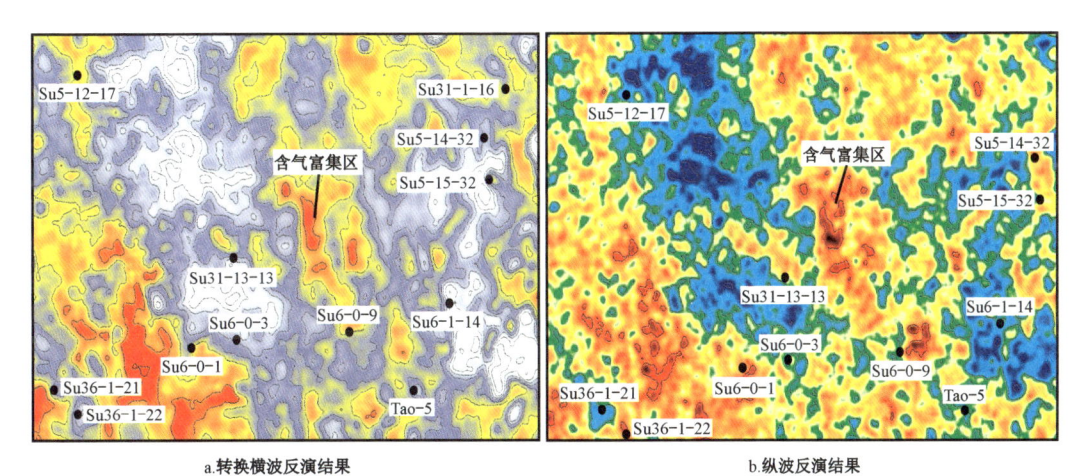

a.转换横波反演结果　　　　　　　　　　　b.纵波反演结果

图 6　苏 31－13 井区三维多波反演预测含气富集区

3.1.3 全数字地震技术

中国石油自 2004 年开始进行全数字地震试验生产,并开展了高精度低降速带调查、宽频带激发、低噪声接收等采集方法研究,以及去噪、宽频、保护振幅特性的保真、保护弱信号等处理方法研究,使地震信号分辨率得到较大幅度提高。例如,在准噶尔盆地车排子地区,为落实新近系沙湾组薄砂体横向展布特征、减少钻探风险,实施了 5m 道检距的全数字地震试验,对模拟和全数字地震资料定量分析,后者浅、中、深层反射信号频率分别提高了 30Hz、20Hz 和 15Hz,分辨率明显提高,断层及岩性圈闭特征清楚[4]。

3.1.4 时移(四维)地震技术

中国石油先后在新疆、辽河、大庆、冀东等油田开展了四维地震先导试验,并开展了可行性分析、两次采集一致性分析等研究,以及互均衡处理、地震属性分析等处理方法研究。在新疆彩南油田,通过四维地震剩余能量分析找到了剩余油位置,部署不规则开发井网,日产量较以前提高了约 40%。

2008 年,在辽河欢喜岭油田开展新一轮四维地震攻关,部署了 7km² 的两轮地震(面元 6.25m×6.25m)和 2 口时移 VSP。通过地震属性差异分析和可视化技术,描述油藏内部物性参数的变化和追踪流体前缘分布,开展剩余油预测研究,目标是结合本区二次开发高密度三维地震,为曙光油田寻找 5000×10⁴t 的剩余油提供技术支撑,并形成一套适合中国陆相稠油油藏的动态监测技术。

3.2 地震采集、处理、解释软件系统研制成功

3.2.1 KLSeis 地震采集工程软件系统

为减小进口,提高解决中国石油复杂问题的能力,中国石油于 1998 年启动该软件研制工作,于 2000 年推 KLSeis 1.0 地震采集工程软件系统,目前已升级到 KLSeis 4.0 版本。经过持续不断完善,目前已形成了采集设计、模型正演、静校正和质量控制 4 大系统,适用于纵波、多波、VSP、海洋拖缆等地震采集。2002 年推出英文版本,使该软件在中东、中亚、非洲等国外探区得到应用,取得了较好的经济效益和社会效益,为提高中国石油物探国际竞争力、树立技术品牌起到了重要作用。

3.2.2 GeoMountain 复杂山地采集处理解释一体化软件

结合多年复杂山地地震勘探的经验和现有技术,中国石油自 2006 年启动了 GeoMountain 软件研发,目前已推出 GeoMountain 1.0 版本。主要包括地震采集、处理、解释和多波等 4 方面内容:针对复杂山地地震采集特点的基于模型正演、照明度分析、精细近地表调查的动态井深设计等复杂山地采集观测系统设计特色技术;针对复杂山地和地下构造的近地表建模、静校正、多域去噪、起伏地表成像等特色处理技术;针对复杂构造特点的逆掩断裂带成图、裂缝发育带预测、隐蔽性油气藏预测、流体识别等特色解释技术;在多波方面形成了多分量采集、多分量地震资料静校正处理、叠前偏移、多分量联合反演等特色技术。

3.2.3 GeoEast 地震数据处理解释一体化系统

为摆脱处理解释软件长期依赖进口的被动局面,提高中国石油的物探业务核心竞争力,中国石油于 2003 年启动了大型处理解释软件系统研发,并于 2005 年推出 GeoEast 1.0 版本。经过 3 年的功能完善与新功能开发升级到 GeoEast 2.0 版本,达到了国际主流软件水平。在处理

方面新增了海上、多波、VSP功能,在解释方面拓展了叠后储层预测及反演功能。其处理效果与国际同类处理系统水平相当,并具有自身特色。GeoEast系统的成功研发形成了具有自主知识产权的核心物探软件产品,打破了国外物探公司的技术封锁,经济效益显著,为提高中国石油物探国际竞争力、树立技术品牌起到了重要作用。

3.3 重大地震数据采集装备研制成功

3.3.1 大型地震数据采集系统

2006年中国石油启动了"新型地震数据采集记录系统研制"重大科技专项,截至2008年初各项关键技术的研发已实现设计目标,其中地震仪器的标志性技术——高速数据传输能力达到国际领先水平,比目前国际主流产品的数据传输能力提高了2~5倍,达到40Mbit/s(法国SERCEL公司的SN 428数据传输能力为16Mbit/s、美国ION公司的SYSTEM IV数据传输能力为8Mbit/s)。

2008年5月底,完成了主机软件开发及60道样机联调,经过全面测试,软硬件工作性能稳定。2009年2月进行了2000道系统野外试验及试生产,与ION公司的Aries系统比较,数据质量达到了国际同类系统水平(图7)。计划2010年具备试生产2ms采样20000道仪器产业化的能力。大型地震仪器的研制成功,可大幅节约购置成本,打破地震采集仪器长期依赖进口的局面,为提高中国石油物探国际竞争力、树立技术品牌起到了重要作用。

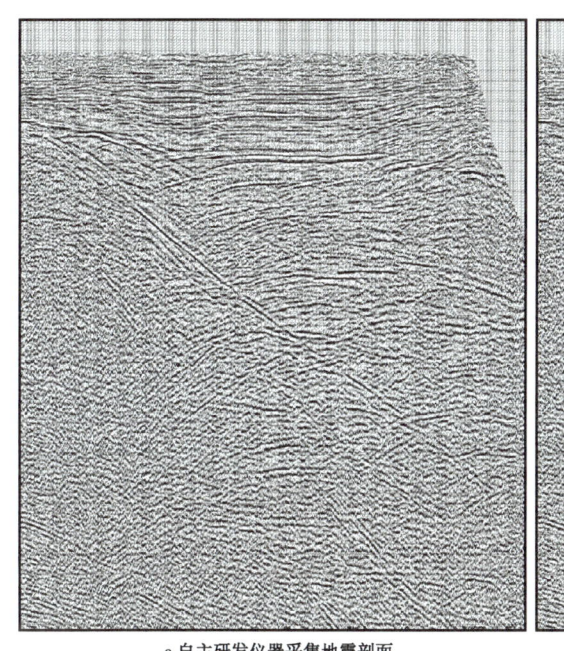

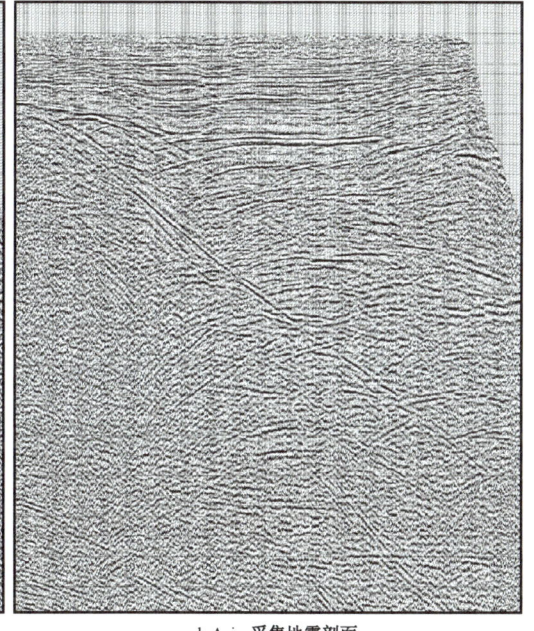

a.自主研发仪器采集地震剖面　　　　　　b.Aries采集地震剖面

图7 自主研发大型仪器与Aries系统相同测线采集地震剖面对比

3.3.2 大吨位可控震源

中国石油将可控震源、物探钻机、沼泽设备、遥爆机等系列研发工作作为重大装备研制的一个重要组成部分。近年来,相继进行了KZ-28型铰接式可控震源、KZ-30型履带轮系可控震源研发,满足了山前带、浅沙漠、软地表和冬季雪地施工等复杂环境下地球物理勘探作业的要求。KZ-34型重型可控震源采用导柱液压油循环润滑结构、高低压立式内藏皮囊蓄能器、铰接式车架转向结构等创新设计,提高激发能级,增强下传能量强度,减少可控震源作业台数,提高复杂地表区地震勘探资料品质,使该型可控震源获得了3项国家实用新型技术专利。目前KZ-28型、KZ-30型、KZ-34型震源已相继投入野外使用。

3.3.3 地震钻机及运载设备

研制的80m山地钻机、沼泽钻机、沙漠深井钻机已相继投产。根据滩浅海勘探施工运载装备需求,相继推出ZCF-06型、ZCF-08型、ZCF-32型浮箱链轨车和ZCL-12型轮式沼泽车、ZJL-01型轻型铰接轮式沼泽车,相继满足了复杂山地、沙漠、水网、滩涂、沼泽等地区对新型设备的需求。

4 物探技术面临的挑战

为适应国民经济发展对油气资源的需求,中国石油提出了在"十一五"后3年和"十二五"期间组织四大工程,即"储量高峰期工程""二次开发工程""天然气大发展工程""海外工程"。四大工程各有侧重,贯穿油气勘探生产全过程,面向的地质对象主要是复杂高陡构造、岩性—地层油气藏、深层碳酸盐岩和火山岩、老油区(挖潜和二次开发)。在较长一段时期内物探技术还将继续面临巨大挑战。

4.1 复杂高陡构造地表地形、地下构造复杂,面临精确成像、落实圈闭的挑战

复杂高陡构造主要分布在塔里木盆地库车、塔西南,准噶尔盆地南缘,四川盆地大巴山、龙门山山前,鄂尔多斯盆地西缘,柴达木盆地北缘,玉门窟窿山和海外的中东、南美、非洲等地区,是"稳定西部"、发展海外业务的重点领域。其主要问题是地形复杂,高差大,出露岩性复杂,低降速带变化大;地下构造复杂,盐下构造、逆推构造、走滑大断裂等使地震波场极其复杂,虽经多年攻关,地震剖面与地质模型仍不完全吻合,面临提高地震成像精度(构造落实精度达到100m)、提高逆掩推覆冲断带高陡构造成像准确率(构造落实成功率提高20%)、构造落实(使勘探周期缩短20%~40%)的技术挑战。

4.2 岩性—地层油气藏地表复杂,储层低孔低渗、非均质性强,面临提高分辨率和油气预测精度的挑战

岩性—地层油气藏主要分布在松辽盆地中浅层、渤海湾盆地、鄂尔多斯盆地、塔里木盆地、准噶尔盆地腹部、吐哈盆地、柴达木盆地西南、三湖盆地、四川盆地川东和川中,以及海外的中亚、亚太、非洲等地区,是储量增长的主战场。其主要问题是地表以丘陵山地、沙漠、巨厚黄土塬为主,低降速带厚;沉积相带复杂多变,储层非均质性强,横向变化大;有效储层单层厚度薄,低孔低渗,气水关系复杂[5~7]。目前的高分辨率地震勘探依然不能有效识别厚度小于3m的单砂层。石油物探技术面临进一步提高分辨率(东部地区地震主频再提高10~15Hz、西部地区主频再提高10Hz左右)、提高储层预测精度、岩性圈闭落实成功率提高20%、提高油气预测精度的技术挑战。

4.3 深层碳酸盐岩和火山岩面临准确成像、预测有效储层、定量刻画缝洞储层的挑战

碳酸盐岩和火山岩是下一步天然气勘探开发的主要领域。碳酸盐岩主要分布在塔里木盆地、四川盆地、鄂尔多斯盆地、渤海湾盆地、中国南方和海外中亚、亚太、中东等地区。其主要问题是储层埋藏深、时代老、非均质性强；有些地区的盐下构造使成像困难；储层控制因素复杂，缝洞储层发育，难以描述其空间展布；油气水关系复杂，烃类检测困难等[8]。石油物探技术面临储层预测精度达到15～30m，预测准确率达到80%、定量刻画碳酸盐岩缝洞储层、勘探开发成功率提高10%～20%的技术挑战。火山岩主要分布在松辽盆地深层、准噶尔盆地、渤海湾盆地等地区。其主要问题是储层埋藏深，构造形态复杂，对地震反射形成很强的散射和屏蔽，具有高速、高密度、低孔、低渗的特点，造成提高信噪比和分辨率困难，储层预测、烃类检测难度大[9]。面临的是深层地震资料信噪比再提高50%、储层预测精度达到15～30m、预测准确率达到80%、勘探开发成功率提高10%～20%的技术挑战。

4.4 老油区挖潜面临的物探技术挑战

老油区主要指渤海湾盆地、松辽盆地大庆长垣、准噶尔盆地西北缘和柴西南等地区，挖潜以油藏评价、寻找剩余油、老区新层系新目标挖潜、隐蔽圈闭识别为主。其主要问题是单层厚度薄、呈现砂泥薄互层结构；以河流相沉积为主，规模小，宽度仅300～600m；储层物性差，低孔低渗；断裂系统复杂、断裂小；深层地震资料信噪比低、分辨率低。目前的地震技术依然不能分辨横向展布小于几十米、纵向厚度小于3m的储层，不能为厚度薄、非均质性强的储层开发水平井、分支井设计提供可靠依据。面临的技术挑战有：预测东部厚1～3m、西部厚3～7m的岩性和构造—岩性圈闭，识别东部3～5m、西部5～10m的断层，建立油气藏三维模型，提高二次开发成效。

5 物探技术攻关方向

中国石油的勘探开发面临复杂山地、黄土塬、超低孔低渗储层、薄层等世界级难题，物探技术面临从油田勘探到开发各个环节的挑战[10]。为此，中国石油制定了以下物探技术发展蓝图（图8），沿着二维描述、三维描述、三维可视化、四维检测、全面解决方案的技术发展路线：(1)在勘探阶段，发展以重磁电、复杂地表采集、叠前深度偏移处理、叠前储集层预测和圈闭评价为主的地震勘探技术；(2)在评价阶段，以地震勘探技术为基础，发展以高精度三维地震、叠前地震属性描述、流体识别、定性/半定量圈闭评价和油藏静态建模为主的物探评价技术；(3)在开发阶段，发展以数字地震、高密度地震、多波、井筒地震、四维地震、流体识别、储集层改造动态检测、油藏动态建模为主的油藏地球物理技术；(4)在二次开发和提高采收率阶段，地震、测井、钻井等工程技术一体化，开展滚动评价，提供勘探开发全面服务的一体化解决方案。为确保中国石油四大工程的顺利实施，要不断加强物探软件、硬件研发，坚持陆地和海洋共同发展。

中国石油确立了4个攻关总体目标：(1)挑战岩性—地层圈闭识别能力，地震主频再提高5～10Hz，薄储层预测精度东部达到1～3m，西部达到3～7m；(2)挑战复杂山地高效勘探，提高地震成像精度，构造落实精度达到100m，勘探周期缩短20%～40%；(3)挑战特殊储层识别预测能力，储层预测精度达到15～30m，准确率达80%以上，碳酸盐岩和火山岩勘探开发成功

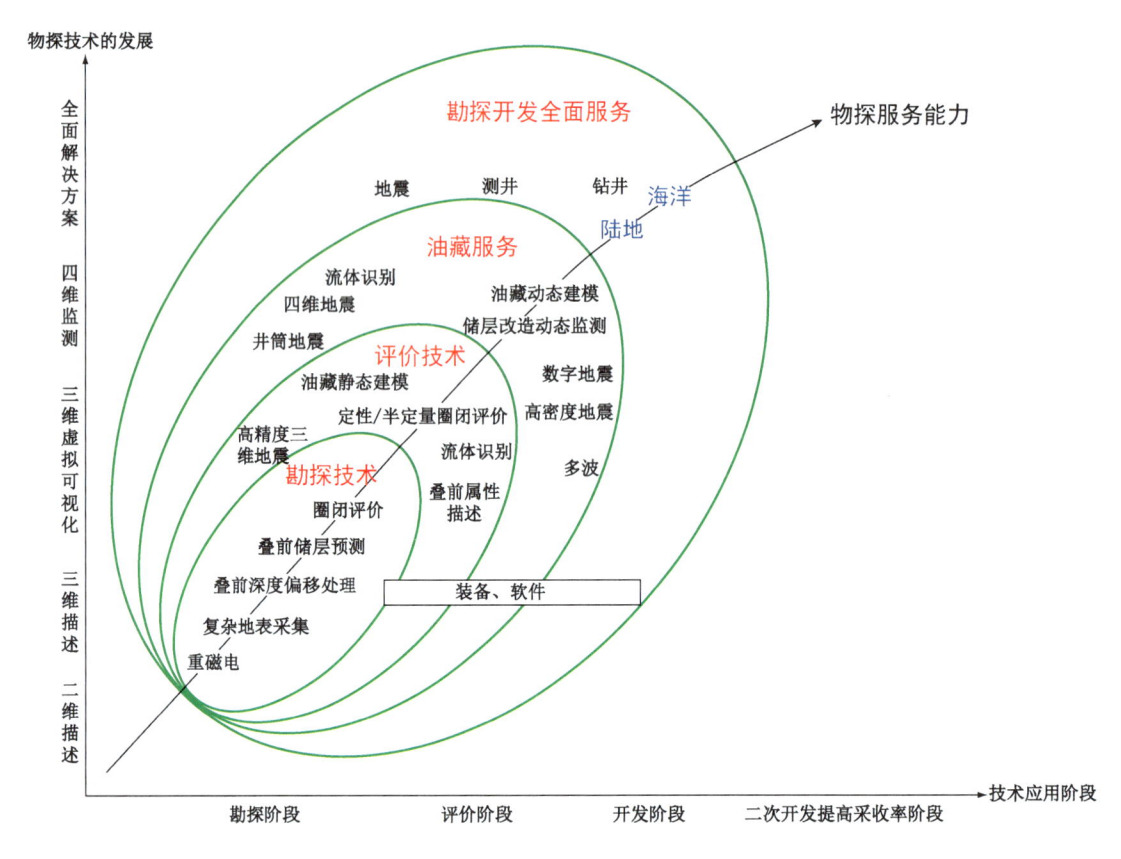

图 8　中国石油物探技术发展蓝图

率提高 10%~20%；(4)挑战老区精细勘探和二次开发技术，小断层、低幅度构造识别精度东部达 3~5m，西部达 5~10m；有效储层预测符合率在 80% 以上，含油气预测符合率在 70% 以上，具备剩余油识别、开发动态监测能力。

为此，中国石油确定了未来 3~5 年 2 个方面 21 项内容的物探技术攻关方向。一是物探核心装备与软件研制，主要包括：(1)超万道地震数据采集装备；(2)数字检波器；(3)高保真电磁地震可控震源；(4)陆上三维电磁系统研制；(5)深海勘探装备设计及研制；(6)地震采集工程设计与质量控制软件；(7)地震处理解释一体化软件；(8)储层预测和流体检测特色软件；(9)综合物化探采集处理解释软件。二是物探新方法新技术研究，主要内容包括：(1)岩石物理分析技术；(2)非均质储层地球物理响应特征模拟和表征分析技术；(3)复杂构造及非均质速度建模及成像新技术；(4)储层及流体地球物理识别技术；(5)高密度地震勘探技术；(6)多波多分量地震勘探技术；(7)时移地震技术；(8)井地联合勘探技术；(9)深海拖缆及 OBC 勘探技术；(10)海洋电磁勘探技术；(11)煤层气地球物理技术；(12)微地震监测技术。

通过持续不断发展，逐步实现物探技术应用和服务方式 5 个方面的延伸：(1)技术发展实现 6 个延伸，即从构造圈闭向岩性圈闭、从叠后向叠前、从时间域向深度域、从定性描述向定量描述、从储层预测向烃类检测、从事后向事前的延伸；(2)技术链从勘探向开发延伸，形成完整的物探技术链条，贯穿油田勘探的生命周期；(3)业务链向油藏、海域、软硬件、信息等多领域延伸；(4)服务方式由单一向一揽子延伸，发挥集团整体优势，甲乙方协作提供从勘探设计到储层描述、井位部署、上交储量的一揽子EPT服务;(5)服务市场从国内向海外延伸,从国内市场向国际知名油公司高端市场延伸。

6 结语

通过发挥中国石油整体优势,整合科技资源,加强新技术应用研究,加大技术集成配套力度,发展完善前陆冲断带、油气富集区、岩性—地层圈闭、碳酸盐岩及火成岩地球物理配套技术,形成特色的高密度地震、多波、时移地震、井筒地震等油藏地球物理配套技术,将油藏综合识别能力从10~15m提升到3~5m,使生产满足程度由目前的平均60%提高到70%,逐步解决油气田勘探开发中存在的瓶颈问题。

加大核心装备和软件系统研发,到"十二五"末,形成基于GeoEast平台、面向油藏的油气勘探开发综合软件系统;国产地震仪器技术和经济指标达到产业化标准;可控震源国内占有率达90%以上;掌握8~10缆船及收放系统设计技术,完成海洋拖缆等浮电缆的试制,掌握深海拖缆、深海OBC、海洋电磁勘探作业技术。

通过成熟技术推广、瓶颈技术攻关、前沿技术跟踪研究、软硬件系统的研发,必将更进一步提升中国石油物探技术核心竞争力,从而实现多做物探、少打井,总体勘探开发少投入、多产出,实现上游业务发展方式的转变,更好地为提高油气勘探开发效益服务。

参 考 文 献

[1] 赵邦六. 多分量地震勘探在岩性气藏勘探开发中的应用. 石油勘探与开发,2008,35(4):397-409,423.
[2] 刘振武,撒利明,董世泰,等. 中国石油高密度地震技术的实践与未来. 石油勘探与开发,2009,36(2):129-135.
[3] 刘振武,撒利明,张明,等. 多波地震技术在中国部分气田的应用和进展. 石油地球物理勘探,2008,43(6):668-672.
[4] 王喜双,董世泰,王梅生. 全数字地震勘探技术应用效果及展望. 中国石油勘探,2007,12(6):32-36.
[5] 朱如凯,赵霞,刘柳红,等. 四川盆地须家河组沉积体系与有利储集层分布. 石油勘探与开发,2009,36(1):46-55.
[6] 汪泽成,赵文智,李宗银,等. 基底断裂在四川盆地须家河组天然气成藏中的作用. 石油勘探与开发,2008,35(5):541-547.
[7] 李明瑞,窦伟坦,蔺宏斌,等. 鄂尔多斯盆地东部上古生界致密岩性气藏成藏模式. 石油勘探与开发,2009,36(1):56-61.
[8] 刘振武,撒利明,张研,等. 中国天然气勘探开发现状及物探技术需求. 天然气工业,2009,29(1):1-7.
[9] 杨辉,文百红,张研,等. 准噶尔盆地火山岩油气藏分布规律及区带目标优选——以陆东—五彩湾地区为例. 石油勘探与开发,2009,36(4):419-427.
[10] 冯连勇,牛燕,孙梅. 世界石油物探行业及技术发展趋势. 石油地球物理勘探,2005,40(1):119-122,125.

中国石油物探国际领先技术发展战略研究与思考[*]

刘振武　撒利明　张少华　董世泰　宋建军

摘要　物探业务是中国石油最早进入国际市场并在国际市场占有重要地位的工程技术服务业务。在物探技术全球化、国际化的大背景下,国际竞争日趋激烈。为增强物探技术创新能力和国际竞争力,提高解决复杂油气藏勘探和开发问题的能力,在中国石油科技管理部组织下,开展了中国石油物探国际领先技术发展战略研究。通过剖析物探技术发展的内外部环境,分析中国石油物探技术需求、技术现状、发展目标及差异化技术领先方向,研究提出了实施中国石油物探国际领先技术发展战略,以及实施国际领先技术发展战略的保障措施,预期到2020年,中国石油物探公司将成为具有较强国际竞争力的国际一流物探服务公司。

1　技术领先战略概述

在知识经济时代,技术水平决定着企业的命运。企业技术创新不仅引起了生产方式的改变,而且还创造出许多在原理、功能、效果上发生了质的飞跃的服务方式、劳动手段、装备软件和工艺流程[1]。

技术创新战略是企业在技术创新领域内带有全局性的重大谋划,具有长期性、层次性、风险性、依从性等特点。技术创新战略模式按技术竞争态势可分为技术领先战略和技术跟随战略。技术领先战略致力于开发新技术、新领域,是一种攻势战略。企业把全新的产品率先推入市场,目标是先入为主,力争在市场上一直保持领先地位[2,3]。技术领先战略可以在市场中占领制高点和主动权,对创新企业的要求很高,特别是需要高素质的创新要素和相对完善的创新机制作保障。引导消费是技术领先战略的根本所在,其目的是获取"先动者"利益,获得超额利润。技术跟随战略不急于开发新市场,而是广泛观察市场态势,在技术已被证明适应市场要求后,跟上或模仿,尤其致力于产品功能的改善,质量的提高和稳定[4,5]。

石油物探企业要满足油公司客户不断变化的需求,就需要提供新的技术产品价值,并以此创造出新的市场需求。要想在市场上具有技术独占权,对竞争对手形成技术壁垒,就必须实施技术领先战略,为企业带来持续的竞争优势。

2　问题的提出

我国油气资源潜力较大,但勘探开发的难度也逐步加大,要实现突破性进展,必须依赖工程技术的进步和创新,依赖创新理论和新技术、新方法的运用。物探技术是提高勘探开发效益

---

[*] 首次发表于《石油科技论坛》,2014,33(6)。

的核心技术。石油物探技术的每一次新突破、新进展，都带动一批新油气田的发现，并由此产生新的储量增长高峰。大力发展物探技术，用新的技术手段解决新的勘探难题，是石油公司效益增长的关键[6]。

中国石油物探通过持续技术创新、精细化管理，不断提升工程技术服务水平，较好地支撑了中国石油主营业务发展，提高了国际竞争能力，已成为中国石油工程技术国际化服务和精细化管理的领跑者[7]。但高新领域技术服务实力不足，制约了与国际同行在全球油气勘探业务及技术服务市场的竞争，同时，由于不得不跟随使用竞争对手的技术，如装备技术、高密度地震技术等，既降低了服务利润，也削弱了在国际市场上的话语权。围绕建设具有较强国际竞争力的石油物探技术服务公司的战略目标，对石油物探技术发展提出了国际一流、技术领先的新要求。为此，必须以科学发展观为指导，坚定实施技术领先战略，使物探技术能够在某些领域具有差异化国际领先优势，以提升市场竞争力。

3 外部环境分析

3.1 世界石油天然气勘探开发现状及趋势

从全球能源消费的结构看，在较长一段时期，由于其他替代性能源的安全、成本等问题，油气仍将是最主要的能源。全球油气开采难度不断加大，但油公司对石油工业上游产业的发展前景仍保持乐观态度，全球油气勘探及开发投资自2009年以来连续出现两位数的增长，通过持续增加投资规模（图1），强化产能建设，不断加强油气勘探开发作业活动，促使包括物探服务在内的整个油田工程技术服务市场蓬勃发展。

现有剩余油可采储量不断降低、常规勘探开发区域越来越难以发现较大油藏，致密砂岩油气、煤层气、页岩气等非常规油气资源正成为当前及未来储量增长的主体。随着勘探技术的进步，未来勘探领域将逐渐向"两深"（深水海域、深部层系）和"两新"（极地等新区、非常规油气等新领域）拓展，其油气资源在能源结构中的地位越来越重要（图2）。

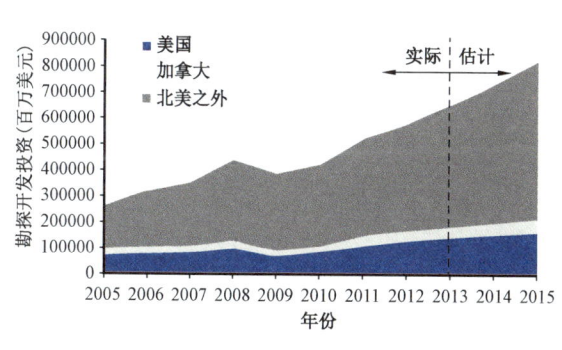

图1　E&P投资预测图（据Barclays） 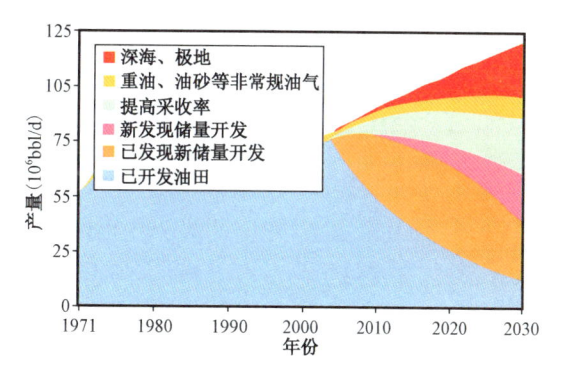　　图2　世界石油产量构成预测图（据IEA）

3.2 国际物探行业技术发展趋势

国际物探市场持续看好，主要物探公司连续两年收入呈两位数增长。近3年，CGG、BGP、PGS、TGS等16家物探公司（不含WGC）的销售收入平均增幅达15.2%（图3）。从业务板块

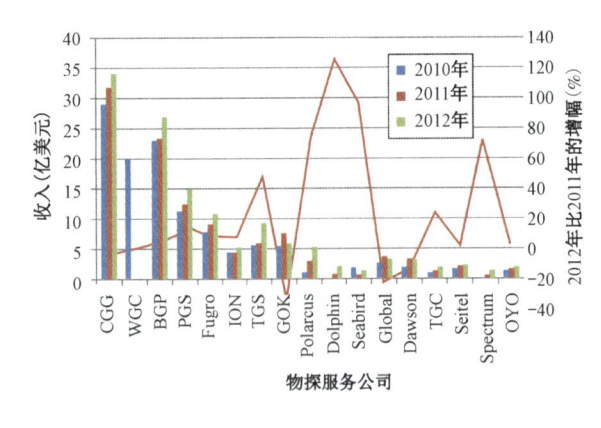

图 3　国际主要物探服务公司 2010—2012 年收入

来看,陆上业务的整体盈利空间逐步缩小,海上常规市场盈利水平略有好转,多用户业务高速发展,利润率较高,装备市场和数据处理、油藏描述市场长期保持稳定。物探行业的整体格局和物探技术发展呈现出一些新的趋势和特点。

一是油公司加大了对石油物探技术的研发力度和关注度,影响世界石油物探技术的发展方向,包括地震数据采集、地球物理成像、油藏及永久监控、无线地震数据采集装备等技术。

二是"两深"和"两新"勘探领域和勘探方向的不断发展变化,对物探提出了更高的技术和装备要求,指明了物探公司未来的努力方向,带动了物探作业进一步向这些领域延伸。

三是勘探思路由局部分析向整体研究转变,突出"大数据"管理和应用能力,综合利用钻井、地震、测井、地质等各种资料,开展自上而下的多层系、立体、连片研究。

四是传统物探作业市场竞争激烈,盈利空间不断收窄,多家物探公司转变发展思路,更加关注高技术含量、高收益的高端市场,如深海、浅水过渡带、海底电缆(OBC)和极地等其他复杂作业区域。

五是继续以资本运作加速发展,通过油藏与数据处理、装备和海上业务领域的并购,不断完善业务链,提升整体实力。

六是物探公司更加注重与油公司的技术战略合作,不断推出符合油公司需求的新技术,如CeoStreamer GS、拖缆电磁、SeisMovie、IsoMetrix 等重要的物探技术。

七是数据处理、解释和油藏一体化整合发展趋势更加明显,致力于提交一揽子技术服务。

八是物探装备呈现无线化、节点化发展趋势,通过减小仪器重量、节约野外成本,以满足油公司在不大幅增加勘探投资的情况下,开展宽方位、宽频带、高密度、大道数、高覆盖次数勘探的需求。

3.3　国际物探技术发展模式

3.3.1　国际主要物探服务公司技术发展

在地球物理服务市场,明显分化出两类公司:一类是以不断更新技术而领先并获利的大型服务公司,主要竞争高端海上市场,如 CGG 公司和 WesternGeco 公司;另一类是服务利润小、强调大批量生产赢得利润的企业,如 Baker Hughes、Geokinetics、Global、Dawson 等公司[8]。

服务公司的研发模式主要包括两个平台:一个是与生产紧密结合的科研中心,另一个是产业化软件研发中心(图4)。如 CGG 公司,采用科研与生产相结合的模式,在 5 个数据处

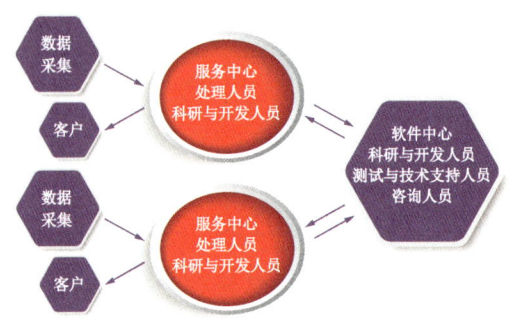

图 4　国际大型服务公司研发模式

理中心建立研发中心,共有200人从事科研和开发,另有约150人研发软件系统。研发中心和软件中心都开发新技术,但研发中心侧重于解决生产问题、推出新技术,软件中心侧重于软件产品的设计、开发、完善、组装,让科研人员在不同的中心轮岗,以保障研发体系完整。研发过程中,通过资本运营手段进一步提升技术实力和竞争力,收购Fugro公司的地球科学板块,增强海上作业实力、航空电磁业务能力等,使CGG成为一体化的地球科学公司。突出装备制造优势板块,以装备制造业务的利润贡献率远高于服务板块而拉动公司整体盈利水平。注重合作和共赢,CGG公司与Saudi Aramco公司签署协议,双方共同研发地球物理采集、处理、分析和解释技术。随着能源勘探的难度和风险加大,提出下一代地震技术发展方向——超精密地震(Ultra-precise seismic),包括BroadSeis宽频海上地震综合服务方案、EmphaSeis陆上宽频地震技术、StagSeis新一代盐下地震采集与成像技术方案等。

大部分中小型服务公司做不到CGG公司或WesternGeco公司模式的科研布局,多采用少而精干的科研力量支持生产。Geokinetics公司的商业模式是强调低成本、大批量的生产方式。该公司用5个科研人员和每年100万美元的科研经费投入支持公司自己软件系统的升级和维护。

3.3.2 国际油公司技术发展模式

油公司对那些提高生产效率、价值有重大影响的未来技术十分敏感,其投入远远大于服务公司,加大力度研发、宣传自己旗帜性的新技术。

国际油公司以建立优秀的人才队伍为首要任务。如Shell公司和Chevron公司都采取"明星战术",重用4~5个高端地球物理技术专家,由他们确定发展方向、领导核心技术的研发。科研布局解决两个问题:(1)生产中实际问题,提升市场竞争优势;(2)前沿性科研,研发未来关键性技术。两个目标具有同等重要地位。过于强调生产应用,将会在未来的竞争市场中失去优势;过于强调前沿技术研发,其科研将脱离生产,科研部门有可能变成独立的学术组织。

不同油公司地球物理科研的重点不同,如Shell公司地球物理技术发展的目标是为石油和天然气勘探提供技术支撑。研发的重点领域包括:(1)复杂困难环境勘探,如超深水、极地、高温高压;(2)地球物理成像,数据解释和建模;(3)钻井和完井技术过程中的地球物理技术;(4)传感器、自动化、信息提取、大数据处理;(5)提高原油采收率、生产自动化和可靠性等。Saudi Aramco公司则重点关注油气藏分布的研究、地下岩石和流体的研究,开发和应用相应的技术以开采更多可获利的石油和天然气,重点发展多次波衰减、近地表处理、深度成像、储层物性预测、被动地震等相关的地球物理技术。

4 中国石油油气业务物探技术需求

中国未来20年能源需求结构中油气比例不断增长,对油气供给能力提出了更高的要求,为保障国家能源安全,中国石油坚持强化"资源、市场、国际化"战略,大力发展油气核心业务,提升油气供给能力,预测油气产量当量逐年攀升。

4.1 国内油气业务物探技术需求

中国剩余油气资源集中在岩性地层油气藏、成熟盆地精细勘探、前陆盆地、叠合盆地中下组合、海域等领域,这些领域中的低渗透、深层、非常规资源成为未来勘探开发重点。油气资源的增长大体来自3个方面:一是随着认识的深化和勘探技术的进步,现有领域的范围、类型进一步增加,如西部的山前冲断带、东部的富油气凹陷的岩性油气藏;二是随着新理论、新技术的发展,目前尚未认识到的新盆地、新领域的资源增加,如青藏地区的资源、鄂尔多斯盆地中下次生气藏的资源、南方等地区海相碳酸盐岩地层中的资源、海域油气资源等;三是非常规资源的勘探开发,促进资源的增长,包括煤层气、页岩气、油砂矿、油页岩、天然气水合物、水溶气等[9]。

未来油气勘探面临"地表复杂、领域多样、深度增加、品位降低、成本上升"5个挑战,技术需求以提高精度和可靠性为主(表1)。

表1 中国油气勘探主要领域物探技术需求

领域	挑战	生产需求	物探技术需求
复杂高陡构造	(1)地表高差大、低降速带变化大。 (2)盐下构造、逆推构造、走滑大断裂使波场复杂	(1)提高成像精度,构造误差小于1.5%。 (2)提高储层预测精度,钻探成功率提高20%	(1)高密度高覆盖地震采集技术。 (2)高分辨率处理技术。 (3)起伏地表叠前深度偏移技术。 (4)深度域解释+变速成图建模技术。 (5)重磁电综合物化探技术
低渗透岩性地层	(1)相带复杂、储层非均质性强。 (2)目标隐蔽、尺度小、低孔低渗。 (3)气水关系复杂	(1)主频提高10~15Hz,预测东部厚度1~3m、西部3~7m的薄层,识别3~5m断层。 (2)岩性圈闭落实成功率提高20%	(1)高密度宽方位地震采集技术。 (2)精细近地表速度建模技术。 (3)保真去噪和精细静校正技术。 (4)方位处理技术。 (5)叠前综合"甜点"预测技术。 (6)复电阻率储层预测技术
深层	(1)埋藏深、波场复杂。 (2)非均质性强、储层识别困难。 (3)油气水关系复杂	(1)构造落实精度误差小于2%。 (2)储层预测精度达到15~30m,准确率达80%	(1)宽频、超长排列地震采集技术。 (2)折射波+回转波反演近地表速度建模技术。 (3)弱信号补偿技术。 (4)重磁优化+RTM+FWI成像技术。 (5)区域构造变形特征、盐相关构造建模技术。 (6)非均质储层定量化雕刻、流体定量化预测和成藏系统量化解释技术。 (7)电磁+地震叠前反演预测技术
深海	(1)勘探程度低、物探数据不足。 (2)井资料少、岩性解释难、烃类检测难。 (3)钻井成本高、勘探风险大	(1)构造落实精度达到95%以上。 (2)烃类检测符合率达到80%以上	(1)多层拖缆和洋底接收技术、宽频激发技术。 (2)FWI+RTM成像技术。 (3)无井情况下的储层预测和烃类检测技术。 (4)海洋可控源电磁高精度油气识别技术
非常规油气	(1)非均质性强、低孔低渗、油气藏关系复杂、烃类检测困难。 (2)"甜点"预测、地应力预测难度大	(1)预测孔隙度小于5%的储层,有效储层和烃类检测符合率提高20%。 (2)预测微裂缝发育带、TOC、岩石脆性等	(1)岩石地球物理分析技术。 (2)OVT域处理技术。 (3)微地震裂缝检测技术。 (4)"甜点"预测技术。 (5)电磁油气饱和度预测技术

4.2 海外油气业务物探技术需求

海外油气勘探开发制约因素多、节奏快,面临的对象复杂,强化国内成熟技术在海外的有效应用是核心。中亚地区主要对象是盐下碳酸盐岩(滨里海、阿姆河)和碎屑岩,石油物探技术需求是盐下、盐间速度变化大情况下的碳酸盐岩成像,碎屑岩低幅度构造圈闭、岩性圈闭、复杂潜山圈闭识别和储层预测；非洲地区主要对象是北非古生界克拉通、中西非中新生界裂谷、红海新生界裂谷和西非中生界陆缘，物探技术需求是复杂构造成像、构造及构造岩性圈闭识别和储层预测；南美地区主要对象是前陆盆地和被动陆缘盆地，物探技术需求是低幅度和岩性圈闭识别、复杂断层识别、复杂油水关系识别；中东地区主要对象是大规模背斜构造、石灰岩、山前褶皱带，物探技术需求是山前构造成像和碳酸盐岩储层预测；亚太地区主要对象是碳酸盐岩和碎屑岩，物探技术需求是准确构造成像，对目标区进行储层预测。

5 中国石油物探技术现状及发展目标

5.1 物探技术现状

中国石油物探技术发展采取"一个整体，两个层次"的研发体系，核心研发层由中国石油总部层面管理，负责前瞻性、整体性研究工作，以"战略导向"和"市场导向"，关注长远发展，集中有限资金解决"瓶颈"技术难题，以创造和保持竞争优势；地区层面的研发力量，以"问题导向""生产导向"，解决实际生产中的技术问题和个性化需求，发挥生产应用测试与问题反馈作用，实现技术研发与应用的良性循环，增强现场解决问题的能力，促进新技术、新产品加快完善升级。通过持续技术创新，形成了 5 项核心装备，9 项软件及 13 项配套技术（表 2），解决重点领域地质难题的能力显著提升，有效支撑了油气勘探开发工程。物探技术创新能力进一步增强，具备了跨越式发展基础。

表 2　中国石油物探技术现状、发展趋势、差距分析

领域	物探技术现状	发展趋势	差距分析
装备	ES109 万道地震仪器 G3i 十万道地震仪器 HAWK 节点地震仪器 KZ 低频大吨位可控震源 ML21 数字检波器	（1）宽频激发接收。 （2）便携化、智能化、无缆化。 （3）百万道采集仪器	（1）可控震源处于领先地位，有线地震仪器水平同步，无线仪器、数字检波器有差距。 （2）产品稳定性及与采集处理技术的结合有待加强。 （3）超高密度地震仪器技术储备不足。 （4）不具备海洋电磁装备
软件	GeoEast 地震数据处理解释一体化系统 GeoEast - Lightning 叠前深度偏移软件 GeoEast - MC 多波数据处理软件 GeoMountain 山地地震勘探软件 GeoFrac 地震综合裂缝预测软件 GeoEasl - RE 油藏地球物理综合评价 地震采集工程软件系统 KLSeis GeoSeis QC 地震野外采集质量监控软件 GeoEast - GME 重磁电综合处理解释软件	（1）扩展性强、协同工作的采集处理解释一体化软件。 （2）海量数据处理解释。 （3）向开发延伸的油藏描述软件系统。 （4）全弹性波动方程成像。 （5）全波形反演。 （6）地震数据与其他数据综合解释技术。 （7）自动地震搜索引擎技术	（1）陆上地震勘探软件与国际同步，山地特色技术明显。 （2）三维速度建模、弹性波偏移、全波形反演功能不成熟。 （3）软件在数据管理、协同工作、开放平台等方面存在差距。 （4）海洋资料处理软件系统需完善

续表

领域	物探技术现状	发展趋势	差距分析
配套技术	复杂山地地震配套技术 沙漠区地震配套技术 黄土塬地震配套技术 浅海过渡带地震配套技术 海洋地震勘探配套技术 陆上油气富集区地震配套技术 复杂油藏地球物理配套技术 综合物化探配套技术 高密度宽方位地震勘探技术 时移地震勘探技术 多波地震勘探技术 非常规油气地震勘探技术 压裂微震监测技术 复杂山地地震配套技术	(1) 超高密度地震勘探技术。 (2) 非常规油气地震勘探技术。 (3) 海洋地震及电磁勘探技术。 (4) 油藏地球物理勘探技术。 (5) 浅水、陆上、深层CSEM 技术。 (6) 三维井眼地震技术	(1) 陆地高密度静校正、去噪有特色优势,三维速度建模、全波形反演技术存在差距。 (2) 不具备宽频勘探等海洋高端技术。 (3) 油藏地球物理、非常规油气地震勘探技术存在差距

5.2 未来物探技术发展预测

国际物探行业具有对油气价格敏感、行业需求不稳定、资本密集、技术密集、风险性随竞争能力下降而急剧加大的特点。国际各大物探公司为保持在国际市场上的领先地位,纷纷通过并购、重组进行市场、资源的争夺和划分,以取得更大的竞争能力,避免行业内的恶性竞争,实施行业利润保护。随着油气勘探开发领域不断延伸和技术需求不断提高,未来物探技术发展的总体趋势是高密度三维采集、大数据处理解释及重磁电震综合研究,包括百万道地震数据采集系统,超高密度数据采集与处理,波动方程研究,全波形反演,浅水、陆上、深层 CSEM,三维井眼地震,地震数据与其他数据综合解释,开发自动地震搜索引擎等技术[10]。

5.3 差距分析

中国石油的物探技术在部分领域仍与国际先进水平存在一定差距。装备方面拥有 10 万道带道能力的地震仪器、1.5～120Hz 带宽的可控震源、噪声水平 50ng 的数字检波器,但海洋勘探设备全部依赖进口;软件方面具备海陆采集处理和解释一体化功能,满足常规高密度数据处理解释、叠前深度偏移成像、多波与 VSP 数据处理要求,但三维速度建模、全波形反演等新功能模块欠缺;常规陆上地震勘探技术成熟,特色的复杂山地地震勘探技术先进,海洋、非常规等勘探技术尚处于起步阶段(表 2)。

5.4 发展目标

中国石油物探的经营范围、业务结构及社会责任与国外公司均有较大区别,业务发展战略和技术发展战略也有所不同。未来 10～20 年,物探技术发展的总体目标是坚持"数字化"技术创新方向,提升"大数据"管理能力,迎接"大数据"时代;超前研究下一代物探技术、软件和装备产品,实施差异化技术领先战略;推广应用自主知识产权软件和装备,提升装备和软件产品的行业竞争力;强化装备、方法、软件技术集成一体化发展,努力提升一体化特色技术能力[11],具体包括如下5方面。

5.4.1 解决复杂问题的能力持续提升

提高常规油气勘探的精度,继续保持陆上业务优势地位。使分辨率小于5m,目标层预测精度误差达到1%;使复杂山地构造深度误差小于1%,构造高点横向误差和断层横向误差小于50m;使非常规"甜点"储层预测精度达到75%以上,物性参数预测精度满足非常规勘探开发要求。

5.4.2 核心装备与软件达到国际先进水平

地震仪器在效率、质控和数据管理上达到技术领先,提升陆上超高密度采集能力;地震软件突出复杂区采集设计、静校正、去噪、叠前偏移、属性及反演等特色技术,保持物探软件整体先进、特色功能领先。

5.4.3 以前沿技术赢得高端市场

全波形反演、弹性波叠前偏移、地震导向钻井、微地震监测等前沿技术在业界实现工业化应用,占领技术制高点,引领产业进一步发展。

5.4.4 满足新业务发展需要

加强海洋地震资料处理技术研究,在海洋宽频地震数据采集和处理技术上有所突破。发展煤层气、页岩气、微震监测等技术和装备,形成适应中国地质特点、先进适用的技术系列,提升非常规物探业务的服务能力。

5.4.5 为油藏和钻井工程提供服务

针对油藏进行精细描述和动态监测,以高密度、多波、时移等特色技术为基础,形成油藏描述与开发管理一体化研究平台;针对钻井工程,形成地震、钻井、地质、岩石物理等多学科结合的成像与随钻建模技术,指导钻井工程,提高储层钻遇率。

6 中国石油物探领先技术发展战略

中国石油拥有3家物探公司(164支地震队)、4家科研院所和各油田的物探研究队伍。随着技术发展和装备能力的提升,服务能力和时效大幅度提升,以往耗时几个月的地震数据采集项目现在一个月就可以完成,在地震投资规模保持相对稳定的情况下,形式上存在一些地震队无工作量或工作量不饱和的局面。据不完全统计,全球地震队闲置率达到30%左右,国内大约为20%。随着成本不断上升、利润空间不断下降,在日益严峻的市场竞争面前,中国石油物探需从内部、外部两个市场要效益。为了持续推进中国石油物探"走出去"战略,提升找油找气能力,实现物探"由大到强",提升企业核心竞争力,优化业务结构,改变增长方式,提升可持续发展能力,必须实施国际领先技术发展战略。

6.1 技术领先可能性分析

技术领先既包括技术的先进性、有效性、经济性指标,也包括支撑业务发展的能力指标[12]。中国石油物探具有良好的发展基础,经过60多年的发展,特别是近10年的飞速发展,在装备制造、软件研发、配套技术集成和推广应用方面,整体上与国外的差距由10~15年缩短为3~5年,有些特色技术超过了国际研究水平。由于我国的工业基础与国外仍有差距,中国石油不可能在所有技术领域实现赶超和国际领先。笔者认为,在特色技术研究、复杂区配套技术应用等方面有能力实现差异化技术领先,并在装备和软件等领域迎头赶上。

未来 10~20 年,国际物探技术发展的热点是:(1)"两宽一高"地震采集技术;(2)高效可控震源技术;(3)海上拖缆技术;(4)高效率高精度处理技术;(5)一体化多学科解释技术;(6)多波技术;(7)多学科一体化油藏地球物理技术;(8)海洋重磁电技术;(9)非常规油气勘探技术;(10)地震与钻井结合技术等。将中国石油形成的 5 项装备、9 项软件和 13 项配套技术与国际同类技术进行对标分析,有 8 项技术已处于国际领先水平行列,按技术成熟度分析,可以达到 7 级;有 15 项技术已达到或接近国际先进水平行列,按技术成熟度分析,可以达到 6 级,具备达到国际领先水平的基础;有 6 项技术水平相对国际比较落后,是要加大投入、加大研究力度、科研攻关的努力方向(图 5)。

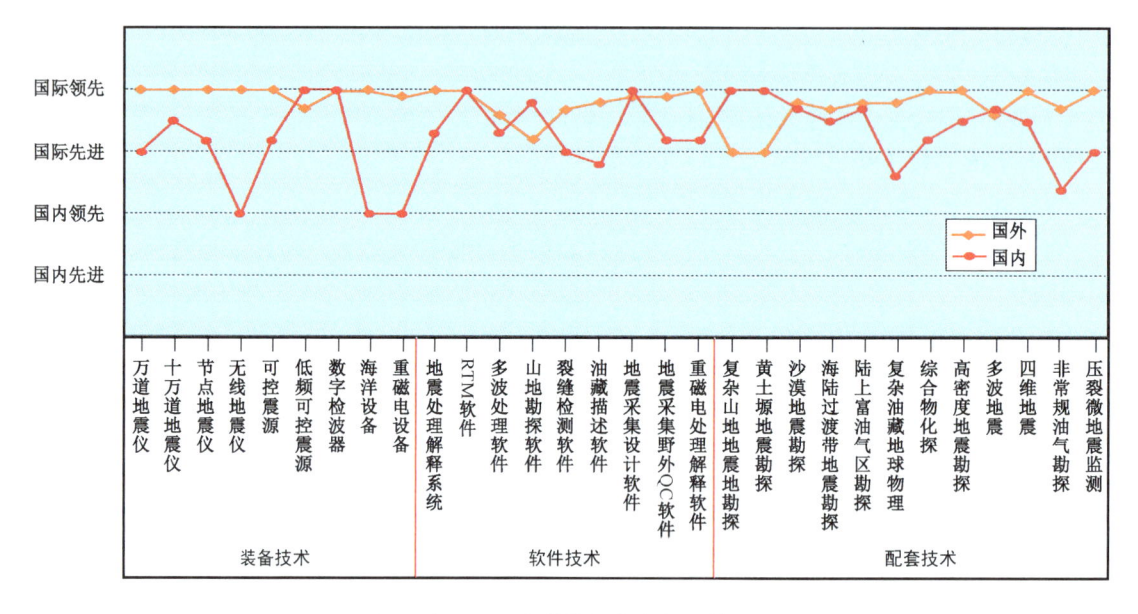

图 5 中国石油主体物探技术与国外对标

以上分析表明,中国石油物探具有差异化国际领先的基础,在陆上装备、陆上复杂地表地震采集、复杂地表地震勘探等方面,其技术水平、服务能力能够持续保持国际领先水平。在多波、油藏地球物理、非常规油气勘探及特色技术等方面,可以实现赶超并最终成为行业技术发展的引领者。

6.2 技术领先发展战略

6.2.1 发展方向

技术创新战略是着眼未来,进行现在行动方案的部署[12]。中国石油物探技术实施国际领先技术发展战略,就是要提升创新能力和管理水平。

从技术发展的维度分析,油气田的生命周期一般为 30~50 年,目前,中国石油物探技术的贡献主要在勘探阶段,开发、生产阶段与地质、油藏、钻井结合的物探技术是未来技术发展的方向之一;从油气资源类型的维度分析,油气藏类型从常规向非常规延伸,物探描述对象的地球物理参数发生了变化,并要求提供钻井、储层改造等工程参数,是未来物探技术发展的又一个方向;从勘探领域的维度分析,勘探目标从中浅层向深层、从陆上向海域、从简单地表向复杂地表转移,技术应用的复杂性不断增加,适应复杂环境的技术是未来技术发展的另一个方向;从公司运营的维度出发,大市场额的主体技术和解决特殊问题的高端技术需要平衡发展,行业生存之本的主体技术的改进和完善是未来技术发展的又一方向。

因此,中国石油物探发展的重点是,围绕建设"国际一流、技术领先"的中国石油物探战略目标,以保障中国石油"资源、市场、国际化"战略为己任,立足陆上、拓展海上、延伸油藏、强化装备,坚持数字化技术创新方向,提升"大数据"时代技术服务能力,超前研究下一代物探技术、软件和装备,提升国际市场话语权,提升行业竞争力,赢得国内和国际市场。

6.2.2 发展战略

为确保技术领先战略目标的实现,应实施以下5项核心战略。

(1)优势领域保持领先战略。打造陆上集成一体化技术,解决生产难题。发展完善陆上复杂区(山地、沙漠、黄土塬、滩浅海、城区)物探技术,打造基于大数据的"两宽一高"地震勘探关键技术,解决国内外油气勘探开发难题,提高上游业务保障能力。

(2)核心装备与软件赶超战略。打造物探技术利器,提高服务能力。自主研发具备百万道能力的、轻便、高效一体化全数字地震仪器及宽频可控震源。发展新一代开放式物探数据处理解释软件平台,提高国际市场竞争能力。在采集设计、逆时偏移、速度建模、多波处理等方面达到领先水平。

(3)多学科结合技术延伸战略。向油藏和钻井工程领域延伸,发挥物探技术在钻井工程及油气生产中的全生命周期作用,提高未来发展后劲和能力。

(4)前沿技术研发国际化战略。提高技术研发起点和效率。立足国内研发资源,适度扩大海外研究中心规模,不拘一格选人才,加强全波形反演、弹性波叠前偏移等超前技术储备研究和领军人才队伍建设,提高技术自主创新能力。

(5)跨越式技术研发商业战略。依靠市场机制快速获取技术,形成生产能力。借鉴国际油公司技术获取模式,加强高端技术的合作与并购,加强国际合作管理模式研究,加快海洋、非常规等油气关键技术获取与利用,提高技术研发进程和国际化管理能力。

6.3 预期可实现领先的技术预测

目前,中国石油物探有2项技术处于国际领先地位,包括复杂区地震勘探、地震采集工程设计(KLSeis);6项技术与国际保持同行,包括处理解释一体化(GeoEast)、叠前偏移成像、油藏地球物理、多波可控震源高效采集、微地震监测、陆上三维重磁电;6项技术处于追赶阶段,包括深海高端配套、非常规油气物探、全波形反演和速度建模、大数据处理、海洋电磁、装备方法软件一体化集成。

可以预期,通过5项核心战略的实施,海洋、非常规等油气勘探开发技术仍处于追赶状态,但可满足生产需求;海洋电磁、装备方法软件一体化、油藏地球物理、地震处理解释软件系统与国际先进技术保持同行;陆上集成一体化配套、地震采集装备、大数据处理、逆时偏移、全波形反演、地震多分量数据处理、微地震监测、弹性波成像等8项技术预期可跨入国际领先行列(图6)。

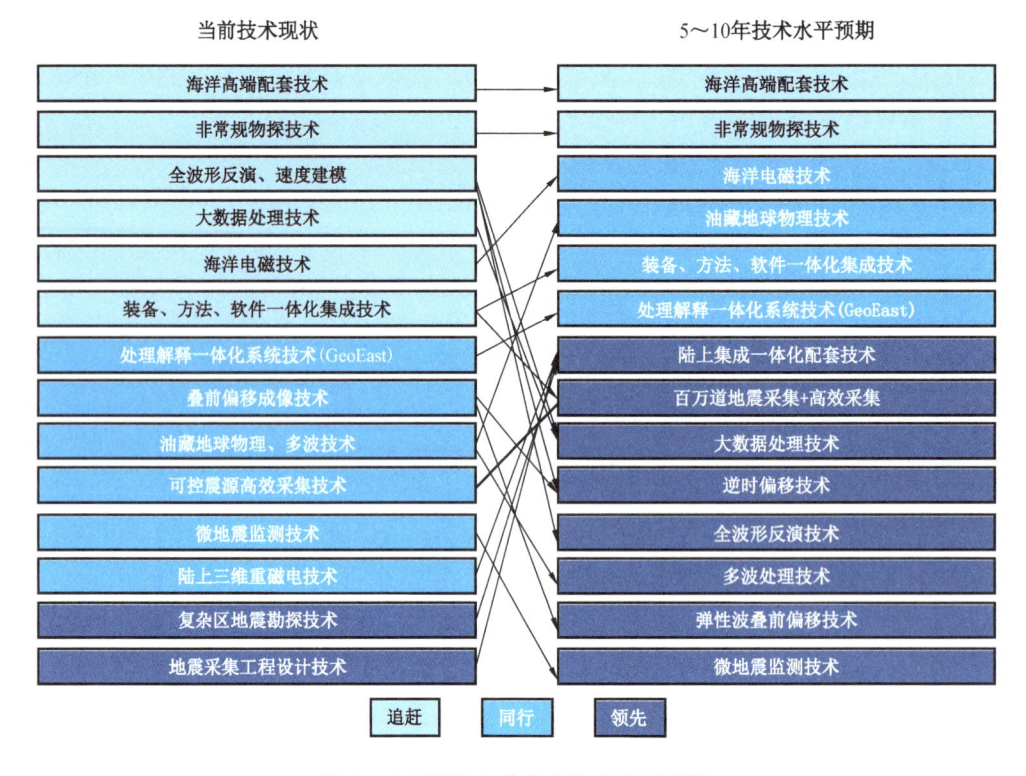

图 6　中国石油主体物探技术发展预期

6.4　领先技术发展路线

领先技术发展要走出技术研发的死亡谷,将技术开发与商业化纳入研发过程,研发设计时考虑市场化和后期持续发展,通过在市场上占有一定份额赢得研发投资回报,形成研发与生产互补的价值链。以技术成熟度反映技术研发状态和对项目预期目标的满足程度,以实现工业化推广应用作为技术研发是否成功、是否达到预期目标的考核标准。

8 项预期可实现领先的技术,到 2020 年,基本能够得到现场试验和验证,其中 4 项具备工业化推广应用条件(图 7)。

6.4.1　高性价比的陆上集成一体化配套技术

这是中国石油物探优势领域技术,在国内外生产中得到了规模化推广应用,技术成熟度可达到 9 级。通过进一步科技攻关,集成陆上装备、软件、方法,有望形成一体化品牌技术,提供高性价比技术服务,进一步提高竞争能力。

6.4.2　百万道地震数据采集系统

目前 G3i 采集系统带道能力已达到 10 万道,技术成熟度可达到 7 级。通过进一步科技攻关,集成有线、无线、节点于一体,系统带道能力有望达到 50 万道,进一步提高服务能力。

6.4.3　大数据处理技术

这是目前所有物探公司和石油公司面临的共同挑战。大家几乎是在同一个起跑线上,目前技术成熟度可达到 4 级。通过进一步科技攻关和现有处理软件推广应用,有望在短期领先于其他国际油公司。

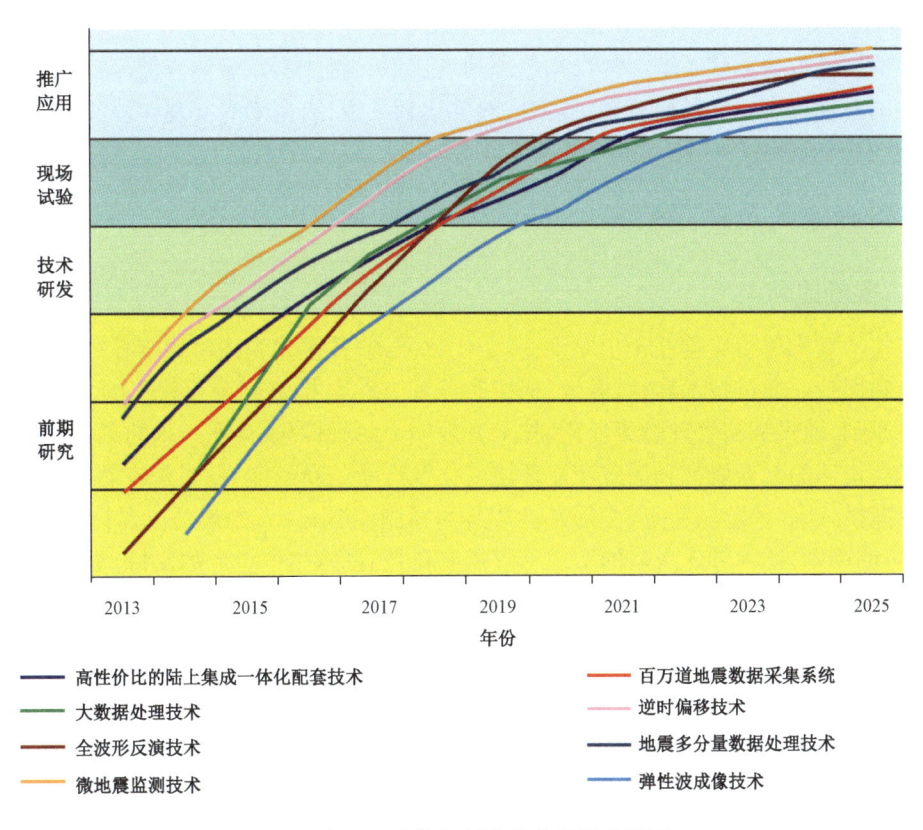

图 7　中国石油物探领先技术发展路线图

6.4.4　逆时偏移技术

"炒作"的时期已经过去,进入比实力、比效果和效率的生产时期。中国石油前期研究取得可喜成果,目前技术成熟度可达到 8 级。通过持续加大支持和推广应用,预期 5 年后这项技术能够真正带来经济收益的高峰。

6.4.5　全波形反演技术

目前油公司都看好这项技术,并加强内部研发。中国石油在弹性波反演等方面研究走在国际前列,目前技术成熟度达到 4 级。有望通过加强力量整合,加大投入,争取在未来 5~10 年取得该技术突破。

6.4.6　地震多分量数据处理技术

地震仪器革命化的进步,使得多分量数据采集的成本越来越低,多分量数据更普及。中国石油开展了大量多波采集处理攻关,并形成了处理软件,目前技术成熟度达到 5 级。该项技术有望通过整合研究团队,在 5~10 年后发展成为技术领先的常规处理技术。

6.4.7　微地震监测技术

这是目前非常规勘探领域主要的地球物理技术之一。北美地区在页岩气注水破裂过程中使用微地震监测技术的比例从 1% 急剧提升到 5% 左右,吸引多个物探公司参与市场竞争。中国石油前期研究已形成了较完备的微地震监测技术,技术成熟度达到 7 级,加大提高监测精度研究,有望在监测精度和服务能力上达到领先。

6.4.8 弹性波成像技术

全弹性波动方程偏移是解决复杂构造高角度成像、岩性成像、流体成像等复杂问题的高端技术。中国石油具有一定研究基础,技术成熟度达到 3 级,有望率先实现弹性波叠前偏移成像工业化,达到技术领先。

7 实施原则及保障措施

7.1 实施原则

实施技术领先战略应遵循 4 个原则:一是优化原则,技术领先战略的核心在于技术核心能力的培育和保持。通过技术培植、开发、保持和优化、整合,构筑起企业领先的技术竞争优势;二是柔性原则,通过战略管理的柔性化、技术开发能力的柔性化、生产技术的柔性化,保持企业持续、高效、快速的创新能力和适应产业环境变化及产业创新的能力;三是效益原则,技术领先战略有着高投入、高风险的特点,必须遵循效益的原则,获取最大的效益以保持企业的长远发展;四是协调原则,技术领先战略的实现不仅需要科技、勘探生产业务的支持,更需要企业战略管理系统对技术发展的洞察力和决策能力,通过协调发展、协同作用,从而共同提高企业的创新能力[12]。

7.2 保障措施

现代技术发展日新月异,技术开发的投入日益庞大,技术开发所依赖的资源日益复杂,技术开发的风险巨大。因此,在不同时期、不同条件下,企业技术领先战略应采用不同的实施模式,包括独立发展模式、动态联盟模式、合作发展模式,应根据不同项目的研究基础和自身条件,采取灵活的技术获取模式[13]。

在实施领先战略时,往往会受到发达国家先发优势的制约。那些先发企业由于资金雄厚,能够实施持续的技术创新和制度创新,很早抢断市场,参与制定技术标准,获得技术专利保护。中国石油要想参与国际竞争就必须接受这些既定的标准,大量的利润被别人摄取,甚至陷入发达国家"放水养鱼"的陷阱而一蹶不振,沦为先发企业的附属。应努力跳出先行者制定的规则的束缚,有针对性地在某些领域实施差异化领先型战略,开展原创性的技术创新,集中有限的资源把握好关键性核心技术的研究,实现以技术创新的先发优势培育未来的产业领先优势[14]。

技术领先战略的实施必须要有充足的人力、财力、物力资源;形成很好的吸引专业人才、激励创新、勇担风险的管理机制;具有面向长期成功的价值观和文化氛围,很强的自有知识产权保护意识和知识产权法律基础;具有学、研、产三位一体的研发体系,形成技术开发与商业化应用的价值链[15]。具体应有以下保障措施。

7.2.1 发挥公司整体优势,设立重大科技专项

集全公司之力,按"应用基础研究、技术攻关、现场试验、推广应用"的层次进行整体一体化设计,由不同研究单位和部门协作完成。

7.2.2 加强全球资源利用

加大国内外科技合作和资本运作力度,加强领军人才的引进和使用,提高研发效率和起点。适当扩大海外研发中心站点规模,与国内研究力量优势互补,协同发展,形成接收新技术、

升级维护和再创新的能力。

7.2.3 保障科技经费投入

加强专项科技经费预算的同时,不断研究、提高科技经费使用效率。保持科技投入强度达到年均 4% ~ 5%。加大对自主知识产权核心技术和关键装备研发,以及对引进技术消化吸收、再创新的科技投入。

7.2.4 推广自主创新技术应用

自主创新技术大多是生产目标导向的、具有较强的针对性的技术,加强自主创新技术应用,能够有效提高解决勘探开发地质问题的能力,是保持优势领域技术领先的关键。

7.2.5 建立国际一流的科技人才队伍

人才是领先技术战略实现的关键,国际油公司和服务公司都以建立优秀的人才队伍为首要任务。要用好国家"千人计划"和中国石油人才引进优惠政策,加强领军人才培养和引进,提高新技术新方法研发的起点。

7.2.6 运用技术研发市场化和资本运作模式

国际大公司获取技术的最有效途径是公司兼并与合资,不仅掌握了技术,而且获得了掌握关键技术的人才队伍。应作为未来特色技术和新技术获取的主要手段,探索运作和管理模式,形成市场化和资本运作的技术研发机制。

7.2.7 建立领先技术研发管理体系

与一般意义上的技术研发管理相比,领先技术研发管理更加强调研发的目标性、管理的系统性和成果的应用性,它将技术发展与企业战略相结合,专业管理与能力建设相结合,项目运作与市场需求相结合。应加强技术发展战略研究,从顶层进行动态管理和及时调整,降低研发风险,确保技术研发取得预期目标[15]。

8 结语

中国石油物探技术发展由"跟随者"向"领跑者"转变,是一个长期而艰巨的发展过程。领先技术发展将面临前所未有的巨大挑战,必须从物探业务乃至中国石油发展战略出发,加强研发管理与实施控制,才能确保顶层设计落地,实现技术发展目标。相信通过 5 项核心战略的推进,必将解决未来 10 ~ 20 年油气勘探开发物探技术面临的问题,形成中国石油物探差异化领先技术,有力支撑常规油气高效勘探开发和"低、深、海、非"领域油气勘探开发,使中国石油物探步入国际领先行列,为中国石油物探"国际一流、技术领先"目标的实现奠定坚实基础。

本文引用了"中国石油物探实施国际领先技术发展战略研究"课题的部分成果。该课题由中国石油科技管理部组织,中国石油总经理助理王铁军主导,中国石油集团东方地球物理勘探有限责任公司牵头,中国石油勘探开发研究院和中国石油经济技术研究院等单位联合完成。在此对以上单位领导及参与课题研究的相关人员表示感谢!

参 考 文 献

[1] 张继红. 论跟随型与领先型新产品开发战略. 企业技术开发,2005,24(9):54,79.
[2] 梅姝娥,程雁. 论跟随型与领先型新产品开发战略. Science & Tecnology and Economy,2009,22(5):32-35.

[3] 陈磊.竞争情报在企业确立产品创新战略中的作用.情报探索,2007(7):86-88.
[4] 盛世豪.领先战略确立行业主导地位:现代创新型企业的样板——聚光科技(杭州)有限公司.今日科技,2009(9):35-37.
[5] 高金德.现阶段我国企业技术创新与创新战略模式的选择问题.科技管理研究,2001(3):20-22.
[6] 赵殿栋.地球物理在油气勘探开发中的作用.北京:石油工业出版社,2009.
[7] 刘振武,撒利明,董世泰,等.中国石油天然气集团公司物探科技创新能力分析.石油地球物理勘探,2010,45(3):462-471.
[8] 刘振武,撒利明,董世泰,等.主要地球物理服务公司科技创新能力对标分析.石油地球物理勘探,2011,46(1):155-162.
[9] 刘振武,撒利明,董世泰,等.中国石油物探技术现状与发展方向.石油科技论坛,2009,28(3):21-29.
[10] 撒利明,董世泰,李向阳.中国石油物探新技术研究及展望.石油地球物理勘探,2012,47(6):1014-1023.
[11] 孙龙德,撒利明,董世泰.中国未来油气新领域与物探技术对策.石油地球物理勘探,2013,48(2):317-324.
[12] 刘虹,李焯章.论技术领先战略.技术经济,2004(11):5-7.
[13] 林加奇,胡建飞,刘新民.企业自主创新战略模式及其选择//追求科学持续地发展生产力:第十四届世界生产力大会论文集.北京:中国统计出版社,2007.
[14] 张耀辉,牛卫平,韩波勇.技术领先战略与技术创新价值.中国工业经济,2008(11):56-65.
[15] 李天池,董胜波,陈永凤,等.以技术领先为导向的战略研发管理.航天工业管理,2012(10):39-41.

地震导向水平井方法与应用*

刘振武　撒利明　杨　晓　彭　才

摘要　地震导向水平井方法指以地震技术为主,建立钻井、测井、开发等多专业软件平台,实现多专业数据驱动、融合,真正实现"物钻测一体化"服务,对水平井有效钻进轨迹实施实时导向。具体说,即在钻头钻进过程中,在多专业软件平台上应用录井数据、LWD数据与地震数据相结合,预测断层及岩性突变等地质异常,修正地质模型,动态调整钻头钻进轨迹,减少钻井风险,提高储层钻遇率。根据地震导向水平井在高陡复杂构造气藏及苏里格气田低渗透碎屑岩气藏的成功应用,形成了水平井导向技术流程和技术规范,充分展示地震技术在油气田开发中的应用前景。

1　引言

如今地震勘探技术的应用已经从油气田勘探、评价阶段向油气田开发阶段转变,力求寻找剩余油气分布,指导开发方案调整和提高采收率[1-9]。随着油气田开发需求的变化,需要大量实施水平井钻井[10]。以往常规水平井实施需要在目标区域先实施一口导眼井,待钻遇目标地质体后再进行侧钻,从而导致钻井成本加大和钻井周期加长。在现代技术条件下,为了有效地实施水平井钻进,必须充分应用和发挥地震技术横向高分辨率的特点,为水平井提供地震导向等全程跟踪服务,不仅可以缩短钻井周期,而且可以提高水平井的钻探成功率及单井产量、有效降低钻探风险。

目前水平井导向技术,急需要以地震技术为主的钻井、录井、测井等多个专业共同合作,及时共享数据,完成本专业的跟踪分析,再通过数据驱动,实现成果数据融合,指导水平井导向。以往人们通常说的多专业合作均是各专业独立运作,最后综合应用各专业的结论相互佐证、补充,笔者将这类综合称为物理综合模式。本文所说的多专业合作指在实施地震水平导向过程中以地震数据为主,实时、充分利用各专业最佳数据,进行数据驱动、融合,力求获得最佳的地震反演效果,跟踪水平井导向,笔者将这类综合称为化学融合模式。为了更好地在水平井钻进过程中发挥地震技术的作用,有必要建立一支相对稳定的研究团队,创建地震、地质、油藏、钻井导向一体化平台,逐步形成以地震技术为主的多学科、多专业融合的水平井导向技术流程和技术规范。

2　地震导向水平井实现思路

现今国外以斯伦贝谢公司为代表的地震导向技术主要围绕钻井安全和钻井轨迹优化展开,该技术十分强调实时动态优化钻井轨迹,即在钻头钻进过程中实时利用地震技术更新地质模型,如根据可能出现的油藏目标体高点位置、大小和形态提前优选钻井轨迹。此外围绕钻井

---

* 首次发表于《石油地球物理勘探》,2013,48(6)。

安全,开展了预防井喷、井漏及孔隙压力预测等研究。

从 2011 年开始,中国石油围绕地震导向水平井技术,发挥工程技术板块的整体资源优势,采用多学科协同工作,逐步形成了地震导向水平井技术。其主要实现思路是:以地震数据为中心将钻井、测井及开发等专业结合在一起协同工作,在钻头钻进过程中以地震资料为主导开展地震数据处理、解释和反演等跟踪处理、解释分析,再根据油藏目标体的深度、倾角、岩性变化情况及断裂位置等因素更新钻头前方的地质模型,实时调整钻头轨迹。该技术可以排除断层等各类地质异常对钻井工程的影响,减少钻井工程事故,提高储层钻遇率和单井产能。目前此项技术已在高陡复杂构造、碎屑岩砂体、页岩气等多类气田区成功实施,取得了重大进展,并形成了相应的技术流程和规范。

2.1 地震导向水平井技术的工作流程

地震导向水平井技术需要地震技术参与水平井实施过程中的地震构造解释、储层预测、目标优选、轨迹优化设计、钻井跟踪等多个环节。具体内容包括:(1)开展精细的层位标定预测解释,提供油藏建模所需的层位数据和水平井设计所需的地层深度数据;开展精细的储层预测,为油藏建模和水平井轨迹设计提供物性参数;开展储层含气性预测,优选地质靶点;采用多参数驱动的油藏建模,使油藏模型更加准确;基于油藏模型,结合地震预测成果,优选井位地震目标,对目标区域开展三维可视化雕刻,从而实现水平井井轨迹优化设计。(2)在实施地震导向前要将物探、钻井、测井等多专业数据融合在同一平台,多专业人员协同工作。(3)在随钻过程中要开展小层精细对比,利用随钻测井(LWD)的随钻测量数据、录井数据与地震预测的深度、岩性、物性参数进行对比分析,并利用随测数据,对地层深度、倾角、物性等变化进行实时跟踪分析,再根据分析结果不断进行动态层位解释、时深转换和储层预测,及时修正地质模型,对钻头钻进轨迹进行动态调整,确保获得最好的储层钻遇率。上述实现地震导向水平井的"物钻测一体化服务"的工作流程如图 1 所示。

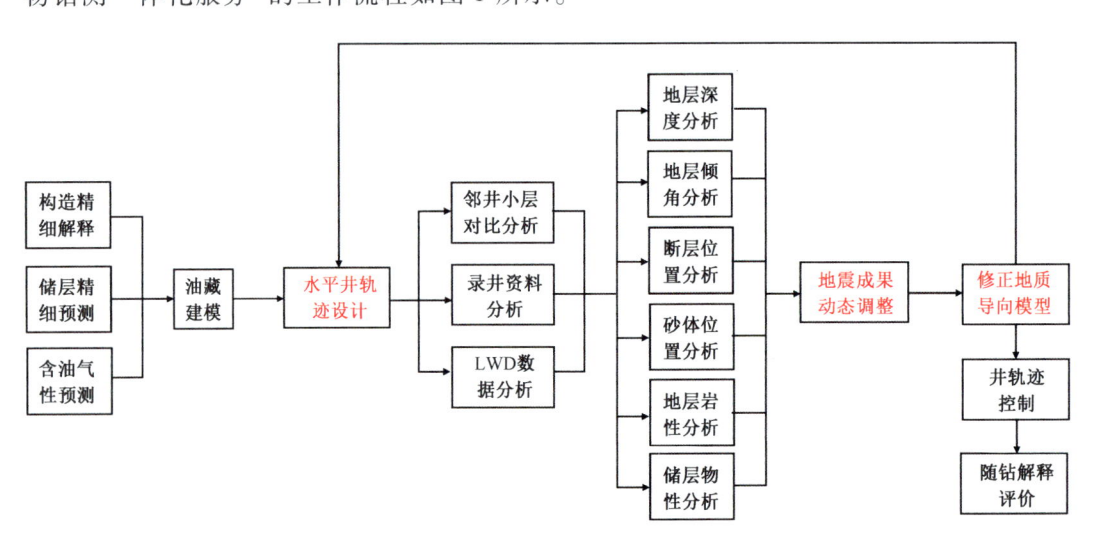

图 1 地震导向水平井技术工作流程

2.2 地震导向水平井主要技术

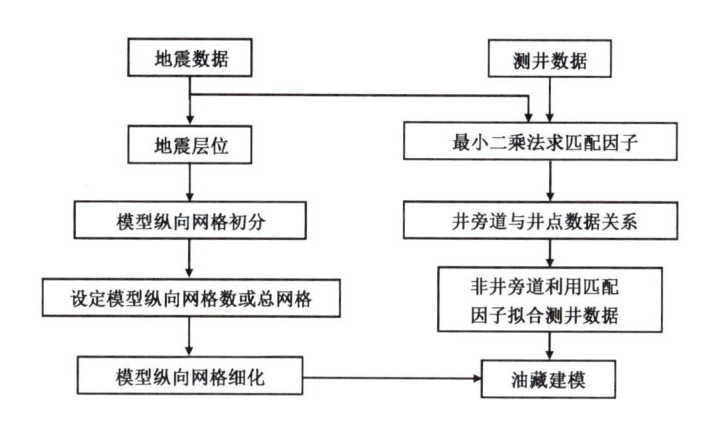

2.2.1 地震驱动的油藏建模

由地震驱动的油藏建模是实施地震导向水平井的基础,因此在应用地质、测井资料进行地震建模过程中,充分利用地震层位、地震预测的储层参数及优选的地震属性特征,并把储层各类物性参数在三维空间定量展现,再利用三维可视化建立一个准确的油藏地质模型,其主要流程如图2所示,主要内容涉及三维构造建模、三维地震属性建模、三维储层参数建模、三维可视化技术等。

图 2 地震驱动的油藏建模流程

2.2.2 水平井轨迹优化设计

在储层预测和油藏建模的基础上,选定砂体物性较好的目标,并根据地表和靶点具体情况初步设定入靶点、出靶点位置。在此基础上便可结合钻井工程,设计水平井钻进轨迹,同时利用地震预测的地层倾角和倾向,设计出轨迹最优穿过储层的轨迹数据(方位角、井斜角、井深等)。

2.2.3 地震导向水平井

在实际钻井过程中,地震导向水平井技术需要实时应用地质、物探、录井、测井、钻井等多学科技术。在进入水平段附近需要进行精细小层对比,明确储层横向和纵向分布特征,及时利用地震成果分析储层顶、底距离;在进入水平段后,要实时将地震预测的地层倾角、孔隙度、伽马等数据与随钻测井数据比较;当地层深度、倾角及油藏位置出现差异时,要进行动态时深转换;当物性参数出现差异时,要立即开展动态储层预测。也就是说,在钻头钻进过程中,通过上述步骤获得新的参数不断验证和修正油藏模型,并调整钻头钻进轨迹,确保得到最好的钻遇率。有关地震导向技术运作流程如图3所示。

2.2.4 随钻跟踪评价

利用随钻测井、录井资料,结合地震预测成果,在随钻测井现场解释储层物性、判别流体性质。再根据实时钻头钻进轨迹与测井结果,沿钻进轨迹进行井—地震的统计,以及地震多属性分析,预测目标层岩性变化及物性参数变化。

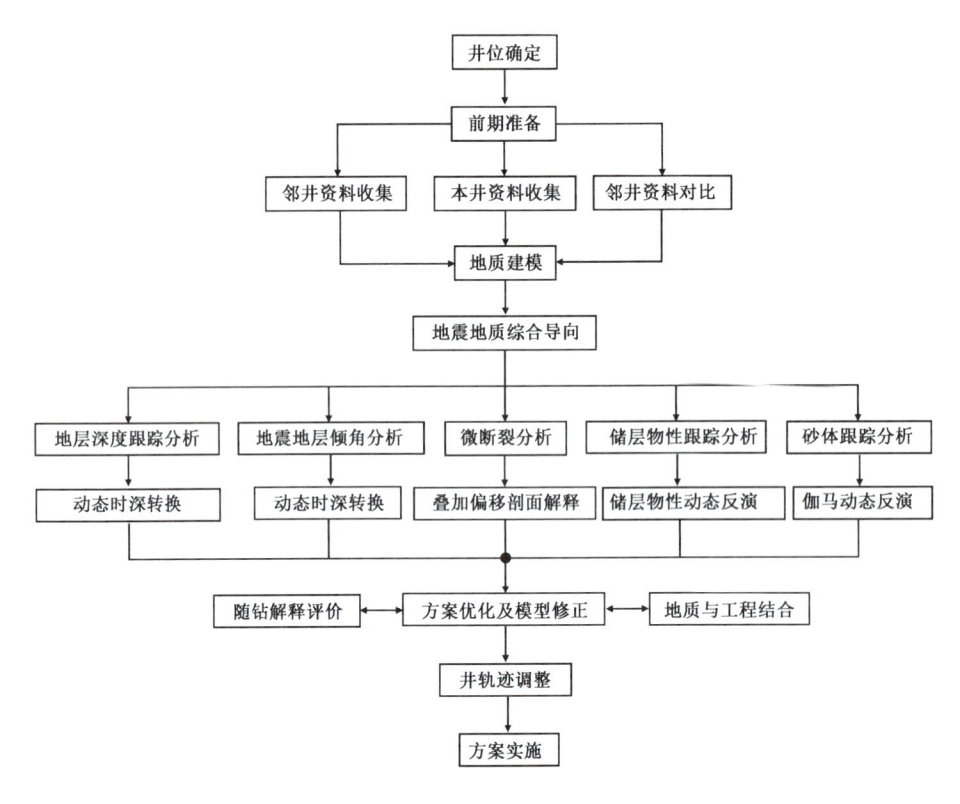

图 3　地震导向水平井技术流程

3　应用实例

3.1　川东高陡复杂构造

3.1.1　水平井地震导向

图 4 为川东七沙温构造石炭系碳酸盐岩气藏三维地震构造图,其顶部构造呈背斜隆起状,幅度较大,但主体构造较窄,两侧断层发育,地震资料品质相对较差,钻井风险较高。该区碳酸盐岩气藏储层主要分为高渗透区和低渗透区,低渗透区物性较差,储量动用率低,目前开发正向低渗透区扩展,为提高单井产量需要大量实施水平钻井。为此,必须依据三维地震资料厘清构造平面组合关系及层位关系,进行水平井轨迹设计。现以该区的 BJ – H3 井为例,图 5a 为水平井轨迹设计使用的地震剖面。由图可见,设计水平段位置地震反射同相轴特征稳定可靠,且振幅较强,因此设计水平段为 760m。沿水平段井轨迹方向,地层上倾,在出靶点附近有一条大断层,图 6a 为三维井轨迹显示。实钻中,在入靶点后 225m,钻遇一条新断层(图 5b),同时地层剧烈下倾(倾角 9°),与地震解释的地层上倾完全相反,说明地层产状与设计使用的地震成果出现较大差异,需要重新解释地震层位、落实断距大小,确定下一步钻井方案。

针对上述差异,对地震偏移剖面进行了重新处理、解释,但由于地下构造复杂,目标层构造主体较窄,重新偏移难以一次准确归位,因此经过多次重新处理与解释的紧密结合,不断修正速度场,最终获得了与实钻较吻合的偏移剖面(图 5b)。从重新处理剖面可以看出,当前钻头

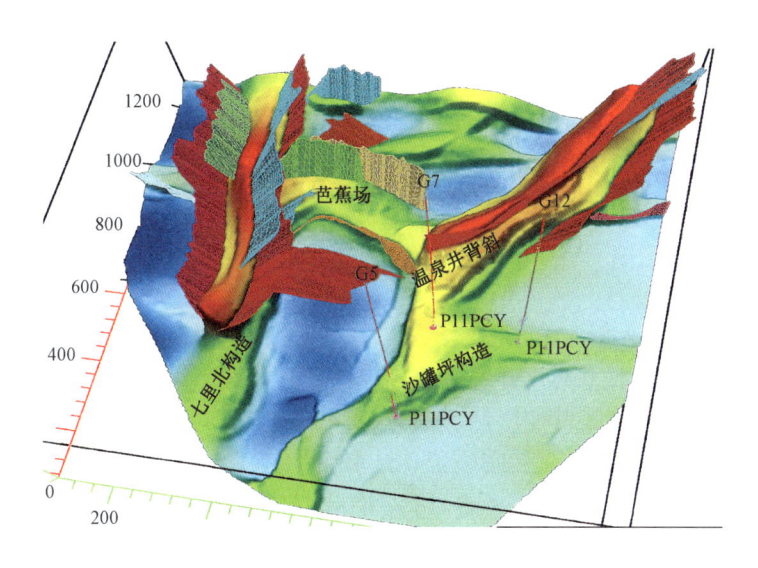

图4　川东七沙温构造三维地震解释成果

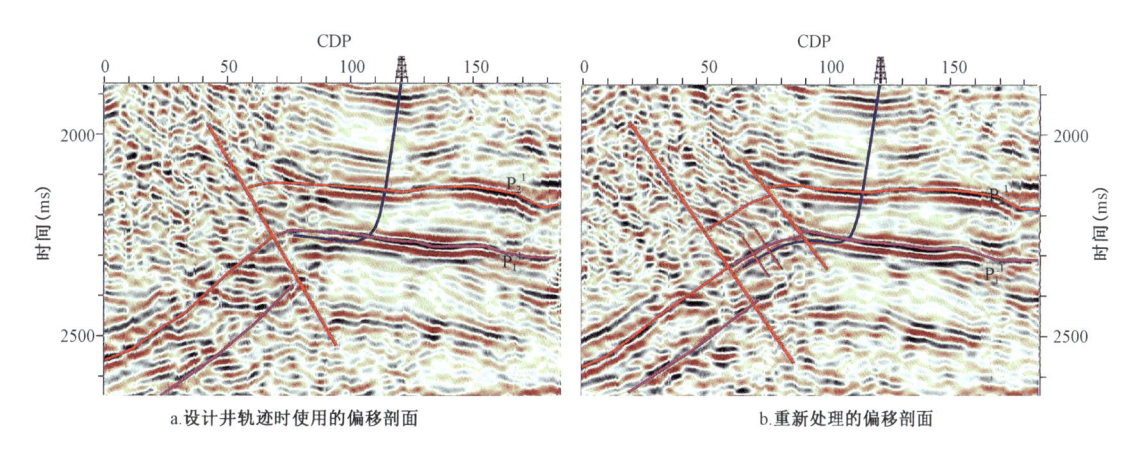

a.设计井轨迹时使用的偏移剖面　　　　　　　　　b.重新处理的偏移剖面

图5　水平井轨迹偏移剖面

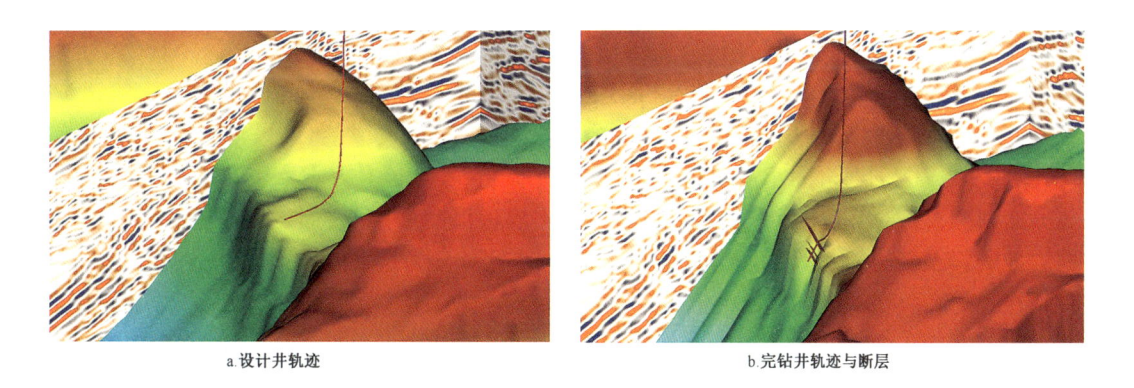

a.设计井轨迹　　　　　　　　　b.完钻井轨迹与断层

图6　三维显示设计轨迹和地震导向后轨迹

位置位于构造最高部位,而实际钻遇的断层断距较小,但断层下盘地层产状向下陡倾,在该断层下方,存在两条微小断层。由于目前钻头轨迹已经位于构造高点断层位置,难以调整轨迹沿着构造轴线钻进,因此建议向断层下盘钻进。在第三条断层后不远处又出现一条大断裂,其下盘为破碎带,因此建议在钻遇第三条小断层后 120m 位置停钻。根据上述地震分析结果,在地震导向下,调整钻井轨迹,钻遇新解释的 3 条断层(图 5b),其位置与重新预测成果吻合,钻遇第三条小断层后 113m 完钻。图 6 为设计井轨迹与实钻井轨迹的三维对比,实钻轨迹做了较大程度调整。

3.1.2 应用效果分析

利用地震导向水平井技术对该井钻进轨迹进行了较大程度调整,钻探取得了较好的效果。据测井解释结果统计,BJ – H3 井储层钻遇率为 82.4%,测试产量为 $121.5 \times 10^4 m^3/d$。自该水平井完井后的两年里,该气藏又先后实施了 6 口水平井,采用地震技术全程参与水平井的导向过程,对每口井的实钻轨迹都进行了调整,均获得了较好的效果。水平井单井平均测试产量由原来的 $43 \times 10^4 m^3/d$,提高到目前的 $62 \times 10^4 m^3/d$,储层钻遇率由原来的 45% 提高到目前的 61%。考虑钻井周期的缩短及侧钻井情况,平均每口井成本降低约 370 万元。通过以上地震导向水平井的实施,在该区已经逐步形成了比较有效的、在复杂构造水平井导向中的应用技术和流程,正逐步推广应用到其他地区。

3.2 苏里格低渗透碎屑岩气藏

3.2.1 水平井地震导向

苏里格气田为低压、低渗、低丰度砂岩岩性气藏,主力产气层为下二叠统山西组至石盒子组盒 8 段砂岩地层。气藏分布受构造影响不明显,主要受砂岩横向分布和储层物性变化控制。试井总产量低、压力下降快、单井控制储量较低、稳产能力较差,因此需要大量实施水平钻井。

由于苏里格气田盒 8 段砂岩横向上相互搭接,纵向上相互叠置,砂体非均质性强,实施地震导向水平井具有较大的难度。为此本文采用神经网络反演方法,即利用神经网络技术和多种统计公式,建立地震数据体属性(速度或波阻抗剖面)与自然伽马、孔隙度等之间的非线性关系,并用地震属性数据体作为输入,用神经网络实现地震属性到测井曲线之间的非线性映射,从而得到相应的拟测井反演剖面,如伽马反演剖面、孔隙度反演剖面。

以该区苏 5 – A – BH 井为例,首先利用上述拟测井反演剖面,优选目标靶点及优化钻头钻进轨迹。图 7a 为设计时使用的自然伽马剖面,水平段为低伽马砂岩区。图 8a 为设计钻井轨迹及孔隙度砂体雕刻。进入水平段前,经小层对比分析,发现该井入窗点的垂深比设计深度浅约 30m,因此对自然伽马剖面进行动态时深转换,校正深度后的自然伽马剖面如图 7b 所示。根据岩性资料及新自然伽马剖面分析,该段砂体横向稳定,确定水平段钻进的总体原则为:保持井斜在 89.5°~90°钻进,钻遇泥岩或含泥质砂岩时,可通过及时调整钻头轨迹避开泥岩。在钻头钻至深度 4201m 时,随测自然伽马值突然增大(图 9 中蓝色曲线),岩性发生突变,进入灰色泥岩层,继续钻进 20m 仍为泥岩层,需要应用地震技术重新预测钻头前方泥岩段的长度,以确定是否要停钻或者大角度调整钻头轨迹,因此需要开展动态自然伽马反演和孔隙度反演。图 7b 中黑色虚线框内为当前钻遇的高自然伽马位置,预计该高自然伽马值泥质砂岩水平长度约为80m。动态预测孔隙度如图8b所示,可看出钻头轨迹钻遇一段低孔区,此时砂体形态与早期砂体形态(图8a)发生了一定变化。综合分析认为,当前采用大角度横向调整钻井方向较难,预测前方泥岩层较短,对整个水平段储层钻遇率影响较小,建议井斜调整至90.5°向上钻进,调整钻井轨迹如图7b所示,钻至井深4290m进入含气砂岩,再缓慢下行趋于平缓后总体以钻进100m垂深下降0.5m控制轨迹,持续至设计水平段900m完钻。图8b为实际完井轨迹图,图9为最终导向模型图。

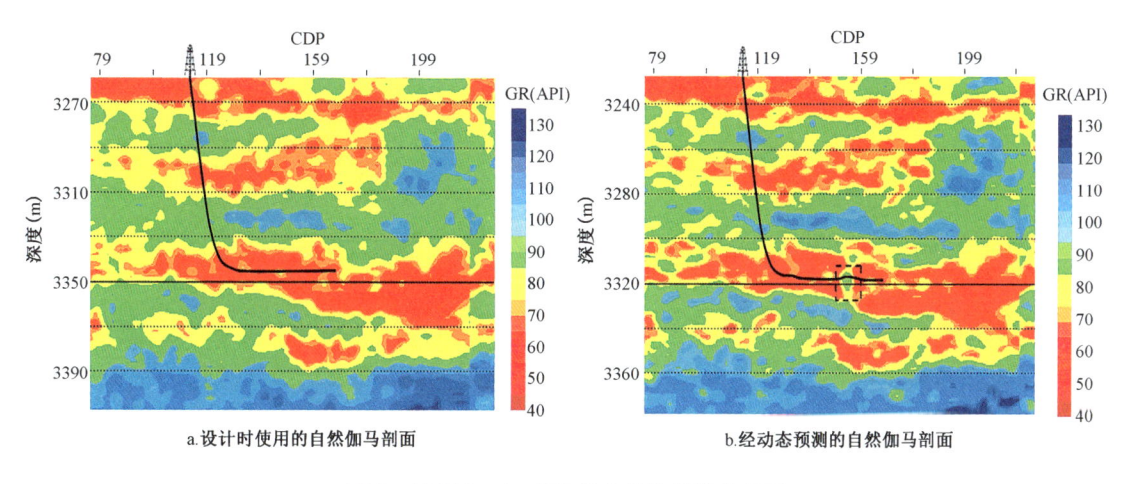

图7 过苏5-A-BH井自然伽马反演剖面

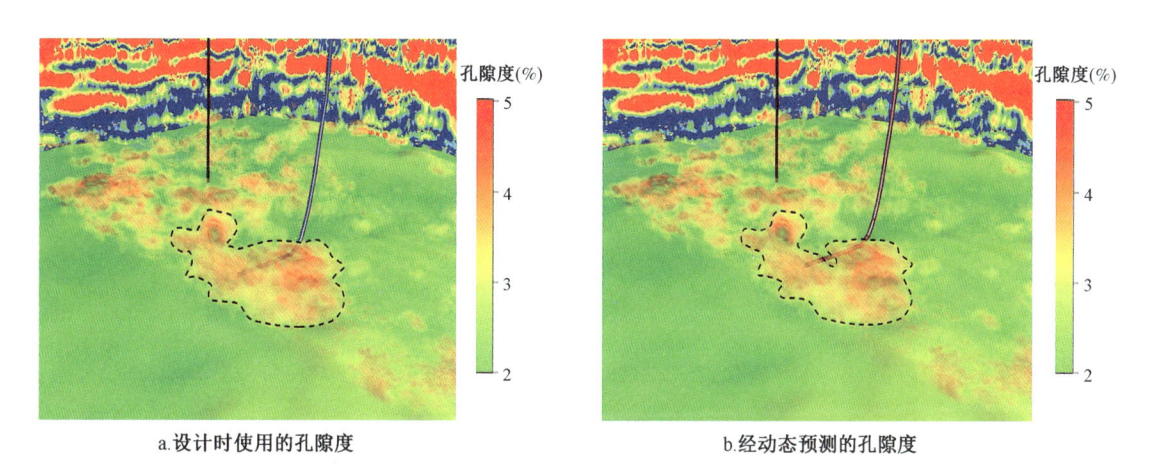

图8 过苏5-A-BH井孔隙度三维雕刻图

3.2.2 应用效果分析

针对该井碎屑岩砂体非均质性强的特点,地震导向水平井的主要关注点在于对地层岩性、砂体物性进行跟踪分析,通过分析小段泥岩的存在,对钻头轨迹进行实时调整,即可获得较好的效果。通过测井解释评价,苏5-A-BH井储层钻遇率达到77%,测试产量为$17.96 \times 10^4 m^3/d$。另据该区统计,广泛应用地震导向技术后,水平井储层钻遇率已经由原来的平均60%上升到目前的平均71%,水平井单井平均测试产量由原来的$10 \times 10^4 m^3/d$提高到目前的$12.4 \times 10^4 m^3/d$,若考虑钻井周期的缩短,平均每口井成本降低约120万元。以上事实表明,地震导向技术在碎屑岩水平井导向中的应用技术和流程,对其他类似地区也会有很好的借鉴作用。

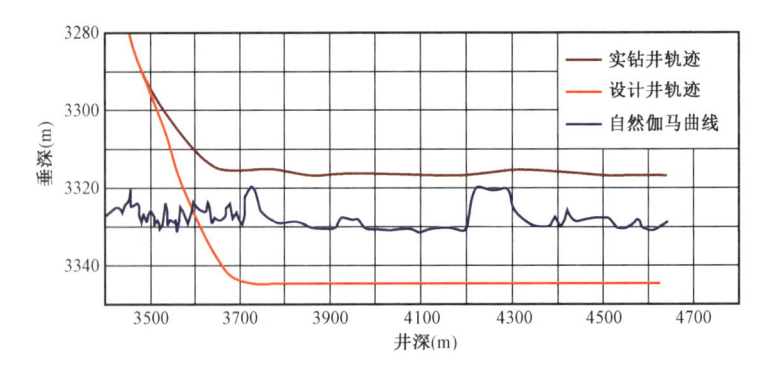

图9 苏5-A-BH井水平段地质导向跟踪对比图

4 结束语

根据上述地震导向水平井在高陡复杂构造气藏及苏里格气田低渗透碎屑岩气藏的成功应用,充分展示地震技术在油气田开发中的应用前景。以地震技术为中心构建"物钻测一体化"工作平台,实现多专业数据驱动、融合,可为钻头实时提供优化钻进轨迹,回避断层及岩性突变对钻井工程的影响,最大限度地提高储层的钻遇率和单井产能,缩短钻井周期,有效降低钻探风险和钻井成本。

参 考 文 献

[1] 刘振武,撒利明,张研,等.中国天然气勘探开发现状及物探技术需求.天然气工业,2009,29(1):1-7.
[2] 撒利明,董世泰,李向阳.中国石油物探新技术研究及展望.石油地球物理勘探,2012,47(6):1014-1024.
[3] 费怀义,徐明华,胡晓新.苏5、桃7区块井位优选技术探讨.天然气工业,2007,27(12):19-21.
[4] 杨晓,康昆,王雪梅.地震技术在苏5、桃7区块中的应用.天然气工业,2007,27(12):29-32.
[5] 史松群,石晓英,刘秋良.三维多波地震双反演储层预测技术在苏里格气田的应用.石油地球物理勘探,2012,47(4):317-324.
[6] 孙龙德,撒利明,董世泰.中国未来油气新领域与物探技术对策.石油地球物理勘探,2013,48(2):317-324.
[7] 刘振武,撒利明,张昕,等.中国石油开发地震技术应用现状和未来发展建议.石油学报,2009,30(5):711-718.
[8] 刘振武,撒利明,杨晓,等.页岩气勘探开发对地球物理技术的需求.石油地球物理勘探,2011,46(5):810-818.
[9] 赵金洲,唐志军.分支水平井钻井技术实践.石油钻采工艺,2002,22(4):22-25.
[10] 梁海龙,姜岩.薄互层反演技术在水平井设计中的应用.大庆石油地质与开发,2003,22(5):68-70.

非线性拟测井曲线反演在油藏监测中的应用及展望[*]

撒利明　杨午阳

摘要　地震反演技术广泛应用于储层预测及流体检测。本文结合时移测井数据,进一步将地震反演技术推广应用于油藏监测。首先给出了高精度波阻抗外推反演和 Seimpar 非线性拟测井曲线反演的原理与方法;然后以实际应用为例,利用三维地震数据和声波测井数据作为输入,反演得到高精度三维波阻抗数据体;再将三维波阻抗数据体和时移测井数据作为输入,应用 Seimpar 非线性拟测井曲线反演得到不同时期的拟自然电位和拟电阻率的三维数据体;进而利用该时移拟测井三维数据体,预测剩余油分布、实现油藏监测。应用结果表明,联合高精度波阻抗外推反演和 Seimpar 非线性拟测井曲线反演提供的二维、三维拟测井数据体,用于剩余油分布预测和油藏监测,识别出 2m 以上单层砂岩符合率达 80% 以上,依据这一成果部署了 32 口加密井,全部获得成功。

1　引言

地震反演技术不仅在储层预测与流体检测方面发挥重要作用,而且在油藏监测领域的作用也日益显现[1]。本文将地震与时移测井资料进行联合非线性反演,进而将其运用于油藏工程,开展油藏开采过程的动态监测,预测剩余油分布,优化油藏管理,提高采收率,取得了很好的应用效果。

地震反演采用高精度外推波阻抗反演方法,主要利用模型约束下的最佳优化外推算法完成,比传统的波阻抗反演方法具有更高的分辨率和反演精度[2,3]。时移测井非线性反演采用 Seimpar 非线性拟测井曲线反演方法,其要点是在上述高精度波阻抗反演结果的基础上,以时移测井数据为输入,将 Seimpar 非线性拟测井曲线反演方法应用于油藏开发初期、后期,以获得不同时期的拟自然电位和拟电阻率的三维数据体,进而分析对比两次反演结果,寻求含油饱和度的变化与地球物理参数间的关系,分析油藏油水运动变化规律,实现剩余油分布预测,为开发方案调整与优化提供依据。

2　关键技术及方法原理

2.1　高精度外推波阻抗反演

设地震子波为 $w(t)$,反射系数序列为 $r(t)$,则适合层状介质的地震记录 $s(t)$ 可以用褶积关系表示:

$$s(t) = r(t) * w(t) \tag{1}$$

---

[*]　首次发表于《石油地球物理勘探》,2017,52(2)。此次结集出版时,做了部分修订与补充。

设 Z 为波阻抗,则离散的褶积公式可写成[3]:

$$s_i = \sum_{j=0}^{m-1} \frac{Z_{i-j+1} - Z_{i-j}}{Z_{i-j+1} + Z_{i-j}} w_j \tag{2}$$

式中: $i = 1,2,3,\cdots,N$, N 为合成地震记录长度; $j = 0,2,3,\cdots,m$, m 为子波长度。

在三维地震数据的一个小面元当中,一般均假设地震道具有较好的相似性,地震波场特征的变化能反映地质体属性的变化(如构造、岩性、岩相变化等);且在一定的时窗内(一般为500ms)地震波场稳定,子波基本不变。据此即可进行高精度测井资料和地质层位联合约束下的三维波阻抗反演,其流程(图1)和主要步骤如下。

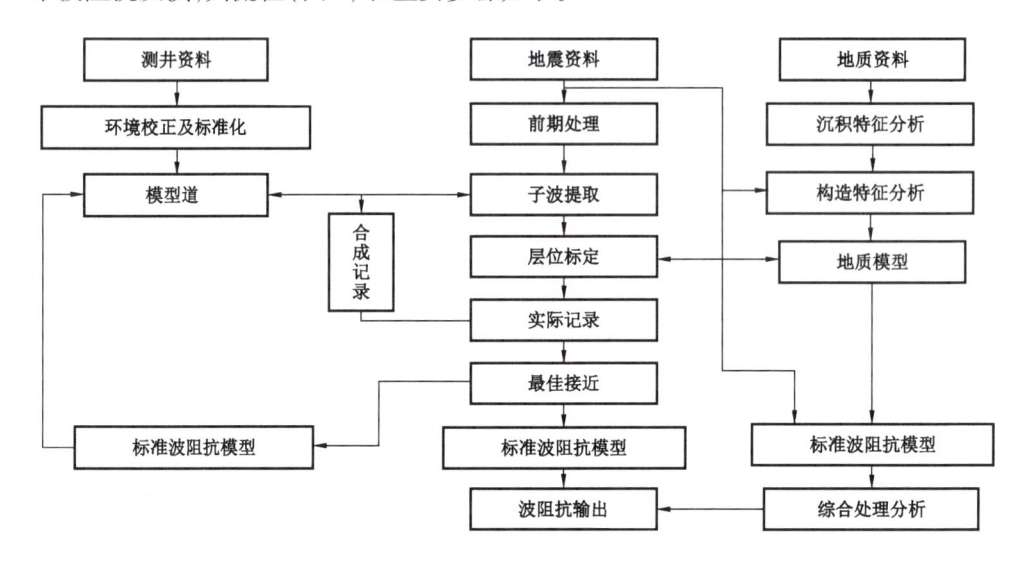

图1 高精度外推波阻抗反演流程图

2.1.1 初始波阻抗模型建立

先对声波时差和密度测井资料做环境校正及归一化处理,用零井源距VSP资料进行标定后作深时转换,合并厚度不足采样率的小层,得到时间域等时采样的初始波阻抗模型,并以此作为下一相邻道的初始波阻抗模型。这样,通过逐道外推的方式,就可获得每一道的波阻抗模型。

2.1.2 子波提取

子波提取包含如下5个步骤:

(1) 首先选择井点处的地震道 $R(t)$;然后计算该道所选层段的自相关函数 $K_R(\tau)$,计算 $K_R(\tau)$ 的频谱,以及 $K_R(\tau)$ 的衰减系数的初始近似值 τ_0:

$$K_R(\tau) = E[R(t)R(t+\tau)] = \frac{1}{2N+1}\sum_{t=-N}^{N} R(t)R(t+\tau) \tag{3}$$

$K_R(\tau)$ 的频谱:

$$S(\omega) = \sum_{m=-M}^{M} K_R(m) e^{-i\omega m}$$

$$|M| \leq N - 1$$

式中:N 为采样点数。

(2)求取振幅包络线最大值移动的初始近似值 β_0 和子波参数 $\Delta\tau$ 和 $\Delta\beta$ 的偏差范围。

(3)子波求取。

子波模型定义为:

$$W(t) = Ce^{-\tau(t-\beta)^2}\sin(2\pi ft) \tag{4}$$

式中:$W(t)$ 为反演子波;f 为子波主频;τ 为子波能量衰减度;β 为子波延迟时,即子波振幅最大值于子波起始点的时差;C 为常数。f、τ、β 决定了子波的形态。

(4)子波优化。

采用合成地震记录 $s(t)$ 和实际地震记录 $R(t)$ 二次方偏差最小化法,计算($\tau_0-\Delta\tau$, $\tau_0+\Delta\tau$),以及($\beta_0-\Delta\beta$, $\beta_0+\Delta\beta$)范围内 τ、β 参数:

$$J(w) = \sum_i (s_i - R_i)^2 + A\left[\left(\frac{\tau-\tau_0}{\tau_0}\right)^2 + \left(\frac{\beta-\beta_0}{\beta_0}\right)^2\right] \tag{5}$$

$$A = \sum_i R_i s_i / \sum_i s_i^2$$

(5)反复修改子波的主频、衰减、延迟时等参数,并采用式(4)获得最佳子波。

2.1.3 自适应外推反演三维波阻抗数据体

采用三维面元中两级选优的办法,优选出与当前道的岩性、物性参数相似、反演质量最高的已知波阻抗道,经地质层位约束后作为当前道反演的初始波阻抗模型;然后,以步骤 2.1.1 建立的标准波阻抗模型作为井点处的波阻抗反演起始模型,从井出发,逐道向外外推,即可获得高精度的三维波阻抗数据体。

2.1.4 反演控制

采用模型最佳自适应外推法完成波阻抗反演。为增加反演稳定性,减少多解性,提高计算速度,反演中增加了:(1)井点模型约束——采用模型正反演迭代法建立各井点的标准波阻抗模型。即求取最佳的子波和精确的层位,使地震记录与测井资料最佳匹配。并以此作为外推反演控制的基础模型。通常应根据沉积、构造特征,给定每口井的控制范围。在多井情况下,用全局最优化方法对各井模型进行协调处理。(2)地质模型约束——采用层序地层学方法,将反演目的层段的地质层位模型加入,作为外推反演的区域控制,反演中设置了两种地质模式,以控制模型外推反演的纵向变化。"1"模式:正常地层模式,反映控制段由顶到底的变化过程;"0"模式:削截模式,反映控制层段由底到顶的变化过程。沉积控制:用沉积学观点控制反演。主要是利用沉积相带变化特征,控制波阻抗模型的横向变化。(3)地震特征约束——一般情况下,地震波形突变处,指示着地层特征的突变。因此,统计相邻地震道波形特征的细微变化,能正确引导波阻抗模型的横向变化,使其"最佳自适应"。

2.1.5 分区段反演

根据构造、沉积特征,控制某一"井模型"的外推反演范围。一般在某一沉积单元内,选择构造渐变区段反演。当遇到较大断层时,在断层两盘分别反演,然后对断层带重新处理。

2.1.6 能量校正

由井出发,逐道外推反演时,会产生一些累积误差。在井中波阻抗模型较好的井区(合成记录与井旁实际记录吻合好),加入地质模型和沉积控制后,这种误差会得到有效压制,但要从根本上消除外推累积误差,需要将反演的波阻抗与过井点处的井中波阻抗闭合对比,进行残差校正。具体做法是:当从 A 井外推到 B 井时,若发现 B 井处的反演波阻抗与井中波阻抗有误差,需要将此误差线性内插到 A、B 两井之间并减去,波阻抗相对关系不受影响(图2)。三维情况可在面上进行,原理同二维情况。

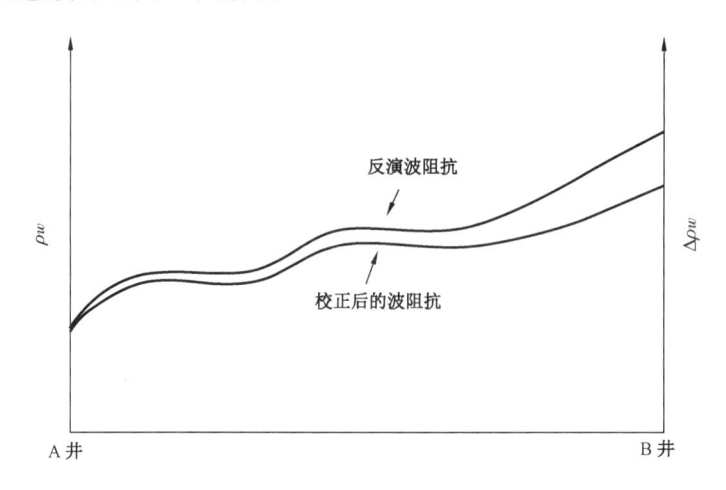

图 2 外推累计误差校正示意图

在二维、三维波阻抗反演中,该方法均采用模型最佳自适应外推法实现。反演在储层段小时窗内进行,可以免去子波时变的复杂问题,减少计算量,提高反演精度。在反演过程中,采用了地质约束、精细标定、逐道外推、小时窗反演等细致的工作流程,克服了一般反演方法中模型道整体建模、反演受井模型约束过强、难以反映井间波阻抗细节变化的缺点,分辨率较高(3~5m),可满足我国陆相砂泥岩薄互层储层反演。

2.2 Seimpar 非线性拟测井曲线反演

2.2.1 理论基础

基于统一场思想:地下同一地质体的相同属性在不同的地球物理场中有类似反映(如对某一砂岩或泥岩层,在地震波形、声波、密度、自然伽马、自然电位、电阻率等方面均有异常反映,虽然这些"异常"表现不一,但都是具体的地质特征反映);地下同一地质体的不同属性在不同地球物理场中的反映有所侧重(如地震波场侧重于反映地质体的弹性力学性质,地震波场的变化,既可以反映岩性,也可以反映物性及含流体性质的变化,是地下地质体各种特征信息的综合反映,测井曲线如自然伽马反映放射性,自然电位反映渗透性等);地震信息和测井信息之间存在非线性关系。

经过对地震记录、测井曲线分析表明,在一定条件下地震记录和测井曲线都具有分形特征,这是因为沉积地层经过漫长地质年代的多次地质作用,地下岩石的岩性、孔隙度、渗透性及岩石物理的分布表现出很强的非均质性及各向异性。对于这样的地质模型,一种方法是把它表示成块状或层状,每个规则区块或层段的地球物理变量,如波阻抗和孔隙率,可用其平均值来描述,这种方法难以描述储集体(层)的非均质性;另一种方法是把沉积地层看成在空间变化的随机变量,这种随机性通常被假设为具有高斯概率分布的白噪(如地震反褶积中的反射系数序列),这种假设也不完全符合地质规律。也就是说,对所研究的对象既不能用纯规则理论,也不能用纯随机理论,而应当寻求一种介于传统的规则理论和随机理论之间的一种方法。因此,用分形理论研究地震记录与测井曲线之间的关系是可行的。

地震记录与测井曲线之间的关系可以通过分维数或 Hurst 指数等分形参数将二者联系起来。通过大量的实验数据和实际资料分析,笔者认为,地下同一地质体的相同属性在地震记录与测井曲线中有类似反映,地震剖面的分维数,经测井曲线分维数精确标定后,可变换为"拟测井曲线剖面"的分维数,进而建立"拟测井曲线剖面"。实际资料处理分析证实了这一点。

2.2.2 方法实现

分形几何学由 Mandelbrot[4]系统地提出,分形或分数维,简单说就是没有特征尺度却又自相似性的结构,分形分为规则分形和随机分形。在自然界中能更好地描述自然现象的是随机分形,它的构造原则是随机的。随机分形的典型数学模型是分数布朗运动 FBM,诸多学者[5]通过对自然景物纹理图像的研究,证明了大多数自然景物的灰度图像都满足各向同性分数布朗随机场模型 FBR,它具有自相似性和非平稳性两种重要特性,是一个非平稳的自仿射随机过程。地震剖面是一种二维图像,通过对地震剖面 FBR 场模型参数的研究,提取能够充分反映地震剖面的统计纹理特征,就可以有效地进行地震剖面的分析和处理。通常提高地震剖面分辨率的简单有效方法是进行内插,但进行通常的内插后,常会丢失纹理特征,而利用分形插值方法则可以产生高分辨率地震剖面,能很好地保持原地震剖面的纹理特征。本文将分数布朗随机场模型 FBR 应用于油气领域,提出并实现了 Seimpar 非线性拟测井曲线反演,得到了高精度的拟测井数据体,并在储层预测及油藏描述中取得了明显的应用效果。

Seimpar 非线性拟测井曲线反演方法实现主要有如下 3 个步骤[6~9]。

(1)建立地震剖面的分数布朗随机场模型。

分数布朗运动 $B_H(t)$ 是一个非平稳的具有均值为零的高斯随机函数,其定义如下:

$$\begin{cases} B_H(0) = 0 \\ B_H(t) = \dfrac{1}{\Gamma\left(H+\dfrac{1}{2}\right)} \left\{ \left[\int_{-\infty}^{0}(t-S)^{H-\frac{1}{2}} - (-S)^{H-\frac{1}{2}}\right] dB(S) + \right. \\ \left. \int_{0}^{T}(t-S)^{H-\frac{1}{2}} dB(S) \right\} \end{cases} \quad (6)$$

式中:H 为 Hurst 指数,$0 < H < 1$;$B_H(t)$ 为分数布朗运动 FBR,是一个连续高斯过程,当 $H = 1/2$ 时,$B_H(t)$ 为标准的布朗运动。

分数布朗运动与布朗运动之间的主要区别在于分数布朗运动中的增量不独立,而布朗运动中的增量是独立的;在不同尺度层次上,分数布朗运动和布朗运动的分维值是不同的,分数布朗运动的分维值等于 $1/H$,而布朗运动的分维值都是 2。

Pentland[5]给出了高维分数布朗随机场定义:设 $X, \Delta X \in R^2, 0 < H < 1, F(y)$ 是均值为 0 的高斯随机函数,$P_r(\cdot)$ 表示概率测度,$\|\cdot\|$ 表示范数,若随机场 $B_H(X)$ 满足:

$$P_r\left[\frac{B_H(X + \Delta X) - B_H(X)}{\|\Delta X\|^H} < y\right] = F(y) \tag{7}$$

则 $B_H(X)$ 为分数布朗随机场(FBR),$\|\Delta X\|$ 是样本的间距。研究表明[8,9],H 可以反映地震剖面的粗糙度,据此可获得地震剖面的分形维数 D。由 H 参数值可得地震剖面的分形维数为:

$$D = D_T + 1 - H \tag{8}$$

式中:D_T 为地震剖面的拓扑维数。

$B_H(X)$ 具有如下性质:

$$E|B_H(X + \Delta X) - B_H(X)|^2 = E|B_H(X + 1) - B_H(X)|^2 \|\Delta X\|^{2H} \tag{9}$$

式中:E 表示数学期望。

利用式(9)即可方便地计算 H。

(2)提取地震剖面局部分维特征。

地震剖面可能从纵向上包括了若干个地质层位,在横向上穿过若干个地质构造单元,若要在整个剖面上谈分形自相似性,显然是不现实的。为此,引入局部分形的概念,把整个剖面划分成若干个具有相似地质特征的单元,且认为各单元内的地震特征是相似的。于是便可采用滑动小时窗,按如下步骤计算地震分形特征参数。

① 计算地震剖面上空间距离为 ΔX 的数值差的期望值 $E|B_H(X + \Delta X) - B_H(X)|^2$。

② 由于实际地震剖面并不是完全理想分形的,所以需要确定一个尺度范围,在此范围内分维保持常数,此范围可用尺度极限参数 $|\Delta X|_{min}$、$|\Delta X|_{max}$ 表示。具体可用如下方法求取:绘出分维图,即 $\lg E|B_H(X + \Delta X) - B_H(X)|^2$ 相对 $\lg|\Delta X|$ 的曲线。分维图中有一段曲线保持为直线,该范围的上、下限即可确定为 $|\Delta X|_{min}$、$|\Delta X|_{max}$。

③ 计算 H 和地震数据正态分布的标准差 σ。根据分数布朗随机场的性质及式(6)可以得到:

$$\lg E|B_H(X + \Delta X) - B_H(X)|^2 - 2H\lg|\Delta X| = \lg \sigma^2 \tag{10}$$

其中:
$$\sigma^2 = E|B_H(X + 1) - B_H(X)|^2$$

采用最小二乘法求解式(10),即可计算出 H 和 σ。

(3)反演拟测井剖面。

根据地震数据,采用 FBR 模型,就可以通过迭代过程实现 Seimpar 反演,其迭代反演过程实质上是一种递归中点位移的过程,其递推公式按如下方式进行。对于点 (i,j),假定当 i,j 均为奇数时,其对应的 B_H 已经确定;当 i,j 均为偶数时,有

$$B_H(i,j) = \frac{1}{4}[B_H(i-1,j-1) + B_H(i+1,j-1) + B_H(i+1,j+1) +$$
$$B_H(i-1,j+1) + \sqrt{1-2^{2H-2}}\|\Delta X\|^{2H}\sigma G] \tag{11}$$

而当 i,j 中仅仅有一个偶数时,有:

$$B_H(i,j) = \frac{1}{4}[B_H(i,j-1) + B_H(i-1,j-1) + B_H(i+1,j) +$$

$$B_H(i,j+1) + \sqrt[2-H]{1-2^{2H-2}} \|\Delta X\|^2 H\sigma G] \tag{12}$$

式中：G 是高斯随机分量，服从 $N(0,1)$ 分布。

由此可见，插值点的值完全由描述原始数据的分数布朗函数的 H 和 σ 决定。

实际反演中以深度域波阻抗为地震属性约束条件，计算 H 和 σ，然后利用式（10）和式（11），以经过敏感性分析选择的敏感测井曲线为基础，在地质模型约束下，可在形式上表示为：

$$\text{IMP} = F(\text{LOG}) \text{ 或 } \text{LOG} = F^-(\text{IMP}) \tag{13}$$

式中：F 为非线性映射，是含有横向变化率、时窗样点均值、样点离差、对数频率的一个非线性函数；F^- 为 F 的逆函数；IMP 代表地震数据或波阻抗；LOG 代表自然电位、电阻率等拟测井曲线。

2.2.3 工作流程

Seimpar 反演思想是放弃线性褶积模型，避免求取地震子波，充分利用地震、测井、地质等资料，在构造层位、层序和岩相约束下基于信息优化预测理论，采用非线性反演技术，通过分解、提取、合成、重建等手段来计算各种拟测井曲线剖面（数据体），然后在多信息融合基础上进行非线性储层反演，最终得到储层参数剖面（数据体），图 3 是 Seimpar 工作流程图。

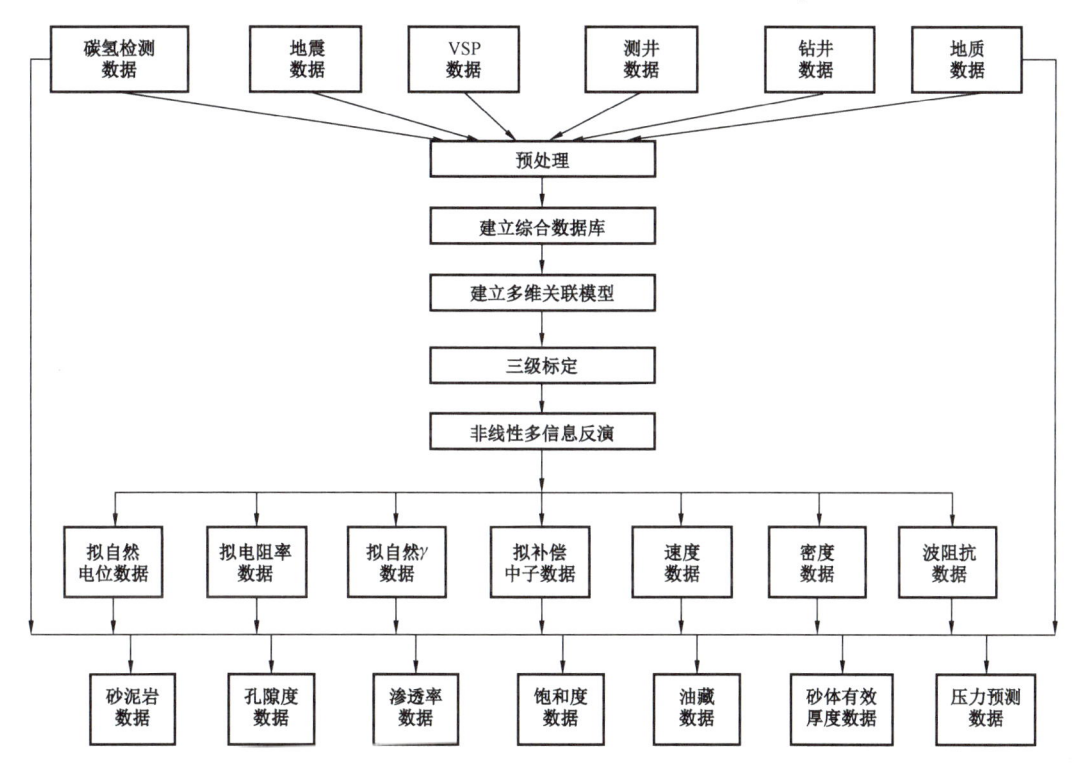

图 3　Seimpar 工作流程图

3 应用实例

3.1 概况

研究区先后进行过两次三维地震资料采集,两次不同开发井网的调整,测井资料来源也基于两次井网,前期为开发初期的基础井网,后期为加密井网。该工区由于受地震分辨率的限制,识别薄互层地层岩性困难,且由于该区储层含有特殊矿物如高泥、高钙等特殊情况的影响,泥岩和砂岩几乎具有相同的声阻抗值,声阻抗值差异不明显,很难利用传统的地面地震方法检测出这类油藏。此外该区储层厚度小、横向变化快、纵向上砂泥岩交互分布、隔层厚度小、平面相变快、非均质性严重,其储层识别就变得极为困难。如何预测此类砂泥岩薄互层(2~3m单砂体)含油性质,是该区块寻找剩余油分布、调整优化开发方案、油田增储上产的关键。为此在测井曲线的敏感性分析基础上,通过地震资料的高精度波阻抗外推反演,结合时移测井曲线反演将不同岩性区分开。

为了获得精确的储层分布和厚度图,确定单个砂体的几何形态、评估剩余油和油藏连通性,设计了如下工作流程:(1)利用高精度地震资料开展高精度外推三维波阻抗反演;(2)进行测井曲线敏感性分析,以确定最佳识别岩性和含油饱和度曲线;(3)利用声波测井曲线结合地震速度场,将三维波阻抗反演结果进行时深转换;(4)以深度域波阻抗数据体为约束,采用Seimpar非线性拟测井曲线反演得到高精度的拟自然电位数据体;(5)开展时移拟测井曲线反演;(6)引入流动单元概念,进行剩余油预测。实践证明,联合高精度波阻抗外推反演和Seimpar非线性拟测井曲线反演得到的数据体,用于剩余油分布预测和油藏监测,识别出2m以上单层砂岩符合率达80%以上[11],依据这一成果部署了32口加密井,全部获得成功。

3.2 高精度外推波阻抗反演确定岩性

高精度外推波阻抗反演的优点在于解释砂岩、泥岩薄互储层时,可有效识别和划分特殊岩性体储层。

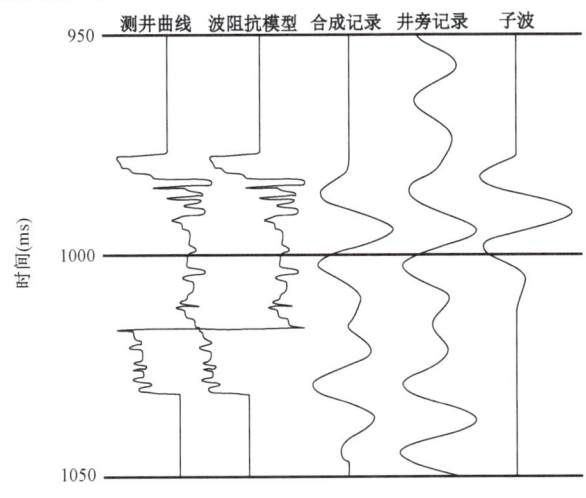

图4 单井波阻抗模型建立及层位标定

经过前期精细地震资料解释,并通过抽取连井剖面综合分析,结合约束反演的处理要求,确定了反演处理的地震记录时窗为900~1100ms。与此同时,对工区内提供的所有声波测井、自然电位测井资料做环境校正处理和归一化处理,以确保测井曲线的正确性。图4为单井波阻抗模型建立及层位标定结果,其中子波为零相位子波,主频为579Hz,衰减为1700,延迟为125ms。

在反演处理中,为使反演结果更符合实际地质情况,减少多解性,提高反演精度,需要对该工区的层位进行详细的构造解释,通过对地震资料精细解释和井资料分析，最终为反演提供了可靠的地质模型。在 900～1100ms 的时窗内，以工区内提供的所有 22 口井的井旁道波阻抗模型为基础，图 5 为在地质模型、地震特征等条件约束下，采用全局优化寻优算法、迭代反演出三维波阻抗数据体。由图可见，在三维波阻抗反演过程中，依据在三维面元中提取的地震特征信息及地质模型迭代修改反演道的波阻抗模型，充分考虑地震特征信息及地质模型、地震波场在各方向上的分布与变化因素，经反复迭代得到最终反演道的波阻抗模型，使反演后各井间的波阻抗特征相似性及分辨率明显高于常规地震剖面，不仅地层间的接触关系清晰，地层岩性信息更加丰富，而且能反映出岩性、岩相的横向变化。

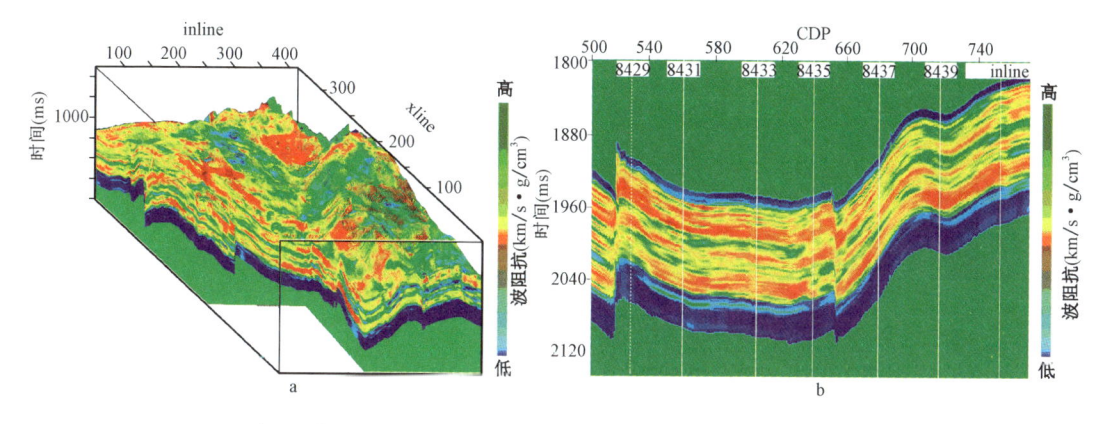

图 5　波阻抗三维数据体(a)和 inline 方向波阻抗反演结果(b)

3.3　敏感测井曲线分析

敏感测井曲线的选取是实现测井曲线反演的重要基础[10]，根据研究区薄层识别及精细目标评价的地质要求，考虑到该区不同测井曲线反映的地层特征，并结合该区储层含有特殊矿物如高泥、高钙等特殊情况的影响，泥岩和砂岩几乎具有相同的声阻抗值等特点，以岩石物理分析为基础，采用主因子分析和直方图统计等方法，从多种的测井曲线中挑选出最能反映研究区储层特征的测井曲线，作为敏感曲线，开展 Seimpar 非线性拟测井曲线反演。通过对本区 50 余口测井资料的综合分析，发现自然电位曲线能够很好地反映本区储层特征，很好地区分储层和非储层，并能够在研究区很好地实现横向对比，全面反映储层的空间展布特征，因此，最终选择自然电位曲线作为敏感测井曲线，开展以拟自然电位曲线反演为基础的砂体空间展布特征研究。当然，在其他工区，可根据测井曲线敏感性分析结果，选择其他的测井曲线开展拟测井曲线反演。

3.4　Seimpar 拟自然电位反演确定砂体空间展布

在外推波阻抗反演提供的高精度波阻抗数据体基础上，将三维波阻抗数据体做时深转换，得到深度域三维波阻抗数据体。此外为了提高自然电位反演精度，将三维深度域波阻抗数据体的采样间距变为 0.5m，以使反演进一步借助测井的纵向高分辨率资料。在深度域分 12 个层位解释三维波阻抗数据体(图 6 中 $P_1—P_{12}$)，以获得准确的地质模型控制，并根据井上的自然电位曲线精确标定波阻抗；再根据波阻抗"变异"剖面，确定最佳寻优区间，并以此作为 Seimpar 反演的基础与精度控制的依据；最终以波阻抗的变化率和自然电位测井数据为约束条件，利用人机交互多次标定和校正，全局寻优计算反演得到的拟自然电位三维数据体，图 6 为某 inline 方向反演拟自然电位剖面。

根据反演结果,在拟自然电位反演结果上进行了单砂体定量解释,对60m厚的目的层精细解释出12个单砂层,其中最小单砂体厚度仅为2m,2m以上单砂层的准确率达80%[11],为计算砂体厚度和落实砂体在空间的展布,提供了有力的证据。

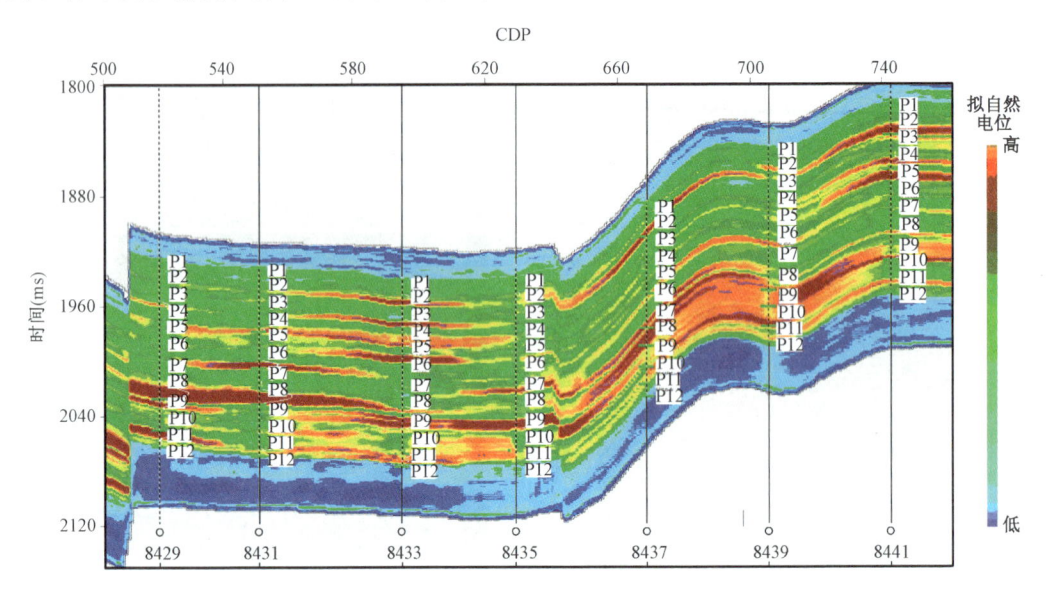

图6 某inline方向反演拟自然电位剖面

3.5 Seimpar 拟时移测井曲线反演预测剩余油分布[6]

该区块的原始油藏为断层复杂化的层状砂岩油藏,其非均质性及水驱过程中的油水关系非常复杂,给高含水期剩余油分布规律研究带来了很大困难。因此在上述反演基础上,结合该区碳氧比(C/O)测井资料,引入了流动单元的概念,开展了剩余油分布预测。首先把储层反演划分的单砂体看作一个流动单元作为研究对象,然后根据砂体的分布情况,在平面上确定剩余油的平面展布规律。根据这些认识,在该区块划分了剩余油分布的有利区,并新部署34口加密井,除两口地质报废井外,其余全部获得成功,地质报废率由原来的14.28%下降到5.88%。由于采用加密调整,开发效果得到改善,采出程度由11.56%提高到15.18%,综合含水由80.81%下降到76.23%[11]。图7反映了油藏开发初期油层在三维空间上的分布、构造形态、井间油层连通性等特征。

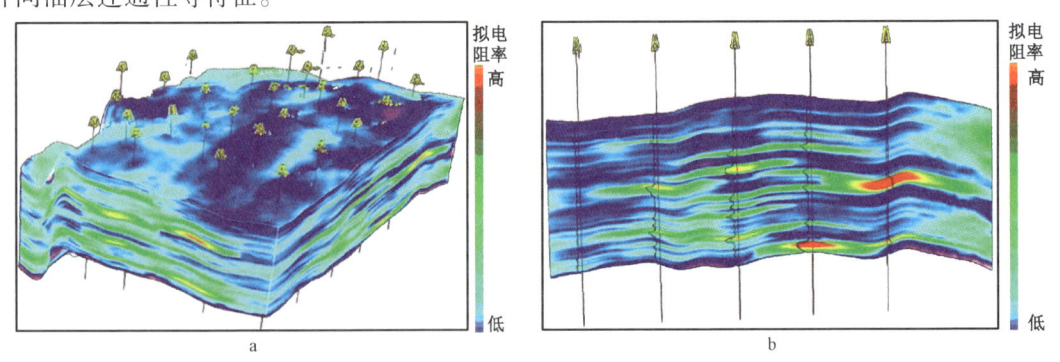

图7 油藏开发初期的拟电阻率三维数据体(a)及某crossline方向拟电阻率剖面(b)

在一次加密井网中,井网密度相对较大。通过密井网丰富的油藏动态地质信息,建立开发中后期油藏地质模型,以此作为模型约束条件,利用随机非线性映射的方法建立测井与地震之间的对应关系,井点以井曲线为准,井间利用丰富连续的波阻抗信息进行拟测井参数反演,最终得到油田开发中后期油藏地质模型(图8)。

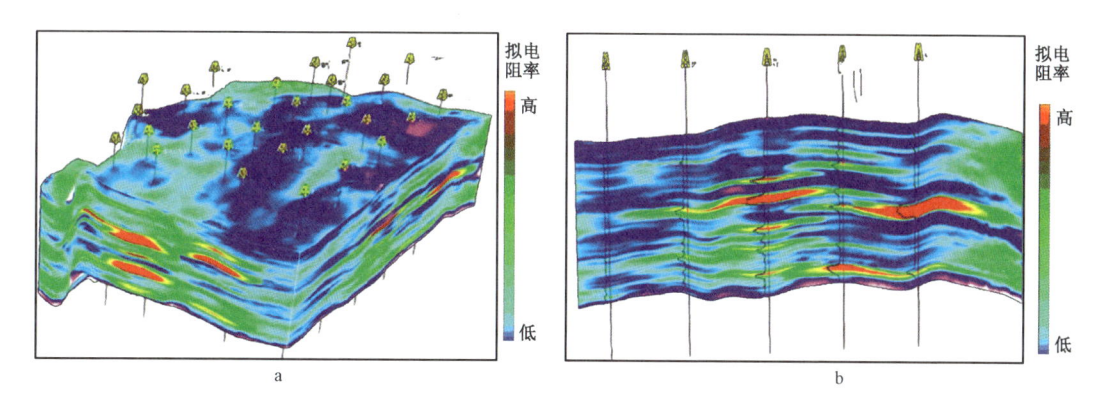

图8 油藏开发中后期拟电阻率三维数据体(a)及某 crossline 方向拟电阻率剖面(b)

针对该区块砂泥岩薄互层复杂岩性(高泥、高钙)特点,从开发后期剩余油分布规律研究出发,认为等渗流特征是储层流动单元的最基本特征。因此,将储层流动单元定义为:储集体空间上渗流特征有别于相邻储层的最小流体储集和运动单元,也就是说,此储层流动单元可定义为相对独立控制油水运动的储层单元。

根据取心井各流动单元内每个分析样品的分布程度,应用聚类分析方法,将所有样品按得分高低分为三类,即将该区储层流动单元分成三类(图9)。

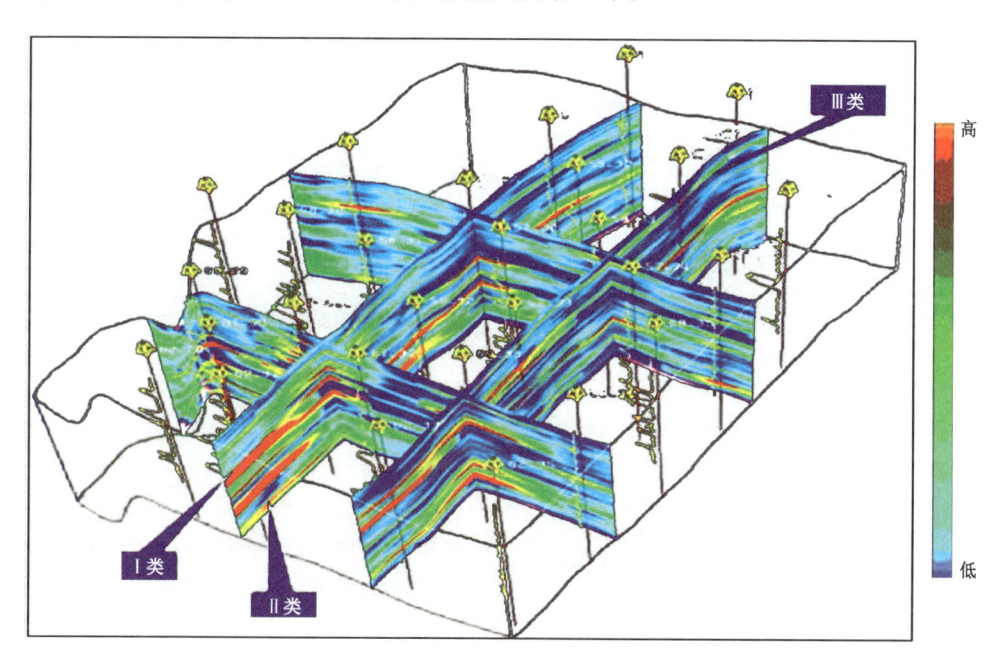

图9 流动单元空间分布模型

Ⅰ类流动性能最好(红色),油层三角洲外前缘相稳定主体席状砂和内前缘水下分流河道砂属于此类,与其他砂体类型相比,其有效厚度、孔隙度、渗透率、渗流系数、存储系数均最大。

Ⅱ类流动性能中等(黄色),外前缘条带状砂和非主体席状砂属于此类,其流动单元各项表征参数比透镜状砂体高,但比主体席状砂低。在油层三角洲内前缘砂体中水下分流浅滩砂属于此类。

Ⅲ类流动性能较差(紫色),各项流动单元表征参数的变化范围和平均值均最低,在油层三角洲内前缘储层中水下分流间透镜状砂体和部分水下分流浅滩砂及外前缘透镜砂体属于此类。

3.6 剩余油数值模拟

在流动单元分析的基础上,结合生产测井资料,选取测试工区进行剩余油数值模拟。模拟区面积为304km^2,井数为16口(其中油井11口、水井5口)。该区开发井的历史拟合是在精细沉积相研究基础上,利用沉积微相控制砂体边界,拟合出采出程度为10.1%,综合含水率为67.0%,拟合结果与实际开采状况吻合。由历史拟合结果可知,模拟区目前剩余油的分布,与储量动用状况精细定量描述结果对应很好。

剩余油的平面分布受局部构造及断裂分布控制,主要分布在断层边部及局部构造高点上,如图10所示。综合考虑剩余油平面分布特征可以看出:Ⅰ类流动单元虽然累计有效厚度和地质储量较大,但是大部分的层已被水淹,水淹比例为73.2%,剩余储量占地质储量的31.7%;Ⅱ类流动单元累计有效厚度最大,水淹比例为80.5%,剩余储量最大,占地质储量的44.6%;Ⅲ类流动单元有效厚度占比例较小,但是水淹比例最低,占71.9%,剩余储量占地质储量的42.7%。

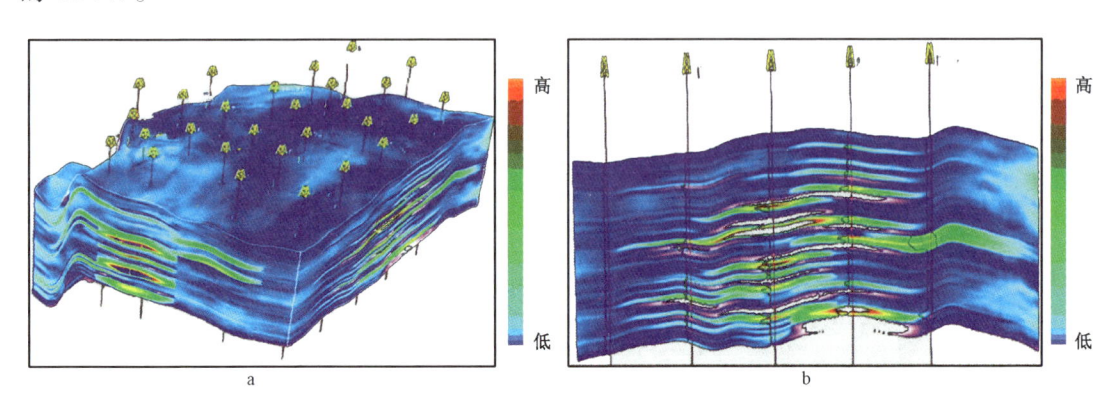

图10 油藏开发中后期剩余油分布三维地质模型(a)及剩余油分布剖面(b)

4 讨论与展望

根据本文分析,并结合中国未来油气物探技术发展需求[12-17],有如下几点认识:

(1)针对中国陆相含油气盆地砂泥岩薄互油气储层非均质特点,联合应用地震和时移测井资料的非线性反演方法,建立不同开发阶段三维空间油藏动态参数变化分布模型,进行油藏动态监测,预测剩余油分布,是一种可行的方法。

(2) 预测剩余油分布、提高油藏动态监测能力、合理调整开发方案,进而建立精确的地质模型,在勘探开发中的作用越来越重要。精确地质模型的建立,需要精确的估算油藏参数如孔隙度、渗透率等,但由于测井的稀疏性,远离井点的模型通常缺乏约束,因此油藏地质学家面临的关键挑战就在于如何定量地解释地震数据以获得井点之外的更高精度储层参数。其中存在几个关键问题,其一是尺度问题,反演地震数据垂向分辨率的限制是将地震数据应用于三维油藏属性建模最大的限制。如何将精确尺度的测井曲线数据和带限的地震信息结合仍然是一个研究热点。本文通过引入高精度外推波阻抗反演技术并将反演结果经过高精度时深转换,获取深度域波阻抗结果,最后将其应用于时移测井曲线反演,是一种解决尺度缩减问题的有效尝试。

(3) 进行油藏检测,需要建立精确的地质模型,但是储层特性的空间变化以及不同特性之间的内部关系是极其复杂的,通常不能使用简单的确定性函数来描述。此外,由于井孔的数量有限,油藏特征的预测在空间上具有很大的不确定性,对这种不确定性问题采用概率性框架来描述是理想的选择。因此本文引入了分数布朗随机场模型,期望通过其自相似性、非平稳等特性能够较为充分地反映地震数据中的统计特征,并指导实现拟测井曲线反演,以及如何将两种属性的局部关系扩展到空间关系。

(4) 面对日益复杂的勘探对象,所需要描述的参数以及地质模型将会越来越复杂,也会越来越精确,这些模型通常应用于表征多个不同域的特性,如油藏特征、地震特征、机理特征(如有效弹性模量)以及动态特征(如饱和度、孔隙压力等),如何将这些不同域的数据联合在一起仍然是一个重大挑战,这包括如何建立不同数据之间空间关系,如何在一个框架下归并不同域的数据等等,这也是开展油藏检测所需要解决的关键问题之一。

(5) 本文通过建立时移测井反演实现油藏动态监测技术流程,对实现储层乃至地质建模由三维静态模型向四维动态模型方向发展具有一定的借鉴意义,对在定量四维解释的流程方面有了很大发展和改进。四维反演流程地质模型对于从地震监测系统中获取地震信息非常关键,未来生产数据和地震数据的联合反演将会是一个非常重要的课题。时移数据不光包括时间地震数据,也将包括一切与时间变化有关的数据。

(6) 从油藏检测到油藏建模还有一个很重要的问题,即综合不确定性评价。目前有很多不确定性分析方法,如条件模拟、随机反演以及蒙特卡洛技术等来解决不确定性问题,但对未来仍然是一个巨大挑战。也许综合应用地震、地质、测井、油藏动态监测、压裂、产能甚至地震资料处理中的速度场等诸多参数,在概率框架下,通过概率密度分布函数(PDF)或条件概率密度分布函数(CPDF)综合判断分析开展综合不确定性评价是一种选择。

5 特别致谢

梁秀文先生对 Seimpar 和高精度波阻抗外推反演方法的形成做出了重大贡献;刘全新、雍学善、王尚旭、高建虎、张静、苏明军、张志让、师永明等同志在方法研究与应用中做了重要贡献;老一辈知名地质学家与地球物理学家阎敦实、牟永光、陆邦干、秦顺亭等为该技术的推广应用给予了大力支持,在此一并感谢!谨以此文纪念梁秀文先生。梁先生在地震野外采集、处理、解释等领域做出了许多有价值的研究成果。其科研精神,人格魅力,宽容胸怀,依然值得吾辈后来者学习。

参 考 文 献

[1] 撒利明,杨午阳,姚逢昌,等. 地震反演技术回顾与展望. 石油地球物理勘探,2015,50(1):184-202.

[2] 撒利明,梁秀文,张志让. 一种新的多信息多参数反演技术研究//1997年东部地区第九次石油物探技术研讨会论文摘要汇编,1997:364-367.

[3] 雍学善,余建平,石兰亭. 一种三维高精度储层参数反演方法. 石油地球物理勘探,1997,32(6):852-856.

[4] Mandelbrot B B. The Fractal Geometry of Nature. Freeman,San Francisco,1982,1-80.

[5] Pentland A P. Fractal-based description of natural scenes. IEEE Trans on Pattern Analysis and Machine Intelligence,1984,6(6):661-674.

[6] 撒利明. 储层反演油气检测理论方法研究及其应用. 北京:中国科学院研究生院,2003.

[7] 撒利明. 基于信息融合理论和波动方程的地震地质统计学反演. 成都理工大学学报(自然科学版),2003,30(1):60-63.

[8] 杨文采. 地震道的非线性混沌反演——Ⅰ理论和数值试验. 地球物理学报,1993,36(2):222-232.

[9] 杨文采. 地震道的非线性混沌反演——Ⅱ关于Lyapunov指数和吸引子. 地球物理学报,1993,36(3):376-387.

[10] 杨午阳,王西文,雷安贵,等. 综合储层预测技术在包1—庙4井区中的应用. 石油物探,2004,43(6):578-583.

[11] 崔荣旺. 大庆油气地球物理技术发展史例(1955—2002). 北京:石油工业出版社,2003.

[12] 刘振武,撒利明,杨晓,等. 页岩气勘探开发对地球物理技术的需求. 石油地球物理勘探,2011,46(5):810-818.

[13] 撒利明,董世泰,李向阳. 中国石油物探新技术研究及展望. 石油地球物理勘探,2012,47(6):1014-1023.

[14] 撒利明,甘利灯,黄旭日,等. 中国石油集团油藏地球物理技术现状与发展方向. 石油地球物理勘探,2014,49(3):611-625.

[15] 撒利明,梁秀文,刘全新. 一种基于多相介质理论的油气检测方法勘探. 地球物理学进展,2012,25(6):32-35.

[16] 刘振武,撒利明,董世泰,等. 中国石油物探技术现状及发展方向. 石油勘探与开发,2010,37(1):1-10.

[17] 刘振武,撒利明,董世泰,等. 中国石油天然气集团公司物探科技创新能力分析. 石油地球物理勘探,2010,45(3):462-471.

缝洞型储层地震响应特征与识别方法[*]

撒利明　姚逢昌　狄帮让　姚姚

摘要　针对碳酸盐岩缝洞型储层识别的难点和技术现状，从理论和实际应用两方面探讨了缝洞型储层的识别问题，简单综述了作者近年来完成的若干有关缝洞型储层识别研究项目的成果，包括各种类型缝洞型储层模型的物理模拟和数值模拟、地震波场分析结果、缝洞型储层的识别方法以及中国西部地区成功识别缝洞型油气藏的实例。

1　引言

在全球的沉积岩中，碳酸盐岩虽然只占20%左右，但却拥有已探明油气资源的50%以上。近年来，中国的碳酸盐岩油气勘探取得了很大进展，但与其他国家相比，油气可采资源量与实际产量还存在较大差异，这主要是受勘探程度与勘探难度等因素的影响。碳酸盐岩储层非均质性较强，以次生孔隙为主，缝洞分布规律复杂，缝洞型储层的有效预测成为制约碳酸盐岩勘探的技术瓶颈。

缝洞型储层指裂缝、溶孔及溶洞等类型的油气储层。这些裂缝和孔、洞系统对致密岩层中的油气赋存和运移起着控制作用，因此，缝洞型储层的识别和描述在油气勘探中具有重要意义。目前常用的缝洞型储层地震识别技术包括缝洞型储层正演模拟技术、多波多分量地震技术、纵波裂缝检测方位各向异性技术、地震属性分析技术、地震逆散射成像技术及三维可视化技术等。在实际应用中，通常是综合地质、测井、钻井、地震及开发等多方面的资料进行缝洞系统的检测和描述。以下简单综述了笔者近年来完成的若干有关洞缝型储层识别研究项目的成果。

2　缝洞型储层物理模拟分析

物理模拟是地震波场正演模拟中的一个重要组成部分，相对数学模拟而言，具有模拟结果更接近实际的特点[1,2]。在构造油气藏的地震波传播规律研究中，物理模拟起到了重要作用，而缝洞型储层的物理模拟工作才刚刚开始。

2.1　溶洞型储层物理模拟及波场分析

在同一水平线上等间隔地布设5个直径不同的洞，在最右边垂向上布设3个直径相同的洞。在物理模拟数据处理的叠加剖面（图1a）上可看到所设洞处的绕射双曲线，其能量随洞直径的减小而减弱；在偏移剖面（图1b）上，所设洞处有典型的"串珠状"出现，且可见洞大时"串珠"较明显，洞小时"串珠"变得很弱，甚至无法检测。

---

[*] 首次发表于《岩性油气藏》，2011，23（1）。

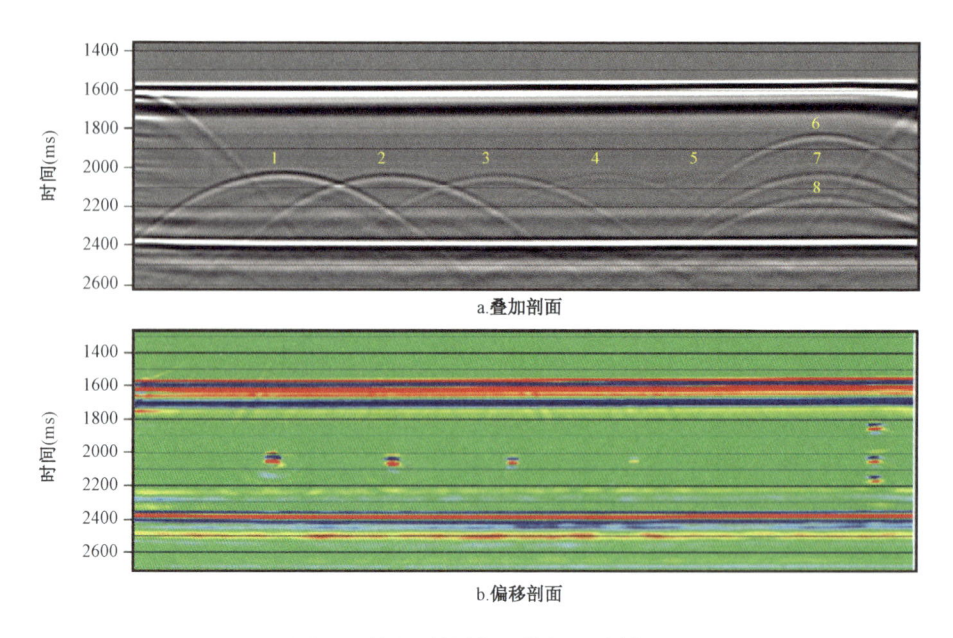

图 1　溶洞型储层物理模拟地震剖面

在一个双层四洞模型(左边 1 个洞、右边垂向上 3 个洞)的洞内分别充填空气、水和油时进行 3 次物理模拟。图 2 为洞内分别充填气、水和油时的偏移剖面,可看到明显的"串珠状"现象,含气时最明显,含油时次之,含水时最弱。从图中还可以看出,在垂向上设有 3 个洞的区域,"串珠"个数较单洞区域的"串珠"个数明显增多。

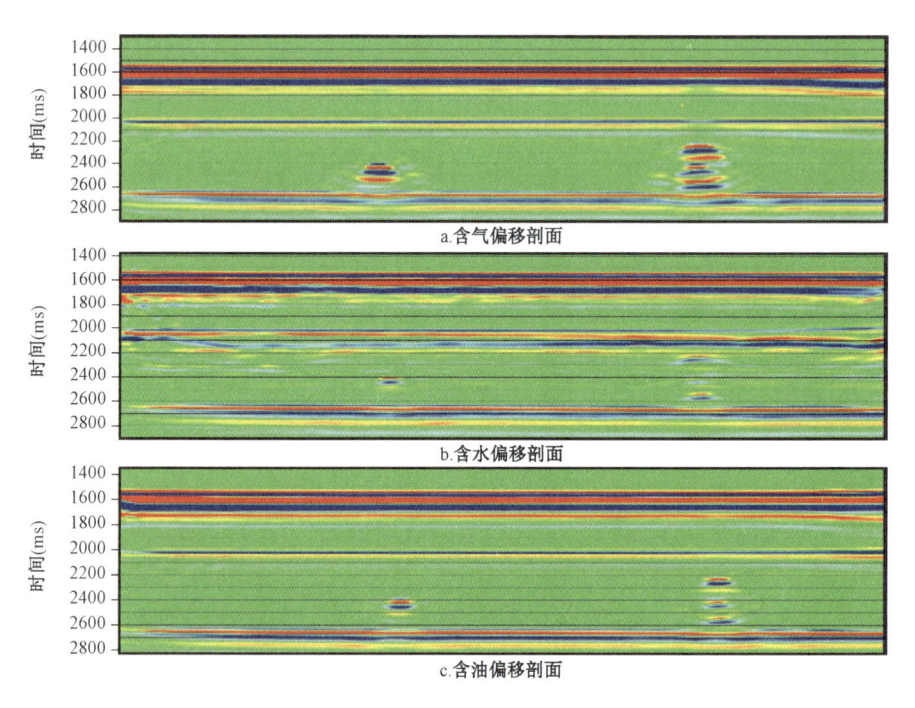

图 2　洞内含空气、水和油时的偏移剖面

2.2 裂缝型储层物理模拟及波场分析

裂缝型储层物理模拟的难点在于对裂缝尺度的控制上。将裂缝简化为单条大裂缝和断层裂缝,并在裂缝周围放置几个洞,形成简化的裂缝—溶洞型模型。在模型上布置了2条测线,测线1经过的裂缝旁没有洞,测线2经过的部分裂缝旁有洞(图3)。

如图3所示,裂缝的存在会引起散射现象,而散射的强弱与裂缝密度密切相关。直接应用地震纵波资料难以清晰地刻画裂缝形态,但能检测到裂缝带的存在,而且随着裂缝带裂缝密度的增加,检测的可信度会有所提高。裂缝型地层中溶洞的存在会引起地震波能量散射,较强的散射能量位于垂直于裂缝或溶洞的中心位置处,地震记录受裂缝的影响大于受溶洞的影响。

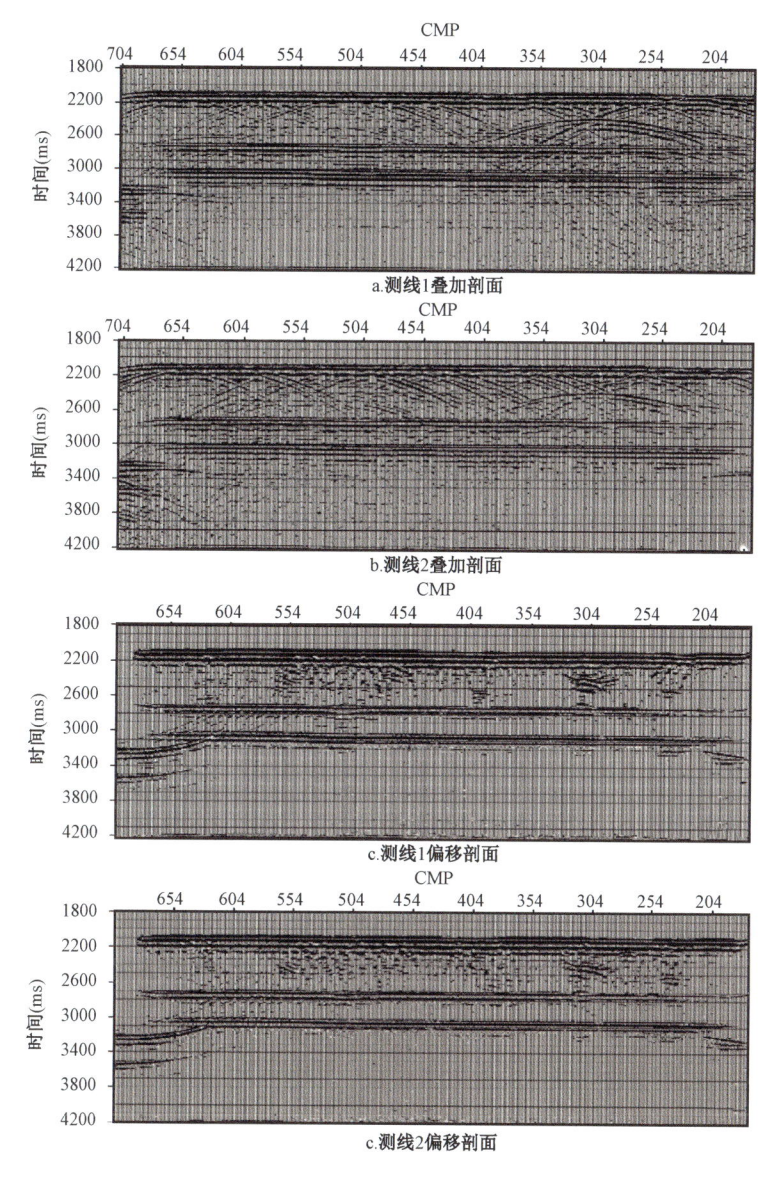

a.测线1叠加剖面

b.测线2叠加剖面

c.测线1偏移剖面

c.测线2偏移剖面

图3 缝洞型储层模型剖面

3 缝洞型储层数值模拟研究

物理模拟由于不够灵活、参数改变困难,不易制作模型,特别是对于缝洞型储层,其物理模拟更困难,很难得到广泛应用。而数值模拟方法灵活方便且经济实用,在缝洞型储层地震波场响应特征的研究中得到了广泛应用[3-5]。

对高度固定、宽度变化的一系列溶洞分别计算其叠加剖面和偏移剖面(图3),并计算振幅、振幅横向衰减及频率等特征参数(图4),分析其变化规律。同时对宽度固定、高度变化的一系列溶洞分别计算其叠加剖面和偏移剖面,并计算振幅、振幅横向衰减及频率等特征参数,分析它们的变化规律。

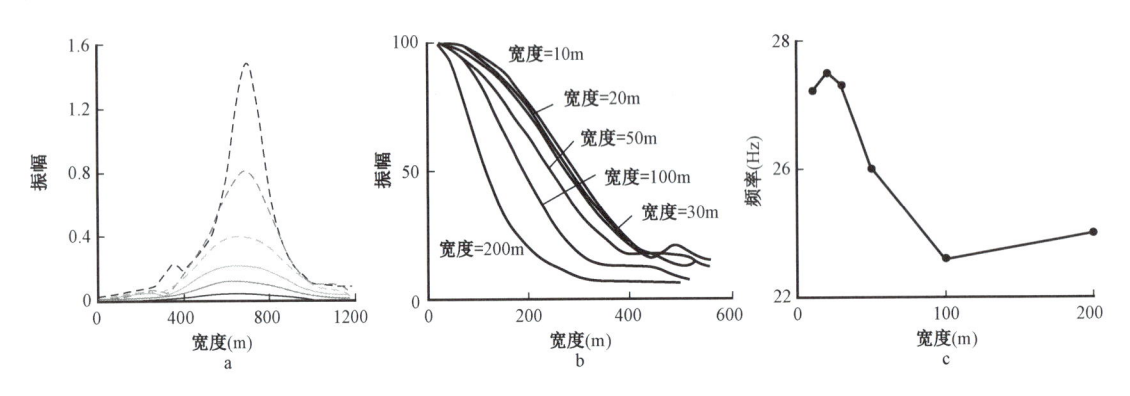

图4 高2m不同宽度溶洞模型叠加剖面振幅曲线(a)、振幅横向衰减曲线(b)和主频变化曲线(c)

对计算结果进行分析后得知,溶洞高度固定、宽度变化时,地震波的振幅、振幅横向衰减等特征参数的变化较大且规律性较明显,主频虽有变化但不明显;溶洞宽度固定、高度变化时,地震波的振幅、频率等特征参数变化的规律性不但与高度有关,还与宽度有关,在宽度较小时为单调变化,在宽度较大时与薄层类似,具有调谐性变化规律,高度引起的振幅横向衰减变化不大。

由此可知,碳酸盐岩溶洞型储层具有强振幅和调谐性的特点。其中,溶洞宽度是影响地震波振幅的主要因素,溶洞高度是影响调谐性的主要因素。

在分析的几个特征参数中,振幅是判别与预测碳酸盐岩溶洞型储层的主要特征参数,频率是次要特征参数,振幅横向衰减不具有特别重要的意义,在预测碳酸盐岩溶洞型储层中只能作为辅助参数。

为了研究不同宽度溶洞的可检测性问题,将计算出的高度固定、振幅随宽度变化的曲线进行归一化处理,得到归一化后的同一高度、不同宽度溶洞的绕射波振幅值变化曲线,称这一曲线为宽度振幅因子曲线(图5)。

对可检测性的一种合理认识是:当溶洞的绕射波振幅值超过地震剖面上它所出现时段的背景振幅水平时,就可被识别,该溶洞就可采用地震方法进行检测。由宽度无限溶洞(相当于薄层)的复合反射系数乘以相应的宽度振幅因子值就可以计算出宽度有限溶洞的复合反射系数,估算出其绕射波振幅的强弱,从而判断其能否被检测到。

确定宽度有限溶洞可检测性极限的一种简便方法是利用公式求出宽度无限溶洞的复合反

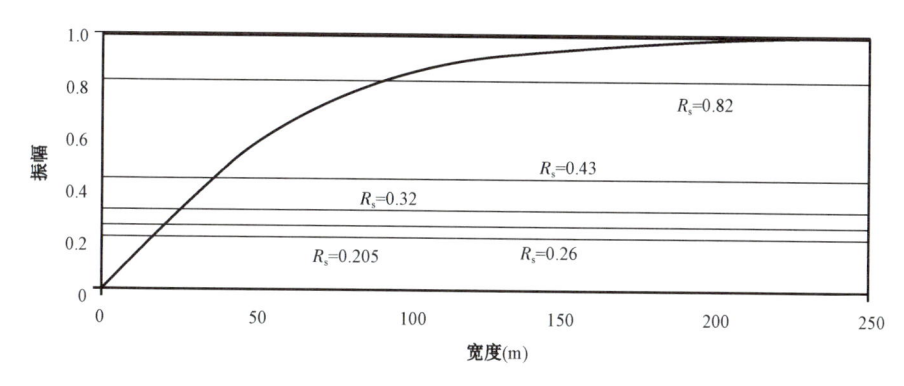

图5 高度15m、宽度不同溶洞的振幅因子曲线

R_s为不同充填物情况下的背景振幅水平

射系数后，用此复合反射系数去除背景水平，得到新的背景水平（乘以振幅因子与除背景水平等价），在宽度振幅因子曲线上作一条幅值为新背景水平的水平线，与宽度振幅因子曲线的交点所对应的溶洞宽度就是可检测溶洞宽度的极限。

溶洞中充填不同物质时复合反射系数不同，得到的新背景水平有所不同，溶洞可检测宽度的极限也就不同。假设溶洞出现时段的背景水平为0.2，图5中自下而上各条水平线分别为充填流体、黏稠半流体、含流体的疏松沉积物、含流体的致密沉积物和不含流体的致密沉积物时的新背景水平。由图5可看出，充填黏稠半流体时的可检测溶洞宽度的极限为20m，即高度15m、宽度大于20m的充填黏稠半流体时的溶洞可被检测到；充填含流体的疏松沉积物时的可检测溶洞宽度的极限为25m；充填含流体的致密沉积物时的可检测溶洞宽度的极限为35m。由此可见，在中国西部碳酸盐岩地区，无论溶洞中充填的是何种流体，只要其高度在10m以上，在常规地震频带的反射资料中，就可提取出其强振幅、低速度异常，利用其调谐性，即可圈定该类溶洞的空间分布范围。

利用数值模拟还可以解决"深层碳酸盐岩溶洞型储层解释结果是否可靠"的问题。以塔里木盆地某地区的实际资料为例，图6a为原实际剖面，图6b为正演模拟计算记录的偏移剖面，图6c为经多轮数值模拟验证、反复修改后导出的一个最终解释方案地质模型。比较图6b和图6c，可看出二者在风化面下的地震响应非常相似，说明最终的解释结果是正确的。

4 缝洞型储层地震识别方法

基于缝洞型储层在油气勘探开发中的重要性，地球物理工作者一直致力于对其识别方法的探索。目前已经发展了从地质、测井、钻井及地震等方面进行识别和综合上述信息进行识别的多种方法，包括多波多分量地震技术、纵波裂缝检测技术、属性分析技术及逆散射成像技术等。

4.1 多波多分量地震技术[6]

理论研究表明，横波在各向异性介质中传播时具有独特的横波分裂现象，即如果入射横波的偏振方向与介质中裂缝的走向不一致时，横波的质点振动就会分裂成2个相互垂直的振动分量，并以快慢不同的速度进行传播：偏振方向平行于裂缝走向的分量称为快横波，以基质速度（岩石骨架速度）传播；偏振方向垂直于裂缝走向的分量称为慢横波，以岩石骨架与裂缝填

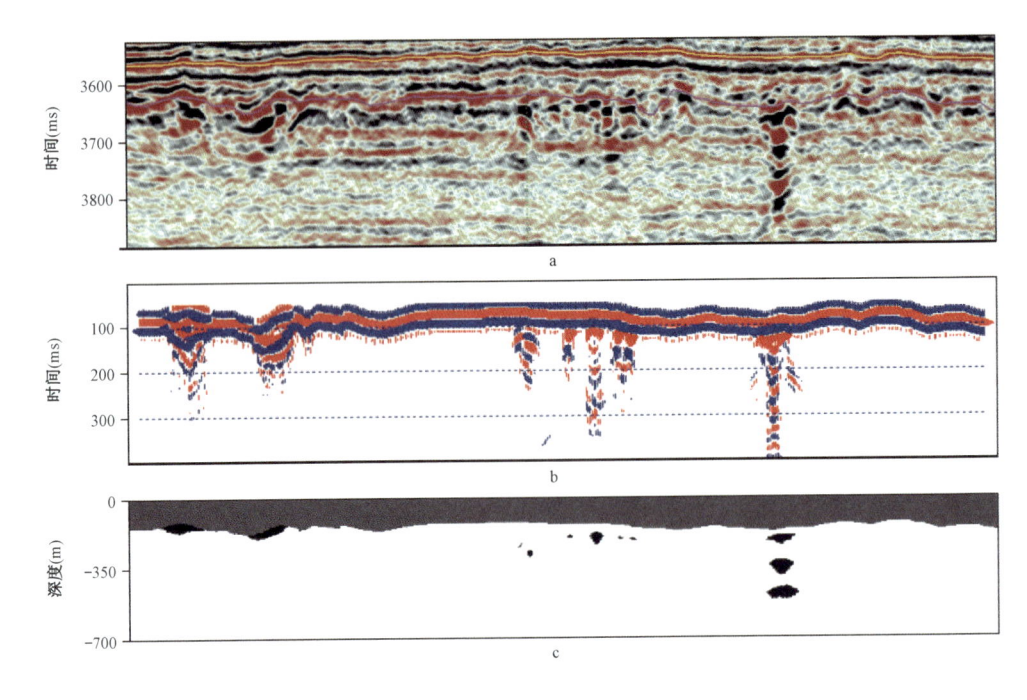

图6 原实际剖面(a)、正演模拟的偏移剖面(b)和最终解释方案地质模型(c)

充流体的综合速度传播。快慢横波的偏振方向、传播速度(或时间延迟)、频谱及振幅属性受到裂缝走向、裂缝发育密度及裂缝填充流体类型的影响。而且这2种波在穿过各向异性介质到达各向同性介质后仍然继续各自独立运行,可以被地面安置的检波器接收到。多年的研究成果表明,通过对多波地震资料中横波分裂现象的研究和各种横波分裂特征参数的计算与分析,可以检测储层裂缝发育的走向和密度及辨别裂缝中填充的流体类型,这对各种裂缝型油气藏的勘探与开发具有极其重要的意义。

4.2 纵波裂缝检测技术[7]

近年来,利用叠前三维纵波地震资料的方位各向异性特征检测裂缝的技术取得了很大进展。

在 HTI 介质中,对于适当入射角范围,P 波反射振幅与地震观测方位角的关系是一个椭圆,椭圆的长轴方向就是裂缝的走向,椭圆的长短轴之比则代表了裂缝的发育密度,这一特点成为利用纵波地震资料检测裂缝的技术基础,据此发展了与方位角有关的叠前多参数裂缝检测技术,称之为地震 AVD(Attribute Variation with Direction,属性参数随方位的变化)技术。

在很多情况下,油气储层上覆多层裂缝发育的介质,且每层介质的裂缝发育方向不同,此时需要解决多层 HTI 介质的纵波裂缝检测问题。一种利用相互正交地震测线上纵波方位时差响应的多层 HTI 介质剥层方法实现了多层 HTI 介质的纵波裂缝检测。

4.3 地震属性分析技术[8,9]

基于超道技术与特征结构分析的多属性相干体技术[8]和基于 Wigner – Ville 分布(简称 WV 分布)的高分辨率频谱分解技术[9]是2项具有特色的属性分析技术。

超道技术利用多道地震记录的组合计算相干,因此可以提高相干体算法压制噪声的能力。同时,超道数据体保持了原始地震数据体中的结构倾角信息,因此,可以在超道数据体中通过简单的互相关运算有效估计地层倾角。多属性相干体技术首先将原始地震数据体转化为超道数据体,然后计算超道间的互相关,估计道间时延,进行时延校正,这样就消除了局部结构倾角的影响。由时延校正后的超道数据体构造协方差矩阵,将该矩阵的主特征值与矩阵积的比值作为待分析点处的相干估计,再由所有点处的相干估计组成最终相干数据体。

地震谱分解技术的理论基础是信号的时频分析。目前常用的谱分解技术主要是基于互相关的短时傅里叶变换(STFT)和小波变换(WT)。与这类分布不同,Wigner-Ville分布是一种形式简单的Cohen类双线性时频分布,具有很好的时频能量聚集性、时间边缘性质和频率边缘性质等,其缺点是可能产生交叉项,这可以通过设计核函数来抑制交叉项的影响,也可以通过重排(Reassignment)处理来减小交叉项的影响。

4.4 逆散射成像技术[10,11]

逆散射成像技术可以为缝洞型储层的识别提供可靠而清晰的地震剖面。目前,散射目标成像和逆散射迭代成像是逆散射成像技术中最主要的2类技术。

散射目标成像可分为直接法成像和间接法成像。直接法成像是在克希霍夫积分成像公式中引进一个反射衰减因子,其功能是在成像过程中直接压制反射波,突出散射波;间接法成像是先从总波场中分离出散射波场,然后再成像散射波场。

逆散射迭代成像方法是将波形层析建模与叠前逆时偏移成像一体化的成像方法,它能够利用多次波信息来准确成像各种散射体。逆散射迭代成像方法可以从不准确的初始速度模型出发,由散射波场逐步迭代得到较准确的速度模型,这是波形层析建模过程,最后输入最终速度模型,进行逆时偏移得到成像剖面。

为了验证处理效果,对溶洞物理模拟资料进行了常规叠前深度偏移处理和逆散射迭代成像处理的对比。图7(a)为常规叠前深度偏移剖面,剖面上有多个"串珠状"短反射;图7(b)为逆散射迭代成像剖面,从图中可看到,多次绕射波完全归位,"串珠状"短反射消失。当然,对于孔径太小的溶洞(最左边),因为绕射波能量相对较弱,在2种成像剖面上都难以观察到其轮廓。

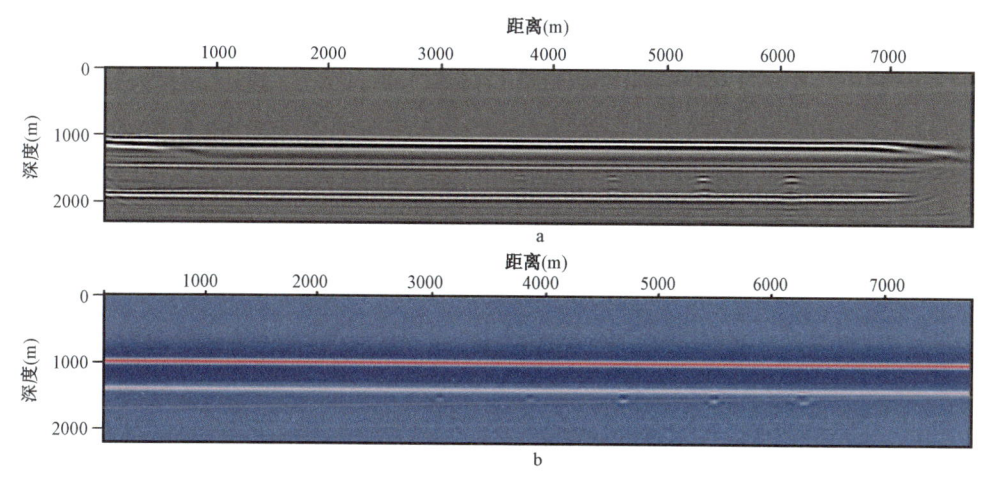

图7 溶洞物理模拟数据叠前深度偏移剖面(a)与逆散射迭代成像剖面(b)对比

5 缝洞型储层地震识别应用实例

塔里木盆地轮南地区油气勘探的主要目的层段为奥陶系碳酸盐岩油藏,储层的储集空间以溶蚀孔、溶蚀洞和裂缝为主。影响储层发育的主控因素包括沉积相、岩溶、古地貌、古断裂及后期成岩作用。高效勘探和开发塔里木盆地轮南地区的关键是缝洞型储层的识别及缝洞体系的定量描述与雕刻。

研究区目的层埋深大,地表条件相对复杂,地震资料分辨率和信噪比低,主要目的层段有效频带为10~60Hz,优势频率在20Hz左右,缝洞体系识别难,缝洞型储层定量描述更难。尽管前人在实践中初步总结出缝洞体系的地震响应呈"串珠状"反射特征,但是,通过目前分析塔里木盆地所有钻遇奥陶系碳酸盐岩油藏的钻井资料发现,对地震响应上"串珠"反射现象的认识还有待完善:有些井虽然都有明显的"串珠"响应特征,但产量相差悬殊;而有些井虽然没有"串珠"特征显示,也出现高产,有些井钻探出水,有些井离高产井很近,但却是干井,这充分说明了油藏的复杂性和地震识别的多解性。对于缝洞体系的精确成像、断裂体系的识别与储层非均质性的定量描述、缝洞体系的立体雕刻及流体检测是主要的难点。

根据研究区奥陶系缝洞型碳酸盐岩储层主控因素和地震资料的品质,确定此次的研究思路为:从缝洞型储层目标成像入手,在研究缝洞型储层地球物理响应特征及古岩溶缝洞型储层分布规律的基础上,结合地质和测井资料,围绕叠后与叠前地震响应、构造、岩溶、岩相、物性、裂缝及综合等环节开展储层预测技术研究,建立研究区奥陶系风化壳缝洞型储层的有效识别技术,形成综合预测奥陶系碳酸盐岩储层的有效配套技术。

在地震成像方面,使用三步去噪法来压制研究区的主要干扰波(面波)。选择效果较好的克希霍夫弯曲射线叠前时间偏移方法,并采取加密速度分析点、偏移速度百分比扫描等措施来提高速度分析的精度,使成像结果得到了明显提高。在叠后地震描述方面,首先对溶洞型储层进行了精细标定,然后进行岩溶古地貌恢复和地震属性的计算与分析;在叠前地震描述方面,先利用测井资料进行弹性参数的计算与交会分析,再进行叠前地震反演,从而得到目的层段的泊松比。最后将叠后及叠前多种地震属性、岩溶地貌单元及断裂体系等信息相结合,进行多属性聚类、多参数融合和三维可视化解释,对储层有利区带进行综合评价与划分。经上述多参数储层综合评价技术的应用,预测有利储层分布面积达 $573km^2$(图8),有效支撑了研究区下一步的勘探开发部署。

6 结束语

由于地质成因不同,造成储层的发育特征和分布规律不同,由此形成的油气成藏规律不同。要有效预测缝洞型碳酸盐岩储层油气富集规律,首先就要研究形成缝洞型储层的主要控制因素。根据缝洞型碳酸盐岩储层油气成藏和富集的特点,优选实用技术、制定针对性的技术方案是缝洞型碳酸盐岩储层预测取得成效的关键。

缝洞型储层系统是多尺度的,有矿物尺度、岩石尺度、地层尺度和地质尺度的缝洞。目前地震勘探的分辨率还比较低,除了地质尺度的大型缝洞体之外,多数单个的缝洞无法利用地震勘探方法进行分辨和识别,但由众多细小的缝洞组成的缝洞系统或缝洞发育带有可能被检测到。

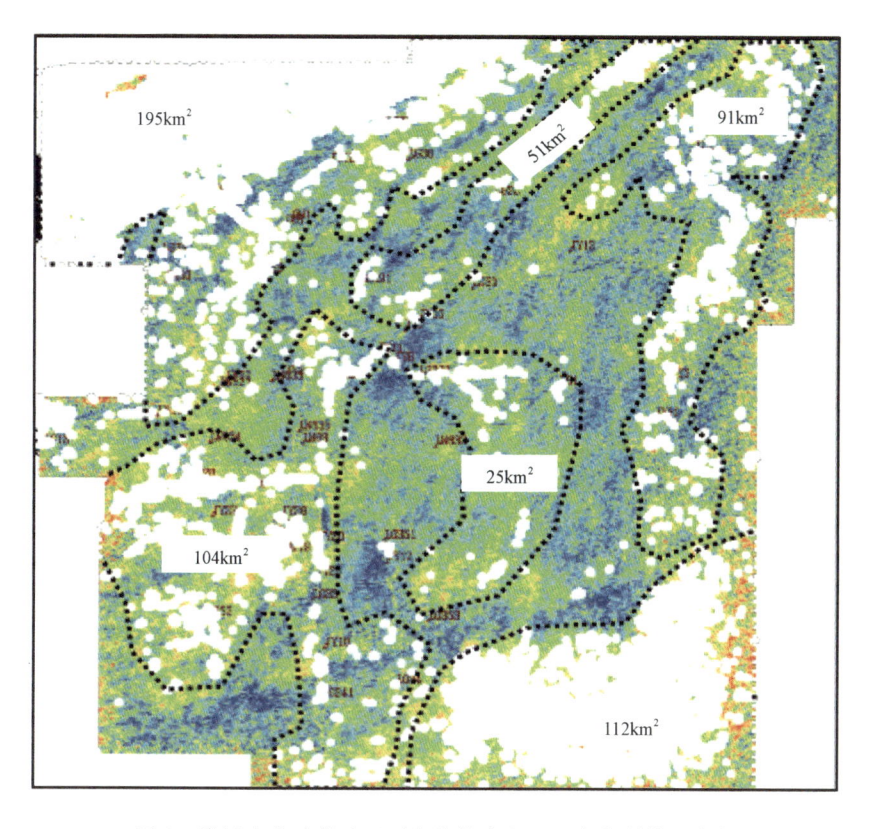

图8 塔里木盆地某地区下奥陶统鹰山组一段有利储层分布

对油气储层而言,缝洞发育带的存在才是真正有意义的。目前常用的缝洞型储层地震识别技术包括方位各向异性缝洞检测技术、地震属性技术、缝洞型储层正演模拟技术、地震反演技术、三维可视化技术等。在实际应用中,通常是综合地质、测井、钻井、地震及开发等多方面的资料进行缝洞系统的检测与描述。

参 考 文 献

[1] 魏建新,狄帮让,王立华. 孔洞储层地震物理模型模拟研究. 石油物探,2008,47(2):156-160.
[2] Wei J X. Physical model study of different crack densityes. Journal of Geophysics and Engineering,2004,1(1):70-76.
[3] 姚姚,唐文榜. 深层碳酸盐岩岩溶风化壳洞缝型油气藏可检测性的理论研究. 石油地球物理勘探,2003,38(6):623-629.
[4] Yao Yao,Sa Liming,Wang Shangxu. Research on the seismic wave field of karst cavern reservoirs neer deep carbonate weathered crusts. Applied Geophysics,2005,2(2):94-102.
[5] Angerer E,Crampin S,Li X Y,et al. Processing, modelling and predicting time-lapse effects of overpressured fluid-injection in a fractured reservoir. Geophysical Journal International,2002,149:267-280.
[6] Wang L F,Li X Y,Sun X Y. Analysis of converted-wave splitting in volcanic rock:A case study from northeast China. EAEG 68th Conference & Exhibition,Vienna,Austria,2006.
[7] Li X Y,Liu Y J,Liu E,et al. Fracture detection using land 3D seismic data from the Yellow River Delta, China. The Leading Edge,2003, 22(7):680-683.

[8] Li Y D,Lu W K,Zhang S W,et al. Dip scanning coherence algorithm using eigenstructure analysis and supertrace technique. Geophysics,2006,71(3):61-66.

[9] Li Y D,Zheng X D. Spectral decomposition using Wigner – Ville distribution with application to carbonate reservoir. The Leading Edge,2008,28(8):1050-1055.

[10] 徐基祥,王平,林蓓. 地震波逆散射成像技术潜力分析. 中国石油勘探,2006,11(4):61-66.

[11] 卢明辉,张才,徐基祥,等. 溶洞模型逆散射成像技术. 石油勘探与开发,2010,37(3):330-337.

加强地震技术应用 提升勘探开发成效

刘振武　撒利明　董世泰

摘要　物探技术是油气勘探的主导技术,在油气勘探开发中发挥着重要作用。随着油气勘探的不断深入,富油气区带已基本实现二维和三维地震全覆盖,但矿权区块三维地震覆盖率还较低,陆上八大盆地的三维覆盖率不足22%。随着地震处理解释技术的发展,以往采集的资料受技术和装备手段限制,不能完全满足叠前深度域处理、分方位处理及叠前储层预测等技术的需要。在常规油气勘探深化挖潜,并不断加大"低、深、海、非"领域勘探力度的转型期以及低油价背景下,针对接替领域和潜在领域的战略性研究,地震部署需要加强。加强地震部署研究,加强地震技术前期应用研究,是油气勘探开发良性发展的保障。通过剖析目前地震技术应用存在的问题,提出了加强地震部署研究、加大战略性前期研究的地震投入、加强老资料目标处理的建议。

1　引言

物探技术的重要性日益增高,在油气田勘探和开发,特别是近年来油气储量增长高峰期中发挥着十分重要的作用。在高陡复杂构造及隐蔽油气藏的发现、在低效油气田的开发和老油气区增储上产等方面展现出了巨大潜力。加强物探工作,是保持油气储量增长高峰期、提升公司市场竞争力和创效能力、实现企业可持续发展的重要举措。

不同勘探开发阶段的地质任务不同,地质家对物探的要求也不同。以往物探的基本任务主要是搞清构造、预测岩性储层等。随着勘探开发程度的不断深入,地质家对物探的精度提出了新的需求,要求能够准确探测和分辨规模更小的地质体、直接识别油气水、探测油水边界、探测剩余油分布等。以前实施的二维和三维地震勘探,受当时的技术和装备水平的限制,已不能完全满足当前高精度、精细勘探的要求;随着连续型油气藏、深层、海洋等领域勘探力度的加大,迫切需要覆盖范围更广、数据精度更高、分辨能力更强的物探数据和成果,对潜在的油气盆地和区带进行整体目标评价,以寻求新的更大的油气勘探发现与突破。面对新的地质任务,利用新技术、新方法开展新一轮的物探采集、处理和解释研究与应用,是物探行业面临的新任务和新使命。当前,油价低也是发挥先进技术优越性、提高业务竞争力、深化研究、扩展勘探业务的好时机。从战略角度加大地震技术应用和部署研究,将有力推动物探更好地为钻探优选靶区,进一步提升钻探成功率和开发成效,为中国石油增储上产做出更大贡献。

2　物探是油气勘探的主导技术,在油气勘探开发中作用突出

随着地质勘探技术的进步和认识的深化,近年来油气地质勘探领域逐渐向"两深"(海域深水区、深部层系)和"两新"(极地等新区、非常规油气等新领域)领域拓展,勘探领域由易发

---

*　首次发表于《石油科技论坛》,2015(1)。

现、低成本、低风险的陆上及浅水区向难识别、高成本、高风险的深层、深水和自然地理环境恶劣、地下地质条件复杂的荒漠、复杂高原山地、油砂及致密油气等非常规油气领域转移，油气勘探研究范围从局部目标过渡到盆地、区带的整体评估，油气类型由常规发展到常规和非常规并重，并不断重视非常规油气业务发展，油气勘探难度和成本持续上升。近10年国际投资银行巴克莱银行对油公司关于油田工程技术（钻井、压裂、测井、地震等）在油气勘探开发领域重要性排名的问卷调查结果表明，地震技术名列第一位（图1），油公司对地震技术的重视程度越来越高，各大油气公司普遍通过地震技术的应用来降低地质数据获取成本，改善数据质量，提高钻探目标预测的可靠性，以提高勘探开发成功率。

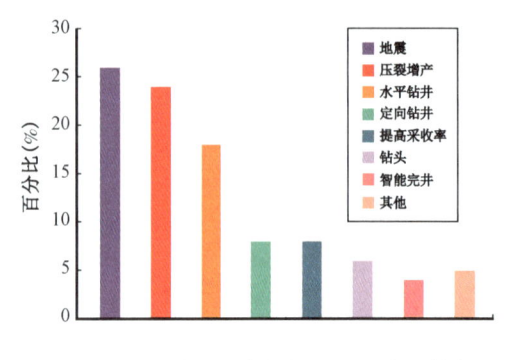

图1 工程技术对油气勘探开发影响力排名

纵观国内外大型油气田勘探开发的成功案例，以地震为主的物探技术贯穿于普查、预探、详探、评价、开发、油藏管理的各个环节，并发挥了不可替代的重要作用。

在北美墨西哥湾，1922年利用扭秤在沿岸探测到盐丘后，相继应用重力、电磁等多项技术，并分别应用了二维、三维、海底电缆、多分量等技术进行了不同轮次的地震采集，使盐下构造落实程度不断提高，在盐下发现了一系列构造油气藏。随着勘探开发难度增加，面对精细盐丘成像、压力预测等新的地质任务，近期进一步实施了宽方位、高密度、宽频、四维等新一轮的地震勘探，特别是高密度宽频勘探技术所带来的岩性预测精度的提高，地震剖面沉积旋回清晰，使墨西哥湾油气发现和油藏管理迈上新的台阶，大大降低了勘探开发风险及成本。

中国石油近十几年的勘探开发也充分诠释了地震技术的突出作用。2000—2013年，中国石油的三维地震工作量从7841km²上升到14211km²，平均年增长3.12%，探明石油储量从4.24×10^8t上升到6.974×10^8t，平均年增长12%，探明天然气储量从3937×10^8m³上升到4390×10^8m³，平均年增长9%；石油产量从1.0359×10^8t上升到1.132×10^8t，平均年增长0.8%，天然气产量从182×10^8m³上升到810×10^8m³，平均年增长34%。地震技术的应用，确保了石油探明储量连续8年超过6×10^8t，天然气探明储量连续9年超过4000×10^8m³（图2），确保了石油产量箭头朝上，天然气产量翻了两番（图3）。

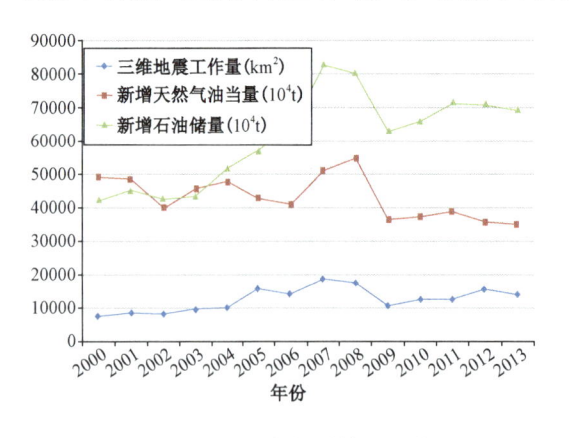

图2 三维地震与探明储量的关系

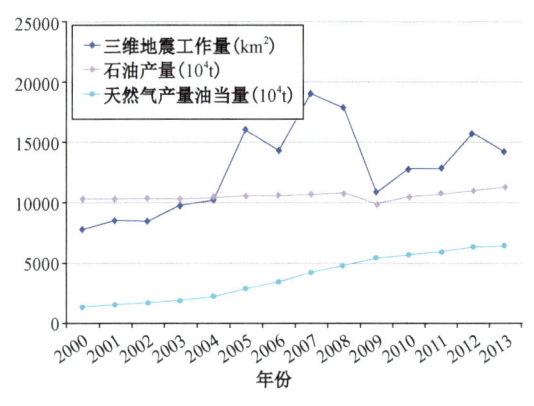

图3 三维地震与产量的关系

3　物探解决复杂地质问题的能力不断提升,技术水平处于国际先进行列

物探技术是最主要的地球探测科学技术。地球物理学与石油地质学、地球化学等基础应用学科一起共同构成了现代油气地学理论体系,又与钻井工程、油藏工程等工程学科一起共同构成了现代油气勘探开发方法技术系列。物探技术进步是加速石油工业发展的重要战略,也是石油企业提高投资效益和核心竞争力的最佳途径[1]。

中国石油按照"立足陆上、发展海上"原则,以"先进适用、经济有效、系统配套、超前研发、规模应用"为目标,经过多年的基础研究与技术攻关,已形成了5项核心装备、9项软件及13项配套技术[6]。技术水平处于国际先进行列,地震纵向分辨率由2000年的平均20m提高到了5~8m,横向分辨率由2000年的平均100m提高到20m(表1),描述圈闭的能力从1km^{2}提高到0.5km^2。

表1　技术应用时代及解决问题能力

技术应用时代	主流技术	勘探精度(平均)	解决问题能力
20世纪60—70年代	百道二维	纵向30m、横向200m	构造勘探
20世纪80—90年代	几百道三维	纵向20m、横向150m	构造勘探,空间归位精度提高
2000年左右	千道三维	纵向20m、横向100m	构造勘探、岩性勘探,空间归位精度提高
2002~2008年	几千道高精度三维	纵向15m、横向80m	构造勘探、岩性勘探、储层物性初步预测,油藏描述,空间归位精度提高
2009~2012年	万道宽方位三维	纵向8~10m、横向80m 指导水平井	构造勘探、岩性勘探、储层物性预测、致密储层勘探、油藏描述,空间归位精度提高
2013年以后	超万道高密度宽方位三维	纵向5~8m、横向20m 指导水平井	构造勘探、岩性勘探、储层物性及含流体性预测、非常规油气勘探、深层、海洋、油藏描述及管理,空间归位精度提高

3.1　装备技术水平达到国际先进水平,满足了先进物探采集技术的应用要求

中国石油在地震仪器方面拥有有线和节点两类仪器的设计制造技术,其综合技术特性均达到国际先进水平;在地震检波器方面,MEMS数字检波器属国际领先水平,常规检波器达到国际先进水平;低频可控震源、大吨位可控震源等总体处于国际领先水平;物探钻机、钻具技术门类齐全、实用性好。产品包括:(1)ES109万道有线地震仪器;(2)G3i十万道有线地震仪器;(3)HAWK节点地震仪器;(4)KZ系列大吨位可控震源及低频可控震源;(5)数字及模拟地震检波器;(6)钻机和运载设备。这些先进装备满足和支撑了先进物探技术的规模应用。

3.2　软件技术水平已迎头赶上,自主处理解释软件逐步成为主流产品

中国石油十分重视软件技术发展,已形成了涵盖地震采集、处理、解释、重磁电等领域的9项软件技术系列,使中国石油物探技术服务能力和核心竞争力得到大幅度提升。产品包括:(1)GeoEast地震数据处理解释一体化系统;(2)GeoEast-Lightning叠前深度偏移软件;(3)GeoEast-MC多波数据处理软件;(4)GeoMountain山地地震勘探软件;(5)GeoFrac地震综

合裂缝预测软件;(6)GeoEast－RE 油藏地球物理综合评价软件;(7)KLSeis 地震采集工程软件系统;(8)GeoSeisQC 地震野外采集质量监控软件;(9)GeoEast－GME 重磁电综合处理解释软件[2]。

3.3 复杂地表配套技术适用性继续增强,解决复杂地质问题的能力不断提升

针对国内外各种复杂地表和地下地质情况,以提高勘探开发成功率和油气发现为目标,持续开展关键技术研究和瓶颈技术攻关,形成了 13 项配套技术系列,成为提高物探技术国际竞争实力的重要组成部分。技术系列包括:(1)复杂山地地震配套技术;(2)沙漠区地震配套技术;(3)黄土塬地震配套技术;(4)浅海过渡带地震配套技术;(5)海洋地震勘探配套技术;(6)陆上油气富集区地震配套技术;(7)复杂油藏地球物理配套技术;(8)综合物化探配套技术;(9)高密度宽方位地震勘探技术;(10)时移地震勘探技术;(11)多波地震勘探技术;(12)非常规油气地震勘探技术;(13)井中地球物理及压裂微震监测技术[3]。

4 石油物探技术应用面临的问题与挑战

4.1 油气勘探具有阶段性,不同的勘探阶段和勘探目标,应有针对性的物探技术支撑

油气勘探开发具有一定的阶段性。勘探技术和工程技术的进步,推动油气勘探不断向新领域、新目标扩展。例如,在渤海湾盆地同一个区块,随着地震技术从二维向三维、从常规向高精度、从低密度窄方位向"两宽一高"的发展,成像和预测精度大幅提高,使地质家对勘探目标"看"得更清、"判"得更准。20 世纪 70—80 年代,在二维地震技术支撑下,主要以构造油气藏勘探为主;20 世纪 90 年代至 21 世纪初,在三维地震技术支撑下,逐步向岩性油气藏勘探延伸;2004 年后,实施高精度二次三维[4],使岩性油气藏勘探取得重大突破;2010 年后,随着"两宽一高"地震技术的推广应用,深层地震资料品质大幅度提高,支撑勘探向致密油领域延伸。

技术在发展,方法在进步。不同的技术阶段只能解决该阶段的问题。例如钻井,以往钻头穿过的地层与今天的认识可能有差异,需要重新布井加以证实;地震也如此,以往采集的地震数据,其方法及理论基础基于当时的技术条件和地质任务,难以满足新阶段处理解释技术的应用条件,其数据处理解释挖潜的空间有限。因此,针对不同的勘探阶段和勘探目标,部署针对性地震勘探,是油气勘探开发良性发展的必然选择。

4.2 物探作为战略性业务,是提供钻探靶区的有效手段,应适应进程的发展而发展,以满足勘探进程需要

在地震勘探程度不够或地震资料不足的情况下,钻探失利的风险很大。在国外的油气勘探中,物探作为战略手段,在勘探前期加大重磁电、地震工作量的投入力度,在基本搞清区域构造和沉积盆地范围的情况下,部署二维地震,落实和评价二级区带和大型构造目标,指导钻井进行油气侦察。随着勘探向"低、深、海、非"等领域延伸,二维地震已很难满足井位部署需求,必须在一定网格的三维地震资料支撑下,进行目标优选,从而部署井位并根据三维资料进行井轨迹设计。而构造复杂、类型多样、埋深大、面积小、厚度薄、储层空间变化快的复杂油气目标的勘探开发,则需要部署密度和精度更高的三维地震。

4.3 现实领域依然是增储上产的主体，目标更加复杂，对物探技术提出更高要求

中国石油陆上剩余油气资源主要集中在七大盆地的岩性地层、非常规油气、前陆盆地、碳酸盐岩四大领域。油气勘探目标更加复杂，油气圈闭更加隐蔽，油气勘探开发对物探技术应用和成果精度提出了更高要求。虽然七大盆地的重点区带基本实现了以"二次三维"为代表的三维全覆盖，但千道采集装备技术支撑下的三维地震资料较难满足目前叠前偏移处理、OVT分方位处理、叠前分偏移距预测等新技术应用需求，难以满足复杂隐蔽圈闭目标落实、小尺度地质描述、低孔低渗储层评价、剩余油气发现、非常规油气领域扩展等勘探开发地质认识的新要求。

第一，老区是增储上产的主体。据统计，全球新增储量和产量的70%来自已发现的老油田。老油田挖潜是油公司勘探开发工作的重点。富油气凹陷挖潜和滚动扩边，小、薄、深、低等地质体成为主要目标，要求地震落实的圈闭面积甚至小于$0.1km^2$，要求地震识别更薄储层（3～5m）、更小断层（小于5m）、更分散隐蔽的剩余油。以往采集的地震资料的空间分辨率较难满足这些精细的地质需求，部署和实施高覆盖、高密度的三维地震，是解决这些精细地质评价的有效途径。例如，在塔里木盆地库车坳陷，由于复杂山地地表和复杂冲断高陡构造的制约和影响，地震资料成像差，构造建模不准，圈闭落实程度低，实钻与预测误差大，以前长期存在"构造带弹簧，圈闭带轱辘"现象。2004年以前探井成功率约为25%。通过近10年来多轮次的地震技术攻关，采用宽线+大组合观测、宽方位三维等技术，提高了高陡复杂构造带的地震资料品质，提高了地震成像精度，使盐下构造成像清楚，实钻与预测深度误差由以前的11.9%降为1.8%以下，钻探成功率提高到近80%，为探明万亿立方米天然气储量奠定了扎实的资料基础（图4）。

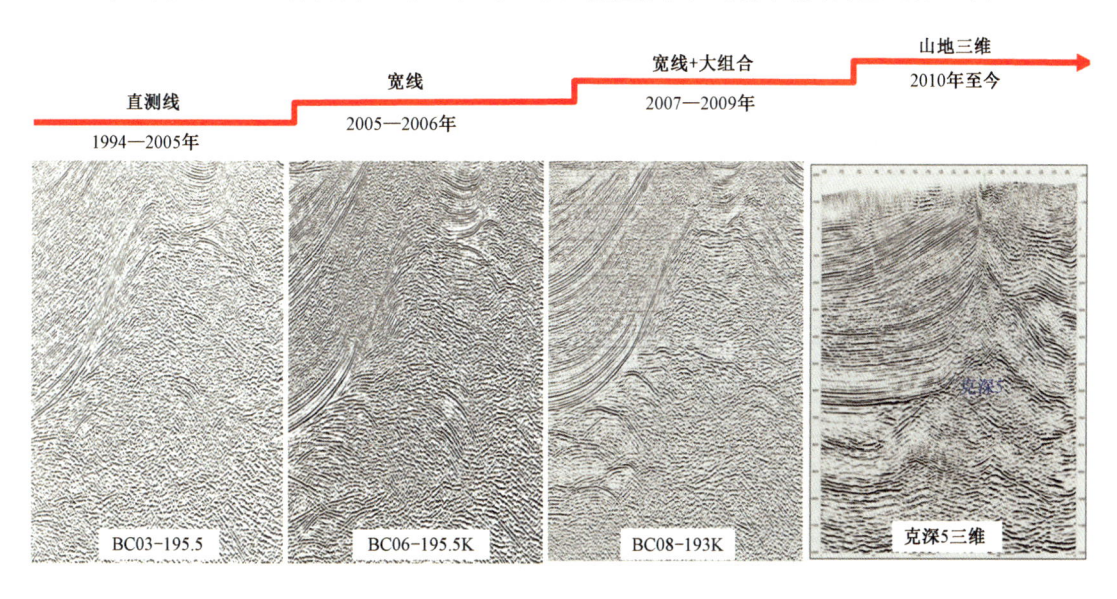

图 4 库车坳陷地震技术应用成效图

第二，随着地质认识的深化和增储上产的需要，油气勘探领域、范围、类型进一步拓展，向更复杂的地表延伸（塔西南、准南、柴西等），向东部大于4000m的深层（沙四段、潜山等）和西部大于7000m的深层（库车、塔东、塔中等）延伸。以往地震数据采集的排列长度较短（针对当时的主要目的层）、覆盖次数较低（100次左右）、深层能量弱、频带宽度窄（缺乏低频）等，致使

这些领域勘探目标落实精度不高,需要采用针对性的技术措施,以提高复杂目标的描述精度。如柴达木盆地英雄岭地区,地表高差大,海拔高(3000～3600m),表层干燥疏松,构造复杂,断裂发育,地震资料信噪比极低,落实构造程度低,勘探"六上五下"没有突破。2011年后实施的新一轮的高覆盖宽方位山地三维地震,地震资料有了质的飞跃,明确了英雄岭地区地质结构和断裂系统(图5),为攻克英雄岭地区世界级勘探难题和发现亿吨级新油田做出了巨大贡献。

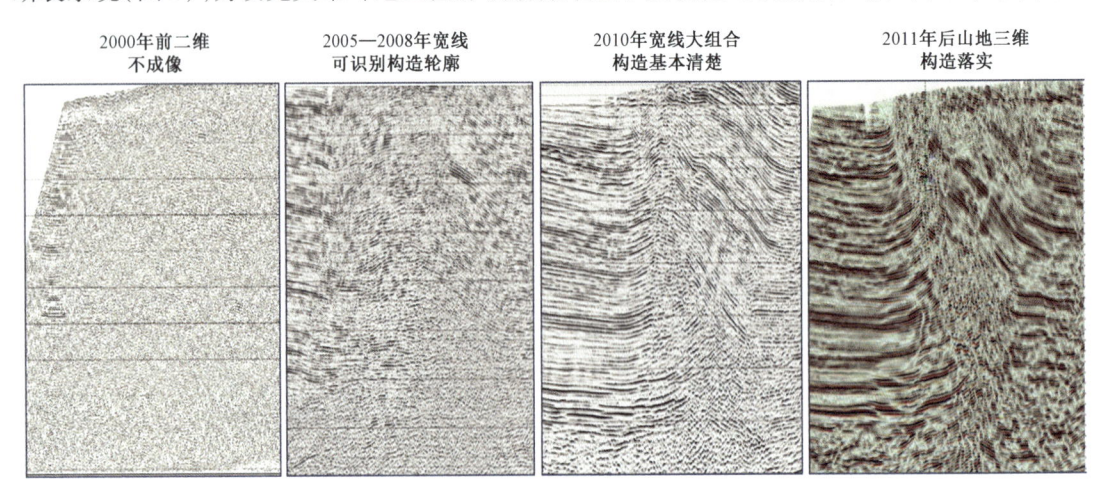

图5 英雄岭地区山地地震技术应用成效图

第三,近几年低品位油气分布占新增油气储量的65%和90%,意味着储层物性更差,孔隙度更低(小于5%)、渗透率更低(小于1mD),对基于物探成果信息的储层描述和油藏建模提出更高要求。以往采集的三维资料方位角窄(小于0.4),炮检距分布不均匀,成像道密度低,较难满足低品位储层预测和高效开发井轨迹设计要求,迫切需要高精度地震资料。如在辽河油田雷家地区,针对沙四段致密油勘探,开展单点高密度采集,地震资料品质大幅度提高,新资料频带比老资料拓宽约20Hz(图6),为沙四段致密储层和物性预测研究奠定了坚实基础。

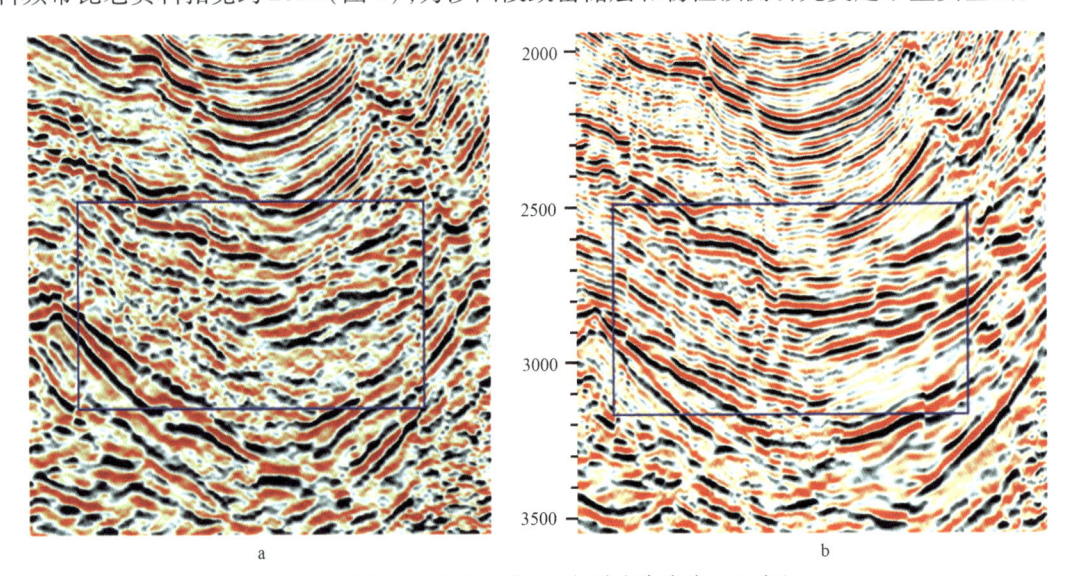

图6 雷家地区常规三维(a)与单点高密度(b)对比

· 304 ·

4.4 新区新领域是可持续发展的重要接替领域，需要从战略角度加大前期地震勘探及综合研究

目前研究和认识不足的"新盆地、新区带、新层系、克深5新类型"是中国石油未来油气勘探开发的重要潜在领域。

一是非常规油气资源已成为全球近期和未来10~20年主要的勘探领域，其油气丰度低，储层低渗透、超低渗透，赋存机理特殊，分布范围广，通常发育在含油气盆地的新层系或者以前没有重视的低勘探程度和未勘探区，储集体类型往往是常规地震技术较难识别的超低孔隙为主。以目标侦查为主的二维地震资料难以满足非常规储层"甜点"预测需求，需要通过经济型的"两宽一高"三维地震技术，为分方位处理、叠前孔隙度及裂缝预测奠定资料基础。同时，对现有含油气盆地之外的中小盆地和地区，以非常规油气为对象，应加大地震勘探部署与实施力度，为发现更多的非常规油气资源奠定物探基础。

二是海域剩余资源量巨大，过去勘探领域主要局限在近海岸的浅水区，深海是未来石油和天然气勘探的主要领域。深水油气勘探程度低，需要应用三维地震资料、海洋电磁资料进行目标优选，提高有效储层预测精度。

三是次生气藏及新能源，是中国石油下步业务扩展的重要领域，如鄂尔多斯盆地中下次生气藏、南方等地区海相碳酸盐岩地层中的资源、外围盆地等，勘探程度极低，以往地震资料稀少或空白，需要部署二维地震和重磁电进行目标侦查。

4.5 国内地震投资占勘探开发投入比例逐年下降

近年来，随着油气勘探开发难度增大，中国石油勘探开发投资呈上升趋势，地震投资略有上升，但占勘探开发总投资的比例从2000年的8.36%下降到了2013年的3.17%，而同期国外油公司稳定在11%左右（按比例折算），近3年增长到13%左右（图7）。

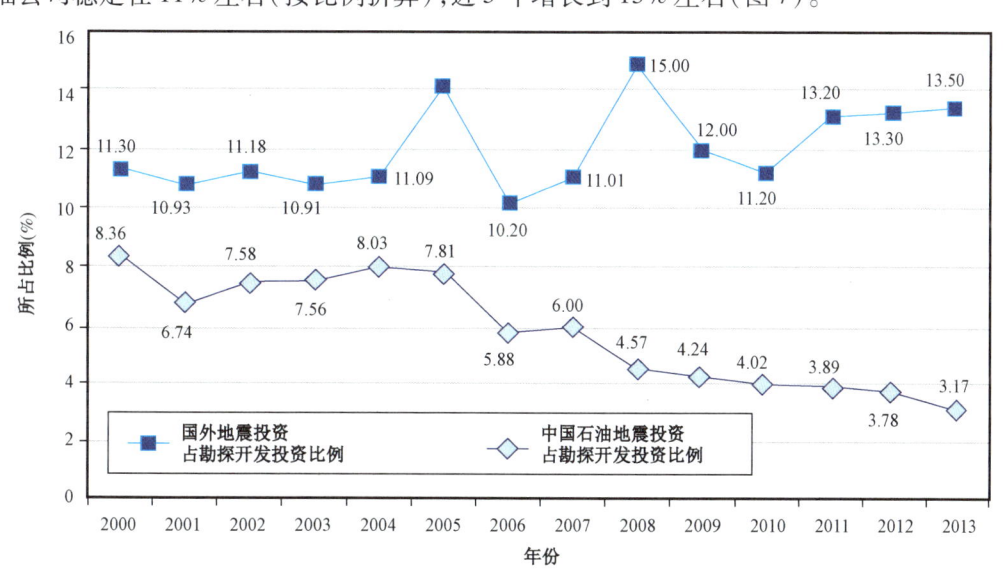

图7 中国石油地震投资占勘探开发投资比例与国外对比

国外的地震投资主要分两大部分：一是支撑油气勘探开发的生产性投资，相当于预探、评价、开发等阶段的地震投资；二是战略性油气勘探投资，包括风险勘探、矿权保护、战略储备勘探等，这部分投资在油公司的前期投入中占较大比例，特别在全球勘探市场活跃、大量风险投资和民间资本进入油气区块运作的背景下，进一步刺激物探投资持续走高。

而国内地震投资主要集中在勘探开发热点地区，配合勘探开发节奏部署地震工组量。用于风险勘探、战略储备的地震勘探投资规模较小，储备圈闭研究不足，使战略储备圈闭机动余地小。

5 加强地震部署研究，为提升勘探开发成效奠定基础

分析全球油气勘探探井成功率，陆上成功率平均为25%，海上成功率平均为50%。海上通过地震、海洋电磁等前期研究，从不同角度提高了油气预测的可靠性，降低了钻探风险，提高了探井成功率。陆上钻井成本比海上低，前期物探资料研究的重视程度小于海上，加上陆上资料更加复杂，致使陆上探井成功率远小于海上。

国内陆上预探井失利原因的统计和分析表明，对勘探目标的圈闭条件、储层条件、烃源与充注等成藏条件的认识不足以及工程技术的不适应是导致钻探失利的主要原因。失利因素可分为地质风险和工程技术风险，地质风险是最主要的勘探风险，占97.2%，而圈闭落实和储层预测风险占地质风险的67%，加强地震勘探是现代油气勘探降低圈闭落实和储层预测风险、提升探井成功率的关键。因此，从战略决策上应加大地震部署研究，加大地震技术应用，为进一步提高勘探开发成效奠定基础。

5.1 加强老资料潜力分析及挖潜处理

随着地震处理解释技术飞速发展，新技术新方法不断涌现，使得地震成像的精度越来越高，解决复杂问题的能力不断提升。一方面，2000年以后采集的地震资料仍有很大处理解释潜力空间，利用新的处理解释技术，地震剖面的品质较以往处理解释仍可提高，在构造背景解释、大型岩性体解释、有利区带预测等方面，能够发挥作用。另一方面，随着油气勘探开发的深入，以往采集的资料在薄储层（2~3m）预测、深层目标（大于4000m）评价、非均质储层（缝洞、"甜点"）预测、开发井（水平井、分支井、加密井）部署等方面是否适用，是否适应新阶段叠前深度域处理解释新技术应用的条件，也要通过老资料的重新处理来回答。因此，在原有地震资料品质评价分析基础上，研究老资料挖潜处理解释建议，同时，利用新的钻井、测井、VSP、表层调查，以及试油、产油资料，重新开展静校正和速度建模等研究，开展精细目标处理，开展剩余油分布预测，支撑油藏探边、扩边储量发现和升级，指导井位部署和开发方案调整，提高油气采收率。

5.2 加强地质需求综合研究

目前，大型构造油气藏大多已经发现，待发现油藏规模总体下降，储量品位变差，开发成本大多处于边际状态。勘探目标逐步由构造油藏转移到构造—岩性、岩性油藏、复杂小断块、潜山、深层、低孔低渗、海洋等领域。针对不同领域目标评价的地震技术虽然大体相同，但技术手段和细节不同，对原始地震资料的要求也不同，如对薄砂岩储层和小断块的识别和精细描述，需要小面元高密度、高频丰富的地震资料，对于深层和复杂构造的识别和描述，需要长排列、低频

丰富的地震资料,对于致密储层描述则需要宽方位高覆盖地震资料[5]。因此,应加强地震地质研究,分析和提出针对不同地质目标的地震采集技术需求,为物探部署和技术优选奠定基础。

5.3 加强先进物探前期研究,在低油价背景时期扩大资源基础

低油价对油公司投资影响极大,但为油公司的发展也创造了机遇。一是可以进一步优化资源结构;二是可以增加战略储备;三是可以通过先进技术应用提高竞争力,抢占资源,扩大储量规模,扩大储量替代率,为下个高油价期大发展奠定资源基础。比如BP公司加强特色技术研发与推广应用,提出今后要依靠地震成像等核心技术赢得效益与市场,获得经济效益与竞争优势,壳牌公司则提出要依靠浮式液化天然气与深海地震勘探技术等特色技术闯天下。

因此,有必要在地质研究基础上,加强接替和潜在领域油气勘探力度,应用经济适用的先进地震采集、成像等技术,寻找高效优质规模储量和储量接替区,为中国石油可持续发展扩大资源基础。

5.4 从战略角度开展地震部署研究

地球物理学作为一门跨越地学理论和工程技术研究的重要学科,在油气勘探开发的系统工程中同时肩负着战略超前和战术实现的双重重任。地震技术的应用和部署,是油公司找油找气的战略,体现了油公司找油找气的方向[1,6]。

只有第一手的地震资料信息增加,才能促进地质认识的不断深化和提高,最终带来油气储量的大幅度增长和产量的提高。油公司的地震部署始终走在勘探部署的前面,加强与物探公司的结合,从战略角度超前部署,成为勘探的排头兵。

针对现实领域滚动勘探和油藏开发,应用"两宽一高"技术,研究部署新一轮的目标采集、处理和解释综合研究,为剩余油预测、油藏精细建模、油气田滚动扩边和高效开发奠定基础。

针对新区新领域、海域和非常规油气等接替领域储层分布广、圈闭控制因素多,加强经济技术一体化的二维地震采集整体部署研究,提高圈闭、储层和油气预测的可靠性,降低钻探风险,提高探井成功率。

5.5 分层次对不同勘探对象的地震部署进行投资

新区新领域勘探工作带有较高的风险性,是油公司可持续发展战略性投资和矿权保护的重要组成部分,是保持储量和产量上升的重要基础。国际油公司均从战略角度对新区新领域进行地震部署和投资。建议围绕新区新领域、海洋等接替领域和潜力区,开展超前地震勘探研究,由总部安排专项资金;对未来油气增储上产起到直接支撑作用的新区新领域的地震部署,是勘探生产不可或缺的重要组成部分,地震数据采集由板块从生产渠道安排费用。

6 结束语

物探是油气资源勘探的主力军,加强物探工作是勘探开发科学化、规范化、经济效益最大化的具体体现,是保持油气储量持续增长的重要手段。勘探实践表明,通过做多、做精、做细、做准物探,勘探就会主动,勘探成效就会提高。地震部署是一项复杂且牵扯面较广的工作,需要勘探家、物探家共同协作,从勘探战略层面进行论证部署,以促进油气勘探不断取得更大发现。

参 考 文 献

[1] 赵殿栋. 地球物理在油气勘探开发中的作用. 北京:石油工业出版社,2009.

[2] 孙龙德,撒利明,董世泰. 中国未来油气新领域与物探技术对策. 石油地球物理勘探,2013,48(2):317–324.

[3] 刘振武,撒利明,董世泰,等. 中国石油天然气集团公司物探科技创新能力分析. 石油地球物理勘探,2010,45(3):462–471.

[4] 刘振武,撒利明,董世泰,等. 主要地球物理服务公司科技创新能力对标分析. 石油地球物理勘探,2011,46(1):155–162.

[5] 刘振武,撒利明,董世泰,等. 中国石油物探技术现状与发展方向. 石油科技论坛,2009,28(3):21–29.

[6] 刘振武,撒利明,张少华,等. 中国石油物探国际领先技术发展战略研究与思考. 石油科技论坛,2014,33(6):6–16.

[7] 撒利明,董世泰,李向阳. 中国石油物探新技术研究及展望. 石油地球物理勘探,2012,47(6):1014–1023.